油气田开发与集输储运工程

苏丹丹　胡天宝　李洪畅　主　编

北京工业大学出版社

图书在版编目（CIP）数据

油气田开发与集输储运工程 / 苏丹丹，胡天宝，李洪畅主编． -- 北京：北京工业大学出版社，2024. 12.
ISBN 978-7-5639-8758-0

Ⅰ．TE3；TE8

中国国家版本馆CIP数据核字第20250RS214号

油气田开发与集输储运工程
YOUQITIAN KAIFA YU JISHU CHUYUN GONGCHENG

主　　编：	苏丹丹　胡天宝　李洪畅
责任编辑：	付　存
封面设计：	知更壹点
出版发行：	北京工业大学出版社
	（北京市朝阳区平乐园100号　邮编：100124）
	010-67391722（传真）　　bgdcbs@sina.com
经销单位：	全国各地新华书店
承印单位：	三河市南阳印刷有限公司
开　　本：	787毫米×1092毫米　1/16
印　　张：	17.75
字　　数：	452千字
版　　次：	2025年6月第1版
印　　次：	2025年6月第1次印刷
标准书号：	ISBN 978-7-5639-8758-0
定　　价：	102.00元

版权所有　　翻印必究

（如发现印装质量问题，请寄本社发行部调换 010-67391106）

作者简介

苏丹丹，出生于1980年12月，宁夏回族自治区银川市人，大学本科学历，现工作于中国石油天然气股份有限公司长庆油田分公司第三采气厂生产运行部，工程师职称，主要研究方向为天然气生产、集输、处理，以及气田生产、运行、水电路讯、应急等方面的管理。

胡天宝，出生于1991年2月，宁夏回族自治区银川市人，大学本科学历，现工作于中国石油天然气股份有限公司长庆油田分公司，工程师职称，主要研究方向为油田开发。

李洪畅，出生于1979年12月，重庆市人，大学本科学历，油气田开发高级工程师，现工作于中国石油天然气股份有限公司长庆油田分公司勘探开发研究院，主要研究方向为低渗透油气田开发。

编委会

主　编：苏丹丹　胡天宝　李洪畅

副主编：祁小庆　杨赟　郑淑红　孟超

编　委：刘占国　张利峰　姚兴福　王俊　张阳
　　　　施国锋　汪琪　杜敏　滕恺

前 言

油气田开发与集输储运工程是全球能源供应链中极为关键的一环，它直接关系到能源的高效开发与安全供应。油气资源作为全球经济发展的重要基石，对维持国家的能源安全、推动工业进步、保障社会生活质量有着不可替代的作用。随着全球经济的快速增长和能源需求的日益上升，油气田的有效开发和资源的合理分配、高效转运成为确保能源安全、实现经济持续健康发展的重要保障。此外，随着科技进步和工艺创新，油气田开发与集输储运工程的技术要求也在不断提高，这不仅要求我们不断优化开发策略和运营模式，还要积极探索和应用新技术，以提高开发效率，减少环境影响，保证能源的稳定供给。然而，尽管油气田开发与集输储运工程在全球能源经济中扮演着至关重要的角色，但其发展过程中仍然面临诸多挑战和问题，亟须共同面对和解决。

全书共十二章。第一章为油田开采概述，主要阐述了石油及油气藏、石油在地层中的渗流、石油的开采、油井的剩余能量及其利用等内容；第二章为油田开发方式选择，主要阐述了驱动方式的选择、开发层系的划分与组合、油田注水方式的选择等内容；第三章为油田开发规划方案，主要阐述了油田开发规划方案的内容、油田开发规划方案的优选、油田开发规划设计系统等内容；第四章为不同类型油田的开发，主要阐述了低渗透油田的开发和特低渗透油田的开发等内容；第五章为天然气概论，主要阐述了天然气组成与分类、天然气处理与用途、天然气物理化学性质、天然气矿场集输系统等内容；第六章为天然气储存与处理，主要阐述了天然气储存方式及其分类、天然气储存设施设计与建造、天然气处理技术、天然气储存与处理过程中的安全与环境考虑等内容；第七章为天然气的集输工艺，主要阐述了集输工艺流程、气田天然气矿场分离、液烃矿场稳定、水合物的形成及防治、集输工艺系统的安全保护等内容；第八章为油气田勘探，主要阐述了油气田勘探的任务与阶段、区域勘探、圈闭预探、油气田评价勘探、滚动勘探开发等内容；第九章为油气田开采技术，主要阐述了机械采油技术、稠油油藏开采技术、疏松砂岩油藏开采技术、水平井开采技术、注水与抽水井技术等内容；第十章为21世纪油气储运技术，主要阐述了油气水的多相混输技术，易凝高黏原油的改性、改质常温输送技术，油气储运安全技术，油气储运设施腐蚀与防护技术，油气储运节能技术等内容；第十一章为油气田开发与环境保护，主要阐述了油气田开发对环境的影响、油气田开发环境保护措施、非常规油气田开发与环境影响、油气田开发与可持续发展等内容；第十二章为油气集输储运工程管理，主要阐述了运行管理、设备管理、安全环保管理、劳动管理等内容。

本书具体撰写分工如下：其中第一主编苏丹丹（中国石油天然气股份有限公司长庆油田分公司第三采气厂生产运行部）负责第五章、第六章、第七章、第十章的内容撰写，共计10万字以上；第二主编胡天宝（中国石油天然气股份有限公司长庆油田分公司）负责

第二章、第九章、第十一章的内容撰写，共计8万字以上；第三主编李洪畅（中国石油天然气股份有限公司长庆油田分公司勘探开发研究院）负责第一章、第四章的内容撰写，共计6万字以上；第一副主编祁小庆（中国石油天然气股份有限公司长庆油田分公司第一采油厂）负责第三章第一节、第八章第一节至第二节的内容撰写，共计3万字以上；第二副主编杨赟（中国石油天然气股份有限公司长庆油田分公司第一采油厂）负责第三章第二节至第四节的内容撰写，共计3万字以上；第三副主编郑淑红（中国石油天然气股份有限公司长庆油田分公司第一采油厂）负责第八章第三节至第五节的内容撰写，共计3万字以上；第四副主编孟超（国家管网集团北京管道有限公司石家庄输油气分公司）负责第十二章的内容撰写，共计3万字以上；编委刘占国（中石化中原石油工程有限公司钻井二公司）；编委张利峰（中石化中原石油工程有限公司钻井二公司）；编委姚兴福（中国石油天然气股份有限公司华北油田分公司）；编委王俊（中国石油天然气股份有限公司长庆油田分公司第七采油厂）；编委张阳（中国石油工程建设有限公司华北分公司）；编委施国锋（国家石油天然气管网集团山东省分公司齐河作业区）；编委汪琪（中国石油集团西部钻探工程有限公司巴州分公司）；编委杜敏（中国石油集团川庆钻探工程有限公司长庆钻井总公司）；编委滕恺（中国石油集团川庆钻探工程有限公司长庆钻井总公司）负责全书统稿，为本书的编写与出版做了大量工作。

为了确保研究内容的丰富性和多样性，在编写过程中参考了大量理论与研究文献，在此向涉及的专家学者们表示衷心的感谢。

最后，限于笔者水平，加之时间仓促，本书难免存在一些不足之处，在此，恳请同行专家和读者朋友批评指正！

目　录

油田篇

第一章　油田开采概述 ·· 2
　　第一节　石油及油气藏 ·· 2
　　第二节　石油在地层中的渗流 ·· 15
　　第三节　石油的开采 ·· 17
　　第四节　油井的剩余能量及其利用 ······································ 24

第二章　油田开发方式选择 ·· 27
　　第一节　驱动方式的选择 ·· 27
　　第二节　开发层系的划分与组合 ·· 31
　　第三节　油田注水方式的选择 ·· 33

第三章　油田开发规划方案 ·· 45
　　第一节　油田开发规划方案的内容 ······································ 45
　　第二节　油田开发规划方案的优选 ······································ 47
　　第三节　油田开发规划设计系统 ·· 51

第四章　不同类型油田的开发 ·· 57
　　第一节　低渗透油田的开发 ·· 57
　　第二节　特低渗透油田的开发 ·· 79

天然气篇

第五章　天然气概论 ·· 86
　　第一节　天然气组成与分类 ·· 86

  第二节 天然气处理与用途···89
  第三节 天然气物理化学性质···91
  第四节 天然气矿场集输系统···95

第六章 天然气储存与处理···100
  第一节 天然气储存方式及其分类···100
  第二节 天然气储存设施设计与建造···103
  第三节 天然气处理技术···106
  第四节 天然气储存与处理过程中的安全与环境考虑·······································109

第七章 天然气的集输工艺···112
  第一节 集输工艺流程···112
  第二节 气田天然气矿场分离···115
  第三节 液烃矿场稳定···118
  第四节 水合物的形成及防治···119
  第五节 集输工艺系统的安全保护···122

综 合 篇

第八章 油气田勘探···127
  第一节 油气田勘探的任务与阶段···127
  第二节 区域勘探···128
  第三节 圈闭预探···135
  第四节 油气田评价勘探···142
  第五节 滚动勘探开发···145

第九章 油气田开采技术···149
  第一节 机械采油技术···149
  第二节 稠油油藏开采技术···162
  第三节 疏松砂岩油藏开采技术···174
  第四节 水平井开采技术···186
  第五节 注水与抽水井技术···192

第十章 21世纪油气储运技术···200
  第一节 油气水的多相混输技术···200

    第二节　易凝高黏原油的改性、改质常温输送技术 …………………………… 201
    第三节　油气储运安全技术 …………………………………………………… 204
    第四节　油气储运设施腐蚀与防护技术 ……………………………………… 211
    第五节　油气储运节能技术 …………………………………………………… 221

第十一章　油气田开发与环境保护 …………………………………………………… 232
    第一节　油气田开发对环境的影响 …………………………………………… 232
    第二节　油气田开发环境保护措施 …………………………………………… 233
    第三节　非常规油气田开发与环境影响 ……………………………………… 236
    第四节　油气田开发与可持续发展 …………………………………………… 237

第十二章　油气集输储运工程管理 …………………………………………………… 243
    第一节　运行管理 ……………………………………………………………… 243
    第二节　设备管理 ……………………………………………………………… 256
    第三节　安全环保管理 ………………………………………………………… 257
    第四节　劳动管理 ……………………………………………………………… 264

参考文献 ……………………………………………………………………………………… 268

油田篇

第一章 油田开采概述

随着全球经济的持续增长和人口的不断增加,能源需求日益旺盛,而石油作为最重要的化石能源之一,在能源结构中占据着举足轻重的地位。油田开采作为获取石油资源的关键环节,不仅直接关系到国家的能源安全和经济命脉,也是推动工业发展、促进社会进步的重要力量。本章围绕石油及油气藏、石油在地层中的渗流、石油的开采、油井的剩余能量及其利用等内容展开研究。

第一节 石油及油气藏

一、石油

(一)石油的概念

根据历史文献记载,早在两千余年前的秦朝,我国古代先民已智慧地识别并着手在现今陕西、甘肃、新疆、四川,华北平原、山东半岛,广东以及台湾等广阔地域内的超过30个县域,发掘出了石油这一宝贵资源,进而进行了采集与实际应用。而关于石油的最早文字记载,则闪耀地出现在我国东汉时期杰出史学家班固所编纂的《汉书》之中。书中明确提及"高奴有洧水可燃",此句不仅揭示了高奴(今陕西省延长县附近)地区存在可燃烧的洧水(实为延河支流,当时已发现其石油属性),更标志着人类对石油利用历史的悠久开篇。[①] 历史上,石油曾被称为石漆、膏油、肥、石脂、脂水、可燃水等,"石油"一词最早出现于中国北宋的《太平广记》,直到北宋时科学家沈括才第一次提出了"石油"这一科学的命名。

石油又称原油,是从地下深处开采出来的棕黑色可燃黏稠液体。天然石油,这一自然界赋予的宝贵资源,也被称为原油,其颜色通常呈现为深褐色、黑色或有时为暗绿色,这些色调反映了其复杂的化学成分和在地层中经历的长时间地质作用。这些不同的颜色,源自石油内部所含胶质与沥青质成分的比例差异,一般而言,这两种物质的含量越高,石油的颜色便愈发深沉。在常态下,原油多展现出黑绿色、棕色、黑色或浅黄色的外观。值得注意的是,原油的颜色深浅与其品质之间存在着微妙的联系:颜色越浅的原油,往往其油质越优良。尤为特别的是,那些几乎透明的原油,其纯净度与适用性达到了极高的水平,甚至可以直接注入汽车油箱,作为汽油的替代品使用,展现了其作为能源的直接与高效。

---
① 赵士振. "石油"从什么时候开始进入我们生活的?[J]. 中国石化,2008(11):41.

石油的特性展现出显著的地域变异性，其密度跨越了 0.8~1.0 g/cm³ 的区间，黏度范围极为宽泛，而凝固点则存在显著差异，可低至 30℃以下，高至 60℃以上。其沸点范围更是从常温延伸至 500℃以上，这一特性使得石油能够广泛应用于多个领域。在溶解性方面，石油易溶于多种有机溶剂，却难溶于水；但在特定条件下，它能与水形成乳状液，展现出独特的物理现象。尽管从广义上讲，原油之间共享着某些基本特性，但深入具体，实际资料揭示了一个更为复杂多样的画面。不同油田、油层、油井，乃至同一油井在不同时间产出的原油，其物理化学性质均可能呈现显著的差异。这种差异，正是原油化学组成多样性与复杂性的直观体现，反映了自然界中石油资源的丰富性与独特性。

石油作为一种多功能的资源，其主要应用领域包括作为燃油和汽油的原料，为交通运输等行业提供动力支持。同时，它也是众多化学工业产品不可或缺的基础原料，这些产品涵盖溶剂、化肥、杀虫剂以及塑料等多个领域，深刻影响着现代工业与农业的发展，以及日常生活的方方面面。现在开采的石油 88% 被用作燃料，12% 作为化学工业的原料。石油的计量单位主要是桶，1 t 约等于 7 桶，如果油质较轻（稀），则 1 t 约等于 7.2 桶或 7.3 桶。

石油作为一种重要的能源，是现代经济的血液。所以，石油的开采已经成为最重要的重工业之一。

（二）石油的生成

石油的起源，长久以来一直是全球众多国家石油地质学家热议未决的复杂议题。自 18 世纪 70 年代起，这一谜团激发了地质学界不断地探索与争鸣，迄今已诞生了数十种关于石油形成机制的学说。根据构成石油基础物质的化学特性，这些学说可大致划分为两大阵营：石油无机成因论与石油有机成因论。

石油无机成因论主张，石油是在地球深部极端的高温高压环境中，由非生物来源的无机碳和氢元素通过一系列复杂的化学反应合成的。这一理论在 19 世纪前曾广受欢迎，但随着时间的推移，特别是进入 21 世纪后，它逐渐失去了主流地质学界的支持，取而代之的是日益占据主导地位的有机成因论。

石油有机成因论指出，石油源自沉积岩中富含的有机物质，这些有机物质主要由动物、植物，尤其是低等微生物的遗骸在适宜的地质条件下，历经漫长而复杂的生物化学及地球化学转化过程所形成。回顾油气勘探数百年的历程，一个显著且不容忽视的事实是：全球已探明的数万油气田中，超过 99.9% 均位于沉积岩地层之中，这一事实强有力地证明了石油与天然气在沉积岩环境中孕育而生。那么，具体是沉积岩中的哪些成分孕育了这些宝贵的能源呢？答案在于沉积岩内部丰富的有机质，它们是在生物死亡后，随着沉积岩的形成过程被逐渐封存下来的。石油与天然气，作为复杂有机化合物的混合物，其起源与这些沉积岩中的有机物质紧密相连，成为有机生成说的重要证据之一。此外，科学实验进一步验证了这一理论。在实验室条件下，对沉积岩中的有机物质与石油进行化学成分分析，结果显示两者在主要元素组成上呈现了高度的相似性，这一发现为石油有机生成说提供了坚实的科学支撑。有机物质与石油在化学组成上存在显著的共性，即它们都主要由碳（C）和氢（H）元素构成，同时含有少量的氧（O）、氮（N）、硫（S）等元素。然而，二者之间也存在明显的区别，这种区别主要体现在元素比例的差异上。具体而言，石油中的碳和氢元素含量相对较高，而氧元素的含量则相对较低。这种化学组成上的相似性揭示了有机物质与石油之间成因上的紧密联系，即它们可能源自相同的初始物质或经历了相似的转化过程。而它们之间的不同之处，则揭示了有机质向石油转化的具体路径：在这个过程中，碳和氢元素的含量不断增加，而氧元素的含量逐渐减少。这一过程可以概括为"去氧、加氢、富集碳"，即有机质在特定的地质条件下，通过一系列的化学和物理作用，逐渐脱去氧元素，增加氢元素，并富集碳元素，最终转化为石油。

综上所述，石油与天然气的地质分布特征，以及它们在化学成分上与有机物质的显著相似性，共同揭示了这三者之间存在着紧密的亲缘关系，这种关系强有力地支持了石油起源于有机物质的观点。通过对现代海底及湖底新近沉积物进一步的研究，科学家们观察到其中的有机物质正经历着向石油转化的过程，这一发现为石油的有机成因论提供了直接的证据。

丰富的有机物质构成了油气生成的基石，然而，其能否成功转化为石油和天然气，还依赖于一系列适宜的外界环境条件。尤为关键的是，必须存在一个还原环境，这样的环境能够促使有机物质有效埋藏并保存下来。回顾地质历史，生油过程往往青睐于那些古代曾是深海、海湾、潟湖或大陆湖泊的区域。这些地区不仅阳光充沛、温度适中，营造了温暖潮湿的气候，极有利于生物的蓬勃生长与繁殖；而且当它们死亡后，尸体能够迅速沉积于水底。此外，这些水域周边往往河流纵横，它们不仅带来了丰富的水生生物，还可能裹挟着大量来自附近或远方陆地的生物遗体，以及泥沙和矿物质，一同沉积于水底。这些沉积物中，由大量陆生有机物质与泥沙、矿物质混合，在低洼的浅海或湖泊环境中沉积而成的淤泥，被特别称为"有机淤泥"。这正是油气生成的原始材料。随着时间的推移，新的沉积物迅速覆盖并埋藏了这些有机淤泥，创造了一个与空气隔绝的还原环境。在这样的条件下，有机物质得以避免腐烂成气体而散失，为后续的油气生成过程奠定了坚实的基础。

随着地壳的不断运动，这些低洼区域在沉降的同时也在持续接受沉积物的累积，沉积层因此愈发深厚。在漫长的地质岁月里，生油过程逐步迈向更高级别，那些长期处于封闭还原环境下的极为丰富的有机物质得以有效保存。随着有机淤泥逐渐被深埋，其上覆沉积物的重量日益增加，导致压力增大，同时地温也逐渐升高。在这一过程中，压力、热力、催化剂以及微生物的共同作用，驱动着还原环境中的有机物质经历了一个漫长而复杂的"去氧、加氢、富集碳"的地质转变，最终形成了分散的石油。这一转化过程耗时极长，动辄数百万年之久，体现了自然界中物质转化的深邃与缓慢。国际上，从新近纪上新世至更新世的地层中发现的具有开采价值的油藏，正是这一漫长演化过程的明证。它们表明，从有机物质到石油的转化，再到石油的聚集形成油藏，这一完整过程所需的时间最短也要大约一百万年。

随着石油有机成因论的不断完善，它已能够相当全面地阐释当前发现油田分布的规律性，因此这一理论被广泛采纳，作为指导油田勘探工作的理论基础。

在石油形成的初期，它们以极其微小的油滴形态，分散地存在于沉积岩层之中。然而，要形成具有工业开采价值的油田，这些分散的油滴必须经历进一步的聚集过程。此外，为了确保石油能够稳定保存而不致流失，还需要一系列适宜的条件，包括生油层、储油层以及能够有效保护油气不流失的盖层。这三者共同构成了油气藏形成不可或缺的地质要素，缺一不可。

生油层，作为自然界中石油与天然气生成的摇篮，是生油物质与适宜生油环境共同作用的直接体现。这些岩层，一般是由泥岩或石灰岩构成，它们富含生成油气的关键物质，但自身结构致密，并不具备大量储存石油的能力。在地质力量的作用下，特别是地层的静压力和毛细管力的共同驱使下，生油层内形成的石油会沿着细微的裂缝和孔道，缓缓向周围具有孔隙的岩层迁移。这一过程持续进行，直至石油最终汇聚在那些孔隙丰富、能让石油自由流动的岩层之中，这些岩层便被称为储油层。砂岩与碳酸盐岩，因其丰富的孔隙结构和裂缝系统，成为理想的储油层候选者。而保护这些宝贵石油资源不流失的关键，则在于储油层之上的盖层。盖层由渗透性极低的致密岩层构成，如泥岩、页岩、盐岩以及致密的石灰岩和白云岩等，它们如同一道坚实的屏障，有效阻止了石油和天然气的逸散，确保了油气藏的稳定性与完整性。

（三）石油的性质

石油的性质主要包括颜色、密度、黏度、凝固点、荧光性、旋光性等。

1. 颜色

石油的颜色展现出广泛的变化性，涵盖了从无色透明到深邃的黑色等多个色阶，具体包括无色、淡黄色、黄褐色、淡红色、深褐色、黑绿色直至纯黑色，其中，以黑色石油最为常见。这种颜色的多样性源于石油内部成分的差异。具体而言，石油中胶质和沥青质的含量越高，其颜色就倾向于更加深沉；相反，如果油质成分占比较高，石油的颜色则会相对浅淡。

2. 密度

石油的密度与其颜色之间存在着一定的关联性，一般而言，颜色较浅的石油其密度较小，而颜色较深的石油则密度较大。这里所提及的密度，实际上是石油与4℃时水的密度之间的比值，也被称为相对密度。在标准条件下，即温度设定为20℃时，石油的相对密度通常落在0.75～1.0的范围内。为了更精确地对石油进行分类，常根据其相对密度来区分：相对密度大于0.9的石油被定义为重质石油，这类石油相对较重，可能含有更多的重质组分；而相对密度小于0.9的石油被称为轻质石油，它们相对较轻，可能富含较轻质的烃类成分。

3. 黏度

石油的黏度变化也很大，如大庆石油黏度在50℃时为$(9.3～21.8)×10^{-3}$ Pa·s，孤岛油田馆陶组原油则为$(103～6451)×10^{-3}$ Pa·s。黏度的变化受化学组成、温度、压力及溶解气量的影响。

4. 凝固点

石油的凝固点受其内部含蜡量以及烷烃分子中碳原子数量的多少直接影响。具体而言，当石油的含蜡量较高时，其凝固点会相应提升；反之，若含蜡量较低，则凝固点也会相应降低。

5. 荧光性

石油及其多数产品（轻汽油与石蜡除外）在紫外线的照射下，会展现出一种独特的物理现象——发出特殊的蓝光，这一现象被科学界称为荧光。石油的发光特性并非偶然，而是深深根植于其复杂的化学结构之中。具体而言，多环芳香烃和非烃类化合物是引发荧光效应的关键成分，它们在紫外线的激发下能够释放出可见光；相反，饱和烃则在这一过程中保持静默，不产生任何荧光。不同化学组成的石油在荧光表现上也各有千秋。轻质油，由于其较为纯净的化学成分，往往呈现出浅蓝色的荧光；而当石油中胶质含量增多时，荧光颜色会转变为绿色或黄色，这些变化直观地反映了石油内部成分的变化；至于富含沥青质的石油或纯粹的沥青质，则在紫外线下展现出更为深沉的褐色荧光，进一步揭示了石油化学组成的多样性和复杂性。

6. 旋光性

当偏振光（简称"偏光"）穿透石油时，其振动平面会发生一定角度的旋转，这一现象中旋转的角度被称为旋光角。根据旋转的方向，可以区分石油中的旋光性物质为右旋或左旋：若偏振光的振动面向右旋转，则称该石油含有右旋物质；反之，若振动面向左旋转，则表明存在左旋物质。石油之所以表现出旋光性，其根源在于其中所含的胆甾醇和植物性甾醇分子具有不对称的分子结构，这种不对称性导致了光波在通过时振动平面的旋转。

二、油气藏

（一）油气藏的形成

石油在地质作用下运移至储油层后，其命运并非直接导向油气藏的形成。关键在于，石油在迁移路径上是否会遇到有效的遮挡物，阻止其继续流动。只有当石油遇到这样的阻碍，无法继续前行时，才会在储油层中逐渐积聚，进而形成油气藏。这种由于自然屏障而形成的、利于石油聚集的地点，被称为圈闭。圈闭的存在，是油气藏得以形成不可或缺的先决条件之一。储油层，作为储存石油的主要空间，是由具有储集能力的岩层构成。而盖层，则紧贴着储油层，是一种不渗透的岩层，它的作用是有效阻止石油向上方逸散。遮挡物，指的是那些从各个方向包围并阻止石油逸散的封闭条件，这些条件可能是由地层的拱形变曲（如背斜构造）所形成，也可能是其他地质因素导致的。上述三者——储油层、盖层及遮挡物，在特定的地质环境下相互结合，便构成了圈闭。当足够量的石油进入这一圈闭空间时，油气藏便随之形成。在地质圈闭的构造中，如果主要聚集的是液态石油，那么这样的聚集体就被称为油藏；反之，如果主要储存的是天然气，则称为气藏。当这一圈闭中同时积聚液态石油与天然气时，便将其统称为油气藏。所以，圈闭本质上是指那些能够促成油气有效聚集并保持其封闭状态的地质构造形式。

油气藏构成了油气资源自然聚集的基础单元。当油气在这些单元中聚集的量达到显著规模，具备经济开采的潜力时，它们便被称为工业油气藏，意味着其蕴藏量足以支持商业开采活动。相反，如果油气聚集的量相对较小，不具备经济开采的价值，这样的油气藏则归类为非工业性油气藏。油气藏的形态可以多样，它可能表现为单一的油层，即储集层在富含石油后所形成的层状结构。在特定地质条件下，若多个油层在剖面上虽被隔层分隔，但这些隔层并不阻碍油气的运移，使得这些油层实质上处于同一压力系统之中，那么这样的多个油层也可以共同构成一个统一的油气藏。

在同一地质构造的控制下，位于同一面积区域内的一组相互关联的油藏组合，称为油田。明确地说，油藏与油田是两个不同的地质学概念。具体而言，一个油藏是由一个单独的圈闭所界定并控制的油气聚集体，而一个油田则是由更大范围的局部地质构造（如背斜构造）所主导，这种构造在地质剖面上可能形成一个或多个圈闭，进而形成一个或多个油藏。因此，油田的构成可以多样化：它既可以仅包含一个油藏，即所谓的单一型油田；也可以包含多个乃至数十个油藏，这样的油田则被称为复合型油田。

（二）油气藏的类型

目前，面对全球范围内已探明的众多油气藏，其成因之复杂多样，促使石油地质学领域急需一项关键任务——对这些油气藏进行科学且系统的分类。为此，各国石油地质学家倾注了大量心血，深入探索并提出了多种多样的分类方案，总数已达数十种之多[①]。在这些影响深远的理论中，对我国油气勘探与开发领域产生了尤为显著作用的，首推苏联石油地质学家 N.O. 布罗德提出的基于油气藏形态进行分类的方案，这一方案深刻影响了我们对地下油气资源分布形态的认识。此外，美国石油地质学家 A.I. 莱复生依据圈闭成因所构建的分类体系，也极大地丰富了我们对油气藏成因机制的理解，为油气勘探与开发策略的制定提供了重要参考。为了更加清晰地理解和利用这些油气资源，本书主要采纳了以圈闭成因为核心的油气藏分类原则，将油气藏大致划分为三大类：构造油气藏、地层油气藏及水动力油气藏，每大类又可划分出若干个基本类型。

1. 构造油气藏

当油气在地质构造圈闭中得以聚集，便形成了所谓的构造油气藏，这是当前全球范围内最为关键且重要的油气藏类型之一。根据储集层所展现出的独特形态与特性，可以进一步将构造油气藏细分为多个子类，包括背斜油气藏、断层油气藏、裂缝性油气藏以及刺穿接触油气藏。

（1）背斜油气藏

在地质构造运动的作用下，储集层会发生形变，形成向上拱起的背斜结构。此时，若该背斜的上方覆盖有一层非渗透性的岩层作为盖层，有效阻止了油气的逸散，便构成了背斜圈闭。当油气在这样的背斜圈闭中积聚时，便称为背斜油气藏。这是世界上分布最广、最重要的一类油气藏。按照国际知名评级机构如穆迪评级等的数据统计，全球范围内最终可采储量超过 7.1×10^8 t 的 189 座大型油田中，背斜油藏占据了超过 75% 的显著比例。这一统计数据凸显了背斜型油气藏在全球油气资源中的重要地位。世界上众多特大型油田，如沙特阿拉伯的加瓦尔油田、科威特的布尔干油田，以及苏联（现为俄罗斯）的乌连戈伊气田，均是由背斜型油气藏构成的，这些油田和气田不仅规模宏大，而且对全球能源供应具有举足轻重的影响。

根据背斜的成因，可分为以下 5 种类型的油气藏。

① 与褶皱作用有关的背斜油气藏。当岩层受到侧压力的挤压作用时，会形成褶皱结构，其中背斜褶皱若被非渗透性岩层所封闭，便构成了背斜圈闭。在这样的圈闭环境中，油气得以聚集，形成的油藏即被称为与褶皱作用相关的背斜油气藏。其主要特性在于背斜构造的两翼倾斜角度较为陡峭，且这种倾斜往往呈现不对称的形态，闭合高度相对较高。更为显著的是，这类背斜构造中常伴有断层的存在，使得地质结构更为复杂。以我国西部的

---

① 翟晓英. 济阳坳陷新近系油藏类型划分方案探讨[J]. 内蒙古石油化工, 2010, 36（5）: 35-37.

酒泉盆地为例，其中的老君庙油田第三系"L"层油气藏便是典型的代表，展现了上述所有特征。

我国最大的含油气盆地——塔里木盆地，蕴藏着众多背斜油气藏，其中，东河塘—雅克拉背斜构造带上的东河塘背斜，便是这一类型的杰出代表。该构造带呈北东东向延伸，总面积广阔，约达 1200 km²。其形成历史可追溯至海西晚期，并在印支期最终定型，这一过程是在区域性的压扭应力场作用下完成的。东河塘背斜以其独特的地质特征而著称，特别是在石炭系下部的"东河砂岩"层段中，发现了高产的油气流。这是我国石油勘探史上的一次重要发现，标志着首次在百米以上的滨海砂岩层中找到了高产油藏。该油藏不仅油层厚度惊人，达到了 260 m，而且其物理性质优越，产量高，展现出了极高的开发价值。

②与基底隆起有关的背斜油气藏。在地质构造相对稳定的区域，当地下的基底发生隆起时，其上的沉积盖层会随之发生形变，形成背斜结构。若这一背斜结构被非渗透性岩层封闭，形成了有效的背斜圈闭，并在其中聚集了油气，那么这类油气藏就被称为与基底隆起有关的背斜油气藏。[①] 此类油气藏的主要特征体现在其背斜两翼的倾角相对平缓，闭合高度较小，且断层不发育，整体构造形态较为完整。

我国松辽盆地中，位于大庆长垣北部的萨尔图油田，其内的白垩系油气藏正是典型的背斜油气藏之一。而在四川盆地，威远气田则展示了一个平缓穹隆状背斜的形态，该气田内油气与水共存于同一界面之下，同样也属于背斜油气藏的范畴。

③与地下柔性物质活动有关的背斜油气藏。这类油气藏的形成机制是，地层中相对柔性的物质（如岩盐和泥质岩类）在受到不均衡压力的作用时，会发生上升运动，从而导致其上覆地层发生变形，最终形成背斜圈闭，油气便在这种圈闭中聚集。在我国，江汉盆地的王场油田就是一个很好的例子，其下第三系的潜江组油气藏可能正属于此类。潜江组地层富含膏盐和泥质岩系，特别是在潜四段的下部，这种物质组成尤为发育。由于沉积负荷的差异，潜四段下部的岩盐受到挤压，产生了向上的流动，这种流动推动并导致上覆地层逐渐拱起，形成了背斜结构。在这个背斜结构中，油气资源得以有效地聚集，从而形成了与地下柔性物质活动密切相关的背斜油气藏。

④与古地形凸起及差异压实作用有关的背斜油气藏。在沉积盆地的底部，往往可以观察到多种形态的古地形突起，包括由结晶基岩构成的坚固凸起、质地坚硬且致密的沉积岩凸起，以及由生物礁块等自然构造形成的隆起。这些凸起部位上方覆盖的沉积物层一般较为浅薄，且压实作用相对较弱，保持着较为疏松的状态。相比之下，这些凸起周围区域的沉积物则更为厚重，经历了更为强烈的压实作用，形成了更为致密的沉积层。这一过程的结果，使得原本位于凸起部位的上覆地层因受力不均而隆起，形成了背斜构造，这种背斜也被称为差异压实背斜。在这样的背斜构造中，油气得以有效聚集，从而形成了与古地形突起及差异压实作用紧密相关的背斜油气藏。以我国济阳坳陷中的孤岛油田为例，其馆陶组地层中的油气藏正是这一类型油气藏的典型代表。

⑤与同生断层有关的滚动背斜油气藏。在同生断层（在沉积过程中同时活动的断层）的下降盘一侧，由于断层的原始滑动、伴随的牵引效应以及沉积物压实过程中的不均衡作用，常常会形成一系列连续分布、形态独特的滚动背斜构造，这些构造也被称为逆牵引背斜。在这些构造中，油气得以聚集，进而形成了与同生断层活动密切相关的滚动背斜油气

[①] 翟晓英. 济阳坳陷新近系油藏类型划分方案探讨 [J]. 内蒙古石油化工，2010，36（5）：35-37.

藏。以渤海湾盆地黄骅坳陷中的港东油田为例，其滚动背斜油气藏正是此类油气藏的一个典型实例，其形成与同生断层的活动紧密相连。

（2）断层油气藏

那些以断层作为遮挡条件而形成的油气藏，称为断层油气藏。这类油气藏是构造油气藏中另一类至关重要的类型。当深入研究圈闭的形成机制以及油气如何在这些构造中聚集时，断层油气藏相较于背斜油气藏，其形成过程与特性更为复杂多变。断层在油气藏的形成中扮演着多重角色，它既能作为封闭性构造阻挡油气的逸散，也能作为油气运移的通道，甚至在特定条件下破坏已形成的油气藏。因此，深入剖析断层的发育历史，并将其与沉积过程及油气聚集时期相对照，是理解断层油气藏形成机制的关键。值得注意的是，同一断层在不同深度、不同地质时期所发挥的作用可能存在显著差异。这要求我们在评估断层油气藏潜力时，需细致考察断层的封闭性能。从构造平面的视角来看，形成有效断层油气藏的关键在于，断层线必须恰好位于储集层的上倾方向，并且与构造等高线或岩性尖灭线构成闭合系统，以确保油气能够在封闭空间内聚集并保存下来。从剖面上看，断层与储集层要有恰当的配置关系。

在某些情况下，尽管与储集层上倾方向相接触的岩层并非完全无渗透性，但由于断层本身具备出色的封闭能力，因此仍然能够形成断层油气藏。尤其值得注意的是，当被断层错开的地层岩性较为软弱时，断裂过程中常常会伴随大量断层泥的产生，这些断层泥极大地增强了断层的封闭性。此外，储集层上方的黏土岩在受到断裂影响时，也可能沿着断面向下发生塑性流动，从而进一步促进断层的封闭性，为油气藏的形成提供了有利条件。

此外，在断裂带区域内，地下水活动扮演着重要角色。随着水流携带的溶解物质逐渐沉淀，这些沉淀物能够有效地将断裂破碎带胶结起来，从而形成一种自然的封闭屏障，对断裂带内的流体运移起到限制作用。进一步地，当断裂带内运移并聚集有石油时，这些原油在地下环境中可能经历氧化过程，生成固体沥青等物质。这些由原油氧化形成的产物同样能够增强断裂带的封闭性，因为它们会填充在岩石孔隙和裂缝中，阻碍油气及其他流体的进一步运移，有利于油气藏的保存和富集。断层油气藏的分布遵循一定的规律性，它们通常广泛出现在深部膏盐沉积发育的区域、褶皱活动强烈的地区，以及裂陷作用显著的裂谷带。以渤海湾盆地为例，这里的断层油气藏极为发育，不仅数量众多，而且往往以成组或成带的形式出现，展现了断层油气藏在特定地质背景下的富集特性。

按照断层、地层、岩性三者的组合关系，可以将断层油气藏分为以下4种类型。

①断层与鼻状构造组成的油气藏。在广泛的区域单斜地质背景下，常常会形成一系列鼻状构造。这些鼻状构造如同地形上的小隆起，其形态特征显著。当鼻状构造的上倾方向被断层所封闭，形成了一个自然的油气聚集屏障时，如果该区域内油气得以富集并储存，那么就会形成由断层与鼻状构造共同构成的特殊油气藏。

②弯曲或交叉的断层与倾斜地层所组成的油气藏。在单斜地层的自然倾斜趋势之上，如果存在一个向上倾方向明显凸出或呈现交叉状态的断层，这一断层有效地封闭了地层的上倾方向。在这样的地质构造条件下，若油气得以在此区域聚集并储存，就会形成一类特殊的油气藏，其特点是由单斜地层与上述特殊形态的封闭断层共同构成。

③两个弯曲断层两侧相交组成的油气藏。当地下存在两个弯曲的断层并相互交会时，它们不仅交错纵横，而且携手合作，形成了一个紧密环绕的边界，将储集层完全包裹其中，

确保储集层的四周均被这些断层严实封闭。在这样的封闭环境中，如果油气能够成功聚集并储存下来，就会形成一类独特的油气藏。

④由断层、岩性尖灭和倾斜地层所组成的油气藏。当单斜地层的上倾方向被非渗透层和断层共同封闭（其中，非渗透层和断层各自扮演部分封闭的角色，且两者均不可或缺）时，这种地质构造中就会形成一个有效的圈闭，油气便会在其中聚集，形成一类特定的油气藏，即通常所说的断层油气藏。青海柴达木盆地的冷湖油田中，就存在这样一些断块油气藏，它们正是此类断层油气藏的典型代表。

（3）裂缝性油气藏

裂缝性油气藏是一类特殊的油气储集体，其显著特征在于储集层中的油气存储空间和流体渗滤通道主要由裂缝构成。这类储集层通常由致密且渗透性极差的岩层构成，如高密度的灰岩、泥灰岩、泥岩等，这些岩层因质地坚硬而脆性较大。裂缝的形成机制复杂多样，但构造作用导致的裂缝占据主导地位，这也是裂缝性油气藏被归为构造油气藏大类的主要原因。当裂缝性油气藏的构造形态在地质图上呈现为背斜结构时，这类油气藏便进一步被称为裂缝性背斜油气藏。[①]

碳酸盐岩地层中蕴含的裂缝性油气藏，以其庞大的储量和显著的产量，在全球石油与天然气资源的总量及供应中占据着举足轻重的地位。例如，波斯湾盆地内的扎格罗斯山前带，孕育了著名的加奇萨兰油田，它是一处典型的碳酸盐岩裂缝性油气藏。该油田的储油层主要由中新世至渐新世的阿斯马利石灰岩、中白垩纪的萨尔维克石灰岩以及上侏罗纪的卡米石灰岩构成。这些石灰岩储层中广泛发育的裂缝，成为油气运移和储存的通道，共同形成了一个具有统一压力系统、规模宏大的巨厚块状储油体。而覆盖其上的法尔斯组膏盐层，则以其卓越的封闭性能，为油气藏提供了理想的盖层保护。从构造形态上看，加奇萨兰油田呈现出一种顶部相对平缓、两翼陡峭（倾角可达 50°）的背斜特征。这一背斜构造长达 70 km，宽约 9 km，闭合面积达到了惊人的 600 km²，闭合高度更是高达 3 km。在这样的构造背景下，油气藏的高度也可达到 2.1 km，充分展示了该油田巨大的资源潜力和地质复杂性。

碳酸盐岩裂缝性油气藏的储集空间构成相当复杂，它不仅仅局限于裂缝本身，还包括了原生的孔隙、溶蚀作用形成的孔洞等。这些储集空间往往相互交织，共同构成了一个统一的孔隙—裂缝体系，使得油气藏多呈现块状分布的特点。然而，这种油气藏内部的非均质性却相当显著，不同区域的产量差异极大，这主要归因于裂缝的分布与发育状况的不同。所以，在开发此类油气藏时，首要任务便是深入分析和准确认识裂缝带的分布规律。这一步骤对于制定科学合理的油田开发方案、进行精确的油井动态分析以及优化生产作业均具有至关重要的意义。通过细致的地质研究，可以为油田的勘探、开发及后期管理提供坚实的地质依据，从而确保油气资源的有效开发与利用。

尽管其他类型的沉积岩中也存在裂缝性油气藏，但其分布相对有限，且就整体而言，这些油气藏的储量和产量都较为有限。例如，在中国青海的柴达木盆地中，油泉子油田就发育有中新统泥岩裂缝性油藏，而在美国的加利福尼亚州圣马利亚盆地，则存在燧石层的裂缝性油藏。这些油气藏虽然各具特色，但在规模和经济价值上，往往难以与碳酸盐岩等大型裂缝性油气藏相提并论。

---

① 王睿.浅谈裂缝油藏储层预测方法[J].石化技术，2019，26（6）：172-173.

（4）刺穿接触油气藏

当地下岩体以刺穿的方式穿透上覆的沉积岩层时，这一地质过程会破坏储集层的连续性，并在被刺穿体与周围地层的接触处形成遮挡，进而聚集成油气藏，称为刺穿接触油气藏。刺穿接触现象本身极为复杂，它不仅直接导致刺穿接触油气藏的形成，还可能通过其影响下的地质构造变化，间接促成背斜油气藏、断层油气藏、不整合油气藏以及岩性油气藏等多种类型油气藏的出现。

能够引发刺穿现象的可塑性岩体种类多样，主要包括膏盐层、软泥层以及岩浆等。依据这些可塑性岩体的具体类型，可以将刺穿接触油气藏细分为以下3种类型。

①泥火山刺穿接触油气藏。这种情况下的油气藏形成，是由于泥火山的活动导致其上覆沉积岩层被刺穿，这一过程中直接遮挡了储集层的上倾方向，从而形成了有效的圈闭空间。在这个封闭的环境中，油气得以聚集，形成了刺穿接触油气藏。一个典型的例子便是苏联阿普歇伦半岛上的洛克巴丹油气田。该油气田展现了一个背斜构造特征，其顶部恰好被泥火山刺穿所占据。第三系上新统的储集层沿着上倾方向，与泥火山刺穿体形成了接触，这一接触界面成为油气聚集的关键区域，最终形成了具有特色的刺穿接触油气藏。

②盐体刺穿接触油气藏。地下盐体具有强烈的侵入性，它们能够刺穿上覆的沉积岩层，这一过程中形成了刺穿接触型的圈闭结构。在这些圈闭中，油气得以聚集，形成了刺穿接触油气藏，这类油气藏在地质学中占据着极为重要的地位。以罗马尼亚的莫连尼油田为例，该油田内盐体通过强大的刺穿作用，成功穿透了其上覆盖的第三系中新统与更新统的砂岩储集层。这一地质过程不仅改变了原有的地层结构，更在盐体与砂岩储集层的接触区域创造了独特的油气聚集条件，最终形成了该区域内特有的盐体刺穿接触油气藏。

③岩浆岩体刺穿接触油气藏。在地球深处，岩浆活动剧烈，当岩浆向上侵入并刺穿上覆的沉积岩层时，随着岩浆的冷却与凝固，形成的岩浆体逐渐成为沉积层上方的一个坚硬遮挡物。这种由岩浆冷凝而成的岩体，在地质上构成了一个独特的遮挡屏障，称为岩浆岩体刺穿接触圈闭。在这个圈闭内，如果油气得以聚集并储存，就会形成一类特殊的油气藏。

在提及的三种刺穿接触油气藏类型中，盐体刺穿接触油气藏无疑是最为重要且分布广泛的一种。当盐体以其强大的动力刺穿上覆的沉积岩层时，这一复杂的地质过程不仅能够直接形成刺穿接触型的油气藏，还能够触发一系列与盐体紧密相关的地质构造变化。这些变化进一步促进了多种类型圈闭和油气藏的形成，如背斜油气藏、断层油气藏等，它们都与盐体的刺穿活动存在着千丝万缕的联系。

2. 地层油气藏

油气在地质地层中因圈闭作用而积聚的现象，称为地层油气藏。基于圈闭形成的不同条件和特性，地层油气藏可以主要划分为三大类：第一类为岩性油气藏，第二类是地层不整合油气藏，第三类是生物礁油气藏。

（1）岩性油气藏

岩性圈闭是指因地层在沉积过程中或成岩至后生阶段所经历的作用导致岩性和物性发生变化，进而自然形成的圈闭。当这类圈闭中聚集了油气资源后，便称为岩性油气藏。

①透镜型岩性油气藏。透镜型或不规则形状的储集层，其周围被非渗透性地层所包围和限制，这类特定的油气藏通常被称为透镜型岩性油气藏。

在我国渤海湾的含油气盆地内，各个坳陷区域的下第三系沙河街组沙三段地层中，蕴藏着广泛分布的巨厚泥岩层，其间镶嵌着大量的砂岩透镜体。特别是在济阳坳陷的东营凹陷地区，已经探明并识别出超过100个规模较大的砂岩透镜体，其中约80%的透镜体富含油气资源。这些砂岩透镜体在地质剖面上常展现出单凸或双凸的形态特征，而在平面上则多呈现为不规则的椭圆形分布。它们在纵向上往往成组排列，而在平面上则倾向于集群出现，这种独特的分布模式为油气勘探工作提供了较高的成功率和效率。这些由砂岩透镜体构成的油田，具有一系列显著特点，包括地层压力偏高、压力系数较大，以及原油品质优良等。然而，由于单个透镜体所控制的含油面积相对较小，这一特点也给后续的油田开发方案设计及动态调整带来了一定的挑战与复杂性。

透镜型岩性油气藏的储集层同样可以由物性优良的碳酸盐岩构成，这些碳酸盐岩储层被四周的非渗透性岩层紧密封闭，形成了一个独立的油气聚集空间。一个典型的例子是美国得克萨斯州克罗基特县托德穹隆西翼所发现的高产"海百合灰岩"透镜型油藏，它展示了碳酸盐岩作为优质储层在透镜型岩性油气藏中的成功应用。

②尖灭型岩性油气藏。当储集层呈现透镜状或不规则形状，并且这些储集层沿着上倾方向逐渐尖灭，或者其渗透性在这一方向上显著降低时，由此形成的油气聚集体通常被归类为尖灭型岩性油气藏。

在塔里木盆地的特定地质构造中，位于轮南和桑塔木两个断垒带之间的斜坡上，通过轮南9井至轮南17井的钻探工作，证实了该区域石炭系第1油组的砂体构成了一个典型的尖灭型油气藏。

此外，在古岸带周边区域，广泛分布着另一种类型的尖灭型岩性油气藏，即砂岩向岸方向尖灭型。以南襄盆地的泌阳凹陷为例，该地区的油气藏主要集中在这一类型上，其储量高达整个凹陷已探明储量的86.3%。具体如泌阳凹陷中的双河油田，其地质结构表现为一个向西抬起的单斜构造，砂岩层向西逐渐尖灭，从而形成了众多的尖灭型岩性油气藏。值得注意的是，不仅砂岩储层能形成尖灭型油气藏，碳酸盐岩储集层在沿上倾方向尖灭时，同样能构成此类油气藏。美国的霍戈登气田便是一个显著的例子，展示了碳酸盐岩尖灭型油气藏的存在和潜力。

（2）地层不整合油气藏

地层不整合油气藏是一种特殊的油气聚集形式，其特点在于储集层的上倾方向直接被不整合面所遮挡。这类油气藏可以位于不整合面的上方，也可以位于其下方。按照储集层与不整合面之间的具体关系，地层不整合油气藏可细分为两大类：一类是地层不整合覆盖油气藏，另一类是地层超覆不整合油气藏。

①地层不整合覆盖油气藏。地层不整合覆盖油气藏的形成特征在于，其储集层上方直接覆盖着一个不整合面，而油气则在这些储集层中积聚。这类油气藏的形成机制常与潜伏剥蚀凸起及潜伏剥蚀构造紧密相关。在历史地质过程中，各种古地形凸起经历了长期的风化、剥蚀及溶蚀作用，这些作用在不整合面下方造就了破碎带与溶蚀带，为油气提供了优质的储集空间。当这些储集空间被上方的非渗透性地层所封闭覆盖时，便形成了多种类型的不整合覆盖油气藏。特别地，当不整合面之下为潜山储集体时，若其中富含油气，则通常被称为潜山油气藏。

潜山储集体的岩石类型，可为碳酸盐岩、碎屑岩、火成岩和变质岩。潜山的内部构造常为单斜、秃顶背斜或断块。

在实际油气生产与开发过程中，为了提高潜山油气藏开发的效率与合理性，通常会根据油气藏的具体形态将其划分为两大主要类型：块状潜山油气藏和层状潜山油气藏。

块状潜山油气藏的特点在于其整体呈块状分布，其形态并不受特定地层层位的限制，而是主要由高渗透性的储集体所控制。油气在这些储集体中聚集，底部往往有底水支撑，整个油气藏具有一个统一的油水界面，这为油气开采提供了相对均一的地质条件。

层状潜山油气藏与块状潜山油气藏不同，层状潜山油气藏呈明显的层状分布，其形态严格受到固定地层层位的控制。油层的顶部和底部均由非渗透性地层所界定，这导致不同层段之间具有相对独立的压力系统和油水界面。

渤海湾盆地内广泛孕育了多种类型的不整合覆盖油气藏，其中冀中坳陷的任丘油田便是一个显著例证，它主要由潜山型不整合覆盖油藏构成。该油田的潜山主体由震旦系雾迷山组的藻白云岩所构成，这些岩石在长期的地表暴露过程中，经历了复杂的地质作用，包括风化、溶蚀等，导致原生孔隙与次生孔隙均高度发育。这些孔隙、洞穴与裂缝相互交织，形成了一个横向广泛连接、纵向深度贯通的储集空间分布网络，极大地提升了碳酸盐岩储集体的渗透性能。在此高渗透性储集体的上方，覆盖着下第三系厚层的沙河街组泥质沉积，这一不整合面的存在有效地封闭了下方的油气资源，形成了典型的块状潜山油气藏。正是这种独特的地质结构，使得任丘油田成为一个高产油田，充分展示了渤海湾盆地不整合覆盖油气藏的巨大潜力与价值。

②地层超覆不整合油气藏。当地层序列中出现一个不整合面，且该面恰好位于储集层的下方，与储集层形成了一种相切的接触关系，这种关系有效地阻挡了储集层上倾方向的油气逸散路径。在这样的地质条件下，如果储集层内部成功聚集了油气资源，那么这种特殊的油气聚集现象就被称为地层超覆不整合油气藏。地层超覆不整合油气藏的形成深受地壳升降运动的影响。具体而言，当地壳发生下降运动时，水域范围逐渐扩大，形成水盆。在水盆的边缘区域，由于沉积环境适宜，形成了储集性质优良的砂岩层。随着水盆的进一步扩张和水体深度的增加，非渗透性的泥岩层开始超覆沉积在砂岩层之上，形成了良好的遮挡条件。在这样的地质背景下，当砂岩层中聚集了油气资源，便构成了地层超覆不整合油气藏。

（3）生物礁油气藏

生物礁是自然界中一种独特的碳酸盐岩构造，它由珊瑚、层孔虫、藻类等多种造礁生物在其生活环境中原地堆积而成。这些生物在生长过程中，形成了丰富的原生骨架孔隙和粒间孔隙，为后续的储集空间奠定了基础。随着礁体的不断生长，它们会周期性地露出水面，这一过程中，礁体经历了风化、侵蚀、溶蚀等多种地质作用，这些作用不仅保留了原有的孔隙结构，还进一步发育了次生孔隙，使得生物礁内部的储集空间变得更加复杂和多样。此外，地质历史中的构造运动也对生物礁产生了深远影响，它们造成了各种裂缝的形成，这些裂缝与原有的孔隙系统相互交织，极大地提升了生物礁储集体的渗透性能。当这样的生物礁储集体被上覆的非渗透性岩石所覆盖时，就形成了一个良好的油气聚集环境，即生物礁油气藏。生物礁油气藏以其储量大、产量高的特点而著称于世。据统计，全球范围内已有数口单井日产油量达到万吨以上的生物礁油气藏被发现，充分展示了这类油气藏的巨大潜力和价值。

生物礁大油田在全球多个盆地中占据显著地位，主要集中在波斯湾、墨西哥湾、利比亚的锡尔特盆地以及加拿大的阿尔伯达盆地等区域。特别地，在加拿大，生物礁油气藏对于其油气产量的贡献率高达约60%，显示出极高的重要性。同样地，在墨西哥，生物礁油气藏更是石油生产的主力军，贡献了该国石油总产量的约70%。

3. 水动力油气藏

在水动力作用的影响下，油气沿上倾方向的运移被有效遏制，从而促进了油气在特定区域的聚集，形成了所谓的水动力油气藏。此类油气藏的形成与保存过程涉及复杂的地质条件，其中水动力因素起着至关重要的作用。然而，一旦这些水动力条件发生显著变化，原本的水动力油气藏便有可能发生转变，可能转化为受构造控制影响的构造油气藏，或是因地层特性而定的地层油气藏。

水动力油气藏可分为背斜型水动力油气藏、鼻状构造型水动力油气藏、单斜型水动力油气藏和向斜型水动力油气藏。

（1）背斜型水动力油气藏

在背斜构造背景下，当油气在此类地质结构中聚集时，若遭遇较强的水动力作用，会导致油水界面发生显著的倾斜现象。这种倾斜使得油气的分布不再严格遵循背斜顶部的自然汇聚趋势，而是顺着水流的方向发生偏移。由此形成的油气藏，称为背斜型水动力油气藏。

美国的弗朗尼油藏呈现为一个短轴背斜构造，其核心储集层由特恩斯里砂岩构成。该油藏的供水区域明确位于背斜构造的东北方位，此区域水动力条件强劲，促使水流活跃。受此水动力影响，油藏内的油水界面呈现一个向西南方向倾斜的态势。其西南一侧的含油边界已超过了背斜圈闭范围。

（2）鼻状构造型水动力油气藏

在鼻状构造的地质背景下，由于该构造本身并不具备自然形成的圈闭条件，油气的聚集过程变得尤为特殊。当水动力作用在上倾方向形成有效封闭，即水流的方向与油气因浮力而自然上升的方向相反时，这种反向作用力可以显著阻碍油气的进一步运移。在此情况下，油气被逐渐聚集并固定下来，形成了独特的油气藏，称为鼻状构造型水动力油气藏。这类油气藏的形成机制独特，其典型实例包括美国得克萨斯州西部德拉瓦尔盆地的韦特油田，该油田的油气藏正是这一地质现象的具体体现。

（3）单斜型水动力油气藏

在这类油气藏中，储集层呈现为单斜形态，且水动力活动较为频繁。由于储集层内部渗透性的差异，水在沿下倾方向流动时，其速度也会有所不同。这种差异性的水流速度在特定局部区域能够促使油气发生聚集，进而形成油气藏。

截至目前，水动力油气藏在全球范围内的发现数量相对较少，其储量和产量相较于构造油气藏和地层油气藏而言也显得较为有限。然而，随着石油地质理论的不断深入发展以及勘探技术的持续提升，我们有理由相信，未来将有更多这类油气藏被成功勘探和开发出来。

综上所述，油气藏作为油气聚集的基本单元，其形成机制多样且复杂。根据控制油气聚集的主导因素，单一因素形成的圈闭中油气聚集可分为三大类型：构造油气藏、地层油气藏以及水动力油气藏。其中，构造油气藏与地层油气藏是最为常见的两种类型。然而，除了这些由单一地质因素控制的油气藏外，还存在着一类由两种或两种以上地质因素共同作用而形成的油气藏，这类油气藏被称为复合油气藏。例如，当断层与不整合面同时发挥遮挡作用，且两者均为油气聚集所必需时，便形成了所谓的断层—不整合复合油气藏。

第二节　石油在地层中的渗流

石油能够顺利从油层流向井底，并沿井身上升至地面的核心驱动力，源自石油本身所蕴含的能量。这种推动石油离开油层的能量，称为驱油能量。驱油能量的直观体现即为油层压力，它是确保石油流动的关键所在。若油层压力不足，石油的流动将受阻，导致油井中的石油无法依靠自身压力喷射至地面。因此，提高石油采收率的关键，在于如何有效维持油层压力，这构成了油田开发过程中的核心挑战与主要矛盾。为应对这一挑战，首要任务是深入理解和把握驱动石油自油层向井底流动的自然压力，即油层的自然能量。

一、油藏中的驱油能量

驱油能量以油层压力的形式展现，主要可以归纳为以下几种类型。

（一）边缘水压力

油层被广阔的含水区域所环绕，这些含水区域不仅与地面连通，还通过江、河、湖泊等自然水体持续获得水源补给。在油层开采过程中，随着油层压力的逐渐降低，这些天然水源会逐步渗透进入油层，形成一股推动力量，促使石油向井底方向流动。这种推动石油流动的能量的大小，主要取决于3个关键因素：油层的渗透性、水压头的大小以及水源的补给情况。油层渗透性越好，水压头越高，且水源补给越充足，那么推动石油流动的能量就越大，油层开采效果也就越理想。

（二）气顶压力

在部分油藏中，其顶部往往积聚着大量的天然气。由于气体的密度远小于石油，因此这些天然气会在油藏顶部自然形成一个气顶。当油层开始开采，内部压力逐渐下降时，气顶中的气体会发生膨胀，这种膨胀作用会产生一种向下的推动力，从而将下方的石油从油层中推向井底。

（三）弹性压力

深埋地下的岩石，承载着上方岩层的重量压力以及孔隙间流体的液压，导致油层内的石油、天然气、水及岩石本身都受到了一定程度的压缩。随着采油活动的进行，油层内的压力逐渐降低，这时，原本被压缩的岩石、石油、天然气和水会开始发生反向的膨胀，同时孔隙空间会相应缩小。这一变化过程中，那些因膨胀而无处容纳的石油就会被"挤压"至井底。尽管单就单位体积而言，这种由岩石和流体弹性引起的膨胀力可能相对较小，但考虑到油层庞大的体积，特别是在高压油层中，这种能量在油田开发的初期往往能够展现出显著的作用。岩石与液体的弹性压力（膨胀能量）的大小，直接取决于油藏中液体和岩石的总体积、它们的压缩性能以及压力降低的幅度。值得注意的是，这种弹性膨胀能量主要在油层压力高于其饱和压力的条件下才会发挥有效作用。

（四）溶解气弹性压力

在地球深处，石油中往往溶解了一定量的天然气，且地下压力越高，溶解的天然气就越多。随着油层的开采作业进行，当油层压力降低到某一临界点时，原本溶解在石油中的天然气会开始析出，形成气泡。若压力继续下降，这些气泡中的气体会发生体积膨胀，这一过程中，膨胀的气体不仅能够携带周围的石油，还能作为一种驱动力，促使石油从油层向井底流动。

溶解气弹性压力的大小，并非孤立存在，而是与多个因素密切相关，即地层油的原始溶解油气比、溶解系数、气体组成以及温度和压力。

（五）重力

自然界的液体，包括石油和水，都遵循着重力作用的基本规律，即总是倾向于从较高的位置流向较低的位置。在地质构造中，当遇到油层倾角较大且该油层具有良好的渗透性能以及较大的厚度时，重力便成了一种有效的驱动力。在这种条件下，油和水可以借助重力的作用，沿着倾斜的岩层自然向下流动，从而将石油推向位于下方的油井底部。

上述5种能量——包括水动力、气顶膨胀力、岩石与液体的弹性压力、溶解气弹性压力以及重力作用——共同构成了油层压力的主要组成部分，它们是推动石油从油层流向井底的关键力量。尽管这些能量在大小和表现形式上各有差异，但它们在油田开采过程中都是不断被消耗的。因此，完全依赖自然能量进行石油开采，其可采储量终究是有限的。如果可以探索出一种途径，使得油层在开采过程中其能量不因消耗而衰减，就能实现石油资源从地下持续且高效地开采。经过长期的实践与探索，人类已成功掌握这一方法，即通过人工手段向油层中注入水、气体或其他适宜溶液，以此补充能量，维持油层内的压力稳定，从而确保石油开采的持续性和高效性。

二、油层石油向井底的流动

鉴于实际油田在形状、规模及能量来源上的复杂多样性，以及油层压力、油层物性等地质条件在油田间的显著差异，导致了在同一或不同油田中，可能需要采用多种不同的布井方式。其中，行列布井是指油井以行或列的形式，呈环状或一圈一圈地布局；而面积布井则是根据特定的几何形状，将油井均匀地分布于整个油田区域。在油井的开采范围内，流体在地下多孔介质储集层中的流动特性尤为复杂。多孔介质因其储容性、渗透性、高比表面积及复杂的孔隙结构，使得流体在其中的流动速度缓慢、阻力增大，且流动路径曲折多变。因此，油藏中流体的地下流动模式可大致划分为单向流、平面—径向流，或是这两种流动方式的组合形式。

（一）单向流

在远离井底的供给边缘地带，或是采用行列布井方式油田中相邻井排之间的油流，其流动模式可近似视为单向流。尽管流体质点在多孔介质中的实际流动路径错综复杂，但由于孔隙尺度极小，这些质点的流动轨迹可简化为一系列相互平行的直线。在此假设下，垂直于流动方向的任一截面上,各点的流速保持一致。

进一步地,若油层被视为水平且均质的,即地层的渗透率、孔隙度和厚度均为常数,同时流体被假定为均质且不可压缩,那么可以应用达西定律来建立单向稳定流条件下油井产量与采油压差之间的定量关系式:

油层中液体单向稳定流时的油井产量＝岩层绝对渗透率 × 液体通过油层的横截面积（油层边缘上的供给压力 – 油井的井底压力）/ 液体黏度 × 供给边缘到排液桶的距离

（二）均质液体平面—径向流

在实际油田生产过程中,对于每一口油井而言,其井底附近的油流模式可以形象地描述为从四面八方汇聚而来。这种流体流动方式被称为平面—径向流,其显著特征在于流线呈现出向井管中心逐渐汇集的直线形态。

设想一个水平延展、质地均匀且厚度一致的圆形地层模型,其外部边缘紧密连接着一个丰富的液态资源供应源。在此地层的正中央,设有一口专门用于开采的油井,这口井完全贯穿了整个油层的厚度,且井身直接暴露于油层之中,便于高效地抽取油层中的资源。按照达西定律,就能推导出平面—径向流油井产量的公式,即

油层中液体平面—径向流时的油井产量＝2π × 地层渗透率 × 油层厚度 ×（油层边缘上的供给压力 – 油井的井底压力）/ 液体的动力黏度 × ln 供给半径 / 油井半径。

产量与采油压差（油层边缘上的供给压力—油井的井底压力）和地层的流动系数（地层渗透率 × 油层厚度 / 液体的动力黏度）成正比。显然,提升油井产量的策略可归结为两大方向:一是通过增大采油压差来实现,具体方法包括增强供给压力,或相应地降低井底压力。在油田开发中,一般力求避免井底压力降至饱和压力以下,因为这将导致地层中出现油气两相流,进而降低油相的渗透率,影响石油的开采效率。为了提升驱油能量并维持油井的长期稳定高产,一种有效的策略是采取人工注水措施,向油层中补充地层能量,从而使油层压力保持在适宜水平。二是提高地层的流动系数,这也是优化开采效果的关键途径之一。流动系数由地层渗透率、油层厚度与液体动力黏度值共同决定。为了提升这一系数,可以采取多种增产措施,如通过技术手段增强地层的渗透率,尤其是针对井底附近区域进行重点改善;或者通过降低原油的黏度,减少流动阻力,以促进石油更加顺畅地流向井底。

第三节　石油的开采

一、石油开采的历史

公元 977 年,中国北宋时期编纂的《太平广记》一书,首次引入了"石油"这一术语,标志着对这类能源认知的新篇章。随后,北宋时期的杰出科学家沈括（1031—1095 年）,在其著作《梦溪笔谈》中,基于石油"源自水边砂石之间,与泉水混杂,缓缓渗出"的独特性质,赋予了它"石油"之名,这一命名既形象又贴切。

向前追溯,中国大约在公元 4 世纪或更早时期,便已经掌握了钻探油井的技术。当时,

人们巧妙地利用竹竿绑上简易钻头，成功打穿了深达 245 m 的地下，这是世界上已知的最早油井之一。石油的早期应用之一，便是利用其蒸发盐水的能力来生产盐，这一发现极大地促进了当时盐业的发展。到了公元 10 世纪，人们更是利用竹管将油井与盐泉相连，实现了更为高效的资源利用。而在古代波斯，石油同样扮演着重要角色。据波斯人的碑文记载，当时上层社会主要将石油应用于制药和照明两大领域，这不仅展现了石油的多样用途，也反映了古代文明对石油价值的深刻认识与利用。

公元 8 世纪，阿拉伯帝国阿拔斯王朝的新兴都市巴格达，作为伊拉克的首都，其街道铺设采用了先进的柏油材料，这些柏油源自当地丰富且易于获取的石油资源。时间推进到公元 9 世纪，里海之滨的巴库见证了油田开发的繁荣景象，人们开始从这片土地上提取石脑油，以满足日益增长的能源需求。公元 10 世纪的著名地理学家马苏迪（Al-Masudi），在其著作中详细记录了这些油田的地理位置及生产情况，为后世留下了宝贵的资料。而到了 13 世纪，意大利旅行家马可·波罗（Marco Polo）在其游记中也提及了巴库的油田，他生动地描述了那里油井的产量之巨，足以装满数百艘船只，展现了当时石油产业的繁荣景象。

1853 年标志着石油工业迈入近代化发展的新纪元，这一年见证了石油蒸馏技术的诞生，这一创举被普遍视为石油工业近代化进程的开端。波兰科学家阿格纳斯·卢卡西维奇（Ignacy Lukasiewicz）通过精湛的蒸馏技艺，成功从石油中提炼出煤油，这一成就不仅推动了能源利用的进步，也预示了石油产品多样化的未来。紧接着，在 1854 年，卢卡西维奇在波兰南部的克罗斯诺地区揭开了"岩石油"的神秘面纱，并创新性地利用当地设施，将一家酿酒厂改造为世界上最早的炼油厂之一，开启了石油加工的新篇章。这些革命性的发明迅速跨越国界，传遍全球。1861 年，莫兹诺夫在巴库这片资源丰富的油田上，建立了俄罗斯首家炼油厂，进一步推动了石油工业的规模化发展。值得注意的是，早在 1848 年，俄国工程师就已在巴库东北方向成功钻探出第一口具有现代意义的油井，为后续的石油开采奠定了坚实基础。与此同时，北美洲的石油工业也在悄然兴起。1858 年，詹姆士·米勒·威廉斯（James Miller Williams）在加拿大安大略省的油泉（Oil Springs）地区，成功开采出北美大陆上的第一口商用油井，开启了北美石油开发的先河。而后的 1859 年，则是美国石油史上具有里程碑意义的一年，埃德温·德雷克（Edwin Drake）在宾夕法尼亚州泰塔斯维尔附近的钻井作业中，首次发现了石油，这一发现不仅激发了美国国内对石油资源的浓厚兴趣，也标志着美国石油工业的正式起步。

19 世纪，石油工业的主要需求是煤油和油灯。20 世纪早期，石油工业开始成为各国关注的焦点，由内燃机带动的石油需求至今仍没有发生太大的变化。由于早期发现的石油资源消耗殆尽，引发了对石油勘探开发的热潮，从而出现了得克萨斯州、俄克拉何马州和加利福尼亚州的"石油繁荣"。很多具有重大意义的油田是在 1910 年发现的，这些油田的所在地有加拿大、荷兰的东印度群岛、伊朗、秘鲁、委内瑞拉和墨西哥。

步入 21 世纪，石油依然是驱动全球约 90% 汽车行驶的主要燃料来源，其重要性不言而喻。在美国，石油占据了整体能源消费的显著比例，达到 40%，然而，在电力生产领域的贡献则较为有限，仅占 2%。

石油不仅是全球最为关键的商品之一，更是众多交通工具高效运行的基石，同时也是诸多工业化学制品不可或缺的原材料。为了争夺石油资源及其控制权，历史上曾多次爆发军事冲突，凸显了其在国际政治经济中的战略地位。

就全球范围而言，易于开采的石油资源分布高度集中，其中约80%的储量坐落于中东地区。这一地区中，5个阿拉伯国家更是占据了绝大部分份额，合计占比高达62.5%。具体而言，沙特阿拉伯独占鳌头，拥有12.5%的储量，紧随其后的是阿拉伯联合酋长国、伊拉克、卡塔尔和科威特，这些国家共同构成了全球石油供应版图中的重要一环。

二、石油开采的方式

油田开发的核心使命在于以经济高效的方式，最大限度地提取地下石油资源。在油田的初始开发阶段，若油层蕴含的能量充足，不仅能够推动石油自然流向井底，还能进一步借助这股力量，通过井身及井口设备，将石油连续、顺畅地提升至地表。这种依赖油层自身能量完成采油作业的方法，被业界称为自喷采油。油田开采的进程中，随着油层内能量的逐渐耗散，其固有的天然能量逐渐变得不足以克服重力，将石油自发地推送至地表，维持原有的自喷能力。在此情况下，为确保石油能够持续且有效地被开采至地面，必须采取人工措施，从地面向油层补充能量，借助这些外部能量将石油提升至地表。

按照补充能量方式的不同，可分为气举采油和机械采油。因为气举采油和自喷采油的原理相同，所以本小节只简单介绍自喷采油和机械采油。

（一）自喷采油

为了深入理解油气混合物如何从地层顺利流动至地面，首要任务是全面掌握井身结构及其井口装置的工作原理，因为这两者是引导和控制油气混合物流动方向及调节其流量的关键所在。

1. 井身结构

井身结构作为油井的核心组成部分，是在钻井作业完成后，根据井眼的实际情况，下入多种规格不同的套管来构建而成的。这些套管各司其职，共同确保油井的稳定与安全。

表层套管是井身结构中的第一层保护屏障，它在钻井初期即被下入井中，深度依据上部地层的不稳定程度和松软性而定，通常在几十米至几百米之间。其主要目的是防止易坍塌的地层发生垮塌，同时隔绝地表常见水源，避免其渗入井内，干扰钻井作业的正常进行。技术套管（亦称中间套管），则是在钻井过程中，针对那些更为复杂、难以控制的地层而采取的进一步保护措施。它的下入旨在防止这些地层的突然塌陷，以及高压地下水对井内作业环境的威胁，从而确保钻井工程的顺利推进。然而，若油井深度较浅且地下地质条件相对良好，技术套管的下入则可视情况而定，并非必须。

油层套管是钻井过程中，在成功穿透油层之后安装的一层关键套管。它的主要作用是稳固井壁，同时开辟出油气流动的通道，有效隔离水层与宝贵的油气层。安装时，各层套管与井壁之间会填充水泥，通过固化作用将它们紧密地结合在一起，确保结构的稳固性。当水泥完全凝固后，会利用射孔器从油层套管内部下降至油层所在深度，通过射孔操作穿透套管及周围的水泥层，形成多个小孔，使石油能够顺畅地通过这些小孔流入井内。此外，油层套管内部还会设置一层直径较小的油管，作为石油的主要输送通道。在正常生产期间，石油将沿着这根油管流向地面。而油管与油层套管之间的环形空间，则提供了宝贵的操作空间，可用于进行洗井、修井等维护作业，确保油井的长期稳定运行。值得注意的是，井筒的设计深度通常会超过油层的实际深度，这一设计考虑到了油流中可能携带的沙子以及井口可能掉落的杂物，防止它们进入并堵塞油层，从而保障油井的高效、安全生产。

2. 井口装置

自喷井的井口装置是一个综合性的构造，具体由套管头、油管头以及采油树这三大部分紧密组合而成。鉴于该装置在外观上形似树木，因此在业内被广泛地称为"采油树"。套管头在井口装置的最下部、套管的最上端，其作用是密封油管与油层套管间的环形空间，不使油气漏失，同时承担整个井口装置。

油管头，作为井口装置的核心组件之一，位于其结构的中心位置，稳稳地安装在套管四通的上方。它不仅承担着悬挂油管的重任，还巧妙地发挥着密封功能，确保油管与油层套筒之间的环形空间得到有效隔绝，防止油气泄漏或杂质侵入。

而油管头之上的部分，统称为采油树。这棵"树"上挂满了各种功能性的"枝叶"，包括生产阀门、油嘴套、油管四通、清蜡阀门以及压力表等关键部件。采油树的主要职责是精准地控制和调节油井的生产过程，确保油气能够按照预定的路径，顺畅地流向集油管线。同时，它还具备应急处理能力，在必要时，通过操作总阀门可以迅速关闭油井，保障生产安全。

油管头之上，首先连接的是总阀门，它是控制油气流动的总开关。紧接着，总阀门上方是油管四通，这个四通结构巧妙地实现了油气的分流与合流。在油管四通的两侧，分别安装有生产阀门，这些阀门的外侧套有油嘴套，内部装有可替换的油嘴，以适应不同的生产需求。在日常生产中，通常使用一侧的油嘴进行油气输送；而当需要对一侧油嘴进行检查或更换时，可以迅速切换至另一侧油嘴，确保生产的连续性和稳定性。

油管四通之上接有清蜡阀门和专门用于存放刮蜡片的防喷管。刮蜡片通过一根细钢丝与防喷管顶端的滑轮相连，再由滑轮引导至清蜡绞车，形成了一套完整的清蜡系统。

油嘴在油井生产中扮演着至关重要的角色，它根据油层蕴含的能量大小，精细地限制并调节着油井的采油量，同时巧妙地管理着天然能量——地层压力的释放。油嘴的孔眼设计多样，直径范围广泛，从小至仅 2~3 mm 的精细孔眼，到大至 20~30 mm 的宽阔通道，以满足不同油层条件和生产需求。在油田开发的初期阶段，油层往往蕴含着丰富的能量。如果不通过油嘴进行合理的节流控制，油井的产量可能会急剧攀升，远远超出合理的采油范围。这种超量开采不仅会导致油层能量的迅速消耗，还可能引发一系列严重问题，如油层结构的稳定性受损，出现坍塌现象，以及大量砂石的涌出，这些都会对油井的长期生产能力和安全性构成威胁。更为严重的是，油层能量的过早衰竭还会引发油井的一系列不良表现，如产量间歇性下降，甚至完全停喷，严重影响油田的整体开发效益。所以，在自喷井采油过程中，科学合理地选择和安装油嘴显得尤为关键。通过油嘴的有效调控，可以确保油层保持一定的压力水平。

油管压力表所展现的数值，实为油、气自井底历经长途跋涉至井口后所剩余的压力值。这一数值的波动，核心受制于井底压力的高低，而井底压力本身，又是油层压力的直接反映。所以，通过密切关注油管压力的变化趋势，能够洞察地下油藏的动态变化，为生产管理提供宝贵依据。套管压力表所指示的，则是油管与套管之间的环形空间内，油、气在井口位置的剩余压力。在油井脱气现象不显著的情况下，套管压力亦能作为油井能量状况的一个间接指标，为油井产能的评估提供参考。油管压力与套管压力，两者相辅相成，共同构成了反映油井生产状况的晴雨表。在日常的油井管理工作中，及时、准确地观测并记录这两项压力指标，进而深入分析其背后的变化原因，对于保障油井高效、稳定运行，以及及时发现并解决潜在问题，具有不可估量的价值。

3. 石油在井筒中的流动

石油在油层内部压力（能量）的推动下，自然流向井底，随后沿着油管攀升至井口。在井口处，石油经过油嘴调控，最终沿着集输管道流向计量站进行后续处理。显然，为了确保石油能够稳定且持续地从井口喷出，必须在井底与井口之间构建足够的压力差。这意味着井底必须储备足够的能量，才能克服重力和摩擦力，将石油顺利举升至地面。这些能量主要源自两个方面：一是液体的压力能，二是气体的膨胀能。

（1）液体的压力能

液体压力能，指的是石油自油层流入井底后所剩余的能量，这一能量在石油工业中被称为井底流动压力，简称井底流压或流压。它是推动石油沿井筒向上，直至地面的关键动力。然而，在实际的举升过程中，流压的能量并不能完全转化为石油的势能，因为还需确保石油在流经油嘴前维持一定的油压，以保障流动的稳定性和连续性。同时，结合石油的相对密度这一物理特性，可以计算出石油实际能够被举升的高度。若这个高度超过了井筒的实际深度，那么在地层能量的驱动下，石油便能自行喷涌至地面，形成自喷现象。

然而，在实际开采过程中，仅仅依赖液体压力能实现自喷的油井并不多见。通常，只有当油层压力显著高于液体压力能，并且井口压力也超过原油的饱和压力时，油井才具备仅依靠液体压力能进行自喷的条件。

（2）气体的膨胀能

在自喷采油井中，随着石油逐渐接近井口，油管内的压力逐渐降低，这一过程中，气体膨胀的能量扮演了重要角色。当石油下降至井筒中某一特定高度，该处的压力恰好等于原油的饱和压力时，天然气开始从石油中析出，形成油气混合物。随着油气混合物继续上升，井筒内的压力进一步降低，已析出的气体因压力减小而膨胀，这种膨胀不仅帮助提升了石油，还促使更多的天然气从石油中分离出来。所以，沿着井筒向上，随着压力的持续降低，油气混合物中的气体含量逐渐增加，即气油比例逐渐增大。

油中混入气体后，这些气体产生了双重效应：首先，它们显著降低了油气混合物的整体密度，使得混合物变得更加轻盈；其次，气体的膨胀过程为原油的举升提供了强大的动力支持。在井筒中，油气混合物的流动实质上构成了一种复杂的两相流动现象，即气体与液体在垂直管路内的两相流动。关于油气两相在垂直管路中的流动规律，学术界已进行了广泛而深入的研究，旨在揭示其内在机制和特性。然而，这一领域的研究面临着诸多挑战，因为影响油气两相流动规律的因素错综复杂。例如，气体在井筒内上升的过程中，其比容会随着压力和温度的变化而发生显著变化；同时，两相流动过程中既存在因摩擦而产生的阻力损失，也存在因相间滑脱而导致的额外损失（漏失）。此外，流动压力梯度还受到多种因素的共同影响，包括油管内径、管壁的相对粗糙度、油管与垂直方向的倾斜角度、流动速度、液体和气体的密度与黏度，以及它们之间的界面张力等。更为复杂的是，液体和气体在流动过程中会形成多种不同的空间排列和占据方式（流动形态），这些形态的变化进一步增加了流动规律的复杂性和不确定性。鉴于上述因素，尽管已进行了大量研究，但油气两相在垂直管路中的流动规律至今仍未能在理论层面得到完全解决。

利用气体膨胀产生的能量来举升原油，主要依赖于两种机制：一是气体直接对原油施加垂直向上的推力，促使其上升；二是通过气体与液体之间的摩擦力，气体能够"携带"原油一同上升。然而，在气体举升原油的过程中，油气两相流所引起的摩擦阻力损失相比单相流（仅有液体或气体的流动）要大得多。这种增大的摩擦阻力损失，主要源于油气两相在油管内的复杂相互作用及其空间排列方式。具体来说，油气两相流中的气体和液体分子间会发生频繁的碰撞和摩擦，同时，它们之间的空间排列（流动形态）也会随着流动条件的变化而变化，这些都会增加流动的阻力。

当气量较少时，气体以微小的气泡形式均匀地散布在液相原油中，形成所谓的泡沫流。在此状态下，原油构成了连续相，而气体则作为分散相存在。这种流动模式的一个显著特点是，气体的流速通常大于原油的流速，导致两者之间存在速度滑差。由于举升作用主要依赖于气泡与原油之间的摩擦作用，这种流动模式下的举油效果相对不佳。

随着气量的逐渐增加，原先的小气泡开始合并成较大的气泡，这些大气泡逐渐占据了油管截面的大部分空间。此时，混合物中的流动结构发生了变化，形成了含有气泡的液柱和含有液滴的气柱交替出现的段塞流。在段塞流中，大气泡成为主要的驱动力，它们有效地承载着油液向上运动。由于气体的膨胀特性得到了充分利用，油气之间的速度差异被控制在较低水平，即速度滑差减小，从而显著提升了举油效果，确保了油液能够顺畅且高效地被提升至目标位置。

随着气量的进一步增加，气泡不仅在垂直方向上扩展，还逐渐跨越原本分隔它们的高黏度油柱，相互连接形成更大的气泡网络。这一变化导致油被这些不断扩展的气泡网络推向管道的内壁，形成油被挤压至管壁的现象。这样，油管中心逐渐形成了一个连续的气相通道，而原油则被挤压至油管壁附近，形成了一层薄薄的油膜。同时，在液相中仍可见到气泡的存在，而在气相中则出现了雾状的油滴。在这种状态下，气体以极高的速度流动，并通过与油滴之间的摩擦作用，试图携带它们一同向上运动。然而，由于油滴在气相中的分布较为分散，且气相的流速过快，导致油滴难以被有效地携带，从而形成了所谓的环雾状流，使得举油效果相较于其他流动模式有所变差。

随着压力的持续降低，气体量显著增长，这一过程导致原本附着在管壁上的油膜逐渐变薄，直至最终完全消失。此时，气体成为流动中的连续相，而原本分散在油中的油滴则被气体携带，两者共同向上运动。在这种特殊的流动状态下，气液两相之间的速度差异变得极为微小，几乎可以忽略不计，这种现象被称为速度滑差极小。这种流动形态，通常称为雾状流。在雾状流中，原油以微小的油滴形式散布在高速流动的气相之中，气体主要依赖其高速运动来尝试携带这些油滴向上移动。然而，由于雾状流中油滴的分散性和不稳定性，以及气体流速过高，导致气体对油滴的携带能力有限，油滴容易在气流中发生分离或聚集，从而导致气体举油效果变得更差。

在石油通过同一油井上升的过程中，随着压力的不断降低，气体的体积会相应增大，这一过程中油井内可能同时展现出多种不同的流动型态。具体而言，油井的下部可能呈现为泡沫流，其中小气泡均匀分布在液相原油中；随着气量的增加，中部则转变为段塞流，此时大气泡与含有液滴的气柱相互交替，形成段塞结构；而当气液体积比显著增大时，上部则可能出现环雾状流，表现为油管中心为连续气相，周围油膜附着，气相中夹杂着雾状油滴。通常情况下，自喷井中最为常见的流动型态是段塞流。然而，在气液体积比较大时，如油管上部，由于气体体积的显著膨胀，则可能出现环雾状流。而在凝析油田中，由于气体含量相对较高，且原油在压力降低时易于气化，因此雾状流更为常见。

油气混合物在井底强大的流动压力（能量）驱动下，沿油管向地面流动的过程中，其能量逐渐耗散，伴随而来的是压力的持续下降。这一能量消耗过程可细分为几个部分：首先，油气混合物的自身重量产生了静水压力；其次，在上升过程中，油气之间以及它们与油管内壁的摩擦产生了阻力，进一步消耗了能量；再次，由于油气两相之间存在速度差异（速度滑差），还会产生滑脱损失；最后，当油气混合物抵达井口时，虽然仍保留有一定的剩余能量（以油压形式存在），但相较于起始时的能量已大幅减少。

井底的流动压力主要承担着两个关键任务：一是推举油气混合液柱向上移动，二是克服在上升过程中遇到的各种阻力（包括摩擦阻力和滑脱损失）。而油气混合物流至井口后所剩余的油压能量，相对而言是有限的。

综上所述，对油井自喷过程进行定性分析可以明确：油井能够实现自喷，其根本原因在于井底油气所蕴含的能量大于或等于在整个自喷过程中消耗的能量。只有当这一条件得到满足时，油气才能克服重重阻力，顺利地从井底流向地面。

（二）机械采油

在石油开采的进程中，部分自喷井在经历一定时期的生产后，若未能获得外部能量补充，其油层压力将持续衰减，直至降至无法维持油井自喷的临界点。同时，也存在一些油田，其原始油层压力本就偏低或地层条件不佳，导致油井自开采之初便难以实现自喷。特别是位于油田边缘地带的油井，往往因天然气含量不足且原油黏度较高，显著降低了流体的流动性，使得这类油井大多不具备自喷条件。对于上述不具备自喷能力的油井，机械采油技术成为必要的开采手段。当前，全球范围内广泛应用的机械采油方法主要包括三种：游梁式抽油机搭配深井泵装置、水力活塞泵以及电动潜油离心泵。这三种采油技术各具特色，均能灵活适应不同井深、不同产量的开采需求，有效确保了石油资源的顺利开采与利用。

另外，我国还使用了射流泵采油，这种泵结构简单，管理方便，适用于找井和小产量井，在此只对机械采油的主要方法进行探讨，具体内容将在第九章第一节进行详细论述。

1. 电动潜油泵采油

在采油作业中，采用抽油机—深井泵装置时，其工作原理涉及地面上的电动机与井下的抽油泵之间的动力传输。这一过程中，电动机产生的动力需通过长距离的抽油杆传递至井下的抽油泵，以实现原油的抽取。然而，这种传输方式存在显著的能量损失问题：仅有小部分动力直接用于抽油作业，大部分能量则消耗在了抽油杆的上下往复运动中，造成了浪费。为了克服这一弊端，电动潜油泵应运而生。作为一种创新的无杆抽油泵系统，电动潜油泵集潜油电动机与潜油离心泵等关键部件于一体，直接置于油井内部工作。

采油时，把电动潜油泵整个装置置于深达几百米乃至上千米的油井之中，该系统通过电缆与位于井口的电源相连，电缆则紧紧依附在潜油电动机上直至井口。一旦接通电源，潜油电动机随即启动，驱动潜油离心泵内的多级叶轮开始高速旋转。每一级叶轮均对井底原油施加额外压力，经过多级叶轮的连续增压作用，原油便能在极高的压力推动下，从井底顺利流至井口。

潜油电动机的运作原理与地面电动机一脉相承，均基于电磁感应理论实现动力转换。然而，在形态构造上，潜油电动机展现出了独特的适应性设计。鉴于其需要深入油井内部，在高压、高温且富含原油的极端环境中作业，潜油电动机被精心打造为细长形态，以更好地适应油井的狭窄空间并顺利下至指定深度。此外，为了确保潜油电动机在恶劣的井下环境中能够稳定运行而不受原油侵蚀或发生泄漏，其密封性能受到极大的重视。

由于潜油电动机与潜油离心泵直接相连，这种直接驱动的方式有效避免了中间环节的能量损耗，从而显著提升了整体工作效率。相较于传统的抽油机—深井泵系统，电动潜油泵的效率要高得多，并且在实际运行中能够显著降低电能消耗。同时，它可用于很深的高产量油井，便于实现油田生产自动化。

2. 水力活塞泵装置采油

水力活塞泵装置是一种液压传动无杆采油设备，它由地面装置和井下装置两部分组成。地面装置包括高压柱塞泵机组、井口装置、管线系统和流量计、水套炉、储油罐、油气分离器等。井下部分包括水力活塞泵机组、封隔器、单流凡尔和动力油管等。地面上的柱塞泵负责将储油罐内经过充分沉淀的原油吸入泵体内部，随后对原油进行加压处理，形成高压原油（动力液）。这股高压原油随后通过专门的高压管线和井口处的四通阀，被精准地送入井下。在井下，这股高压动力液驱动水力活塞泵中的液马达进行上下往复运动，进而带动与之相连的地下抽油泵开始工作，实现原油的抽取。经过液马达的工作过程，动力液与地层中采出的原油混合，通过油套管之间的环形空间被输送至井口。随后，这一混合物通过井口设置的四通阀，顺利流入油气分离器中进行处理。在油气分离器中，原油与气体得到有效分离，脱气后的原油被重新导向储油罐进行储存。在储油罐内，原油经过一段时间的沉淀处理，其后续处理路径分为两条：一部分原油被送入地面的柱塞泵中，经过加压处理，再次被注入地下，以实现循环再利用，提高资源利用率；而另一部分经过沉淀的原油，则直接输送至集油中转站，准备进行进一步的加工处理或转运。

水力活塞泵主要用在中等产量和高产量的油井，适合于深井、条件复杂的井、方向井及斜井，不管是稀油还是稠油都能正常工作，但原油含砂不应超过 0.5%，否则，易损坏活塞泵。

第四节　油井的剩余能量及其利用

油井的产量直接受到采油压差的影响，这个压差是指地层压力与井底压力（也称为流动压力）之间的差异，二者之间呈现正比例关系。在油田的开发阶段，地层压力的变化速率是极其缓慢的，因此在短期内，可以近似地认为地层压力保持不变，这一值几乎等同于油井关闭（关井）后井底所达到的静压力。

油井中的产出物，在通过油管、油嘴、地面集输管道系统以及油气分离设备后，最终会进入储油罐中。在油管、油嘴以及地面集输管道系统的配置保持不变的情况下，这些产出物的流量主要由井底与油罐之间的压力差所决定。由于油罐通常维持在常压状态，因此，油井的实际产量实质上仅依赖于井底压力的变化,是井底压力的一个直接函数。

在地层压力一定的情况下,由以上所述可得出如下分析。

①油嘴越大,井底压力越小,采油压差就越大,油井产量就越高。

②当采油过程中,采油压差被提升至某一临界水平,导致井底压力降至饱和压力以下时,一个显著的现象是石油不仅在井底,甚至在油层内部就会发生脱气作用。这一过程伴随着油气比的显著上升和油相渗透率的相应下降,进而增大了流体在油层中的渗流阻力。这一变化直接导致了油井产量的增长停滞或仅有微小增加,对油田的合理开采、维持油井的长期稳定高产造成了不利影响。因此,在采油作业中,不能盲目地追求增大采油压差,而应当综合考虑油田的地质特征、地层能量状况等因素,科学合理地设定采油压差。

③为了最大化油井产量并确保地层能量的高效利用,在采油过程中应极力避免采用溶解气驱动的方式,因为这可能导致地层能量过快消耗。因此,维持井底压力(流动压力)始终高于饱和压力,成为生产中的关键要求。井底压力与饱和压力之间的差值,称为流饱压差,它是评估油井生产是否处于合理状态的一项重要指标。基于这一认识,必须按照各油田的具体地质条件和生产状况,设定一个合理的流饱压差界限。在这个界限内进行采油作业,既能保证油井产量达到较优水平,又能有效减缓地层能量的消耗速度,从而实现油井的长期稳定生产和高产目标。

④在采油生产的管理过程中,采油压差可以通过调整油嘴的大小来有效控制。为了优化生产效果,应选择那些能够实现较高产量、保持较低油气比、确保井底压力始终高于饱和压力,并且尽可能延长自喷生产时间的油嘴作为最佳配置。这样的选择有助于将采油生产稳定在一个高效且可持续的工作点上,从而实现生产效益的最大化。

地层剩余能量,特指自喷井中油气混合物自井底流至井口后所保留的能量,这一能量在管道系统中体现为油管压力,简称油压。此剩余能量具备双重用途:一部分可高效用于油气集输作业,推动油气混合物沿地面集输管线顺畅流动至计量站或接转站;另一部分则在油嘴处消耗,具体表现为油嘴外部对油气混合物沿管线流动产生的阻力,即回压。回压,作为油嘴外出油干线压力对井口油管压力的反作用力,不仅是油气混合物在管道中传输及后续分离过程的驱动力,也是设计集输管线时的重要参考依据。理想的回压设置应兼顾两方面:既要确保不影响油井的正常生产,又要最大化利用油井的剩余压力,以延长输送距离。广泛的生产实践,无论国内国外,均证实了提高集输压力所带来的显著优势:它能促使更多伴生气溶解于原油中,有效降低原油黏度,进而减少管道输送过程中的水力损失,提升油气分离效率;同时,支持多级分离技术的应用,使得原油与大部分伴生气能够实现自压输送,简化集输流程,降低了电能消耗与工程投入,实现了投资成本的节约;此外,还为实现常温输送创造了有利条件,进一步降低了集输过程中的自耗燃料量。

通常而言,当回压与油压之间的比值较小时,意味着更多的能量被消耗在油嘴处,这种情况对于维持油井的稳定生产是有利的,这也是采油工程师所期望的。然而,从另一方面来看,较低的回压(集输系统可利用的压力)会导致油气集输工程的设计变得不那么高效合理,这是集输工程师所不愿见到的。为了平衡油田开采效率与地面油气集输工程建设的合理性,自喷井在设计时采用的回压值通常会设定为工程适应期间最低油管压力的0.4~0.5倍。在我国油田的实际操作中,明确规定自喷井的井口回压不应低于0.4×10^6 Pa,以确保既能满足油井稳产的需求,又能兼顾集输系统的经济性和合理性。

在工程项目的长期使用过程中，油管压力通常是一个动态变化的参数，其趋势往往随着油田开发时间的延长而逐渐降低。在此背景下，设定回压为工程适应期间油管可能达到的最低压力的 0.4~0.5 倍，这一做法并非对回压值进行绝对限制，而是基于一种更为保守和不利的压力条件来规划油气集输系统及接转设施的设计。这样做的目的是确保设计的完善性和配套性，以应对未来可能出现的压力下降情况，而非简单地约束回压在工程适应期的最初几年内不得超过这一范围。实际上，根据油田的具体条件和开发进度，在工程适应期的前几个阶段，完全可以灵活地采用相对较高的回压值。这样做的好处在于能够简化集输工艺的流程，推迟或简化接转设施的建设，从而有效减少动力消耗，降低初期投资成本。

抽油机井的产量在一般情况下对回压的变化并不敏感，即回压在合理范围内波动时，不会对抽油机井的产量造成显著影响，同时也不会导致抽油机负荷或电耗的大幅增加。这一特性为适当提高集输系统的压力提供了有利条件，有助于优化油气集输过程。然而，对于机械采油作业而言，集输系统的压力并非可以无限制地提高。当抽油机井的回压超过一定阈值时，会加剧抽油机设备的机械磨损，特别是对其密封部件造成不良影响，如盘根磨损、法兰呲垫等问题，进而增加维修工作量和维护成本。此外，过高的回压还会增加抽油机的运行负荷，导致电耗上升，降低整体能效。更为重要的是，过高的回压还会对集输系统中的阀门、管线以及分离器等关键设备提出更高的压力等级要求，这不仅会增加对高强度钢材等原材料的需求，进而提升建设成本，还可能对系统的整体稳定性和安全性构成潜在威胁。

显然，集输系统的压力设定以及自喷采油向机械采油转变的临界压力等核心技术参数，必须严格遵循油田的整体规划蓝图，并借助技术经济性评估的对比结果来最终确定。

值得注意的是，无论是自喷井还是抽油机井，它们所能自然利用的能量资源终究是有限的。一旦这些自然能量被充分利用，为了维持生产，就必须增设中转设施。这些设施利用泵和压缩机的力量，分别将油和气体高效输送至原油处理站、油田矿场的原油储存库以及压气站。此外，在油区地形复杂多变的情况下，若能够巧妙布局各个环节的位置，还能利用地形的高度差（势能）优势，实现原油自流输送至预定地点，或者先自流至某一中转站，再行转输，从而进一步优化输送效率并降低成本。

第二章 油田开发方式选择

油田作为不可再生的自然资源，其高效开发对于满足国家能源需求、推动经济发展具有重要意义。然而，油田地质条件的复杂性、原油性质的多样性以及环境保护要求的日益严格，使得油田开发方式的选择变得尤为复杂和关键。科学合理的开发方式不仅能最大限度地提高油田采收率，还能有效降低开发成本，减少对环境的影响，实现油田开发的可持续发展。本章围绕驱动方式的选择、开发层系的划分与组合、油田注水方式的选择等内容展开研究。

第一节 驱动方式的选择

一、驱动方式的选择与确定

在油田的开发过程中，驱动流体运移的能量可能有多种，单纯一种能量驱动流体运移的情况较少，往往是多种能量共同作用，但是这些驱油能量中一般会有一种主要的驱油能量。但驱油能量可能随油田开发的进行而发生改变。以边水油藏为例，若其边水活动较为频繁，则在开发初期，随着油藏内部压力的逐渐降低，油藏的弹性能量将首先发挥作用，推动原油的流动。然而，随着开发进程的深入，当油藏压力逐渐趋于稳定时，水压能的作用开始显现并占据主导地位，此时弹性能的作用相比之下变得不那么明显，仿佛被水压能所"掩盖"。如果边水活动不够活跃，而油藏中的某些局部区域为了强化采液效率，采取了加大开采力度的措施，这可能导致这些局部区域的油层压力迅速下降，直至低于饱和压力。在这样的条件下，原本溶解在原油中的溶解气会开始析出，并转而依靠其弹性作用来驱动原油流动，从而在这些局部区域形成溶解气驱的开采模式。

在油田工程设计的核心环节中，驱动方式的选择与确定是不可或缺的论证项目。此过程需综合考量如何高效利用天然能量，同时确保油藏能量的有效保持，以满足既定的合理开采速度及稳产时间的设计标准。对于依赖天然能量开发的油藏来讲，预测并控制开采末期油藏总压降在可接受范围内至关重要，以确保油藏的稳定性和可持续性。而对于那些需要人工补充能量的油藏，则需按照具体的油藏地质特征和开采实际情况，科学确定补充能量的最佳时机。在此过程中，确保油层压力不低于饱和压力是基本原则，同时需结合油藏开采的最终采收率预期及经济效益分析，来论证并确定适宜的注入工作剂种类及注入方案，以实现经济效益与生产效益的最优化。

此外，驱动方式的选择还要考虑到地层性质和流体性质。例如，对于储层非均质性较弱，渗透率较高，原油黏度适中，水敏矿物少的油田，采用水压驱动的方式是合适的。对于垂向渗透率较高，地层陡峭，地层倾角在10°～20°，顶部渗透率较高的气顶油气藏，可以考虑顶部注气的气压驱动方式。

开发速度、地面状况、经济因素等方面的影响也需要考虑。例如，如果要求的油田采油速度较大，则需要采用人工注水的水压驱动方式。如果油田地处水源缺乏地，而且污水处理难度较大，可以考虑注气开发油藏。

油田在投入开发并持续生产一段时间后，其生产特征将明显反映出主导驱动能量的类型。基于这些生产特征，可以准确判断是哪种驱动机制在发挥主要作用。所以，在油田的整个开发周期内，密切关注生产动态至关重要。通过深入分析生产数据，能够精确评估并判断当前采用的驱动方式。基于这些分析，应及时采取必要的调整措施，以确保驱动方式保持在最佳状态，或者推动其向更有利于提高原油采收率的方式转化。例如，经过生产井动态监测发现油藏已经进入溶解气驱动阶段，这时可以考虑及时补充地层压力，转入水压驱动阶段，提高油藏的最终开发效果。

二、油藏驱动方式及其开采特征

驱动方式是指油藏在被开采的过程中，所依赖的主要能量来源以推动原油流动的方式。通常，这些能量源包括：边水所携带的压能、岩石与流体间形变释放的弹性能、气顶区域内压缩气体因膨胀产生的弹性能、原油内溶解气体减压后释放的弹性能，以及原油本身因重力作用而自然下流的能量等。

由于油藏驱动方式的多样性，开采过程中诸如产量、地层压力、气油比等关键性开发参数会展现出各自独有的动态变化特性。这些参数不仅构成了评估油藏开采效率与当前状态的核心标尺，也是区分和识别不同驱动机制下油藏行为特征的关键因素。因此，通过分析这些指标之间的变化关系及其与开采进程的关联，可以有效地判断并识别出当前油藏所采用的驱动方式。下面分别介绍不同驱动方式的开采特征。

（一）弹性驱动

当油藏主要依赖岩石和流体的弹性膨胀能来进行原油开采时，这种驱动方式被称为弹性驱动。在弹性驱动机制下，油藏可能不存在活跃的边水（或底水、注入水），即便存在边水也可能处于非活跃状态。此时，油藏的压力水平始终保持在高于饱和压力的状态。随着开采活动的进行，油藏内部的压力会逐渐降低，这一过程中，地层内的岩石和流体将不断释放其储存的弹性能量，进而驱动原油向井底方向流动，实现原油的开采。

（二）溶解气驱

当地层压力下降至饱和压力以下时，原本溶解在原油中的溶解气会开始从原油中析出并分离出来。这一过程主要依赖于这些不断分离出的溶解气所具有的弹性作用来推动原油的流动，从而实现对原油的驱动。这种依靠溶解气弹性作用来驱油的开采方式，被称为溶解气驱。

一个油藏若形成溶解气驱，其特点通常是无活跃的边水（或底水、注入水）存在，同时也不具备气顶，或者即便存在边水，其活动性也极低。在这种情况下，油藏的地层压力会低于饱和压力。

随着地层压力的持续降低，气体析出量显著增加，自由气体开始活跃流动。这些释放出的气体所蕴含的弹性能量，一方面被用于克服油流在流动过程中遇到的阻力，另一方面也需克服气流自身的阻力。与此同时，由于油藏中含油饱和度的降低，油相的渗透率相应下降，而气体的析出还进一步提升了原油的黏度，这两个因素共同作用，导致油流在流动时遇到的阻力迅速增大。因此，地层压力迅速下降，直接影响了油井的产能，导致产量也迅速下滑。另外，由于气体的黏度远低于原油，其在流动过程中遇到的阻力相对较小，这使得气体与原油之间产生了滑脱现象。在开发初期，由于地层中气体含量丰富，这一滑脱现象导致气油比迅速上升。然而，随着开发的深入，地层中的气体量逐渐减少，到开发末期时，剩余气量已非常有限，因此气油比也随之下降。

（三）水压驱动

当油藏存在边水、底水或注入水时则会形成水压驱动。水压驱动分刚性水驱和弹性水驱两种。

1. 刚性水驱

当油藏的原油开采主要依赖于与外界相连通的水头压力，或者通过人工注水产生的压能作为驱动力时，这种驱动方式被称为刚性水驱。

油层与边水或底水之间保持着畅通的连接，这些水层要么直接暴露于地表（存在露头），要么拥有可靠的外部水源供给。油层与水层之间的高度差异显著，形成了自然的重力驱动条件。同时，油层与水层均展现出优异的渗透性能，这意味着流体能够在其中顺畅地流动。尤为重要的是，油水区域之间并未受到断层等地质构造的显著阻隔，这意味着油水能够相对自由地流动与混合。此外，若存在注入水且注入与采出之间达到平衡状态，地层压力将维持在高于饱和压力的水平上。在这种驱动机制下，能量供给充足，足以支持开采活动的持续进行。具体而言，注入的水量能够完全补偿因开采而减少的液体量，即水侵量完全匹配并补偿了采液量，从而确保了开采活动的稳定性和可持续性。

在刚性水驱开采模式下，由于外部水源或人工注水系统的有效介入，能够即时补充开采过程中消耗的能量，从而确保地层压力在开发全周期内维持在一个相对稳定的水平。不过，随着水驱过程的持续推进，水驱前缘逐步逼近油井底部，这一现象标志着油井开始进入产水阶段。随着水驱前缘的深入，油井产出的液体中含水比例逐渐上升，即含水率持续增加，而与此同时，原油的产量则开始呈现下降趋势。尽管如此，由于水的持续注入补充了总体液体量，使得整个产液量（包括原油和水）在一段时间内能够保持相对稳定。

2. 弹性水驱

弹性水驱开采方式主要依赖于含水区与含油区之间因压力降低而释放出的弹性能量。这种能量驱动原油向生产井流动，实现开采目的。

形成弹性水驱的条件较为特殊，主要包括以下几种情况：边水虽然活跃，但其活跃程度不足以完全补偿因开采而减少的液体量；边水可能无露头直接暴露于地表，或虽有露头但水源供给不足以维持稳定的压力支持；此外，地质构造中的断层或岩性变差等因素也可能导致边水无法有效补给。在人工注水的情况下，如果注水速度跟不上采液速度，同样会出现弹性水驱的现象。

在弹性水驱过程中，随着开采的持续进行，地层压力会逐渐下降，进而导致原油产量不断减少。然而，由于地层压力始终保持在高于饱和压力的水平，所以不会出现原油中的气体大量析出并形成脱气区的情况，从而保证气油比的相对稳定。

（四）气压驱动

在油藏开采过程中，若油藏上方存在一个气顶，且该气顶内压缩的气体成为促使原油移动的主导能量源，则这种开采方式被特定地称为气压驱动。气压驱动根据其特性可细分为两大类别：刚性气驱与弹性气驱。

1. 刚性气驱

刚性气驱形成的特定条件在于：需通过人工方式向地层中注入气体，且注入量需达到足够水平，以确保在开采周期内地层压力能够维持在一个相对稳定的水平。当油藏的气顶体积明显超出其下方含油区的体积时，这种特殊的构造有助于在整个开采过程中，即便面临一定程度的开采活动，气顶内的压缩气体或整体地层压力也能保持基本稳定，即使有所下降，其幅度也极其微小。这种情形下，气顶提供的能量驱动模式便被称为刚性气驱，然而，这种自然条件在现实中较为罕见。

刚性气驱的开采过程展现出与刚性水驱相类似的特征，即初期地层压力、产油量和气油比均保持相对恒定。只有当油气界面随着开采活动逐渐靠近油井，导致油井开始受到气体侵入时，气油比才会开始上升。

2. 弹性气驱

弹性气驱形成的条件：气顶体积较小而又没有注气。在此情况下，随着原油开采量的持续增加，气顶中的压缩气体会逐渐膨胀以填补因原油采出而留下的空间。尽管在开采过程中，由于地层压力逐渐降低，会有部分原本溶解在原油中的气体被释放出来，并可能补充到上方的气顶中，但这种补充效应总体而言相对有限，对地层能量的总体贡献较小。因此，随着开采的持续进行，地层中的能量仍然会不断被消耗。随着地层压力的持续降低，原油的产量也逐渐减少。这一过程中，油藏中的气体饱和度逐渐增加，意味着气体在原油中所占的比例上升；同时，气相渗透率也相应提高，使得气体在油藏中的流动能力增强。

（五）重力驱动

靠原油自身的重力将油驱向井底时为重力驱动。

在大多数油藏的开发过程中，重力驱油作用通常与其他类型的能量驱动机制并存，但多数情况下，重力所发挥的驱油效果并不显著。重力驱动更为显著地体现在油田开发的后期，其他主要能量来源（如天然压力、溶解气驱动等）逐渐枯竭之时。此时，油层需具备特定的地质条件，如较大的地层倾角、较厚的油层厚度以及良好的渗透性，这些条件有利于重力有效地驱动原油向下流动。在开采过程中，随着含油边缘逐渐向油井底部移动，由于油柱高度的下降，油柱的静水压头（地层压力）会随时间逐渐降低。然而，在含油边缘尚未到达油井井筒之前，由于重力驱动作用相对缓慢且受其他因素影响，油井的产量可能保持相对稳定。

驱动方式在油田开发中占据着举足轻重的地位，它不仅直接决定了开发策略的选择，还深刻影响着布井方案的合理性以及工作制度的制定。具体而言，合理的开发方式、优化的布井系统以及高效的工作制度，都需要紧密依据油藏的驱动方式来进行设计和调整。此外，采收率作为衡量油田开发效果的关键指标，也与驱动方式之间存在着紧密的联系。

各个油田因其地质特性和条件差异，所采用的驱动方式各不相同，并且在开采过程中，这些驱动方式还可能随着时间和开采条件的变化而发生变化。以某一油田为例，若其地层压力在开发初期高于饱和压力，那么推动原油流入井筒的主要动力来源于压力降低区域内岩石和流体所释放的弹性能，此时该油田的驱动方式可归类为弹性驱动。然而，随着开采的深入，当地层压力逐渐下降至低于饱和压力时，驱动机制可能会转变为溶解气驱。进一步地，若油田采用人工注水的方式来补充地层能量，那么注水见效的区域，其驱动方式则会转变为水压驱动。鉴于油田驱动方式的多样性及其对开发方式和效果的关键影响，定期且深入地研究油田的生产特征，准确且及时地判断当前及潜在的驱动方式，并据此制定和调整开采策略，是确保油气田高效、高质量开发的关键。

第二节　开发层系的划分与组合

世界上所发现的绝大多数油田都属于多油层或多油藏。合理划分与组合开发层系，作为多油层油田开发中的一项核心策略，旨在有效减轻层间干扰现象，并显著提升注水的纵向波及效率。

至今发现的多数油田都具有多层或多油藏的特点。在这样的油田中，合理划分和组合开发层系是至关重要的措施之一，可以有效减少层间干扰，提高开采效率。

一、划分与组合开发层系的优势

通过合理划分和组合开发层系，可以实现以下几个方面的优势。

（一）减少层间干扰

通过科学合理地划分与组合开发层系，可以有效规避不同油层间的开采竞争与相互干扰现象，确保在开采某一油层时，不会因操作不当而降低其他油层的开采效率，从而保障整体油田开发的持续性和高效性。

（二）提高注水效果

在多油层油田的开发过程中，为了维持油藏内部压力的稳定并显著提升石油采收率，普遍采取注水策略。这一措施的关键在于科学合理地划分与组合开发层系，以此优化注水的纵向分布效果，即提高注水波及系数。通过精细调控，确保注入的水可以更精准、更高效地渗透到预定的目标油层中，从而有效扩大驱油面积，提高油田的整体采收效率。

（三）优化生产管理

对多油层油田进行合理划分和组合开发，可以更好地优化生产管理，使各个油层的开采效率达到最优，并实现整个油田的高效生产。

合理划分和组合开发层系是开发多油层油田的重要策略，能够有效提高油田的采收率和生产效率，最大限度地实现油气资源的开发利用。

二、划分与组合开发层系的原则

当不同含油气层段满足以下条件时,原则上应避免将它们合并到同一个层系中进行开发。

①储油层岩性和物性差异较大。
②油气的物理、化学性质不同。
③油层的压力系统和驱动类型不同。
④油层的层数太多而且含油井段的深度差别过大。

划分层系后,参照现有的分层注水工艺,也可以把它们划分为若干个相互对应的注、采层系。

三、划分与组合开发层系的策略

开发层系由一系列相互独立的油层组合而成,这些油层在垂向上被良好的隔层分隔开,且它们之间在油层性质(如渗透率、孔隙度等)、驱动方式(如水驱、气驱等)上相近,同时各自具备一定的储量和生产能力,以便于进行统一管理和高效开发。这些油层通常会在地下形成水平、垂直或斜向的层状结构,因此需要采取相应的开发策略来有效地开采其中的油气资源。

在开发层系中,通常会建立一套独立的井网进行开发。这个井网可能包括不同类型的井,如垂直井、水平井、多级水平井等,以满足不同地质条件下的开采需求。通过这套井网,可以实现对整个开发层系的有效开发和生产管理,从而最大限度地提高油气资源的采收率和生产效率。

开发层系是油气田开发中的一个基本单元,其有效的开发对于实现油气田的高效生产至关重要。

在一个油田地下,通常存在多个油层,每个油层的性质都有所不同,包括渗透性、压力、含油饱和度等。这些差异会影响到油层的开发方式和采收效率。

为了有效开采这些油层,通常需要进行详细的地质勘探和评价工作,以了解每个油层的特征和优势。然后,针对不同的油层特性,制定相应的开发方案和生产策略。这可能涉及选择不同类型的井,如垂直井、水平井或多级水平井,以及采用不同的增产措施,如水平井压裂、注水等。

在实际操作中,对不同油层的开采进行区分管理和优化调整是非常重要的。通过合理配置开采井网,调整开采参数,可以最大限度地提高整个油田的采收率,并确保各个油层都能够充分开发,避免部分油层过度开采而导致资源浪费或油田衰竭的风险。因此,对油田中的各个油层进行综合考虑和差异化管理是油田开发中的一项重要任务。

划分开发层系是一种有效的多油层油田开发策略,它能够充分调动每个油层出油的积极性,提高采油速度和采收率。具体来说,这种开发策略包括以下几个关键步骤和特点。

①油层性质相似性原则:把地下渗透率、延伸分布情况和油层压力相近的油层组合在一起。这样可以使得同一开发层系内的油层具有相似的开采特性和响应能力,有助于统一管理和优化开采。

②单独钻一套井网进行开发:对于每一个划分出的开发层系,都需要单独钻一套井网

进行开发。这套井网应该是根据该层系的特性和需求来设计，可能包括不同类型的井和不同的增产措施。

③相适应的开发方式和井网部署：针对每个开发层系，需要采用与之相适应的开发方式和井网部署。这可能包括调整开采参数、优化注水方案、采用水平井压裂等增产措施，以实现最优的开采效果。

④减少层间干扰：通过划分开发层系，可以有效减少好油层与差油层之间的相互干扰，避免因开采一个油层而影响到其他油层的开采效率。

通过划分开发层系并采用相应的开发策略，可以最大限度地提高多油层油田的采收率，实现油气资源的高效开发和利用。这是开发多油层油田的一种根本和有效的策略。

第三节　油田注水方式的选择

一、注水时间的确定

油田开发中，合理的注水时机与压力维持水平是核心议题之一，至今在国内外仍未形成统一的共识。总结国内外油田的实际开发经验，注水策略的实施时机大致可归为两类：一类是早期注水开发策略，尽管具体的注水启动时间因油田而异，但通常是在油田正式投入开发的1～2年后开始；另一类则是在油田自然能量接近枯竭的后期阶段，作为增强采收率的二次采油手段引入。在此阶段，油层压力的下降界限具有灵活性，既可以低于饱和压力，也可以略高于饱和压力，甚至接近原始地层压力，具体取决于油田的地质条件与开发目标。

鉴于各油田的独特地质条件及原油物理性质的差异，油田注水开发的起始时机、油层压力下降的阈值以及注水后所需维持的压力水平均应根据具体情况灵活调整，而非一刀切地应用于所有油田。因此，在制定注水开发策略时，必须充分考虑各油田的个性化需求，避免采用统一的标准要求。

仅从提升原油采收率的角度考量，适度允许油层压力略低于饱和压力，一般降幅约为10%，这种做法是可行的。原因在于，油层内保持适度的气体饱和度时，结合水驱与气驱的采油模式相较于单一注水采油，往往能实现更高的最终采收率。但是，如果追求油田的高采油速度、高单井产量以及长期的稳定生产，则必须在早期阶段实施注水策略，以有效维持油层压力。通过这样的注水管理，可以延缓油层压力下降速度，且需确保压力水平保持在相对较高的状态，以支持油田的持续高效开发。

（一）影响注水时间选择的主要因素

确定开始注水的最佳时机是一个复杂的过程，它受多方面因素的共同影响。在此，主要从最大化采收率的角度出发进行探讨，尽管经济因素如资金回收效率等同样至关重要。影响注水时机的核心要素是压力因素以及油藏的几何形态与渗透率变化。对于均质油层而言，当开采时地层压力恰好等于饱和压力时，实施注水通常能获得最高的采收率。这是因为在此条件下，注水后油层中的残余油量降至最低，且饱和压力下的原油黏度最为有利于水的注入与油的驱替。然而，在非均质油层中，若忽略自由气对残余油饱和度可能产生的影响，则注水的最佳压力应略低于饱和压力。值得注意的是，当油藏的饱和压力极低时，即便在此压力下采油速度会相对较慢，但提前开始注水仍然是一个合理的选择。对于非均质油层，若选择在高于饱和压力的条件下开始注水，虽然最终可能导致采收率略有降低，但从经济角度考虑，这种做法往往更为合理。

为了最大化可采油量，油层注水时的理想压力应设定为原始饱和压力。这一设定基于这样的原理：在饱和压力下，地下原油的黏度降至最低，这极大地提升了原油的流动性，并提升了体积波及系数，从而有效增加了产油量。饱和压力下注水的主要优势显著，它确保了生产井的采油指数能够达到峰值。由于地层在注水前已处于液体饱和状态，因此一旦开始注水，便能迅速看到效果，避免了因压力传递滞后而导致可能的生产延误。然而，与在溶解气驱开采进行到一定阶段后再注水相比，油层在原始饱和压力时即开始注水的缺点在于，为了注入相同量的水，需要施加更高的注入压力。这意味着在油田开发的早期阶段，就需要在注水设备上进行较大的投资，以满足高压注水的需求。

从提升原油采收率的角度出发，允许油层压力适度降至较低水平，以便在溶解气驱作用下开采一段时间，这一策略是合理的。原因在于，油层中形成的自由气饱和度有助于提高水驱油的效率。根据实践经验，原油物性对压力变化敏感度较低的油田，在油层压力下降至饱和压力的80%（低于饱和压力20%）时，采用水驱结合混气油的方式，可以显著提升采收率，增幅范围在5%~10%。而对于原油物性受压力影响较为显著的油田，则需要更加谨慎地管理油层压力，通常建议将油层压力保持在不低于饱和压力90%的水平，以确保最佳的采收效果。

油藏的几何形态复杂性和渗透率的空间变化同样对注水时机的选择产生重要影响。对于形状不规则的油藏，由于其体积驱油系数相对较低，因此注水采收率也普遍不高。在设定最佳注水时间时，应特别关注一次注水所能实现的采收率，以此作为决策的重要依据。为了更精确地确定最佳注水压力及相应的注水时间，可以绘制采收率与开始注水时压力之间的关系图。

（二）注水时间的选择

尽管注水已成为全球油田开发中不可或缺的关键环节，但其对各类油田及不同开发阶段的具体影响与成效却存在显著差异。针对注水时间的选择，业界通常遵循以下三种主要方式。

1. 早期注水

早期注水的显著特点在于，当地层压力尚未降至饱和压力以下时即开始实施注水作业，以此确保地层压力能够持续保持在饱和压力或以上的水平。由于地层压力高于饱和压力，油层内不脱气，原油性质较好。当注水开始后，随着油层内含水饱和度的逐渐上升，油层内部将主要呈现油、水两相的流动状态。此时，两相相对渗透率曲线能够准确地描述和反映油层流体的渗流特性，为油田开发中的流体管理和采收率优化提供重要依据。

早期注水方式的优势在于能够持续维持油层压力在饱和压力之上，这一条件有助于油井保持较高的生产能力，延长自喷开采阶段，并提供更大的生产压差调整空间，从而支持较高的采油速度和更长的稳产期。但是，值得注意的是，早期注水方式的实施也伴随着显著的经济考量。在油田开发初期，为了构建和完善注水系统以实现早期注水，通常需要投入大量的工程资金。这一初期投资可能会延长投资回收周期，对油田开发的经济性产生一定影响。所以，在选择是否采用早期注水方式时，需要综合考虑油田的具体条件、开发目标以及经济效益等多方面因素，以确保决策的科学性和合理性。

尤其是对于那些原始地层压力本就较高、饱和压力相对较低的油田而言，由于地层本身已具备一定的能量储备，早期注水的经济效益可能并不显著。[①]

在油藏开发中，面对天然能量不足的情境，注水作为补充能量的必要手段，其实施时机的选择尤为关键。具体来说，注水时间的早晚需综合考虑边水能量的强弱以及采油速度的快慢。若边水能量有限且采油速度较快，这将导致地层压力迅速下降，因此需尽早启动注水以维持压力稳定。即便对于天然能量相对充裕的大型油藏，在特定情况下亦需考虑早期注水策略。特别是当油藏面积广阔时，即便整体天然能量充足，由于采油速度较快，远离边水的区域仍可能遭受显著的压力降低，进而引发局部油井的停产。所以，在制订注水计划时，除了评估油藏的天然能量状况外，还需充分考量油藏的大小、形状等地质特征，以确保注水时机的合理性与有效性。

采用早期注水开发方式的油田，显著增强了开发系统的灵活性与可调整性，有效延长了油井的自喷生产周期，进而提升了自喷采油量，并成功降低了产水量。此模式下单井产量表现出色，极大提升了主要开采阶段的采油效率。所以，它能够在长时间内维持并提升技术经济指标，成为实现高效、可持续开采的重要途径。鉴于其诸多优势，目前我国众多油田已普遍采用早期注水开发作为主要的开发方式。

2. 晚期注水

晚期注水的特点在于，油田在开发初期主要依赖其天然能量进行开采。随着开采活动的持续进行，若未能及时补充外部能量，地层压力将不可避免地经历一个逐渐下降的过程，直至降至饱和压力以下。在这一转变过程中，原油中原本溶解的气体将逐渐析出，进而引发油藏驱动机制的改变，由原本的天然能量驱动转变为溶解气驱模式。这种转变会带来一系列影响：地下原油的黏度会增加，流动性降低；采油指数也会随之下降，反映出油井生产能力的减弱；产油量将逐渐减少，而油气比（生产出的气体与原油的比例）则会上升。

在溶解气驱阶段之后实施的注水作业，通常被称为晚期注水，而在美国则习惯上称之为二次采油。当注水开始后，虽然地层压力会有所回升，但这种回升往往仅能在较低的水平上保持稳定。由于在此过程中，大量的溶解气已经逸出，即便地层压力得到了恢复，也仅有有限的游离气可以重新溶解回原油中。因此，溶解油气比难以恢复到其原始的较高水平，原油的物理性质亦无法完全复原。所以，在注水开发后，采油指数的提升空间变得有限，难以出现大幅度的增长。此外，油层中可能残留有残余气或游离气，这些气体的存在使得注水后油藏内部可能形成油、气、水三相共存的复杂流动状态。

对于晚期注水的油田，其产量往往难以维持稳定，且自喷开采期会相对较短。特别是针对原油黏度和含蜡量较高的油田，晚期注水还可能因原油脱气而导致其呈现出复杂的结构力学性质，进一步加剧渗流条件的恶化。

晚期注水方式在油田开发的初期阶段，由于推迟了注水系统的建设和投入，因此能够

[①] 邓金宇，郝波超，吴宏山，等.新疆低渗油田注水时机的研究[J].中国石油和化工标准与质量，2013，33(18)：51.

显著减少生产投资，进而降低原油的生产成本。这种注水方式尤其适用于那些原油性质优良、油田面积相对较小且天然能量储备较为充足的中小型油田。

3. 中期注水

中期注水是介于初期自然开采与后期全面注水之间的过渡方案。在油田投产初期，主要依赖地层中的天然能量进行开采；随着开采进行，当地层压力逐渐下降至低于饱和压力，但油气比尚未达到其最大值时，适时启动注水作业。此时，油层内的流体流动状态由原本的油、气两相共存转变为油、气、水三相共存的新格局。注水操作旨在恢复并维持地层压力，其效果可细分为两种情形。

①若地层压力得以回升至某一水平，但仍保持在饱和压力之下，那么在压力稳定的条件下，将形成水驱与混气油驱动并存的复杂开采模式。这种情况下，水作为主要驱动力，而油层中析出的气体，尽管未形成连续相，但仍能在一定程度上辅助驱油，尤其是当油层压力仅略低于饱和压力（如低于15%）时，这部分气体的驱油效果更为显著。由于油气之间的表面张力远比油水以及油—岩石的界面张力小，因而部分气泡位于油膜和岩石颗粒表面之间，这对亲油岩石而言会破坏岩石颗粒表面的连续油膜，有助于提高最终采收率。

②通过持续的注水作业，逐步将地层压力提升至超过饱和压力的水平。在此条件下，之前脱出的游离气理论上能够重新溶解回原油中。然而，必须认识到天然气组分的相态变化是一个不可逆的过程。具体来说，要使游离气完全重新溶解，所需压力即溶解压力，实际上要高于饱和压力。此外，在依赖天然能量进行油田开发的初期阶段，已经有一部分溶解气不可避免地逸出。所以，即便地层压力被成功恢复到饱和压力以上，溶解油气比和原油的原始性质也无法完全复原，油田的产能也会低于其初始水平。但值得注意的是，在地层压力维持在高于饱和压力的状态下，调整井底流压至低于饱和压力的水平，虽然这样做可能会降低采油指数，但由于显著增大了生产压差，油井仍有可能实现较高的产量输出，从而延长油田的稳产期。

上述两种开发方式，即在油田初期利用天然能量开采，并在适当时机通过注水恢复地层压力，展现出了初期投资成本低、经济效益显著以及稳产期较长的优势。这些特点尤其适用于地饱压差大、天然能量较为充裕的油田，且不会对油田的最终采收率造成不利影响。

注水时间的选择，是一个需要综合考虑多方面因素的复杂问题，不仅要权衡油田开发初期的即时效益，还需展望并评估油田中后期的发展潜力。因此，在制定开发方案时，必须进行详尽的技术与经济论证，确保注水时间的确定既符合油田地质条件的实际情况，又能满足国家开发任务的要求。在不影响油田整体开发效果和达成国家既定目标的前提下，适当推迟注水时间，可以带来多方面的积极效应。

二、注水方式的选择

油田注水方式的选择是一个多维度、综合性的决策过程，它要求深入借鉴国内外油田开发的丰富经验与成功案例，同时紧密结合目标油田独特的地质特征进行细致分析。这一过程的核心在于，根据油田的具体地质条件，灵活而精准地选择出最为适宜的注水方式。主要的地质因素包括油层的性质差异与构造条件，它们直接决定了注水方式的适用性。具体而言，油藏类型（如常规油藏、低渗透油藏等）、油藏规模大小、油水过渡带的范围、地下原油的黏度特性、储集层的类型及物性（特别是渗透率的高低）、地层的非均质性以及是否存在断层等地质因素，都是决定注水方式的关键因素。

注水方式，本质上是指注水井在油藏空间内的具体布局位置，以及这些注水井与生产井之间所形成的特定排列或配置关系。简而言之，它描述了注水井在油田区域内的分布形态，以及油水井之间相对位置的安排，这是影响油田注水效果和生产效率的重要因素。在原油开发过程中，鉴于原油资源的多样性和开发层系的差异性，注水开发方式必然呈现出多样化的特点。这意味着没有一种注水方式能够普遍适用于所有地质条件，而是需要针对特定的地质条件来选择最为高效的方法。目前，国内外油田广泛应用的注水方式或采油系统，可大致归纳为边外注水、边缘注水和边内注水三大类。边外注水作为油田开采早期采用的注水方式，其核心思想是将水注入远离油藏边界的注水井中。然而，实践很快揭示了其局限性，即边外注水并非在所有情境下都能发挥最佳效果，尤其是对于含油面积广阔或非均质性显著的油藏而言，效果并不理想；鉴于此，边缘注水方式应运而生，该方法将水注入位于油藏边缘的注水井中，旨在通过缩短人工供给边界与采油区的距离，从而提升注水效果。[①] 随后采用了边内注水方式并一直沿用至今，作为油田普遍采用的常用注水方法。

（一）边外注水（缘外注水）

注水井的布局遵循特定的原则，通常按照与等高线平行的方式，精心布置在油藏的外含油边界附近。它们的主要功能是向边水区域进行注水作业。采用这种注水方式的前提是，含水区域必须具备良好的渗透性能，以确保注入的水能够顺畅地流动并有效作用于油藏；同时，还要求含水区与含油区之间不存在低渗透带或断层等地质障碍，这些障碍可能会阻碍水的正常渗流，影响注水效果。

为了提高注水井排与采油区的接近度，优化水驱油效果，注水井应精心布置在油藏的外含油边界邻近区域。这种布局策略旨在模拟并强化天然水压驱动的过程，即边外注水法。该方法通过利用油藏边界区域来加强水对原油的驱动作用，不仅适用于纯油藏的开发，也同样适用于油气藏的开发。当油藏宽度适中（4～5 km），地下原油的相对黏度较低（2～3），且储集层展现出高渗透率特性（如 0.4～0.5 μm^2 或更高），同时生产层相对均质，油藏与边外区域之间连通性良好时，边外注水法将展现出极高的效率。此外，该方法不仅在传统层状油藏中表现出色，即便在满足上述条件的块状油藏中，包括碳酸盐岩储集层，也能实现显著的水驱油效果。

在所述极为优越的地质背景下，实施边外注水方式，并辅以将采油井部署于内含油边界以内的布局，能够实现 60% 甚至更高的原油采收率。此方案下，油水过渡带中的原油会被注入水有效驱替至采油井底，从而在不显著提升原油损失的前提下，实现井数的精减及产水量的降低。为了全面开发油气藏的含油区域，边外注水方式可与利用自由气能量的策略相融合。具体而言，通过气顶来调控产气量，进而保持油气界面的稳定不移，这种方法不仅促进了油藏的有效开采，还确保了生产过程的稳定与高效。

边外注水方式通常要求注采井数比维持在（1∶4）～（1∶5），意味着一口注水井需有效支持 4～5 口采油井的开采需求。

然而，鉴于具备上述理想地质特征的油藏并不常见，因此边外注水方式在实际应用中

---

① 刘玉娟. 注水方式对油田开发的影响[J]. 内江科技, 2005（1）: 24-62.

并不普遍。尽管如此，世界上仍有一些成功案例展示了边外注水方式的卓越效果，如苏联的巴夫雷油田便是其中之一。该油田占地面积约 80 km²，拥有高达 600 μm² 的平均有效渗透率，油层分布均匀且稳定，边水活动频繁。通过实施边外注水方式，巴夫雷油田成功地将油层平均压力稳定在（140～150）×10 Pa 的范围内。在注水后的 5 年间，原油日产量平稳，年采油速度稳定在约 6%（基于可采储量计算），展现了边外注水方式的高效与稳定。在我国，老君庙油田虽面积不大但同样存在边水，其 L 油层和 M 油层也曾采用过边外注水方式，进一步证明了该技术在特定地质条件下的可行性与价值。

（二）边缘注水（缘上注水）

边缘注水法是一种特殊策略，其注水井被部署在油藏的油水过渡带。此方法主要针对那些虽具备边外注水所需的基本特征，但油水过渡带相对较宽，且油藏与边外区域之间水动力连通性不佳的情况。

油藏与地层含水部分连通性差的根源可能多样，其中之一是油水边界附近渗透率的显著降低。此外，油水边界附近可能存在的不渗透性屏障也是重要因素之一，这类屏障在碳酸盐岩储集层油藏中尤为常见。碳酸盐岩储层在次生地球化学过程中，可能会经历矿物盐、硬沥青等物质的沉积与充填，从而堵塞孔隙，进一步加剧了油水之间的隔离状态。

这种注水方式的显著优势在于其能够维持一个相对完整的油水界面，注水过程由外向内逐步推进，呈现出一种有序且可控的态势。这种推进方式使得油田管理者能够更为精确地掌握注水进度和效果，从而实现对油田生产的精细调控。由于油水界面的完整性得到保障，且注水过程有序可控，因此该注水方式下的无水采收率或低含水采收率相对较高。同时，由于注水过程对油藏的驱替作用更为均匀和彻底，因此最终采收率也通常高于其他类型的油田，这一现象在国内外油田都广泛存在。如果再辅以内部点状注水，则能够获得更理想的开发效果。

在边缘注水方式下，由于注水井排的有效覆盖范围有限，通常仅能显著影响不超过三排的生产井。所以，在大型油田中，如果仅依赖边缘注水，那么通常只有靠近构造边缘的几排油井能够充分受益于水驱采油机制。然而，位于构造顶部的油井，这些井通常具备原油品质优良、油层厚度大、渗透率高等高产潜力特征，却可能因远离注水影响区域而无法获得足够的注入水能量补充。针对这些顶部的油井，若采取生产控制措施，虽然能维持油田的稳定开采，但无疑会降低整体的采油速度，并相应延长油田的开发周期。相反，若让这些高产油井投入生产，则可能因缺乏足够的水驱能量而在顶部区域形成低压带，导致采油方式转变为依赖地层弹性能量或溶解气能量的消耗性开采。

鉴于上述情况，仅仅依赖边缘注水的方式可能难以满足复杂地质条件下的油田开发需求。为了更有效地提升开采效率，应当考虑采用综合性的注水方式。具体来说，除了边缘注水外，还可以结合顶部点状注水的方式，通过在这些关键位置注入水，进一步增强对油藏的驱替效果。此外，内部切割注水也是一种值得考虑的方式，它通过在油藏内部布置注水井并实施注水作业，实现对油藏的分割和逐步驱替，有助于提高油藏的采收率。

（三）边内注水（缘内注水）

边内注水是将注水井部署在含油边界以内。当地层在油水过渡带的渗透率表现不佳，或该区域并不适合进行注水操作时，为了确保油井可以充分受益并尽量减少注入水的无效外逸，会采取将注水井位置向内调整的方式。

边内注水方式有很多种，最常见的有如下几种。

1. 切割注水

在运用注水井排来分割油藏的过程中，注水操作是通过位于油藏内部、被特别称为切割井排或切割线的注水井来实现的。这一方式下，切割井排上的所有井在完成钻井后，并非立即进入长期采油阶段，而是首先以尽可能高的产量进行开采，旨在深度清洗井底附近的地层区域，有效降低该排井周边的地层压力。这一过程为后续顺利注水创造了有利条件。随后，采取隔井注水的方式，即每隔一口井进行注水，而其余井则继续强化采油作业。这样，注入的水便能沿着切割井排顺畅流动，并在间隔的井被水淹后，转而向这些井注入水。采用此工艺不仅能确保切割井排顺利投产，还能在地层内部逐渐形成一条明确的水带。与此同时，采油井被布置在与切割井排平行的井排上，进行独立的采油作业。随着切割井排上注水活动的持续进行，已形成的水带将逐渐拓宽，其边界也向采油井方向稳步推进。

采用切割注水方式的先决条件是油层必须呈现大面积且稳定的分布特性，同时油层需具备一定的延伸长度，以确保注水操作能形成连续且有效的影响范围。在注水井排的设置上，需要构建出相对完整的切割水线，这条水线作为注水效果的传播路径，必须确保其在注水井与生产井之间形成良好的连通性，以促进注水的有效传递。此外，油层还应具备适宜的流动系数，这是保证注水能够顺利且高效地从注水井传播至生产井的关键因素。流动系数的合适性意味着在特定的切割区域内，以及给定的井排间距下，注水能够充分渗透并影响油层，从而提高采油效率。

美国的克利夫兰—斯耐德油田，其广袤的面积覆盖大约 200 km^2。在油田开发的初期阶段，主要依赖于地层中储存的弹性能量进行开采作业。随着开采的深入，开采方式逐渐转变为溶解气驱方式。

为了显著提升采油速度与最终采收率，针对该油田精心设计了四种各具特色的注水方式。其中，实施切割注水方式后，油田的驱动机制成功由溶解气驱动转变为更为高效的水压驱动，有效恢复了油层压力，并使得大多数油井能够维持自喷采油状态，显著提升了开采效率。

切割注水方式特别适用于层状油藏，其应用条件与边外注水相似，均要求油藏具有一定的层状结构和特定的物性参数。然而，切割注水所适用的油藏往往具有更大的含油面积，但油水过渡带的渗透率相对较低，原油黏度偏高，这些因素共同导致了较差的渗流条件。

切割注水有多种切割形式：切割成区、切割成带和顶部切割。

（1）切割成区

通过部署注水井排，可以将庞大的油藏细致地切割成多个较小的单元，这些单元被称为"切割区"。每个切割区均可视为一个独立的开发实体，允许我们进行更为精细化、针对性的开发和调整。

通过注水技术，可以将开发层系细致地划分为多个独立开发的区块，这种做法尤其适用于矿场地质特征存在显著差异的区域。这些差异可能体现在层数的不同、采油能力的差异以及油水饱和度的变化等方面。将这样的区块独立划分，可以更有针对性地进行开发管理，提高开采效率。在开发层系含油面积广阔且生产层众多的情况下，往往存在统一的油水界面。此时，含油小层的含油面积通常呈现出自顶部向翼部逐渐减小的趋势。为了更有效地利用这些资源，可以根据含油层数的不同，将开发层系进一步切割成多个区块。

（2）切割成带

在油藏管理中，采用注水井排系统策略性地将其划分为带状区域，同时沿相同方向部署采油井排，以实现高效的油气开采。针对形状狭长的油藏，注水井排的最佳布局应垂直于油藏的长轴，以确保注水效果能均匀覆盖整个油藏，促进原油流动。对于形状接近圆形或"圆状"的油藏，尤其是那些拥有广泛含油面积的，选择注水井排的方向时需特别谨慎，需基于生产层的非均质性进行考量。此时，注水井排应垂直于勘探数据中揭示的储集层厚度最大的方向进行设置，确保切割线能够穿越所有储量丰富的区域，最大化注水对提升产量的贡献。若忽视油藏内不同产能区的边界信息，而随意选择其他方向的切割方式，很可能会导致注水井排不当地布置在低渗透性区域。这种情况下，注水井的吸水效率将大打折扣，难以形成有效的驱油动力，进而在高产区域难以观察到显著的注水增产效果。

（3）顶部切割

顶部切割注水法是一种特定的注水策略，它涉及将水注入位于油藏顶部的线形或环形排列的切割井中。这种注水方式尤其适用于那些具有中等含油面积，且在地层边缘渗透率显著下降、不适宜采用边外注水方式的油藏。在设计顶部切割注水方案时，必须高度重视油水过渡带的宽度。如果油水过渡带较宽，直接采用顶部切割注水可能会导致注水井位于纯油区内，而大多数采油井则位于油水过渡带，这将影响注水效果和原油采收率，这种情况最好采用带状切割注水。

①切割注水的优势：能够按照油田独特的地质特征，灵活选择切割井排的最佳布局方向及切割区的合理宽度（切割距），实现地质条件与注水策略的最佳匹配；随着开发过程的深入，基于不断积累的详细地质资料，切割注水方案可灵活调整，进一步优化注水方式，确保开发效果持续优化；能够优先集中开采高产潜力的地带，迅速提升产量至设计标准，加快油田的商业化进程；切割区内所有储量得以一次性全面动用，避免了分批开发的延误，极大提高了采油速度。同时，由于注水线保持固定，减少了注入水的无效外逸，不仅节约了水资源，还简化了注水操作流程，降低了管理复杂度。

在油层渗透率呈现特定方向性的情境下，部署行列井网时，鉴于水驱路径的固定性，关键在于明确油层渗透率变化的主导方向。通过精确把握这一方向，并据此合理地调控注入水的流向，能够有效地提升水驱效率，从而有望实现更佳的油田开发效果。

②切割注水方式的局限性：这种注水方式在应对油层非均质性方面存在一定的局限性，对于油层性质在平面上变化显著的油田而言，它可能无法有效适应，导致部分注水井被布置在低产地带，在相同的井距条件下，由于油层性质的不均匀分布，这些低产地带的注水井往往难以实现高效的注水效果，进而影响了整个油田的开发效率和产量；鉴于油层普遍存在的非均质性特征，在同一区域内，注水井的部署可能恰好位于低产区域，而油井则可能意外地钻入高产区域，反之亦然，不管哪种情况都必须加钻注水井或改变注水方式；当注水井之间的间距较近时，它们之间的相互干扰会显著增强，这种干扰在井距进一步缩小时尤为突出，这种干扰不仅影响注水作业的顺利进行，还可能导致实际吸水能力相较于面积注水时的情况有所降低；注水井成行排列，其两侧的开发区域内常会出现压力分布不

均的情况，这主要是由于地质条件的差异性所导致的，这种压力不一致性会进一步引发区间内的不平衡现象，从而加剧了油田平面上的矛盾。

此外，生产井的排列方式（分为外排与内排）使得它们受到注水影响的程度各不相同。具体来说，内排井的生产能力可能因注水影响不足而难以充分发挥，而外排井则由于更接近注水井而快速受到水驱影响，生产能力显著提升但见水速度也相应加快，造成了开采过程中的不均衡现象。

2. 选择性注水

选择性注水方式是在开发层系依据均匀井网原则完成钻井作业之后实施的一种优化方法。该方法首先考虑到油藏地质结构的复杂性和多变性，随后在初步开发设计文件中并不立即确定注水井的具体位置，而是先按照均匀井网的原则进行钻井。在所有生产井投入生产并运行一段时间后，通过对生产数据的分析和油藏动态的监测，选择那些最能适应油层地质结构特点，且能对整个油藏进行高效驱替的区域，来部署注水井。最终，这些注水井在平面上的分布将呈现不均匀的状态，以更好地匹配油藏的实际地质条件，提高注水效率和油田的整体开发效果。

3. 点状注水

点状注水作为一种精细化的注水技术，实际上是对传统注水方式（如边外注水、边缘注水、切割注水等）的有效补充与灵活应用。它主要被部署在那些按照既定注水方式投产后，未能达到预期效果或效果显著不佳的区域。在实施点状注水时，注水井的选择尤为关键。通常，这些注水井会优先从那些已完成主要开采任务、位于开发层系中已出现水淹迹象的采油井中挑选，在必要时也可钻专门的补充井。

4. 面积注水

面积注水，作为边内注水方式中的一种重要形式，其核心在于通过构建均匀分布的井网系统，实现注水井与生产井之间的有序交叉布置，这一布局严格遵循开发设计文件中的详细规定。这种注水方式不仅仅是一种技术手段，更是一种系统性的油田开发方式，它强调了在开发区域内，注水井与生产井应当依据精心设计的几何模式与合理的井距密度，实现均匀且高效的分布。通过面积注水，可以确保注水活动覆盖到开发区域的每一个角落，为原油的采出提供持续而稳定的驱动力。这种布局方式实质上是对油层进行了一种精细的划分，将其分割成众多更小的、相互关联的开发单元。在这样的布局下，每一口注水井都扮演着关键角色，它们不仅控制着周围一定范围内的油层，还同时对这些区域内的多口油井产生积极影响。

面积注水方式，根据油井与注水井之间的相对布局及它们共同编织的井网几何特征，可以细化为六种核心类型：九点法面积注水、七点法面积注水、五点法面积注水、四点法面积注水、正对式排状注水等。这些分类体系均根植于两种基础而关键的井网结构之上——三角形井网和四边形井网。这两种基础井网通过灵活的排列组合与扩展，进一步衍生出如五点法、七点法、九点法等更为复杂的井网布局。

（1）九点法面积注水

在九点法面积注水方式中，其基本单元被设计为一个标准的正方形结构，该单元内共包含 9 口井：1 口生产井居于正方形的正中央位置，而其余 8 口均为注水井，它们以特定的方式分布于正方形的四周。具体而言，4口注水井被布置在正方形的4个角落上，这些井通常被称为"角井"，因为它们占据了正方形的顶点位置。另外，4口注水井分别位于正方形的4条边上，与中心点（生产井）保持一定的距离，这些井则被称为"边井"。

在提及的井网布局中，正九点法的注水井与生产井的井数比例设定为3∶1，然而，在实际生产中，由于该布局下注水井数量较多，从经济角度考虑并不划算，因此并不常采用。

相比之下，反九点法则是一种更为经济高效的井网形式，它采用1口注水井来驱动并控制周围的8口采油井。这种布局中，每一个基本的注水单元都呈现为一个正方形结构，其中心位置设置1口注水井，而四周则均匀分布着8口采油井，这8口井中包括4口位于正方形4个角落的角井以及4口位于正方形4条边上的边井。因此，反九点法的注水井与生产井的井数比例为1∶3。

对于早期进行面积注水的油田而言，选择反九点法比较好，由于九点法面积注水方式巧妙地设置了注水井与生产井的比例（1∶3），即每3口生产井对应1口注水井，这种均衡的配置确保了充足的生产能力。在生产初期，高比例的生产井能够迅速响应，保证油田在短时间内达到较高的产量水平。同时，由于注水井比例相对较小，使得初期无水采油期延长，见水时间推迟，从而提高了无水采收率。当油田进入后期开采阶段，若需要强化开采效果时，九点法注水方式展现了其灵活性和经济性。此时，无须额外投入资源补钻新井，仅需将正方形4个角落上的角井（原为注水井）转为生产井，同时保持边井继续注水，即可轻松转变为五点法注采井网。

（2）七点法面积注水

在这种特定的注水布局中，注水井被精心设置在正三角形的各个顶点上，而三角形的中心则设置了一口油井，形成了一种独特的几何结构。这样的布局使得油井的分布呈现为正六边形的图案，而每口油井的周围都恰好有3口注水井对其进行注水作业，确保了油层的有效驱替。同时，每口注水井也负责控制并影响周围的6口油井，实现了注水资源的最大化利用。因此，在这种注水方式下，注水井与生产井的数量比达到了1∶2，体现了高效的注水与采油平衡。

正七点法面积注水井网可以被视为行列注水井网的一种特殊形态。在这种形态下，注水井和生产井被巧妙地排列成两排注水井之间夹有两排生产井的结构，形成了紧凑而有序的注水采油系统。其中，排距（d）与井距（a）的比值被精确设定为0.289，这一比例有助于优化注水效果，提高油田的采收率。

反七点法布局中，油井被巧妙地设置在正六边形的各个顶点位置，而正六边形的中心则安置了1口注水井。这种布局下，注水井与采油井的数量比达到了经济高效的1∶2。值得注意的是，每口油井都能从周围的3口注水井中获得注水支持，同时，每口注水井也有效地控制并服务于6口油井，实现了注水与采油之间的良好平衡。

而斜七点法则是在反七点法的基础上进行了旋转调整，即将原有的生产井与注水井排列方向顺时针或逆时针旋转45°。旋转后，中心注水井的位置保持不变，但周围的生产井则位于斜六边形的6个顶点上。这一变化并未改变注水井与生产井的数量比例，仍为1∶2。

（3）五点法面积注水

在均匀分布的正方形井网规划中，注水井被精心地部署于每个正方形注水单元的核心位置，即每个单元的正中央。这一巧妙布局不仅确保了注水井能够均匀覆盖整个开发区域，还使得这些注水井自身在平面上也构成了一个紧密相连、尺寸均一的正四边形井网结构。在这种布局下，每口注水井都能直接且有效地对周围的 4 口生产井进行注水作业，确保了注水效果的均匀性和高效性。同时，每口生产井也受益于来自四个不同方向的 4 口注水井的注水支持，这种多向注水的方式有助于油层流体的全面驱替，提高了油田的采收率。

五点法注采井网以其独特的布局，实现了注水井与生产井井数比为 1∶1 的均衡配置，这一比例中注水井占据了相对较大的比例，所以被归类为一种强化注水与强化采油的注水方式。五点法注水方式也可以被视作一种特殊形式的行列注水，其中一排排的生产井与注水井以交错排列的方式部署，形成了独特的注水格局。在这种布局下，排距（相邻两排井之间的距离）与井距（同一排内相邻两井之间的距离）之比被设定为 $d/a=1/2$。

与正五点法形成鲜明对比的是反五点法，其布局特点在于生产井被安排成均匀的正方形井网，而注水井则位于每个正方形注水单元的核心位置，从而在平面上也构建了一个与之相匹配、大小相等的正方形井网。在这种布局模式下，每口注水井都能直接且显著地影响周围的 4 口生产井，同时，每口生产井也受益于来自四个方向、共计 4 口注水井的注水支持。这种布局方式实现了注水与采油之间的紧密配合，注采比达到了 1∶1，是一种典型的强注强采布井方式。

（4）四点法面积注水

若将反七点法的注水井与生产井位置互换，或者选择将原生产井中的一半转变为注水井，这种调整将直接导引出四点法面积注水方式。在此模式下，注采井的数量比例转变为 2∶1，意味着注水井的数量相较于生产井有所增加。同时，每口注水井所能直接影响的油井数量也从原先的 6 口减少至 3 口，这一变化使得该注水方式成为一种高强度的注水开发方式。为了满足这种高强度的注水需求，必须钻凿更多的注水井以支持油田的开采活动。

反四点法采取截然不同的布局策略：它将油井设置在正三角形的顶点位置，而三角形的中心则布置了一口注水井，如此一来，注水井便构成了正六边形的分布格局。在这种布局下，每口油井都能受到来自周围 6 口注水井的全方位注水支持，而每口注水井则负责控制并影响 3 口油井。这种注水井数与生产井数之比为 2∶1，确保了油田开发的高效性与稳定性。

（5）正对式排状注水

在正对式排状注水布局中，注水井与生产井均沿直线方向平行排列，且保持相同的井距，以确保注水与采油作业的均衡性。这一布局构成了一个个基本注水单元，每个单元呈现为平行四边形的形状。在这些平行四边形单元中，注水井被精心安置于中心位置，生产井置于 4 个角上。

5. 上部注水

实质上，上部注水与顶部注水在原理上非常接近，其核心操作是将水注入油藏的顶部区域，即油藏中位置最高的部分，或是那些由于地质构造和岩石特性自然形成的、能够遮挡油藏的隆起地带。这一过程的其他技术细节和特点，与顶部注水方法相似，均旨在通过特定的注水策略来促进油藏的开采效率。

6. 屏障注水

屏障注水作为边内注水方式的一种独特形式，特别适用于层状油气藏及凝析油气藏的开采。此方法通过精心布置的注水井，将油藏中的含气或含凝析气区域与含油区域有效分隔。这些注水井通常呈环形排列，紧密围绕在油气区的内含气边界附近，确保注入的水能在油层内构建起一道水屏障，从而清晰地界定含气与含油区域。屏障注水的优势在于，它允许在开采过程中同时从地下提取油和气，无须长时间中断对气顶的开采，这一点在依赖天然能量开发或采用其他注水方式时尤为重要。此外，屏障注水技术还具备高度的灵活性，可以与其他注水策略如边外或边缘注水相结合，甚至与利用地层自然水压头能量的方法协同作用，以进一步提升开采效率。在地质条件较为均一、地层倾角较小的环境中，屏障注水技术能够发挥出最佳效果，成为优化油气田开发策略的重要选择。

第三章 油田开发规划方案

随着全球能源需求的不断增长和能源结构的不断优化，油田开发面临着前所未有的机遇与挑战。一方面，石油作为重要的化石能源，在能源消费结构中仍占据重要地位，其稳定供应对于保障国家能源安全至关重要；另一方面，油田开发过程中存在的环境污染、资源浪费等问题日益凸显，对油田开发的可持续性提出了更高要求。因此，制定一套科学合理的油田开发规划方案，成为油田开发实践中的迫切需求。本章围绕油田开发的原则、油田开发规划方案的内容、油田开发规划方案的优选、油田开发规划设计的系统等内容展开研究。

第一节 油田开发规划方案的内容

制定油田开发规划方案时，必须严格遵循既定的技术方针作为指导框架。在此基础上，结合目标油田的具体实际情况，如地质特征、储量分布等，以及所具备的工艺技术水平与建设实施能力，坚持贯彻科学合理的开发原则。

一、采油速率和稳产期限

一个油田的开发策略必须紧密围绕其独特的地质条件、当前可及的工艺技术先进性及经济效益考量来制定。这包括确立合理的采油速率，即确定每年开采的原油量占整个油藏可采储量的适当百分比。同时，需明确设定稳产期的时长，旨在确保在稳产阶段能够高效开采出可采储量的显著部分，以此保障稳产期的采收率维持在较高水平，从而最大化经济效益的获取。

二、开采方式和注水方式

在开发方案的制定过程中，必须明确界定开采方式，即确定采用何种驱动方式来有效地将原油从地层深处驱替至生产井筒。这包括但不限于自然能量驱动、溶解气驱等初级驱动方式，以及后续可能采用的强化开采措施，如注水驱、注气驱等。目前，我国大部分油田主要通过注水补充地层能量开发油田，即注水开发方式。

针对采用注水方式开发的油田，不论选择早期注水还是晚期注水策略，都需依据油田特有的地质开发条件，对注水方式做出清晰而明确的规定。这些注水方式包括边缘注水与内部注水，每种方式的选择与应用均需紧密贴合油田的具体地质特征和开发需求。

三、开发层系

面对多油层且非均质性的油田，若采用单一井网进行同步开采，会不可避免地引发显著的层间干扰问题，进而降低油藏的总体采收率，并造成资源的无谓浪费。鉴于此，在规划此类油田的开发方案时，至关重要的是要对开发层系进行科学、合理的划分，以确保各油层能够得到更为有效、针对性的开采，从而提升整体采收效率并减少资源浪费。

开发层系是指将一系列具备以下条件的油层组合成一个独立开发单元的策略：这些油层之间由优质的隔层分隔，油层性质相近，驱动方式相似，同时拥有一定的储量和生产能力。针对这样的油层组合，采用一套独立的井网系统进行开发，以确保每一层系都能得到最适合其特性的开采方案，从而提高整体开发效率和经济效益。这样的划分和开发方式构成了油田开发中最基本的单元。

四、开发步骤

（一）基础井网的布置

基础井网是围绕某一主要含油层构建的初始开发框架，它包含了首批设计并部署的基本生产井和注水井，旨在作为开发区油田地质特征研究的基础网络。通过这一井网，能够实现对地层小层间的精确对比，进而对油砂体进行详尽的地质评价，包括其规模、形态、分布及储集特性等。这些详尽的地质信息不仅为后续的层系划分提供了科学依据，还直接指导了井网的进一步优化布置，确保开发方案能够精准匹配油藏特性，实现高效开发。

（二）生产井网和射孔方案

在完成基础井网所进行的小层对比工作后，依据油田具体的地质开发条件及生产实际需求，对各层系进行细致的生产布井规划。这一过程中，明确注水井与采油井的布置位置及类型，以确保注采系统的有效性与平衡性。随后，编制详细的实施方案，包括射孔作业的具体安排，旨在安全、高效地使油井投入生产，从而顺利启动并推进油田的开发进程。

（三）编制注采方案

当生产井网的全面布置工作圆满完成后，针对每一个开发层系开展独立而深入的综合研究。这一研究过程旨在深入剖析各层系的地质特性、流体动态及开发潜力，为后续的注采作业提供坚实依据。在此基础上，精确落实注水井与采油井的分配，明确各井的注采任务与角色定位。进一步地，确定注采层段的具体划分，确保每一层段都能得到合理、高效的开发利用。最终，依据整体开发方案的要求，精心编制注采作业的具体实施方案，以确保油田开发工作的顺利进行与高效推进。

五、布井原则

合理的布井原则旨在实现经济效益与开采效率的最优化。在确保维持一定采油速率的前提下，采用井数最少的井网布局，以最大限度地控制地下油藏的开采范围，减少因布局不当而导致的储量损失，以达到最高的油藏最终采收率为目的。

六、采油工艺技术和增注措施

在开发方案的编制过程中，至关重要的是要紧密结合油田的独特开发特点，量身定制适宜的采油工艺手段，确保地面建设设施能够精准对接地下油藏的实际状况，实现地上地下的高效协同。同时，精心规划增注措施，确保其能够充分发挥效能，有效提升油藏的开发效率与采收率。

第二节　油田开发规划方案的优选

一、油田开发规划方案的优选方法

在管理科学领域，针对各类规划优化难题，已发展出一门专门学科——数学规划，它专注于探讨如何以最优策略来分配和利用有限的资源。作为一种数学理论，数学规划的核心在于，在既定的约束条件下，寻求一个最优方案，以达成既定的决策目标。其核心理念在于平衡资源限制与目标实现之间的最优关系。数学规划的体系涵盖多个分支，包括"线性规划""非线性规划""动态规划"等，每种方法都针对不同类型的优化问题提供了独特的解决路径。当运用数学规划的方法来解决实际决策难题时，首要步骤是明确决策对象的当前状态、构建全面的指标体系，并厘清各指标间的相互关联。随后，依据决策的具体目标和约束条件，构建相应的数学模型。最终，通过数学方法求解该模型，得出在给定条件下的最优决策方案。

最优化方法作为一种企业决策工具，在国内外均享有广泛的应用，其在油田开发规划领域亦展现出卓越的成效。该方法的核心优势体现在以下几个方面。

①通过最优化方法，油田开发规划能够精准地追求既定的经济目标，如实现成本最小化、投资最优化等，从而显著提升规划的经济效果，为油田项目带来更为可观的经济效益。

②可按照油田的具体实际情况以及规划编制的具体要求，灵活构建各类约束方程。这些约束条件包括但不限于产量、含水率、用电量以及施工能力等，确保规划优选出的结果既符合油田的实际运营状况，又具备高度的可操作性。

③可以实现规划编制工作的程序化与标准化，能够显著优化规划方案的制定过程，这不仅大幅节省了时间与人力成本，还极大地提升了工作效率。同时，这种规范化的流程促进了规划编制水平的提升，确保了规划方案的科学性、合理性和前瞻性。[1]

（一）应用数学模型编制油田开发规划的步骤

采用数学模型来编制油田开发规划，并持续探索、完善与创新优化方法，对于推动我国石油企业管理迈向现代化具有举足轻重的意义。这一过程的实施，遵循以下关键步骤。

①需清晰界定油田开发规划的总目标及所遵循的开发原则，随后，在构建数学模型时，确保这些目标与原则能够具体体现在目标函数、一系列约束方程以及状态方程之中，以此作为后续分析与优化的基础。

②针对规划前期已存在的老井，依据其所在区块或类型，进行详尽的指标变化分析，

---

[1] 侯健. 油田开发措施规划方法研究[J]. 应用基础与工程科学学报, 2006（4）: 535-542.

并据此进行未来趋势的预测。

③全面收集并整理规划模型，计算所需的所有静态与动态参数，随后将这些数据准确无误地输入计算机的文件系统中。这些参数覆盖多个方面，包括各规划单元实施不同措施后的效果评估数据、各项措施的单井成本预算、用电量预估及相关材料设备的需求定额等；同时，还包括构建约束方程所需的系数与右端值、状态方程中的关键参数，以及目标函数中涉及的各项参数，确保模型的完整性与准确性。

④提出规划对比方案的类型。

⑤方案优选。

（二）线性规划模型

线性规划模型由一个目标函数和一系列约束方程组成。油田开发，如同其他经济活动一般，其核心追求在于以最小的资源投入，实现最大化的产出效益。所以，把原油成本的最小值作为目标函数是比较恰当的。为了满足规划方案达到既定要求，需要考虑一系列受当前开发原则约束的条件。基于油田开发规划研究工作的独特性和复杂性，在线性规划模型中构建以下几个核心方面的约束方程。

①产油量约束：它明确设定了在规划期内，油田每年必须达成的原油生产目标量，以确保生产计划的稳步实施与任务的有效完成。

②产液量（产水量或含水率）约束：该规定旨在明确油田在规划周期内每年的产水量上限，以确保油田的含水率能够维持在预设的合理范围之内，从而有效管理和控制油田的开采过程。

③措施工作量约束：此规定明确了油田及其各个规划单元在执行各项开发措施时的工作量上限，这一界限直接反映了油田实际运营中的最大承载能力或潜力。

④耗电量约束：为了确保油田运营的可持续性，设立耗电量约束条件，旨在控制每年新增的耗电量不超过油田实际可承受的耗电量上限，从而在保证生产需求的同时，也兼顾到能源的高效利用与环境保护。

⑤投资均衡约束：为了促进油田钻井活动和资金支出的平稳进行，实施投资均衡约束策略。这一策略旨在确保各年份之间的投资安排能够遵循一定的规律，实现协调发展，有效避免了因某一年份投资过重或过轻而导致的不均衡状况。

⑥其他约束：按照油田开发调整的总体方针和实际需求，设立其他方面的特定约束条件。

（三）动态规划模型

油田地质开发特征具有明显的动态性质。例如，随着油田剩余可采储量的逐年递减趋势和含水率的持续上升，为了维持油田的稳定生产，必须不断采取新的生产措施，这直接导致了原油生产成本的逐年攀升。面对这些动态变化，所构建的优化模型必须具备灵活性和适应性，能够方便地进行动态描述与分析，以应对油田开发过程中的各种挑战和变化。

二、油田开发规划方案的调整策略

一套详尽的开发方案，尽管在制定初期已对油田地质特性与开发规律进行了深入、全面且细致的对比分析，力求贴近实际情况，但由于诸多不可预见因素及现有认知的局限性，实际油田生产动态与方案设计之间常会出现偏差。油田开发本质上是一个高度复杂且动态演变的过程，初始方案即便在初期看似合理，但随着开发的深入，油藏内部各类矛盾逐渐显现，导致原方案在实际操作中的适应性逐渐减弱。所以，为确保油田开发持续高效推进，满足生产需求的变化，必须适时调整和优化开发方案。这一过程本质上是一个持续深化认识与灵活调整并进的循环，体现了对油田特性的不断探索与适应。针对油田开发规划方案的调整，依据调整对象与目的的不同，可细化为多个维度，包括层系调整、井网调整、生产制度调整、开采工艺调整等。

（一）层系调整

当油田按一定的开发层系开发一段时间后，由于注采活动的不均衡性导致了新的地层压力与流体分布的不平衡状态，这就要求对开发层系进行更为细致的划分。在这一过程中，可能面临两种主要情况：其一，是在现有的开发层系内部，根据其地质特征、流体性质或开发效果等因素，进一步细分出若干个更小的开发层系，以实现更精准的注采管理；其二，是考虑将相邻但开发效果欠佳的单层进行组合，形成一个相对独立的新开发层系，通过集中管理和资源优化，提升整体开发效益。从经济角度上考虑，应尽量避免无利的层系划分。

（二）井网调整

随着油田开发的不断进行，主力油层产能逐渐降低；而非主力油层在经过注水强化及一系列针对性的油层改造措施后，其开发潜力得以显著释放，产量贡献逐渐增大。这一过程有效弥补了主力油层因自然递减而减少的产量，为油田维持长期稳定的产量提供了有力支持。

随着油田生产逐渐由主力油层向非主力油层过渡，原有的开发井网布局，基于主力油层地质特性设计，已难以充分释放非主力油层的生产潜力。因此，适时调整开发井网成为必要之举，以确保油田整体开发效率与效益。调整开发井网的主要策略包括两方面：一是通过补钻新井来优化井网结构，如针对现有油井难以覆盖的区域，增钻注水井或生产井以实现井网加密；针对死油区，则补钻生产井以激活储量；对于报废井，则通过补钻更新井来恢复产能。针对井网密度过高或注采井网配置不合理的区域，采取相应措施如关停部分井以减少干扰，或调整注采井别以优化流体流动路径，从而提升油藏的整体开发效果。

（三）生产制度调整

调整生产制度的核心目的在于有效管理和控制油藏中存在的三大主要矛盾（通常指层间矛盾、平面矛盾及层内矛盾）的进一步发展与激化，从而延长油井的采油生命周期。这一目标的实现。

1. 控制生产

（1）限制生产

调整生产制度的一个重要手段是限制生产，其核心目的是通过调控井底压力来减小生产压差，进而控制油井的产量。具体操作上，针对自喷井，可以采取更换为较小孔径的油嘴来限制流体流速，从而减小产量。而对于抽油井，在无水采油阶段，可以通过提升抽油泵的悬挂深度来增加泵效，但需注意在含水率上升时，灵活调整抽油参数，如冲程、冲次等，以适应不同深度的油水混合状况。在注水井的管理中，限制生产则体现为对注水量的精确控制，以匹配油藏的实际需求，防止过量注水导致地层压力异常升高和水淹风险。这种限制生产的策略特别适用于油藏中水舌或气顶扩展的边缘区域，通过降低这些区域流体的流动速度，可以有效遏制水舌和气顶的进一步突进，从而保护油藏的整体稳定性和提高采收率。

（2）停止生产

对于已经遭受水淹困扰或即便限制产量后含水率仍持续上升的油井，为了遏制水舌的进一步渗透和扩张，可以采取果断措施，包括关闭油井停产以及停止向该区域注水。这些措施旨在切断水源的进一步供给，控制地层水流的动向，从而保护油藏资源，为后续的治理和恢复生产创造有利条件。

2. 强化生产

在油井上实施强化生产策略，主要是通过增大生产压差来实现，即提高井底流压与地层压力之间的差值，以此刺激原油更快速地流向井筒，从而提升产油量。而对于注水井，则是通过增加注水强度来加大注水量，以提升地层压力，提高原油的驱替效果。若上述常规强化生产手段未能达到预期效果，可进一步考虑采取更为积极的油层改造措施，如酸化处理和压裂技术。

3. 配产配注

在注水开发的油田中，尤其是那些同时采用边内注水（涵盖切割注水、行列注水、面积注水等多种方式）与分层开采技术的油田，限制和强化调整措施不仅是常规操作，更是持续进行且不断适应变化的策略。为了保持地下流体的合理流动状态，确保开采效率和资源利用率的最大化，各层的产量及注水量需要定期进行必要的调整。这种根据生产实际情况对产量和注水量进行精细调控的过程，在油田现场被形象地称为"配产配注"。通过科学的配产配注工作，油田管理者能够有效地控制流体分布，延缓水淹现象，提高油藏的采收率，从而实现油田的可持续开发。

（四）开采工艺调整

石油开采工艺的选择是一个动态过程，它紧密依据油田的具体开采状况及石油开采技术的最新进展。不同油田，在其生命周期的不同阶段，以及面临不同的经济与技术条件时，会针对性地采用最适合的开采工艺。在油田开采的初期阶段，由于油藏原始地层能量充足，一般会优先选择自喷采油工艺，利用地层自然压力驱动原油至地面。然而，随着开采活动的持续进行，地层能量逐渐耗散，油井产量开始下降，直至自然停产。此时，自喷采油工艺已难以满足生产需求，需采取人工方式向地层或油井内补充能量，以维持或提升采油效率，实现更高的油藏最终采收率。向油层补充能量的方法多种多样，包括注水、注气、注胶、注聚以及火烧油层等。而向油井补充能量的方式则包括使用不同类型的抽油机、有杆泵、无杆泵、螺杆泵以及蒸汽吞吐采油等，这些方法根据油井的具体条件与开采目标灵活选择，以使采油效率最大化。开采工艺的合理选用，对油田的开发效果与经济效益具有决定性作用。它不仅关乎油藏的最终采收率，还直接影响油田资源的有效利用与长期可持续发展。

第三节　油田开发规划设计系统

油田开发规划设计是一项集综合性、前瞻性与战略性于一体的复杂任务，它要求石油公司深入剖析油田开发历史，准确评估当前开发状况，并基于科学的方法预测油田未来的开发潜力和指标。这一过程不仅是制定合理开发策略、明确发展方向与目标的关键，也是指导实际生产实践、确保油田可持续发展的综合性研究成果。一旦油田开发规划设计文件获得批准，其中所确立的开发策略、思路、指标及工作部署便成为指导后续开发工作的刚性框架。在油田开发环境未发生显著变化的前提下，所有开发活动均应严格遵循规划设计的指导原则，确保各项任务在既定框架内有序推进，并致力于达成规划所设定的各项目标。本节以新区开发规划方案为例，说明系统设计应包含的主要内容。

一、油田新区开发规划设计系统的内容

一个全面的开发规划方案设计体系，需涵盖多个关键领域，包括储层特征的深入剖析、压力系统的详尽研究、油藏类型的科学划分、储量计算的精确执行、储量的全面技术经济评估、适宜开发方式的选定、高效开发井网的布局设计，以及对开发方案的不断优化与调整等。此过程涉及的知识面广泛，需考虑的开发性能指标繁多，且每一环节均伴随着复杂多变的计算方法。基于长期的老油田开发实践经验与智慧结晶，针对油田新区的开发规划设计系统，应构建为一个综合性的平台，其核心组成部分可归结为四大板块：数据库、油藏特征、概念设计和经济评价。

二、油田新区开发规划设计系统基础研究

基础研究包括油藏储层特征研究、概念设计研究、经济评价与方案优选。

（一）油藏储层特征研究

1. 渗透率分布

通过分析岩芯数据，可以对渗透率在储层中的分布类型进行准确判断。在此基础上，进一步计算一系列关键的分布参数，以量化渗透率的空间变异性和非均质性。这些参数包括但不限于渗透率变异系数，它反映了渗透率数据相对于平均值的离散程度；突进系数，用于衡量渗透率在局部区域相对于整体平均水平的急剧增加程度；级差，即储层中最大渗透率与最小渗透率之间的比值，它揭示了渗透率在极端值之间的变化范围。

2. 渗流特性研究

通过对毛管压力曲线的深入分析，可以推导出关于岩石孔隙结构的多种关键参数。这些参数不仅包括平均喉道半径——反映了孔隙系统中流体通道的平均尺寸，还涵盖结构参数——用于量化孔隙结构的复杂性和连通性。此外，均质系数也是一个重要指标，它评估了孔隙系统中渗透率分布的均匀程度。退出效率则描述了流体在孔隙系统中被驱替出来的难易程度。同时，相渗曲线作为研究多相流体在岩石孔隙中流动特性的重要工具，其标准

化和合并处理对于准确理解不同流体相之间的相互作用至关重要。基于处理后的相渗曲线，可以计算出采油指数和采液指数，这两个指标分别用于评估油井在不同生产条件下的产油能力和产液能力。此外，通过经验公式或模型对相渗曲线进行计算，可以进一步揭示流体相在孔隙中的分布、流动规律以及它们之间的相互作用机制，为油田开发中的流体管理提供重要参考。

3. 压力系统研究

在油田开发和生产过程中，涉及多个关键的压力参数，它们对于确保油井的高效、稳定生产具有重要意义。这些参数主要包括以下几种。

（1）自喷井停喷压力

自喷井停喷压力指自喷井在失去自喷能力，即无法依靠地层能量自行将原油举升至地面时，井底所保持的压力值。

（2）合理注水压力

合理注水压力是指既能有效驱替地层中的原油，又能避免地层破裂、水窜等不利现象发生的注水井底压力范围。

（3）合理井底流压

合理井底流压是指在油井生产过程中，井底处流体所具有的压力。

（4）合理地层压力

合理地层压力是指地层中流体所承受的压力，它对于维持油层稳定、控制流体流动具有至关重要的作用。

4. 油藏驱动类型和驱动能量研究

在油田开发中，驱动原油向生产井流动的动力来源多种多样，主要包括以下几种类型。

（1）溶解气驱

依赖于原油中溶解的天然气在压力降低时析出的膨胀能量，推动原油向井筒流动。

（2）天然水驱

当油田中存在与原油层相连通的含水层时，天然水驱成为主要的驱油机制。

（3）气顶驱

在一些油田中，原油层上方存在一个气顶层。随着原油的开采，气顶中的气体因压力下降而膨胀，形成气顶驱动力，推动原油向下和向生产井方向流动。

（4）人工注水驱

为了提高油田采收率，人为地向油层中注入水或其他流体，形成人工水驱或流体驱。

（5）弹性驱

在油层被开采过程中，由于岩石骨架的弹性变形，会产生一定的回弹力，这种回弹力也会对原油产生一定的驱动作用，虽然其效果相对较弱，但在某些情况下也是不可忽视的。

（6）混合驱

在实际油田中，往往不是单一的驱动机制在起作用，而是多种驱动方式共同作用。这种多种驱动机制并存的情况被称为混合驱。

5. 油藏类型研究

根据不同的分类维度和标准，油藏可以被细致地划分为多个类别。每种分类标准均设定了相应的分类计算指标，这些指标是衡量油气藏特征的关键参数，并明确了各自的界限值，以便准确界定油气藏的类型归属。

6. 储量测算

在油田开发规划中，采用多种先进方法来估算和评估油田的地质储量及其经济可行性。这些方法包括三维地质建模法、容积法、蒙特卡洛法；此外，针对储量的进一步分析，还进行储量技术经济评价。

（二）概念设计研究

1. 开发层系划分

在油田开发规划中，层系划分是一个至关重要的环节，它直接关系到油田的开发效果和经济效益。层系划分的原则主要包括地质条件的相似性、流体性质的相近性、开发技术的适应性以及经济效益的最优化等。基于这些原则，可以设计出多种不同的层系划分方案。为了确定最优的层系划分方案，需要针对每种方案进行技术经济评价。这包括计算各方案下的控制储量，即各层系中可采储量的总和；评估采油速度，即单位时间内从油层中采出的原油量；预测无水采油期，即油井在产出纯油（不含水）阶段所能持续的时间；估算投资回收期，即收回油田开发初期投入资金所需的时间。通过对这些技术经济指标的综合分析和比较，可以评估不同层系划分方案的优劣，并最终确定一个既能满足地质条件和生产技术要求，又能实现经济效益最大化的最优层系划分方案。

2. 开发方式研究

在油藏开发初期，对天然能量的准确评价是至关重要的，它直接关系到后续开发策略的制定和油田生产效益的预测。针对不同类型的油藏，天然能量的评价主要包括以下几个方面。

（1）边底水能量的判别

通过分析油藏地质构造和流体分布特征，评估边底水（油藏边缘或底部的地下水层）对油藏内原油的驱动能力。

（2）弹性驱能量的判别

考虑油藏岩石和流体的弹性特性，在油藏压力降低时，岩石骨架和流体本身的弹性形变会释放一定的能量，推动原油流动。

（3）气顶驱能量的判别

对于存在气顶的油藏，气顶中的气体在压力降低时会膨胀并推动下方的原油向生产井流动。通过分析气顶的体积、压力、气体组成以及气顶与原油层的接触关系，可以评估气顶驱能量的潜力和稳定性。

（4）溶解气驱能量的判别

原油中溶解的天然气在压力降低时会析出并膨胀，形成溶解气驱能量。这种能量的大小取决于原油的溶解气饱和度、压力变化幅度以及流体的相态行为。

3. 井网设计

在油田开发规划与设计中，注采井网的优化布局是至关重要的环节，它直接影响油田的开采效率、经济效益以及资源回收率。以下是对注采井网相关要素的详细阐述。

（1）注采井网的选择

根据油田的地质特征、流体性质、开发阶段及目标，选择合适的注采井网类型。常见的井网类型包括行列式井网、五点法井网、七点法井网、反九点法井网等，每种井网都有其特定的适用范围和优缺点。在选择时，需综合考虑油藏的地质条件、流体分布、压力系统以及经济效益等因素。

（2）井网密度的确定

井网密度是指单位面积内油井和注水井的总数，它直接影响到油田的开采速度和采收率。确定合理的井网密度，需考虑油田的地质储量、原油性质、地层压力、渗透率等因素，以及经济效益和投资回收期的要求。

（3）注采井数比的确定

注采井数比是指注水井与采油井数量的比例，它反映了注水强度与采油强度的相对关系。合理的注采井数比可以确保地层压力的稳定，提高采油效率，并减少不必要的投资。在确定注采井数比时，需考虑油田的注水能力、地层渗透性、原油流动性以及经济效益等因素。

（4）水平井布井可行性分析

水平井技术作为一种高效的油气开发手段，在近年来得到了广泛应用。在油田开发中，对水平井布井的可行性进行分析，是优化注采井网布局的重要方面。这包括评估水平井钻井技术的可行性、水平段在油层中的延伸能力、水平井与直井的协同作用效果以及经济效益等方面。

4. 单井产能的确定

在油田生产管理与优化过程中，精准地设定与调整生产参数以确定单井的产能是至关重要的。这涵盖以下几个方面。

（1）合理的生产压差与单井日产油量的确定

生产压差是指井底流压与地层压力的差值，它直接影响着油井的产油能力。通过地质分析、油藏模拟及历史生产数据比对，可以科学地确定出每口油井的合理生产压差范围，进而计算出在此压差下的单井日产油量。

（2）油井极限产量与极限压差的确定

油井的极限产量是指在特定地质与生产条件下，油井所能达到的最大产油量。而极限压差则是指达到这一产量时所需的最大生产压差。这些参数的确定对于评估油井的潜力、规划长期生产策略以及预防超压生产具有重要意义。通过实验室测试、数值模拟及现场试验等手段，可以较为准确地估算出油井的极限产量与极限压差。

（3）水锥分析以确定临界产量及见水时间

在注水开发的油田中，水锥现象是一个常见的问题。它指的是由于注水压力过高或注水井与生产井之间的连通性过好，导致注入水沿高渗透带迅速突破至生产井，从而影响油井产油量和含水率。通过水锥分析，可以预测在不同生产压差下油井的临界产量（开始明显见水的产量）以及见水时间。

5. 方案技术经济指标预测及评价

在油田生产运营中，对生产动态及经济效益的监测与评估是至关重要的，这涉及以下几个关键指标。

(1) 动态产量

动态产量是指油田或单井在特定时间段内的实际产油量，它反映了油田当前的生产能力和状态。通过定期监测动态产量，可以及时了解油田生产情况，为生产调整和优化提供依据。

(2) 含水率

含水率是指油井产出流体中水的体积百分比，它是评估油井生产状态和水驱效果的重要指标。随着油田开发的进行，含水率会逐渐上升，对油井产量和经济效益产生影响。

(3) 采出程度

采出程度是指油田或区块内已采出的原油储量占原始地质储量的百分比，它反映了油田的开发程度和资源利用情况。采出程度的高低不仅与油田地质条件、开发方式和技术水平有关，还与生产管理、经济效益等因素密切相关。

(4) 利润总额与投资回收期

利润总额与投资回收期是衡量油田经济效益的重要标准。利润总额反映了油田在一定时期内的经营成果和盈利能力，是评估油田开发价值和经济可行性的重要依据。而投资回收期则是指油田开发投入的资金在未来各年中逐渐收回所需要的时间，它对于投资者来说是一个重要的风险评估指标。

(三) 经济评价与方案优选

1. 经济评价

在油田开发的初期阶段，深入研究并确定一系列技术经济界限是至关重要的，这些界限为油田的高效开发提供了科学依据。

(1) 单井控制可采储量

单井控制可采储量评估每口油井在其生命周期内预计能够开采出的原油量，这是衡量油井经济性的基础指标之一。

(2) 千米井深产能

千米井深产能反映油井在不同井深条件下的生产能力，有助于优化钻井设计和生产策略，提高开发效率。

(3) 单井初期产量

预测油井投产初期的日产量，对于评估油井初期经济效益和制订生产计划具有重要意义。

(4) 合理井网密度

基于地质条件、流体性质及经济效益等多方面因素，确定最佳的油井和注水井布局密度，以实现油田资源的最优开采。

2. 方案优选

在油藏工程领域，进行详尽的技术经济评价，以全面评估总体开发方案的可行性与效益。这一评价过程涵盖多个关键经济指标的精确计算，包括投资回收期、内部收益率、财务净现值、投资利润率、投资利税率以及每百万吨产能所需的投资等。通过深入分析这些指标，能够客观地比较不同开发方案的经济表现，进而推荐出最优方案及次优方案。

对油藏工程总体方案进行全面的技术经济评价是不可或缺的环节。这一评价过程涉及多个经济指标的计算与分析。

（1）投资回收期

投资回收期是评估项目投入资金回收所需的时间，是判断项目经济可行性的重要指标。

（2）内部收益率

内部收益率反映项目投资的盈利能力，是投资者衡量项目价值的关键参数。

（3）财务净现值

财务净现值是考虑资金时间价值后，项目在整个寿命周期内产生的净现金流量现值，用于评估项目的绝对经济效果。

（4）投资利润率

投资利润率是项目年利润总额与投资总额的比率，衡量项目投资的盈利水平。

（5）投资利税率

投资利税率是项目年利税总额与投资总额的比率，反映项目的综合经济效益。

（6）百万吨产能投资

百万吨产能投资是每百万吨原油产能所需的投资金额，用于比较不同油田或区块的开发成本。

第四章　不同类型油田的开发

随着全球能源需求的持续增长，石油作为重要的战略资源，其勘探与开发成为各国关注的焦点。在我国，低渗透油田和特低渗透油田的开发具有举足轻重的地位，其丰富的资源储量和巨大的开发潜力，对于保障国家能源安全、推动经济发展具有重要意义。本章围绕低渗透油田的开发和特低渗透油田的开发等内容展开研究。

第一节　低渗透油田的开发

一、低渗透油田的分类

低渗透油藏通常指那些储层空气渗透率低于 50 毫达西（mD）的油气藏。近年来，随着勘探技术的进步，低渗透油藏及特低渗透油藏在新增探明储量中的占比显著上升，它们已逐渐成为油气资源增产和产能建设的主力军。在我国，低渗透油气资源占据总油气资源储量的一半以上，这一比例凸显了其在国家能源战略中的重要地位。因此，高效、经济地开发和利用这些低渗透油气资源，对于保障我国能源供应的持续性和稳定性，推动能源结构的优化升级具有至关重要的意义。低渗透储层具有渗透率低、孔隙度低、储层非均质性强、微裂缝较发育的特点，在开发设计过程中存在很大的难点和矛盾，需要人们研究渗流机制，并在开发实践中不断地总结经验。

为了综合认识油层内部结构特征，为合理开发和提高最终采收率提供依据，有必要对低渗透储层进一步细化分类。不同国家和地区对低渗透油田的划分标准并不统一。在油田分类上，各国依据储层特性和技术经济开发指标有不同的划分标准。美国将渗透率小于或等于 100 mD 的油田界定为低渗透油田；苏联则采用更为严格的标准，将渗透率在 50~100 mD 的油田视为低渗透范畴；而在我国，普遍将渗透率低于 50 mD 的油田归类为低渗透油田。

（一）按渗透率分类

按渗透率为标准划分低渗透储层是目前国内外较为常用的方法。基于渗透率作为主要衡量标准，并综合考虑微观结构参数、驱动压差、排驱压力、储集层比表面积、相对分选系数以及变异系数等多个因素，可以将低渗透储层细分为以下 6 类。

1. Ⅰ类（一般低渗透）

油层渗透率范围界定在 10~50 mD，此类储层显著特征在于其主流喉道半径相对较小，孔喉配位数值偏低，构成了一种中孔与中细孔喉相结合的结构类型。这种结构导致油层在开采过程中驱动压力需求较低，但相应地，其内部流体流动能力也较弱。不过从开采难易度的角度来看，相较于其他类型储层，它仍属于较易开采的范畴。

2. Ⅱ类（特低渗透）

油层渗透率为 1～10 mD，此类储层的显著特点是其平均主流喉道半径较小，孔隙几何结构相较于其他类型更为复杂且不理想，尽管相对分选系数表现良好，但孔喉配位却处于较低水平，形成了中孔与微喉、细喉相结合的复杂结构。这种结构导致了较高的驱动压力需求，开采难度系数增大，流体在其中的流动能力受到明显限制。此外，由于比表面积相对较大，储渗参数偏低，进一步增加了开采的复杂性，使得此类油层不易于有效开采。

3. Ⅲ类（超低渗透）

油层渗透率为 0.1～1 mD，该类储层展现出独有的特征：其平均主流喉道半径偏小，孔隙几何结构复杂且不理想，尽管相对分选系数表现良好，但孔喉配位数量稀少，形成了小孔与细微喉道的紧密组合。这种结构特性导致在开采过程中需要承受较大的驱动压力，流体流动能力显著受限，从而增大了开采的难度。此外，由于比表面积较大，容易引发更多的吸附和滞留现象，进一步影响了水驱油的效果，使得水驱油效率相对较低。

4. Ⅳ类（致密层）

当油层的渗透率处于 0.01～0.1 mD 的极低范围时，其表面性质倾向于亲水性。这种亲水特性在油层中会导致驱油效率显著降低，因为水分子更容易附着在油层表面，从而增加油水分离的难度，降低油相的有效流动和采出效率。

5. Ⅴ类（非常致密层）

油层的渗透率极低，为 0.000 1～0.01 mD 之间，这类储层的一个显著特点是其需要极高的中值压力才能实现流体的有效渗流。因此，这类储层被认为是储集性能非常差的，对于油气的开采和提取构成了极大的挑战。

6. Ⅵ类（裂缝—孔隙）

在储层特征的分析中，针对所测试的样品，肉眼观察下并未发现明显的裂缝存在，且岩石表现出极高的致密性，即岩石颗粒间结合紧密，孔隙空间极为有限。

（二）按启动压力分类

为了全面且准确地刻画低渗透储层的渗流特性，采用了一种基于启动压力梯度的方法来对低渗透砂岩储层进行分类。经过一系列精密的室内岩心实验分析，发现了启动压力梯度与渗透率之间存在着明确的关联性。实验结果显示，储层的渗透率水平直接影响了其启动压力梯度的量级。不同渗透率的储层展现出显著不同的启动压力梯度变化范围，具体可细化为以下几个区间，以更清晰地描述这一相关性。

Ⅰ类：启动压力梯度变化率的数量级是 10^{-4}，渗透率范围是 8～30 mD。

Ⅱ类：启动压力梯度变化率的数量级是 10^{-3}，渗透率范围是 1～8 mD。

Ⅲ类：启动压力梯度变化率的数量级是 (10^{-2})～(10^{-1})，渗透率范围是 0.1～1 mD。

并且，渗透率大于 30 mD，启动压力梯度变化很小，渗流为达西流，所以将此低渗透储层的渗透率上限定为 30 mD。

（三）按孔隙结构分类

孔隙结构的好坏，直接影响储层物性的优劣。除了直接利用铸体薄片或孔隙铸体技术观察孔隙结构外，毛细管压力曲线作为一种间接手段，也在一定程度上揭示了储层的关键结构特征，包括储层孔隙类型、孔喉大小的分布、孔喉的分选性以及孔喉之间的连通性。毛细管压力曲线的具体形态深受孔隙喉道分选性和喉道尺寸的影响：当孔隙喉道分选性良好时，毛细管压力曲线在中间部分会呈现一个较长的平缓段，这段曲线几乎与横坐标平行；而喉道尺寸增大，特别是大喉道占比增多时，曲线会明显向左下方凸出。相反，若喉道尺寸较小，曲线则会倾向于向右上方凸出。

（四）按流度分类

室内实验和实际油田开发表明，低渗透油田的开发面临多重挑战，其复杂性不仅根植于油藏的渗透率水平，还深受流体黏度特性的影响。此外，由于低渗透油藏中孔隙结构紧凑狭窄，流体在流动过程中与周围岩石的相互作用尤为显著，进一步增加了开采难度。为了更系统地理解和应对这些挑战，低渗透储层通常根据流度（流体在孔隙介质中流动能力的度量）的大小被划分为以下 3 个主要类别。

Ⅰ类：称为低渗透储层，流度为 30～50 mD/（mPa·s）。
Ⅱ类：称为特低渗透储层，流度为 1～30 mD/（mPa·s）。
Ⅲ类：称为超低渗透储层，流度小于 1 mD/（mPa·s）。

二、低渗透油田地质特征

（一）沉积特征和成因

我国的低渗透储层，与广泛分布的中高渗透层相似，多形成于中生代、新生代陆相盆地的地质背景之下。这些储层鲜明地体现了陆相碎屑岩储层的一系列基本沉积特征，具体表现为：多源性的物质供应、紧邻物源的快速沉积作用、矿物成分及其结构成熟度的相对低下，以及沉积相带在短时间内发生的显著变化等，这些特点共同构成了其独特的沉积学标识。

从具体沉积环境分析，低渗透储层有以下几种成因类型和特点。

1. 近源沉积

当储层紧邻物源区时，碎屑物质往往未经长途搬运便迅速沉积下来，这一过程导致了沉积物中颗粒大小的显著差异，分选性极差。不同粒径的颗粒与泥块混杂，它们各自填充在各式各样的孔隙之中，极大地缩减了储层的总孔隙体积，尤其是那些相互连通的孔隙，进而造就了低渗透储层的特征。冲积扇相沉积便是此类沉积环境的一个典型代表。在冲积扇的形成过程中，源自山地的河流一旦冲出山口，其地势逐渐趋于平缓，河道宽度显著增加。与此同时，水流在地层中的渗滤作用使得水量不断减少，流速急剧降低。这一系列变化促使河流所携带的大量碎屑物迅速堆积，最终形成了扇形沉积体，即冲积扇。

2. 渊源沉积

当储层在沉积过程中远离物源区时，水流所携带的碎屑物质经历了长时间的搬运与磨蚀，导致颗粒逐渐细化，同时悬浮在水中的细小颗粒也相应增多。随着沉积作用的进行，这些细粒物质逐渐固结成岩，形成了具有细小粒级和低孔隙半径的储层结构。此外，由于搬运过程中可能混入的大量泥质或钙质成分，沉积成岩后的储层往往具有较高的泥质（或钙质）含量。此类储层在坳陷型大型盆地沉积中心广泛发育。例如，松辽盆地大庆外围三肇地区的扶、扬油层为渊源河流—浅湖相沉积；辽宁新民油田、新庙油田的扶、扬油层为滨浅湖相水下三角洲沉积。

3. 成岩作用

碎屑岩形成低渗透储层的原因是复杂而多样的，除了沉积过程中的因素外，沉积后的成岩作用及后生作用同样对储层的物理性质产生了深远的影响。这些成岩作用主要包括压实作用、胶结作用以及溶蚀作用，它们共同作用于储层，导致其孔隙度和渗透率发生显著变化。

在成岩演化的进程中，压实作用与胶结作用是导致岩石原生孔隙度显著降低的关键因素。这一过程在成熟度较低的岩石中尤为明显，由于这些岩石的孔隙结构原本就不够稳定，经受压实和胶结的双重作用后，孔隙度会大幅度下降，进而使这些岩石容易转变为低渗透储层，极端情况下甚至可能演化成极致密的非储集层，对油气资源的储存和流动构成严重阻碍。

然而，自然界中的地质过程并非全是负面的。溶蚀作用便是一种能够积极改善岩石孔隙结构的地质现象。通过地下水等流体对岩石中可溶性矿物的溶解作用，溶蚀作用能够创造出次生孔隙，这些新生孔隙不仅提高了原本致密层的孔隙度，还为油气的储存和流动提供了新的空间。

（二）储层特征

1. 岩石学特性

（1）岩石粒度

低渗透储层岩石的粒度分布广泛，这主要归因于其颗粒成分的混杂性和较差的分选性。这种特性导致了储层岩石中颗粒大小的显著差异，形成了宽广的粒度分布范围。具体来说，对于砾岩低渗透油层而言，其粒度中值可以跨越 1.5～10.0 mm 的较大区间；而对于细砂岩低渗透油层，其粒度中值则集中在 0.02～0.25 mm；至于粉砂岩低渗透油层，其粒度分布更为精细，粒度中值通常落在 0.02～0.15 mm 的狭窄范围内。

（2）矿物成分

调查显示，岩石矿物的组成呈现出以下特点：石英含量占据主导地位，达到 36.24%；长石占比为 26.85%；岩屑则占据了相当大的比例，为 35.84%；其余矿物成分仅占 0.85%。这一矿物组成比例表明，这些低渗透油藏的岩石矿物成熟度相对较低，属于长石砂岩和岩屑砂岩的范畴。

我国东、西部地区的储层岩石类型存在显著差异，总体上可以划分为三大类。在东部地区，储层以长石砂岩为主，其中长石成分的含量较高，占比为 35%～53%。而西部地区则截然不同，其储层主要由岩屑砂岩构成，岩屑成分占据显著优势，占比高达71%。此外，在东、西部各区域中，还间或分布有少量的石英砂岩，这些石英砂岩中石英成分的含量极高，可达到78%左右。

（3）颗粒形态和接触关系

低渗透储层的岩石颗粒形态展现出较高的复杂性，其磨圆程度普遍不佳。详细统计数据显示，颗粒形态中次棱角状占据了主导地位，占比高达61.67%，而相对圆滑的次圆状颗粒则仅占11.11%。

在颗粒间的接触关系方面，主要表现为紧密的线状至凹凸状接触。这种紧密的接触方式随着储层深度的增加愈发显著，即深度愈大，颗粒间的接触就愈加紧密，这进一步反映了低渗透储层岩石结构的致密性和复杂性。

（4）胶结物和胶结类型

低渗透储层显著的特征之一是其胶结物含量较高，这一比例普遍介于11.7%~25.3%，平均达到了16.6%。

在构成胶结物的多种成分中，黏土占据了主导地位，其平均含量达到8.9%，占据胶结物总量的54%，显示出黏土对储层特性的重要影响。紧随其后的是碳酸盐，其含量约为5.08%，占胶结物总量31%的比例。此外，胶结物中还包含有少量的硫酸盐、硅质以及沸石等矿物。

值得注意的是，高含量的胶结物，特别是黏土胶结物，不仅会影响储层的物理性质，如降低孔隙度和渗透率，还会加剧储层的敏感性。这种敏感性使得储层更容易受到外界因素的污染和损害。

（5）敏感矿物类型

油层遭受污染损害有内在和外在两种因素影响。低渗透储层之所以表现出较高的敏感度，其内在根源主要在于其中所含有的敏感性黏土矿物。这些黏土矿物种类繁多，且各自具有独特的敏感特征，主要可以归结为以下几种类型。

①水敏矿物，主要是蒙脱石和伊蒙混层矿物。蒙脱石是一种具有显著吸水膨胀特性的黏土矿物。当它与淡水接触时，会迅速发生水化膨胀现象，其体积能够急剧增大至原体积的20~25倍。这种剧烈的体积变化极易导致储层孔隙的严重堵塞，进而显著降低储层的渗透率，对油气资源的开采造成不利影响。

②速敏矿物，主要是伊利石和高岭石。这两种矿物因其晶体结构相对松散，不具备高度的致密性，因此在受到液流冲刷的作用时，容易发生迁移现象。基于这一特性，它们被归类为速敏矿物，即对流体流动速度变化敏感的矿物类型。

③酸敏矿物，主要是绿泥石。绿泥石因其富含铁、镁元素，故而在遭遇酸性环境时易于溶解，释放出铁离子和镁离子，这些离子随后可能形成沉淀物，积聚并堵塞储层中的孔隙，对油层的渗透性和整体性能造成损害，影响油气资源的开采效率。[①]

2. 物理性质特征

（1）孔隙度

低渗透储层首先是孔隙度比较低，孔隙度平均值为18.55%，绝大部分集中在10%~

---

① 白一男，惠晓莹. 低渗透储层敏感特征分析[J]. 中国科技信息，2009（17）：32，36.

20%，占 80%；小于 10% 的占 7%，大于 20% 的占 13%。

（2）渗透率

低渗透储层的一个核心特征是其渗透率值普遍较低，通常小于 $50 \times 10^{-3} \mu m^2$。然而，值得注意的是，尽管这一特征在大多数低渗透储层中占据主导地位，但在实际岩样分析中，也能发现少数样品的渗透率表现出异常高的水平。例如，克拉玛依油田下乌尔禾组平均渗透率为 $1.73 \times 10^{-3} \mu m^2$，单个样品最高为 $475.3 \times 10^{-3} \mu m^2$，最低为 $0.004 \times 10^{-3} \mu m^2$；华北留西沙三下油组，平均渗透率为 $43 \times 10^{-3} \mu m^2$，单个样品最高为 $730 \times 10^{-3} \mu m^2$，最低为 $0.11 \times 10^{-3} \mu m^2$。单个储层样品的渗透率测量结果显示，其最高值与最低值之间存在着高达几千倍的显著差异，这一数据强烈地表明低渗透储层具有极高的非均质性特征。

（3）饱和度

通常情况下，储层中流体的饱和度与渗透率之间存在着紧密的相关性。具体而言，当渗透率逐渐降低时，束缚水饱和度会呈现上升趋势，这意味着更多的水分子被储层岩石表面所吸附或束缚，难以自由流动。相应地，随着束缚水饱和度的增加，含油饱和度会逐渐降低，因为储层中可用于油相流动的空间减少了。[①]

我国的低渗透油层普遍表现出较高的束缚水饱和度，相对而言，其含油饱和度则较低，通常仅维持在 45%～55% 的范围内。这一特性导致部分油田在初期投产时，其含水率便已达到 10%～20% 的较高水平。值得注意的是，油藏的含油高度以及原油的性质也是影响含油饱和度的重要因素。具体而言，油藏的含油高度越高，且原油性质越优良，其原始含油饱和度往往也越高。

3. 孔隙结构特征

（1）孔隙空间形态特征

孔隙空间的结构特征，经由铸体薄片观察分析，可半定量地描述为孔隙类型、大小分布、喉道粗细与形态以及孔喉配位数的综合体现。

对于中高渗透性储层而言，其孔隙结构以粒间孔为主，占比超过 60%，喉道较为粗大，且孔喉配位数丰富，通常达到 4～5 个，这有助于流体的顺畅流动。相比之下，低渗透性储层的孔隙结构则以次生溶蚀孔和微孔为主，这类孔隙占比超过 70%，喉道相对细小，孔喉配位数也较少，一般仅有 2～3 个。

（2）微观孔隙结构特征

鉴于油气储集层的孔隙与喉道通常较为细微（在相对尺度上），导致毛细管效应变得尤为显著。因此，在长期的科研实践中，科研人员不断探索并积累了丰富的经验，形成了一套系统的研究方法，这些方法巧妙地利用毛细管压力来深入探究储层的微观孔隙结构特征。

（三）裂缝特征

近年来，我国在勘探领域取得了显著进展，发现了越来越多含有裂缝的油田，而这些油田中的绝大部分属于低渗透至特低渗透油田范畴。值得注意的是，低渗透储层因其极高的致密性特点，往往伴随着较大的岩石脆性，这一特性对油田的开发策略和技术选择提出了更为严苛的要求。在地质构造活动的作用下，这种脆性岩石较易于产生裂缝，这主要是

---

① 贺永梅，贺永洁. 低渗透油田研究进展概述 [J]. 山东工业技术，2013（11）：92-93，74.

由于脆性材料在应力集中时容易发生破裂。然而，值得注意的是，对于埋藏较深或处于高温高压环境下的低渗透油田，岩石的可塑性会因温度和压力的作用而相对增强。这种增强的可塑性使得岩石在遭受构造应力时，更倾向于发生形变而非破裂，因此，在这类条件下，低渗透储层产生裂缝的可能性相对较低。

裂缝在油藏注水开发过程中扮演着至关重要的双重角色，其影响既积极又复杂。鉴于裂缝的这一重要性，加大了对裂缝的研究和试验力度，并已初步取得了一系列成果和深入的认知。

1. 裂缝特征描述

（1）裂缝成因特征

储层中的裂缝，依据其形成原因，可以明确划分为两大类别：构造裂缝与非构造裂缝（成岩缝）。在我国，油藏中的裂缝以构造裂缝为主导，这类裂缝在多数油藏中占据主要地位；而成岩缝则相对较少见，仅在少数特定油藏中被发现。

构造裂缝在形态上往往展现出一些独有的特征，如缝面相对新鲜，缺乏明显的滑动充填现象，这反映了其潜在的裂缝特性。在某些情况下，构造裂缝的缝面上还可以观察到步阶、羽饰等复杂的地质构造现象。此外，构造裂缝通常具有较大的切穿深度，倾角较为陡峭，但裂缝本身的宽度却相对较小。从力学性质来看，构造裂缝既包含张裂缝也包含剪裂缝，其中张裂缝对油藏注水开发过程的影响尤为显著。

（2）裂缝发育程度和规模特征

①裂缝密度。裂缝密度是指沿着与裂缝垂直的方向，在单位长度（米）内所观察到的裂缝条数。此外，裂缝密度也可以通过另一种方式表达，即裂缝间距，它指的是两条相邻裂缝之间的垂直距离。

裂缝密度的分布与多个地质因素紧密相关。首先，层厚是影响裂缝密度的重要因素之一。通常而言，层厚较大的岩层中，裂缝密度相对较低；相反，层厚较薄的岩层则可能拥有更高的裂缝密度。其次，岩性对裂缝密度的分布也有显著影响。一般来说，岩性越致密、坚硬的岩层，其内部往往更容易发育裂缝，因此裂缝密度也相对较高。最后，在构造轴部、褶皱转折处以及大断层两侧等地质构造复杂的区域，由于应力集中和地质作用强烈，裂缝往往更为发育，因此这些区域的裂缝密度相对较高。而在构造翼部等相对稳定的区域，裂缝则相对较少。

②裂缝平面延伸长度。由于岩心的物理限制，无法直接在其上测量裂缝的延伸长度。通常采用与岩心相近的露头测量方法进行间接推断。在我国，根据大量的地质勘探和研究成果，多数裂缝的延伸长度被推断为小于 100 m。

③裂缝纵向切深。一般是通过综合岩心观察与露头测量的方法来确定。在我国，裂缝的纵向切深普遍较浅，通常不超过 2 m。然而，也存在一些特例，如新疆小拐油田等地，其裂缝切深可达到 10 m 甚至更深，显示出较为特殊的地质特征。

④裂缝宽度。在岩心样品上直接测量的裂缝宽度，实际上是在地面减压环境下裂缝张开后的数值，这一数值由于环境条件的改变而偏大，因此并不能准确代表地下深处的实际情况。为了更贴近地下裂缝的真实宽度，通常采用间接的经验方法来进行计算和推断。在我国，裂缝宽度的范围广泛，但一般集中在十几到几十微米之间。

⑤裂缝孔隙度和渗透率。裂缝孔隙度和渗透率是评估储层性能的重要指标，但由于裂缝的复杂性和微观性，直接测量这些参数往往面临巨大挑战。因此，在实际操作中，通常依赖计算方法来间接求得这些数值。就裂缝孔隙度而言，我国多数储层的裂缝孔隙度普遍较低，一般小于1%，这表明裂缝空间相对有限，对储层整体孔隙度的贡献较小。在我国，裂缝渗透率的范围广泛，通常在 $100 \times 10^{-3} \sim 300 \times 10^{-3}\ \mu m^2$，但也有一些储层的裂缝渗透率高达 $9000 \times 10^{-3}\ \mu m^2$，显示出极强的流体传导能力。

（3）裂缝产状特征

①裂缝倾角。可以从岩心上直接测量。一般可以将裂缝大致分为三类：倾角大于60°的裂缝被称为高角度缝，这类裂缝与水平面的夹角较大，近乎垂直；倾角在40°～60°的裂缝定义为中斜缝，它们与水平面呈中等角度相交；而倾角小于40°的裂缝则被称为低角度缝，这类裂缝与水平面的夹角较小，近乎平行。我国大多数为高角度缝，只有玉门老君庙油田例外，以水平缝为主。

②裂缝方位。裂缝方位是开发井网部署过程中一个至关重要的参数，它直接关系到井网的布局和油气资源的开采效率。因此，在开发方案制定之前，对裂缝方位进行早期识别并准确测量显得尤为重要。然而，由于裂缝方位的测量受到多种因素的影响，如地质构造的复杂性、测量技术的局限性等，导致不同方法得出的结果可能存在一定的差异。为了确保测量结果的准确性和可靠性，需要采用多种方法进行综合判断，以获取更为全面和准确的裂缝方位信息。

③裂缝开启和缝面特征。按裂缝的开启性及对流体的影响能力可分为两类，每类又可细分亚类。

张开缝。这种裂缝在地下展现出不同的开度特征，并可依据其填充状态划分为两类。一类是裂缝被矿物完全填充，这类裂缝因矿物的沉积而闭合，几乎无空间可供流体通过；另一类是裂缝未被矿物完全填充，其缝面上可能留有油迹的残留，或是受到钻井液的浸染。

闭合缝。此类裂缝在地下环境中表现为闭合状态，其开度微乎其微，几乎不可见，缝面因此显得格外新鲜，且经观察未发现油迹的留存。在闭合缝的进一步细分中，有一类裂缝尤为特殊，它们的缝面闭合得极其紧密，两侧岩石的纹理几乎可以无缝对接，展现出高度的匹配性，这类裂缝也被称为潜在缝。值得注意的是，无论是闭合缝还是其中的潜在缝，在它们原始的、未经扰动的状态下，均不具备让液体自由流动的能力。

但是，在油藏经历压裂作业或注水开发的过程中，这些原本闭合的裂缝可能会因应力的变化而张开，进而形成流体的窜流通道，对油气的开采和储层动态产生重要影响。

2. 带裂缝油田储层的综合分类

按照我国的实际情况，将带有裂缝的油田储层分为三大类四亚类。

（1）孔隙—裂缝型或显裂缝型储层

这类储层在钻井作业中常面临严峻挑战，钻井液漏失现象频繁且严重，甚至不时出现大规模的井喷情况。而在注水作业后，小范围的流体窜流问题也极为突出，给储层管理带来不小困扰。通过试井测试，其压力恢复曲线显著，呈现双重介质的特征，这一特征在火烧山油田等类似储层中尤为明显。

（2）裂缝—孔隙型中的微裂缝型储层

在钻井作业期间，这类储层的表现并不突出，其特性相对难以直接观察。然而，一旦进入注水阶段，流体窜进的现象就变得尤为严重，对储层的有效开发和管理构成了显著挑战。例如，在扶余油田等类似储层中，这种注水后窜进严重的情况就得到了充分的体现。

（3）潜裂缝型储层

例如，新立油田在注水开发的初期并未展现出明显的异常迹象，各项参数均保持在正常范围内。然而，随着注水压力逐渐升高，一旦该压力超越了地层的破裂压力或裂缝的延伸压力阈值，便触发了水窜现象。

值得强调的是，裂缝的主要发育方位构成了油藏开发井网布局设计中最核心的考量因素。当前，通过地应力测量等先进手段的研究揭示，裂缝的方位呈现复杂的多组、多向性特征，这一发现虽具启发性，但尚需深入的探索与验证以明确其具体规律。然而，在实际油藏动态监测中，往往能观察到裂缝发育以某一主导方向为主的现象。鉴于此，在大型裂缝性油藏的全面开发计划启动之前，至关重要的一步是实施现场试验，如注入示踪剂等方法，以精确查明裂缝的主要发育方向。这一步骤对于科学合理地规划开发井网布局具有不可估量的价值，它能有效避免在后续开发过程中因方向判断失误而导致的难以逆转的负面影响，确保油藏开发的效率与效益最大化。

三、低渗透油田开发特征

（一）注水井吸水能力低，地层和注水压力上升快

在众多低渗透油田的注水开发过程中，一个显著且棘手的矛盾点在于注水井的吸水能力普遍偏低，这直接导致了启动压力和注水压力异常偏高。更为严峻的是，随着注水时间的持续延长，这一矛盾非但没有得到缓解，反而呈现加剧趋势，最终可能发展到注水井几乎无法注入水的困境，对油田的持续高效开发构成了严峻挑战。

注水井的日吸水量出现递减趋势，经过初步分析，这一现象主要归因于两大方面。一方面，地层中黏土矿物的膨胀等不利地质作用显著加剧了油层的损害程度，导致油层内部发生堵塞，孔隙通道受阻，从而直接降低了油层的吸水能力。以新立油田为例，其吸水指数就因此遭受了高达 25% 的显著降幅，充分说明了这一问题的严重性。另一方面，低渗透率油层本身存在较大的渗流阻力，流体传导效率低下，加之注水井与采油井之间的距离常常过长，使得注入的水难以有效传导和扩散至远端，造成注水能量在注水井附近积聚，迅速形成高压区域。这种高压状况不仅减小了有效的注水压差，还直接导致了注水量的逐渐减少。新立油田注水井启动压力从 7.7 mPa 激增至 10.8 mPa，正是地层压力上升并影响注水效率的具体例证。

许多低渗透油田面临着注水井吸水能力不足的问题，这一缺陷无法满足油井的生产需求，从而导致整个油田的开发进程受到限制，显得相当被动。此类现象在行业内广泛存在，成为低渗透油田开发过程中的一大挑战。

（二）油井注水效果差，低压低产现象严重

低渗透储层因其独特的物理特性，如高渗流阻力和快速的能量耗散，使得在低渗透油

田实施注水开发时，其效果与中高渗透油田截然不同。具体表现为油井的响应时间较长，压力与产量的变化相对平缓，缺乏中高渗透油层那种显著的敏感性和即时性。

在井距设定为250～300 m的场景下，油井往往需要经历大约6个月的注水周期后，才能逐渐显现出增产效果。

此外，部分低渗透油田还面临着储层性质极端不良和非均质性严重的双重挑战。即便经过长时间的注水作业，由于这些不利因素的存在，油井的见效率依然保持在较低水平，这无疑对整个油田的开发进度和经济效益造成了极为不利的影响。

低渗透油田在注水开发过程中，其见效速度明显迟缓，所需时间较长，且仅有一小部分区域能够展现出注水效果。此外，生产井对于注水效果的反应也颇为微弱。相比之下，中高渗透油田在注水后，油井压力会迅速回升，产量显著提升，有时甚至会超越投产初期的水平。然而，在低渗透油田中，即便注水效果较好的井，其压力和产量的回升也仅是轻微的，许多井只是勉强维持稳定状态或减缓了产量下降的速度。即便是在注水见效的最佳阶段，油井的产量也无法恢复到初期的水平，同时地层压力也远低于其原始状态，显示出低渗透油田在注水开发上的独特挑战和局限性。

低渗透油田在注水开发过程中，面临的一个显著问题是见效油井的比例相对较低，且这些油井的反应往往不够明显。同时，还有大量油井几乎无法从注水措施中受益，导致整个油田普遍呈现出低压、低产的严峻态势。

（三）裂隙性储层各向异性突出，不同方向水驱状况差异明显

我国众多低渗透油田的储层中，裂缝发育较为显著，这些裂缝网络构成了典型的裂缝性低渗透（砾）砂岩油藏。这类特殊油藏的地质与开发特性显著区别于一般的低渗透油藏，其核心特征在于其显著的各向异性。具体表现为，在不同方向上，油藏的水汽运移与储存状况存在明显差异。

1. 裂缝性低渗透油田吸水能力较强、裂缝特征显示明显

尽管裂缝性低渗透砂岩油田的基质渗透率低，但裂缝渗透率很高（几百至几千 × 10^{-3} μm^2），因而其吸水能力一般较强。

火烧山油田作为一个极具代表性的案例，其开采层位聚焦于二叠系平地泉组油层。这一油层的一个显著特点是裂缝的极度发育，这种地质条件对油田的开采方式、注水效果以及油藏管理策略都产生了深远的影响。

裂缝性低渗透砂岩油田注水井有一个重要特点。在注水压力未达到拐点之前，地层的吸水指数保持在一个相对较低的水平；而注水压力一旦超越这一拐点，地层的吸水指数会显著且大幅度地提升。此拐点所对应的压力，正是促使地层发生破裂、裂缝张开并继续延伸所需的临界压力。

2. 裂缝性低渗透油田不同方向水驱状况差异明显

裂缝性低渗透砂岩油层展现出了极为显著的各向异性特征，这种特性导致了水驱油过程中在不同方向上的表现差异极为明显。

裂缝性砂岩油田在注水开发过程中，一个普遍且显著的特征是，注入水极易沿着地层中的裂缝迅速窜流，导致位于裂缝延伸方向上的油井迅速遭受严重水淹，即所谓的"暴性

水淹"现象。这一现象广泛存在于裂缝性砂岩油田的注水开发中，是其特有的开发挑战与特征之一。

四、低渗透油田开发技术

（一）水力压裂技术

水力压裂作为提升油气井产量及水井注水效能的关键技术手段，其核心应用领域为低渗透性油气藏的开发。该技术通过地面部署的高压泵组系统，将高黏度流体以远超地层自然吸纳能力的速率泵入井筒，于井底累积形成高压环境。当此压力峰值超越井壁周边地应力及地层岩石的抗拉强度极限时，会促使地层在井底附近产生裂缝。随后，携带着支撑剂的携砂液被持续注入，这些液体不仅促使裂缝进一步向前扩展，还通过支撑剂填充裂缝，确保其在关井后能够保持开启状态并附着在支撑剂上。这一过程在井底周围的地层中构建出具有特定几何形态及高效导流性能的填砂裂缝系统，从而有效提升了油气井的产能及水井的注水效率，实现了增产增注的既定目标。

1. 水力压裂增产机制

（1）未污染井压裂增产机制

在无裂缝的油层中，流体的流动呈现出明显的径向特征，这意味着流体从油层中心向外围扩散时，其流动断面和流速均会发生变化。随着流速的增大，流动过程中的压力损耗也会相应增加，导致有效驱动压力相对较低。而当油层中存在裂缝时，流体的流动特征则会发生显著变化。在裂缝性油层中，等位线间隔较大，这反映了压降坡度较小。同时，等位线间隔的均匀性表明压力在裂缝中的递减是线性的，且流线趋于平行，这进一步说明了流动趋于单向流。若进一步增加裂缝的宽度或增大裂缝的渗透率，电位椭圆线将发生明显变化。具体表现为电位椭圆变得十分扁平，同时，电位线间隔的增大表明压降进一步减小，间隔地更加均匀则意味着压力在裂缝中的递减更加线性化。此外，流线更接近平行线，表示流动接近单向流。

压裂作业之后，油井周边形成的具有高渗透能力的裂缝网络显著改变了油层的流动状态。原本复杂的径向流动模式转变为一种近似的单向流动，这种流动模式下，流动断面与流速均保持相对稳定，从而大幅减少了阻力损耗，有效提升了驱动压力的效率，直接促进了油井产量的显著提升。此外，压裂带来的流动路径变化也是增产的关键因素。原本液体需要穿越较长且阻力较大的路径流向井底，而压裂后，液体质点更倾向于沿着裂缝这一低阻力通道流动。这种流动路径的优化，相当于在整体上"降低"了地层的流动阻力，使得更多的流体能够更顺畅地流向油井。

进一步观察裂缝渗透率与裂缝长度对地层阻力的影响，可以发现，裂缝的渗透率越高，意味着流体在裂缝中的流动越顺畅，阻力自然越小；而裂缝长度的增加，为流体提供了更长的低阻力通道，同样有助于减小地层的等效阻力。

（2）污染井压裂增产

针对受到污染的油井，压裂技术的核心目标在于有效解除污染，旨在恢复并提升油井的产能，进而实现增产目标。当压裂作业实施后，油井周边的液体流动路径在污染区域附近会发生显著变化，这种变化直接促进了污染物的清除和流体流动的改善。

2. 压裂液与支撑剂

（1）压裂液

在决定压裂施工成功与否的众多关键因素中，压裂液的性能占据着举足轻重的地位，尤其是在进行大型压裂作业时，这一因素的影响更为显著。压裂施工的每一个环节，从初期的注入到后续的裂缝形成与扩展，都紧密依赖于压裂液的类型选择与性能表现。

①压裂液的任务。压裂液是一个涵盖多种类型流体的总称，这些流体在压裂作业的不同施工阶段扮演着各自独特的角色。具体而言，按照压裂过程中压裂液被注入井内后所需完成的任务，可以将其分为以下几个关键方面。

前置液。前置液在压裂作业中扮演着至关重要的角色，其首要任务是破裂地层，创造出具有特定几何尺寸的裂缝网络，为后续携砂液的顺利进入与裂缝的进一步扩展奠定基础。在面临高温地层挑战时，前置液还能发挥一定的降温效果，有助于维持作业环境的稳定。为了提高前置液的工作效率，一种常用的策略是在其中添加适量的细砂。这些细砂颗粒能够有效堵塞地层中的微小孔隙与裂隙，从而减少压裂液在注入过程中的滤失量，确保更多的液体能够直接作用于裂缝的生成与扩展，进而提高压裂作业的整体效果与效率。

携砂液。携砂液在压裂过程中承担着将支撑剂精准输送至裂缝中，并将其固定在裂缝内预定位置的关键任务，所以其在压裂液总量中占有相当大的比例。除了这一核心功能外，携砂液还如同其他类型的压裂液一样，具备造缝与冷却地层的重要作用，有助于维持施工环境的稳定与作业的高效进行。由于携砂液需要承载并有效携带比重较高的支撑剂，这对其流变性能提出了较高的要求。为了满足这一需求，通常会选择使用交联型的压裂液如冻胶等作为携砂液的基液。

顶替液。中间顶替液在压裂作业中也扮演着至关重要的角色，它主要用于将携砂液顺利推送至裂缝的预定位置，确保支撑剂能够准确、高效地填充裂缝。同时，中间顶替液还具备预防砂卡的功能，通过其流动特性减少支撑剂在输送过程中发生堵塞或卡滞的风险。在注完携砂液之后，顶替液的另一个重要作用显现无遗：它需要将井筒中残留的携砂液完全驱替至裂缝中，这一过程不仅提高了携砂液的利用效率，确保了支撑剂能够充分填充裂缝，还有效防止了井筒内出现支撑剂沉积（沉砂）的现象，从而维护了井筒的清洁与畅通。

②压裂液的类型。目前常用的压裂液有水基压裂液、酸基压裂液、油基压裂液、乳状及泡沫压裂液等。

水基压裂液。水基压裂液是一种由水溶性聚合物（通常被称为成胶剂）经过交联剂的作用而形成的凝胶状物质，业界常称之为冻胶。这类压裂液的制备过程中，常用的成胶剂种类繁多，包括源自自然的植物胶、纤维素衍生物，以及通过化学合成获得的聚合物。这些成胶剂在溶于水后，能够形成具有一定黏弹性的基础溶液。为了进一步增强这些溶液的交联程度，形成更为稳定且适合压裂作业的冻胶，需要加入交联剂。常见的交联剂包括硼酸盐，以及钛、锆等元素的有机金属盐类。在压裂作业完成后，为了解除冻胶的交联状态，便于后续井筒的清理与恢复生产，需要向压裂液中加入破胶剂。常用的破胶剂包括过硫酸铵、高锰酸钾等强氧化剂，以及能够特异性降解聚合物链的酶类。

油基压裂液。针对水敏性地层，直接采用水基压裂液可能会引发地层黏土的膨胀现象，这种膨胀会严重干扰压裂作业的效果，降低裂缝的扩展能力和支撑剂的分布均匀性。为了克服这一难题，油基压裂液成为一个可行的替代方案。油基压裂液通常由矿场直接获取的原油或炼油厂生产的黏性成品油作为基础油配制而成。这些基础油具有良好的抗水敏性，能够有效避免地层黏土的膨胀问题，从而保障压裂作业的顺利进行。然而，需要注意的是，尽管油基压裂液在抗水敏性方面表现出色，但其悬砂能力相对较弱，即携带和支撑高比重支撑剂的能力有限。这可能导致在压裂过程中，支撑剂无法充分、均匀地填充裂缝，进而影响压裂效果。

当前，稠化油作为一种常见的压裂液材料，其基液广泛采用原油、汽油、柴油、煤油或凝析油等石油产品。这类稠化油压裂液具有一个显著的特点，即当它们遇到地层水时，能够自动发生破胶现象，因此，在压裂过程中无须额外添加破胶剂来促进压裂液的降解和排出。

油基压裂液尽管在水敏性地层的应用中展现出其独特的优势，能够有效防止地层黏土膨胀，从而保障压裂效果，但其高昂的成本、施工过程中的复杂性以及易燃性等问题，却在一定程度上限制了其广泛应用。

泡沫压裂液。泡沫压裂液作为近十年来的一项创新技术，专为低压低渗油气层的改造而设计。其显著优势在于易于返排、滤失量低以及流动时产生的摩阻较小，这些特点极大地提升了压裂作业的效率与效果。泡沫压裂液的基液成分多样，主要包括淡水、盐水以及聚合物水溶液，这些基液为泡沫的形成提供了稳定的环境。而气相部分则常采用二氧化碳、氮气或天然气等惰性气体，它们不仅安全环保，还能有效增强泡沫的稳定性和携砂能力。此外，泡沫压裂液中还会加入非离子型活性剂作为发泡剂。

（2）支撑剂

支撑剂是用来支撑已压开的裂缝，使裂缝不再重新闭合，并使裂缝具有较高导流能力的固体颗粒。

①支撑剂的关键作用。当支撑剂被注入裂缝并沉积排列后，它们能有效支撑起已扩展的裂缝空间，防止其因应力释放而重新闭合。此外，支撑剂还能显著增加裂缝的孔隙度和渗透率，从而提升裂缝的导流能力，即流体通过裂缝的顺畅程度。通过扩大油流的通道，支撑剂显著降低了流体在地下流动时的阻力，进而实现油井增产的目标。因此，支撑剂的选择对于压裂作业的效果和成功至关重要，掌握其性能并合理选用成为一项至关重要的工作。

②支撑剂的性能要求。为了确保支撑剂能够高效、稳定地发挥其作用，对其性能有着严格的要求。首先，支撑剂的粒径需要均匀，以确保在裂缝中能够均匀分布，形成有效的支撑结构。其次，支撑剂应具有高强度和低破碎率，以承受地层应力和流体流动的冲击而不易破碎。再次，较高的圆球度有助于减小流体流动时的阻力，提高导流效率。最后，支撑剂中的杂质含量应尽可能低，以避免对地层和流体造成不必要的污染或损害。

3. 水力压裂工艺设计

压裂设计作为压裂施工的核心指导蓝图，旨在依据具体地层特性与现有设备能力，精心挑选出既经济又高效的油气增产方案。然而，鉴于地下环境的极端复杂性和当前理论研究的局限性，压裂设计所预测的效果与参数优化结果，与实际操作之间难免会存在一定的偏差。但值得乐观的是，随着压裂设计理论的持续精进，以及对地层破裂内在机制与流体在裂缝内流动规律理解的日益加深，这种理论与实际之间的鸿沟正在逐步缩小。这意味着，未来的压裂设计方案将能够更加精准地指导压裂井的施工，不仅提升作业效率，还能更有效地释放油气资源，为油气田开发带来更大的经济与社会效益。

水力压裂设计方案的内容包括：裂缝几何参数优选及设计；压裂液类型、配方选择及注液程序；支撑剂选择及加砂方案设计；压裂效果预测和经济分析等。对区块整体压裂设计还应包括采收率和开采动态分析等内容。

4. 水力压裂新技术

压裂技术作为提升低渗透油气藏产能与注入效率的一项常规且重要的手段，已在行业内得到了广泛的实践与应用。随着油田勘探与开发活动的持续深化，低渗、中渗乃至高渗油气藏在生产过程中逐渐显现出一系列新的挑战，如油藏出砂等问题日益突出。为了应对这些新问题，近年来，针对各类油藏特性的压裂技术得到了全面而深入的研究，并取得了显著的进展。这些适应性压裂技术不仅在理论上有所突破，更在实际油田作业中得到了成功应用，有效解决了油藏出砂等难题，显著提升了油气藏的开采效率与经济效益。

（1）端部脱砂压裂

①端部脱砂压裂机制。端部脱砂压裂是一种精细调控的水力压裂方法，其核心在于通过精确控制，在裂缝扩展的末端阶段让支撑剂选择性地滞留，形成有效的砂堵屏障，以此限制裂缝的进一步自然延伸。随后，维持一定的流体注入速率，持续泵入含有高浓度支撑剂的压裂液。这种操作不仅确保了裂缝在长度上的稳定，更促使裂缝在横向和垂向上显著膨胀与加宽，从而创造出一条具有卓越导流能力的裂缝通道，显著增强油气资源的流动效率，进而提升油气井的生产能力。

一是采用高黏度压裂液。该压裂液凭借其卓越的携砂能力，不仅使得支撑剂的沉降速度得到了有效减缓，而且使得支撑剂可以在流体中保持稳定的悬浮状态并顺畅流动，从而确保压裂过程中支撑剂的均匀分布和有效作用。

二是通过提高地面机械设备性能来提高砂比。鉴于当前高砂比压裂施工的独特性与复杂性，为确保作业过程的顺利进行及人员设备的安全，已配套部署了一系列先进的监测设备、高效搅拌系统以及全面的安全保障设施。其中，压力传感器可以实时监测压力波动和砂的析出情况，确保施工过程的安全与稳定；而安装在套管上的液压安全阀能在压力超过设定极限时自动启动，有效防止井底压力异常升高，为压裂作业提供坚实的安全保障。

②端部脱砂压裂设计。端部脱砂压裂技术可以细分为两个关键阶段：首先是常规的压裂阶段，此阶段主要目标是形成裂缝并持续作业直至观察到端部脱砂现象出现；其次是裂缝的扩展与支撑剂密集充填阶段，此时裂缝会进一步膨胀变宽，并伴随着大量支撑剂的填充。在第一个阶段，采用成熟的拟三维或全三维压裂模型进行精心设计，当第一阶段结束，即观察到端部脱砂现象后，随即转入第二阶段的压裂设计。此时，将以第一阶段结束时的各项参数（如裂缝形态、压力分布、流体性质等）作为初始条件，利用物质平衡原理或其他先进的数值模拟方法，对裂缝的进一步扩展、支撑剂的分布与充填效果进行精确预测与优化。

端部脱砂压裂施工的成功与否，其根本在于压裂设计的科学性与合理性。而在这一设计过程中，压裂液的滤失系数至关重要，它直接影响压裂效果及施工的安全性。因此，对滤失系数的准确取值显得尤为重要。为了精确获取压裂液的滤失系数，通常会采用小型压裂试验的方法。

（2）重复压裂技术

重复压裂技术，顾名思义，指的是在同一油气层中进行的第二次或多次压裂作业。这项技术被广泛应用于改善那些因自然衰竭或初始压裂效果不佳而失去经济产量的油井，以及那些产量已降至经济生产阈值以下的压裂井。美国在这一领域的研究与实践均取得了显著成就。从理论研究的深入探索，到工艺技术的不断创新优化，再到矿场应用的广泛推广，美国都投入了大量资源与精力。

在深入探索重复压裂技术的过程中，从多个维度——包括重复压裂机制、油藏数值模拟、压裂材料选择、压裂设计优化以及施工实践等方面进行了全面的研究与攻关。这一过程中，获得了以下关键认识：①重复压裂时应对压裂材料进行重新评估与优选，以确保压裂液和支撑剂等材料能够更有效地满足改造需求；②对于致密气藏，重复压裂的设计应侧重于增加裂缝长度，以扩大油气流动的有效区域；而对于高渗透性气藏，则应注重提高裂缝的导流能力，促进油气的高效流动。然而，重复压裂技术的应用并非毫无挑战。当前，仍面临一系列亟待解决的问题，包括重复压裂造缝机制、造新缝的可能性及条件、重复压裂施工工艺技术、重复压裂数字模拟技术等。

（3）复合压裂技术

复合压裂技术是一种针对油、水井增产增效的先进工艺，它巧妙地将高能气体燃爆压裂与水力压裂技术相结合，于同一作业周期内连续实施。首先，利用高能气体燃爆压裂技术，在油、水井的近井区域引发强烈的爆炸效应，形成一套不受地层应力直接控制的径向网状多裂缝系统。随后，在已构建的网状微裂缝网络基础上，实施常规的水力压裂作业。水力压裂时，利用已存在的微裂缝作为引导路径，通过一次性加入支撑剂（如砂粒）进行压裂，从而在这些微裂缝周围诱导并扩展出多条稳定的支撑裂缝。复合压裂工艺的核心优势在于，它克服了传统水力压裂中单次加砂只能形成单一支撑裂缝的局限性，能够更加高效、广泛地改造差油层。

（二）酸处理技术

酸化作为油气井增产及水井增注的另一关键技术手段，其核心在于利用酸液对地层进行化学处理。这一过程的基本原理是，通过酸液与岩石中的胶结物质，以及地层孔隙和裂缝内积聚的堵塞物发生溶解和溶蚀反应，从而有效清除这些阻碍流体流动的障碍物。这一作用机制不仅有助于恢复地层原有的孔隙度和裂缝的渗透性，还能在一定程度上提高这些流通路径的导流能力，最终实现油气井产能的增加或水井注入效率的提升。

1. 酸处理的用途

酸化处理之所以成为油气井增产的关键策略之一，是因为酸具有强大的溶解能力，能够有效清除地层中的矿物沉积、钻井或修井过程中意外渗入地层的泥浆及其他外来杂质。这些物质的清除，对于恢复和提升地层孔隙与裂缝的渗透性至关重要。而酸化处理所能带来的增产效果，并非仅由酸的溶解能力单方面决定，它受到多种因素的综合影响。其中，选用的酸处理工艺是关键因素之一。不同的工艺有酸洗、基质酸化及压裂酸化等。

除上述应用外，酸还具有下列用途。

①在压裂作业中，酸液常被用作前置液，其作用是预先溶解射孔过程中产生的细粉粒，使后续的压裂液能够顺畅无阻地进入所有射孔孔眼，从而更全面地渗透并作用于地层，提升油气井的增产潜力。

②在某些情况下，当乳化液体对pH值的降低表现出高度敏感性，或者地层中存在的酸溶性细粉粒意外地促进了乳液的稳定性时，酸液便能发挥其作为破乳剂的作用。

③压裂处理用的酸敏性胶质在施工后尚不破胶时，可用来破胶。

④用作水泥挤注前的预洗液。

2. 酸液与添加剂

在追求酸化增产效果的过程中，合理选择与运用酸液及其添加剂起到至关重要的作用。随着酸化技术的不断进步与创新，国内外油气田现场所采用的酸液种类与添加剂类型日益丰富多样。

（1）常用酸液种类及性能

盐酸对碳酸盐矿物的溶解能力强，针对碳酸盐岩油气层的酸化处理，盐酸是主要的酸液选择。然而，在特定情况下，也会采用甲酸、乙酸等有机酸，或是多组分酸以及氨基磺酸等，以满足不同地层特性和作业需求。为了优化酸化效果，降低酸液与地层的反应速度，进而控制溶蚀范围和提高酸液穿透深度，工程师们还会采用一系列酸液添加剂或改性技术。例如，油酸乳化液能够通过乳化作用降低酸的反应速率；稠化盐酸液则通过增加酸液的黏度，降低其在地层中的扩散速度；而泡沫盐酸液则利用气泡的阻隔效应，进一步减小酸液与岩石表面的直接接触面积，从而实现更为精细的酸化控制。

①盐酸。在我国，工业盐酸的生产主要依赖于电解食盐的过程。首先，通过电解食盐（氯化钠），获得氯气和氢气这两种关键原料。随后，利用化学合成法，将氯气与氢气在高温下反应生成氯化氢气体。最后，将这一气体溶解于水中，便得到了氯化氢水溶液，即通常所说的盐酸液。

使用时需检查盐酸浓度及SO_4^{2-}、Fe^{3+}含量，这是由于盐酸浓度直接影响盐酸反应速度和作用距离，而过高的SO_4^{2-}、Fe^{3+}含量将导致二次沉淀，影响增产效果。

纯盐酸是无色透明液体，当含有$FeCl_3$等杂质时，略带黄色，有刺激性气味。盐酸作为一种强酸，其化学性质活泼，能与多种金属、金属氧化物、盐类以及碱类发生化学反应。在碳酸盐岩的酸化处理中，盐酸展现出强大的溶蚀能力，它能有效溶解碳酸盐矿物，生成可完全溶解于残酸水中的氯化钙和氯化镁等盐类，避免了化学沉淀的生成。酸压时对裂缝壁面的不均匀溶蚀程度高，裂缝导流能力大；而且成本较低。所以，目前大部分酸处理措施仍首选盐酸，特别是浓度约为28%的盐酸。

高浓度盐酸处理的好处是：酸岩反应速度相对较慢，有效作用范围增大；单位体积盐酸可产生较多的CO_2，利于废酸的排出；高浓度的盐酸在单位体积内能够生成大量的氯化钙和氯化镁等盐类，这一过程不仅显著增加了废酸的黏度，还巧妙地调控了酸与岩石之间的反应速度。增强的黏度有助于形成稳定的流体环境，使得在酸化过程中产生的固体颗粒能够更有效地被悬浮并携带，从而促进了这些固体颗粒从地层中顺利排出。

此外，高浓度盐酸受到地层水稀释的影响较小。

②甲酸和乙酸。甲酸（HCOOH），亦被称蚁酸，是一种无色透明的液体，极易溶解于

水，其熔点设定为 8.4℃。在我国，工业上所使用的甲酸，其纯度通常高达 90% 以上，确保了产品的高浓度特性。乙酸（CH_3COOH），广为人知的名称是醋酸，同样呈现为无色透明的液体状态，并且其溶解性极佳，能非常容易地与水混合。乙酸的熔点相对较高，为 16.6℃。尤为特别的是，当乙酸处于低温环境时，它会凝成类似冰块的固态，人们称之为冰醋酸。在我国工业应用中，乙酸的浓度普遍达到 98% 以上，体现了其高纯净度。

甲酸和乙酸均属于有机弱酸范畴，当它们溶解于水中时，仅有一小部分会解离成氢离子和相应的羧酸根离子。这种离解程度相对较低，且其离解常数也较小，具体表现为甲酸的离解常数为 2.1×10^{-4}，而乙酸的则更低，为 1.8×10^{-5}。相比之下，盐酸作为强酸，其离解程度接近于完全解离的状态，离解常数远大于甲酸和乙酸。由于甲酸和乙酸的离解常数较小，提供的氢离子浓度相对较低，因此在许多需要氢离子参与的反应中，与同浓度的盐酸相比，甲酸和乙酸的反应速度可能会慢上几倍乃至十几倍。但这一差异也会受到反应条件、反应物性质等多种因素的影响。

在酸处理过程中，当甲酸或乙酸与碳酸盐发生反应时，会生成相应的盐类，但这些盐类在水中的溶解度相对较低。为了避免这些溶解度较低的甲酸或乙酸钙镁盐在地层中沉淀并堵塞渗流通道，酸处理时所使用的甲酸或乙酸浓度必须控制在一定范围内。具体而言，甲酸液的浓度一般被控制在不超过 10% 的范围内，而乙酸液的浓度则一般被限制在不超过 15% 的界限内。

③多组分酸。多组分酸，作为一种特殊的酸性体系，由一种或多种有机酸与盐酸精心配比而成。在 20 世纪 60 年代初，国际油气开采领域率先引入了这种多组分酸作为缓速酸液，旨在优化酸化过程中的反应速率。实践证明，这种创新性的应用取得了显著成效，不仅有效调节了酸液与地层岩石的反应速率，还提升了酸化作业的整体效率与安全性。

酸岩反应速度是依靠氢离子的浓度来确定的。因此，当在盐酸溶液中加入那些具有相对较低离解常数的有机酸（如甲酸、乙酸、氯乙酸等）时，由于这些有机酸的电离程度较低，它们对溶液中氢离子浓度的贡献相对较小。相反，溶液中的氢离子浓度主要由盐酸这一强酸的电离所主导。这一现象基于同离子效应原理，即盐酸的大量氢离子存在显著抑制了有机酸的电离过程，导致在盐酸活性尚存期间，甲酸、乙酸等有机酸几乎保持未离解状态。一旦盐酸的活性被完全消耗，这些有机酸才开始逐步电离，并承担起进一步的溶蚀作用。这样的混合酸液特性使得盐酸在井壁附近迅速且有效地进行溶蚀，而有机酸则在地层更深处逐渐发挥溶蚀效果。因此，混合酸液的整体反应时间大致等于盐酸和有机酸分别反应时间之和，从而显著扩展了有效酸化处理的空间范围，提升了酸化作业的整体效能。

④乳化酸。乳化酸是一种油包酸型的乳状液，其特点在于外相由原油构成。为了有效降低这种乳化液的黏度，可以采取向原油中掺入柴油、煤油、汽油等轻质石油馏分的方法，这些轻质馏分有助于改善乳化液的流动性。另一种策略是直接选择柴油、煤油等轻馏分作为乳化液的外相，同样可以达到降低黏度的效果。在此乳化体系中，内相则承载着化学处理的核心成分，一般包含浓度为 15%～31% 的盐酸溶液。然而，按照具体的处理需求和目标，内相中的酸性溶液可以灵活调整，不仅限于盐酸，还可以替换为有机酸、土酸或其他类型的酸性溶液，以达到预期的化学处理效果。

为了成功配制油包酸型乳状液，关键在于选用"HLB 值"（亲水亲油平衡值）范围在 3～6 的表面活性剂，这类表面活性剂适合作为 W/O（水在油中）型乳化剂。常见的选择包括酰胺类和胺盐类等类型。这些乳化剂在油和酸水的相界面上吸附并形成一层具有韧性的薄膜，这层薄膜的存在有效阻止了酸滴之间的聚结，从而防止了乳状液的破乳现象。值得注意的是，有些原油中天然含有表面活性剂成分，如烷基磺酸盐等。在这些情况下，当原油与酸水混合时，即便不额外添加乳化剂，仅通过搅拌也能促使油包酸性乳状液的形成。

针对油酸乳化液的设计，总体需求是在地面环境下保持稳定状态（不易发生破乳现象），以确保其储存与运输的安全性；而在地层环境下则需具备不稳定性（能顺利破乳），以促进油藏中的有效作用与释放。因此，选择乳化剂及其用量、油酸的体积比例，均需依据当地具体的地质条件与作业需求，通过细致的实验研究与验证来确定。目前，国内外乳化剂的用量一般为 0.1%～1% 不等；油酸体积比为（1∶9）～（1∶1）不等。

鉴于油酸乳化液具有较高的黏度特性，当其被用作压裂液时，能够形成更为宽阔的裂缝。这种裂缝形态有效降低了裂缝的总面容比，从而有助于降低酸液与岩石之间的反应速率，实现更为可控的溶蚀过程。尤为关键的是，油酸乳化液在穿透油气层后，其内部的酸滴被一层油膜包裹，避免了与岩石的直接接触。这一特性确保了酸液在油气层内的稳定存在，直至满足特定条件——如吸收地层热量导致温度升高而自然破乳，或是通过狭窄孔隙时油膜被挤压破裂——酸液才得以释放并与岩石裂缝壁面接触，进而发生溶蚀作用。所以，油酸乳状液不仅作为载体将活性酸安全输送至油气层深处，还通过其独特的破乳机制在适当时机释放酸液，极大地扩展了酸化处理的深度与广度，为油气层的高效开发与增产提供了有力支持。

油酸乳化液不仅展现出显著的缓蚀效果，其独特的稳定性在作业过程中也发挥了重要作用。在乳化液保持稳定的阶段，酸液被有效隔离，避免了与井下金属设备的直接接触，从而显著降低了腐蚀风险，有效解决了防腐难题。尽管油酸乳化液本身已具备良好的防腐性能，但为了确保万无一失，现场配制时通常会采取进一步的安全措施，即在酸液中加入适量的缓蚀剂。

油酸乳化液，作为一种在高温深井作业中广泛应用的缓速缓蚀酸，不仅在国内得到了认可，在国际上也被普遍采用。然而，该乳化液在实际应用中面临一个主要挑战，即其较高的摩阻特性，这一特性直接限制了施工时的注入排量，进而可能影响作业效率和效果。为了有效应对这一难题，施工过程中常采用"水环"法作为解决方案。该方法通过特定的技术手段，在油管内形成一层水环，旨在显著降低油管内的摩阻，显著提升施工过程中的注入排量。

⑤稠化酸。稠化酸是一种通过向盐酸中添加增稠剂来显著提升其黏度的酸性介质。这种处理方式有效减缓了氢离子向岩石壁面的扩散速率，从而实现了对酸液反应速率的精确控制。更重要的是，增稠剂中的胶凝剂成分以其独特的网状分子结构为基础，进一步限制了氢离子在溶液中的活动范围，使得酸液与岩石的反应过程更加平缓而持久。在酸压作业中，相较于传统的低黏度盐酸溶液，高黏度的稠化酸展现出了显著的优越性能。它不仅能够形成更宽的裂缝，减少裂缝的面容比，还因较低的滤失量和摩擦阻力，使得作业过程更为高效。同时，稠化酸还具备出色的悬浮固体微粒能力，有助于保持酸液体系的均匀与稳定，进一步提升了酸压作业的效果与质量。

⑥泡沫酸。酸的应用技术正在迅速发展。泡沫酸便是一种创新的酸性介质，它通过向酸液中加入少量泡沫剂，并将气体（通常是氮气）以高达 65%～85% 的体积比例分散于其

中而制得。相应地，酸液的体积占比则控制在15%~35%。为了维持泡沫的稳定性和性能，还需在酸液中加入占其体积0.5%~1.0%的表面活性剂。这些表面活性剂的选择至关重要，它们需要与缓蚀剂具有良好的配伍性，以确保在化学处理过程中既能有效形成并维持泡沫结构，又能保护设备免受腐蚀。在针对天然裂缝发育的地层进行酸化处理时，为了减少酸液的滤失，提高处理效果，常常采用稠化水作为前置液，降低酸液向地层深处的不必要渗透，从而确保酸液主要作用于目标区域，提高酸化作业的效率和成功率。

泡沫酸在酸压中由于滤失量低而相对增加了酸液的溶蚀能力。泡沫酸凭借其卓越的排液能力，显著降低了对油气层的潜在损害。其高黏度的特性更是在排液过程中发挥了关键作用，能够有效携带并清除那些对导流能力构成威胁的微粒，从而保障了油气层的畅通无阻，提高了整体作业效率与效果。

⑦土酸。在处理碳酸岩地层时，普遍采用盐酸酸化技术，因其能够有效溶解碳酸盐矿物，从而达到预期的增产或改善渗透性的效果。但是，当目标转向砂岩地层时，面临的挑战则显著不同且更为复杂。砂岩地层的泥质含量相对较高，而碳酸盐岩的含量相对较低。这种地质特性使得油井在开采过程中容易遭受泥浆堵塞的问题，因为泥浆中的细粒物质容易在孔隙和裂缝中沉积，阻碍油气的流动。此外，由于砂岩地层中泥层的碳酸盐含量偏低，传统的盐酸酸化技术可能无法充分作用于这些泥质成分，进一步加剧了油井堵塞的风险。在这种特定的地质条件下，如果仅仅使用普通盐酸进行处理，往往难以达到理想的清洁和增产效果。

针对生产井或注入井中常见的处理需求，业界普遍采用一种由特定浓度盐酸与氢氟酸混合而成的复合酸液，并辅以适量添加剂，以形成所谓的"土酸"。具体而言，这种土酸配方中，盐酸的浓度通常控制在10%~15%，而氢氟酸的浓度则设定在3%~8%。

土酸配方中的关键成分之一——氢氟酸（HF），以其强大的酸性著称。在我国工业应用中，氢氟酸的浓度通常达到40%，这一高浓度赋予了它强大的溶蚀能力。此外，氢氟酸还具有相对密度较高的特点，其值介于1.11~1.13，这一物理性质也对其在化学处理中的应用产生了重要影响。作为土酸中的核心溶蚀剂，氢氟酸展现出了对砂岩地层中多种成分的卓越溶解能力，包括硬度极高的石英矿物、常见的黏土成分，以及部分碳酸盐矿物。然而，在实际应用中，氢氟酸并不能单独使用，而是需要与盐酸混合配制成土酸来使用。这是因为当氢氟酸单独与砂岩中的碳酸钙或钙长石等矿物反应时，会生成氟化钙沉淀。这些沉淀物容易在地层中积聚，造成地层堵塞，影响油气层的渗透性和开采效果。

（2）酸液添加剂

在进行酸化作业时，为了优化酸液的性能并预防其对油气层造成的不利影响，会在酸液中加入一系列特定物质，这些物质统称为添加剂。这些添加剂各司其职，共同提升酸化效果。常用的添加剂种类繁多，包括缓蚀剂、表面活性剂、稳定剂、缓速剂等，此外，按照具体需求，还可能加入增黏剂、减阻剂、暂时堵塞剂、破乳剂，用于处理酸化过程中可能产生的乳状液，确保酸液的有效作用。

①缓蚀剂。酸液，特别是高浓度的盐酸，对金属具有明显的腐蚀作用。这种腐蚀性可以严重缩短相关设备及管件的使用寿命，因为它们在与酸液接触时会逐渐受到侵蚀。在极端情况下，这种腐蚀可能导致设备或管件的断裂事故，进而引发施工中断或完全失败。

钢材在酸性环境下的腐蚀程度通过腐蚀速度来衡量，这一速度的单位常表示为g/

（m²·h），它直观地反映了钢材表面被侵蚀的速率。盐酸对钢材的腐蚀作用主要源自其能在金属表面引发局部电池效应，进而启动电化学腐蚀过程。这一过程会导致钢材表面出现麻点状斑痕，即坑蚀现象，严重损害钢材的完整性和性能。腐蚀速度受多种因素影响，其中温度和酸液浓度是两个关键因素。随着温度的升高和酸液浓度的增加，电化学腐蚀反应会加速进行，导致腐蚀速度显著加快。此外，钢材的材质也是影响腐蚀速度的重要因素之一。相比于碳素钢，优质钢由于其合金成分和微观结构的特殊性，往往更容易受到盐酸的腐蚀。值得注意的是，当环境中存在硫化氢时，盐酸对钢材的腐蚀作用会进一步加剧。硫化氢能与钢材中的氢结合，形成氢脆现象，增加钢材在使用过程中发生断裂的风险。

②表面活性剂。在酸液中添加表面活性剂，是一种高效且实用的策略，旨在优化酸化处理过程。这些表面活性剂能够显著地降低酸液的表面张力，这一特性对于减少在注入及后续排出酸液阶段所面临的毛细管阻力至关重要。通过降低表面张力，表面活性剂有助于改善酸液在地层孔隙和裂缝中的渗透性，减少因流体界面张力过高而产生的流动障碍。此外，表面活性剂还能有效防止油水乳状物的形成，使得后续的残酸排出过程更加顺畅。在表面活性剂的选择上，阴离子型和非离子型因其能够在酸液处理中发挥出色的作用，提升整体作业效率，而得到广泛应用。

③稳定剂。当酸液与金属设备及井下管柱发生接触时，会溶解附着其上的铁垢并对铁金属造成腐蚀，这一过程中，酸液中的铁含量显著增加。此外，油层中天然存在的二价铁和三价铁的氧化物，在酸液渗透进入地层后，会与盐酸发生化学反应，进一步生成铁离子，从而提高了酸液中铁的含量。

因此，在酸液中存在二价或三价铁离子，它们的沉淀行为在酸性环境中受pH值以及$FeCl_2$和$FeCl_3$含量的共同影响。具体而言，当$FeCl_3$的浓度超过0.6%（按质量计），并且pH值大于1.86时，Fe^{3+}离子将发生水解反应，形成凝胶状的沉淀物。

为了预防氢氧化铁沉淀的形成，避免地层堵塞问题的发生，需向体系中加入特定的化学物质，这类物质被称为稳定剂。常用的稳定剂种类多样，其中包括乙酸、柠檬酸等有机酸，而在某些情况下，也会采用乙二胺四醋酸（EDTA）及氮川三乙酸钠盐（NTA）等更为复杂的化合物作为稳定剂。

④增黏剂和减阻剂。高黏度酸液作为一种特殊配比的化学溶液，其关键特性在于能够显著降低酸与岩石的反应速度，这一效果直接扩大了活性酸在目标地层中的有效作用范围，从而提升了酸化处理的效率与深度。为实现这一目的，常采用部分水解聚丙烯酰胺、羟乙基纤维素以及胍胶等作为增黏剂。这些增黏剂在加入盐酸后，能够在温度不超过150℃的条件下，有效提升酸液的黏度，使其黏度值增加数毫帕·秒至十几毫帕·秒不等，且能在较长时间内保持良好的黏温性能，确保酸液在复杂地质条件下的稳定性与有效性。值得注意的是，上述增黏剂不仅具有优异的增黏效果，同时也是高效的减阻剂，能够有效降低稠化酸在管道或地层中的摩阻损失，使得稠化酸的摩阻损失甚至低于纯水的摩阻损失。

⑤暂时堵塞剂。在酸化作业中，一种策略性的做法是将适量的暂时堵塞剂混入酸液中。随着酸液的流动，这些堵塞剂会一同进入高渗透层段，并在那里形成临时的堵塞效果，从而暂时性地封闭高渗透层段的孔道，引导后续泵注的酸液流向并更多地作用于低渗透层段，以实现对这些难以触及区域的溶蚀作用，进而提升整体地层的渗透性能。常用的暂时

堵塞剂包括一系列膨胀性聚合物，如聚乙烯、聚甲醛以及聚丙烯酰胺等。

3. 酸处理工艺

酸处理作业的效果受到多方面因素的综合影响，其中选井选层的准确性、酸化技术的适用性、酸化工艺参数的合理性以及施工质量的控制均扮演着至关重要的角色。为了最大化地提升酸处理效果，必须在深刻理解酸化机制的基础上，对每一个环节进行精心策划与严格把控。

（1）酸处理井层的选择

通常而言，为了得到较好的处理效果，在选井选层方面应考虑以下几点。

①应优先选择在钻井过程中油气显示好，但试油效果差的井层。

②应优先选择邻井高产但本井低产的井层。

③针对多产层的油井，通常建议采取选择性（分层）处理策略，首要关注的是低渗透性地层的处理。对于那些历经长时间开采的老井，为了优化处理效果，应暂时封堵开采过度、油藏压力已显著下降的层段，转而集中处理开采程度较低的层段。

④对于紧邻油气边界、油水边界的井，或是井内存在气水夹层的复杂情况，处理时需格外谨慎。这类井一般推荐仅进行常规的酸化处理，以避免可能引发的复杂问题，而不建议实施更为激烈的酸压作业。

⑤若油井存在套管破裂变形、管外串槽等导致井况不佳，不适宜直接进行酸处理的问题，应首先着手进行井筒修复工作。待井况得到有效改善，恢复到适宜处理的状态后，再进行后续的处理作业。

（2）酸处理方式

一般来讲，可以将酸处理方式分为常规酸化与酸压两种。

在保持操作压力低于地层破裂压力，确保不压开地层裂缝的前提下，将酸液注入地层中的处理方法，称为常规酸化。由于这种方法主要聚焦于清除井底周边地层的堵塞物，恢复地层的流通性，因此它也被广泛称为解堵酸化。

考虑到泥浆可能会均匀分布在井底附近的孔隙、裂隙内，为有效解除油（气）层全范围的堵塞问题，需要确保酸液能够均匀且全面地渗透到地层的各个纵向层段中，以此避免酸液仅在高渗透层段集中突入，从而实现全面而均匀的清洁与疏通效果。为了达到理想的酸处理效果，除了常见的分层酸化技术，以及使用暂时堵塞剂来封堵高渗透层，引导酸液更多地流向低渗透层以外，还需特别注重注酸泵压的控制。在操作过程中，注酸泵压必须被精确地维持在一个特定的范围内：既要高于地层的初始吸收压力，又要低于地层的破裂压力，以防止过高的压力导致地层产生裂缝，进而可能无法有效清除堵塞物，甚至引发地层破坏等不利后果。

由于常规酸化技术不直接压开地层裂缝，其接触面积（面容比）相对较大，导致酸液与岩石之间的反应非常迅速，但这也限制了酸液的有效作用范围，使得其影响区域较为有限。在面对堵塞范围广泛或由于油井位于低渗透区域而导致的低产油气层时，单纯依靠常规酸化通常难以达到显著的增产效果。因此，针对这类情况，应考虑采用水力压裂或酸压等更为强效的措施，以扩大酸液的作用范围，提高油气层的渗透率，从而实现更有效的增产目标。

压裂酸化是一种在特定压力下进行的工艺，该压力需足够大，以能够压裂地层并促使其形成新的裂缝，或者进一步张开地层中已存在的裂缝。在酸化处理的过程中，酸液被精心注入地层深处，旨在通过化学作用对地层结构进行精细的改造与优化。当酸液与地层中的裂缝壁面接触时，其酸蚀作用会溶解掉壁面上的部分矿物质，从而拓宽并加深裂缝，形成更为畅通的导流通道。如果处理得当，这些高导流通道能够在处理后依然保持张开状态，为油气资源提供更加便捷的流动路径，进而实现增产的目标。然而，值得注意的是，裂缝的导流性能并不仅仅取决于其物理形态，还与其壁面的化学性质密切相关。在施工结束后，随着压力的逐渐消散，裂缝会趋向于闭合。但如果在酸蚀过程中，裂缝的溶蚀壁面未能得到有效黏合，那么这些壁面之间的空隙将保持开放状态，使得裂缝在闭合后仍能展现出卓越的导流性能。而压裂酸化过程中所形成的具有传导性的人工裂缝，其长度则由两个关键因素共同决定：一是酸与岩石的反应速度；二是酸液从裂缝向地层中的滤失速度，它则关系到酸液在裂缝中的有效作用时间。

（3）酸处理井的排液

酸化作业完成后，地层内滞留的残酸因其活性大幅减弱，不再具备持续溶蚀岩石的能力。同时，随着pH值的逐渐升高，原本保持溶解状态的金属离子会开始析出，形成金属氢氧化物沉淀。为防止这些沉淀物堵塞地层孔隙，削弱酸化处理的效果，关键在于控制反应时间并将残酸水的剩余浓度维持在一定水平之下，以便尽快将残酸排出。所以，在酸化作业前就应预先规划好排液及投产的相关准备工作，一旦施工结束，需立即启动排液程序，以最大限度地减少沉淀物的生成，保持地层的通透性。

当酸化处理作业完成后，残酸会流向井底。此时，若井底剩余的压力超过了井筒内液柱所产生的压力，那么借助地层本身的天然能量，残酸就有可能实现自喷排出。对于这类情况，可以充分利用地层能量，通过自然放喷的方式来排放井筒内的残酸及液体。然而，如果井底剩余的压力不足以克服井筒液柱的压力，那么就需要采取人工干预的方法来辅助残酸的排出。如今，常用的人工排液方法可以归结为两大类：一类是降低液柱高度或密度的放喷、抽汲、气举法；另一类是以助喷为主的增注液体二氧化碳或液氮法。

①放喷、抽汲、气举排液。一是放喷。当油气井位于裂缝发育丰富的区域，拥有广阔的油气供给区且地层能量充沛时，一旦成功解除堵塞或有效沟通裂缝，油井往往能够立即实现连续自喷。针对这类特殊井况，应坚持快速排净残酸与减少能量消耗的双重原则。为实现这一目标，需精心选择适宜的油嘴尺寸，并合理控制回压，以优化放喷过程。

二是抽汲。抽汲作业是一种技术手段，其核心在于通过不断抽取井筒内的液体，来实现井内液柱高度的有效降低。这一过程的目的是减轻井筒中液柱所产生的压力负荷，从而为井底残酸提供一个更加顺畅的流动环境，促使其更容易地流向井底。随着残酸不断流入井底，地层中的流体也会被带动进入井筒，导致井筒内的液体逐渐被气体混合，这一过程称为混气。随着混气程度的增加，井筒内流体的整体密度会相应降低。在特定情况下，通过实施多次抽汲作业，并结合驱动与诱导措施，能够有效地刺激油、气的流动，尝试实现诱喷效果。一旦诱喷成功，井内的油、气便能借助自然压力实现自喷排液，从而提高排液效率。然而，若诱喷未能达到预期效果，则需持续进行抽汲作业。

三是气举。气举排液是一种高效的排液手段，它依赖于高压压风机或类似设备，将高度压缩的气体注入井筒的环形空间内。这些高压气体在井筒内形成一股强大的驱动力，对套管内的液体施加压力，迫使其液面逐渐下降。随着液面的持续下降，当其降至油管底部时，高压气体便能够穿透油管与液体的界面，进入油管内部，与原有的液体混合，形成气液两相流。这股混合流随后在气体的推动下，被喷射至地面，实现排液的目的。但是，在处理深井时，由于深井的液柱较长，产生的压力也相应增大，可能超过压风机的最大工作压力能力。在这种情况下，压缩气体难以穿透油管管道，进入油管内部，导致排液效果受限。为了克服这一难题，可以采用装有气举凡尔的管柱进行作业。气举凡尔能够有效地控制气体的注入时机和流量，确保气体能够在适当的条件下顺利进入油管，与液体混合并推动其排出。

②增注液态 CO_2 及氮气助喷排液。在标准环境条件下，CO_2 展现出一种无色无味的典型气体形态。但是，这一形态并非固定不变，它会随着周围环境条件的改变，尤其是温度和压力条件的变化，而发生相应的相态转变。在这些因素中，温度是影响 CO_2 状态转化的主导因素。具体而言，通过将 CO_2 维持在较低的温度水平，并适当提升其所处环境的压力，可以有效地使 CO_2 保持在液态状态。

鉴于 CO_2 独特的物理化学特性，它已被广泛应用于压裂酸化作业中，以实现油气井的增产效果。我国已经自主研发了专门的 CO_2 运输车和 CO_2 存储瓶。在工厂内，液态 CO_2 被高压注入这些特制的车装罐或 CO_2 瓶中。为了确保液态 CO_2 在储运过程中的安全稳定，必须维持其内部压力在 6.0 毫帕以上，并严格控制环境温度在 20℃以下。这样，液态 CO_2 就能安全地被运送到施工现场，为后续的压裂酸化作业提供可靠的材料保障。

在酸化作业过程中，采用泵注技术将液态 CO_2 在高压条件下与酸液混合，随后共同注入地层。这一混合比例的确定需综合考虑货源的可得性以及油井的具体状况。一旦液态 CO_2 进入地层，随着环境温度逐渐升高（通常超过 31℃）且施工后地层压力逐渐降低，液态 CO_2 会发生相态变化，由液态转变为气态。在放喷阶段，气态 CO_2 的体积会显著膨胀，这种膨胀过程中释放的能量能够推动并携带残酸一同上升，通常能够实现在不依赖额外抽汲操作的情况下，有效排净地层中的残酸。

第二节 特低渗透油田的开发

一、特低渗透油田开发的技术挑战

（一）油藏渗透率低

特低渗透油藏的开发面临着诸多技术挑战，其中之一就是油藏渗透率低导致的开发难题。在油藏的开发过程中，由于油藏本身的渗透率较低，使得油藏中的原油难以通过渗透作用进入采油井中，从而增加了油藏开发的难度。由于特低渗透油藏的渗透率极低，油井在生产过程中容易发生压力下降过快的问题。出现这种现象是由于油藏中的油分子与岩石孔隙之间的吸引力较强，使得油分子难以从孔隙中流出。

渗透率是衡量油藏储量的重要参数之一，渗透率低意味着油藏中的原油难以流动，从而使得可采储量减少。具体来说，油藏渗透率低导致的开发难题主要表现在以下几个方面：首先，油藏渗透率低会导致油藏的可采储量减少；其次，油藏渗透率低会导致油藏的开发成本增加，为了提高油藏的渗透率，需要采用一些特殊的开采工艺，如水驱、气驱等，这些工艺需要投入大量的资金和人力，从而增加了油藏的开发成本；再次，油藏渗透率低会导致油藏的开发效率降低，由于油藏中的原油难以流动，因此需要采用一些高效的开发工艺，以提高油藏的开发效率，这些工艺往往需要投入大量的研发资源，从而增加了油藏的开发难度；最后，油藏渗透率低会导致油藏的环境污染问题，在油藏的开发过程中，为了提高油藏的渗透率，往往需要注入大量的水、气体等流体，这些流体可能会对油藏的环境造成污染。

（二）压力维持难度大

特低渗透油藏，顾名思义，其渗透率非常低，这就意味着油分子通过岩石孔隙的能力受到了极大的限制。在油井的生产过程中，由于这种限制，油藏的压力很容易出现急剧下降的情况。这种压力下降过快的现象，对于油藏的开发来说，无疑是一个巨大的挑战。因为这种压力下降，会导致油井的产能也随之迅速衰减。特低渗透油藏中的油分子与岩石孔隙之间的吸引力较强，使得油分子难以从孔隙中流出。这就好比试图将一滴水从一块吸水性很强的纸巾上挤出，水分子与纸巾之间的吸引力会使得水分子难以离开纸巾。同样地，在特低渗透油藏中，油分子与岩石孔隙之间的强烈吸引力，使得油分子难以从孔隙中流出，这就导致了油井产能的迅速衰减。当油井开始产出油时，油藏内部的渗透压力会迅速下降，这是因为油分子从孔隙中流出，导致孔隙中的压力降低。这种压力的迅速下降，进一步导致了油井产能的迅速衰减。这对于油藏的整体开发效益来说，无疑是一个巨大的打击。为了维持油井的生产压力，开发者需要采取相应的措施，如增加注水量或调整生产策略等，以降低压力下降的速度。注水是一种广泛应用的油藏增压技术，旨在通过向油藏内注入水来增加其内部压力，从而有效地提升油井的产能。

此外，开发者还可以通过调整生产策略，如改变油井的生产速度或调整油井的生产顺序等，来减缓压力下降的速度。然而，这些措施往往会增加开发的成本和复杂性。增加注水量需要额外的设备和运营成本，而调整生产策略可能会导致生产过程变得更加复杂。

（三）注水开发效果较差

孔隙度小、渗透率极低，意味着油藏中的原油流动受到极大的限制，这使得常规的注水开发方法难以发挥预期效果。在特低渗透油藏的开发过程中，由于岩石孔隙度小、渗透率极低，原油在岩石中的流动受到极大阻碍。这种情况下，常规的注水开发方法往往效果不佳。因为注水开发的基本原理是通过注入水来推动原油向生产井移动。在特低渗透油藏中，原油的流动性差，注水后水驱效果不明显，难以实现有效驱油。针对这一问题，需要寻找新的开发方法，以适应特低渗透油藏的开发需求。例如，可以尝试使用高压注水、气体驱替等方法，以提高原油的流动性和驱油效果。此外，还可以通过地质工程手段，如酸化、压裂等，来增加油藏的孔隙度和渗透率，从而提高原油的流动性。

（四）非均质性对开发的影响

非均质性是指油藏的物理特性（如孔隙度、渗透率等）在空间上的不均匀分布。对于特低渗透油藏而言，非均质性对开发的影响尤为显著，主要表现在以下几个方面。

1. 流动单元的划分

非均质性是指油藏内部在岩石性质、孔隙度、渗透率等方面存在的空间变异性和不均匀性。这种特性往往导致油藏内存在多个流动单元，它们之间的区别在于其流体流动的物理特性和行为模式可能大相径庭。流动单元可以被理解为在一定区域内，具有相似流动特性的流体集合。这些流动单元可能由于地质构造、岩性差异、孔隙结构变化等因素，表现出不同的压力梯度、流体速度、流量等流动特性。面对这样的油藏，开发方案必须考虑到这些流动单元的差异性。针对不同的流动单元，开发策略需要做出相应的调整和优化。

2. 波及效率

在非均质油藏中，注入的流体（水或气体）往往会顺着高渗透性区域流动，这使得低渗透区域的油藏动用变得相对困难，导致波及效率极为低下。这一现象会严重影响油藏的整体采收率。对于非均质油藏而言，其岩石的渗透性是不均匀的，有的区域渗透性极高，而有的区域则非常低。当注入流体时，由于高渗透性区域的通道更为畅通，流体自然会优先在这些区域流动，而对于低渗透性区域，流体则难以进入，导致这些区域的油藏无法有效动用。这种现象会使得油藏的波及效率大大降低。波及效率是指注入流体后，实际被波及的油藏体积与理论可波及油藏体积的比值。当注入流体主要在高渗透性区域流动时，实际被波及的油藏体积会远小于理论可波及油藏体积，导致波及效率低下。更为严重的是，这种非均质性会严重影响油藏的采收率。采收率是指油藏开发过程中实际可采出的油量与总油量的比值。由于低渗透性区域的油藏难以被波及，这部分油藏中的油资源无法被有效开发，从而使得油藏的整体采收率受到严重影响。

3. 生产动态的复杂性

非均质性是油藏生产动态复杂化的一个重要因素，这种复杂化大大增加了预测的难度。具体来说，油藏内部存在的非均质性，导致了生产井的产能和注水井的注水效率并非固定不变，而是可能随着开发时间的推移和开发活动的深入而发生显著的波动和变化。这种变化可能受到多种因素的影响，包括地质条件的变化、油藏压力和温度条件的改变，以及生产过程中各种操作参数的调整等。

4. 重复注水

在非均质油藏的开发过程中，油藏本身的性质导致了油水分布的不均匀性，这种不均匀性可能会引发一个较为棘手的问题，那就是油藏中某些区域的油藏资源会因为波及效应不均而提前遭遇水驱，也就是所谓的"过早水淹"。这种现象的发生，意味着这些区域的油藏压力下降，原油产量减少，而与此同时，其他区域的油藏资源却因为波及效应较差，尚未得到充分的开采和利用。这种非均质油藏开发中的矛盾现象，对于油藏管理者来说是一个巨大的挑战。

5. 开发成本增加

非均质性对于油藏的描述和开发提出了更高的挑战，它使得油藏的勘探和利用过程变得更为复杂。为了充分理解和应对这种非均质性，需要进行更为深入的地质学研究，通过对地下岩石结构、孔隙度、渗透率等参数的精确测量和分析，来揭示油藏的真实面貌。

此外，实验分析也是不可或缺的一环，通过实验室内的岩心测试、流体性质分析等手段，我们更好地理解油藏的行为。同时，数值模拟技术的运用，可以提供更为精确的油藏模型，预测油藏在不同开发方案下的响应，从而制订出最为合理的开发计划。然而，这一系列的研究和分析工作，无疑都会增加油藏开发的成本，使得整个开发过程的经济压力增大。

6. 生产管理难度

非均质性对于生产管理提出了更高的要求，包括对井网的调整、注采比的优化，以及生产井工作制度的调整等。这些调整的目的是确保每一个流动单元都能得到有效的开发，从而提高整个生产过程的效率和效益。

7. 提高采收率技术的选择

非均质性对于提高采收率（EOR）技术的选择及其应用效果有着显著的影响。以某些EOR技术为例，这些技术在高渗透区域可能展现出卓越的效果，然而，当应用于低渗透区域时，其效果则可能大打折扣。这种现象的出现，主要是因为油藏的非均质性导致了油藏内部流体的流动特性在不同区域存在显著差异。因此，在选择和应用EOR技术时，必须充分考虑油藏的非均质性，以便更准确地预测技术的效果，并优化技术的应用策略。

二、特低渗透油田开发的相关对策

（一）精细油藏描述与地质建模

为了深入挖掘特低渗透油藏的潜在价值，需要系统地搜集和整理高质量的地质以及地震方面的资料。这些资料包括地下岩石的物理性质、地层的岩性组成、孔隙度、渗透率等关键参数，以及地下构造和断层分布等信息。通过采用先进的数据处理和分析技术，对这些资料进行详细的综合与评估，可以更精确地描绘出特低渗透油藏的地质构造图。在这一过程中，特别强调对地震资料的高精度处理，包括对地震波形的精细解释，从而准确地识别出地下的裂缝发育情况、孔隙结构以及流体赋存状态。此外，结合地质和地震资料，可以进一步分析和预测油藏中流体的分布规律及其动态变化，这对于制定合理的开发方案和提高油藏开发效率至关重要。

通过采用尖端地质建模技术，如三维可视化技术、地震波解释技术、岩石物理建模技术等，可以构建出油藏地质模型。这种模型能够详细地描述油藏中诸如孔隙度、渗透率、饱和度等关键参数的三维空间分布情况。这些参数对于油藏的开发和利用至关重要，通过精细化的地质建模，可以更准确地预测油藏的产能和动态，为油藏的开发提供科学依据。三维可视化技术能够直观地观察到地下油藏的结构，而地震解释技术则有助于揭示油藏的深层次信息。岩石物理建模技术则可以用来研究岩石的物理性质，从而更好地理解油藏的储集特性。通过这些技术的综合应用，可以建立一个更加精确和实用的油藏地质模型，为油藏的开发和管理提供强有力的支持。

对油藏进行深入的物性分析和细致的流动单元划分，可以准确识别出具有不同物性的流动单元。这一过程为制定后续的开发策略提供了重要的科学依据。通过对油藏内部流动单元的详细划分和理解，可以更好地指导实际开发工作，优化开发方案，提高油藏的开发效率和经济效益。

（二）优化井网设计与井型选择

为了深入挖掘油藏的潜在产能，需要充分理解油藏的具体特性和其非均质性，包括油藏的岩石类型、孔隙度、渗透率以及油水的分布情况。基于这些知识，可以通过精细的井网布局设计，实现生产井和注水井的合理布置。这样的布局能够最大化地提高波及系数，即注入水能波及的油藏体积与整个油藏体积的比值，从而提高驱油效率，使原油更有效地被驱出油藏。在优化井网布局的过程中，还需要考虑油藏的开发阶段，因为油藏的开发是一个动态过程，不同阶段需要不同的井网布局来适应。

例如，在油藏初期开发阶段，可能需要更多的注水井来建立压力，而在油藏的中后期开发阶段，可能需要更多的生产井来提高产量。此外，还需要利用先进的油藏模拟技术，如数值模拟和人工智能技术，来预测油藏的动态变化，以便及时调整井网布局，使其始终处于最优状态。

在深入研究油藏开发过程中，应当考虑采纳水平井或多分支井这一先进技术。这种技术的核心在于通过扩展油藏与井筒之间的接触面积，从而显著提升单井的生产效率。水平井或多分支井的设计能够在油藏内部创造更多的流动路径，增加油流与井筒的接触机会，有助于原油更高效地流入井筒。这样不仅能够提高生产效率，还能够在相同时间内从同一油藏中获取更多的原油资源。此外，这项技术还有助于减少对油藏的整体压力，延缓油藏衰竭的速度，为长期油藏管理提供有效的策略。

油藏的非均质性特点表现在孔隙度、渗透率、厚度等方面的不均匀性，这就要求在开发过程中，根据油藏的具体特点，选择合适的井型，如直井、斜井、水平井等，以适应不同的开发需求。例如，对于孔隙度大、渗透率高的油藏，可以选择直井进行开发；而对于孔隙度小、渗透率低的油藏，则可以选择斜井或水平井，以增加油藏与井筒的接触面积，提高开发效果。同时，井型的选择还应考虑油藏的厚度，对于厚油藏，水平井的开发效果往往更好。因此，井型的选择应综合考虑油藏的非均质性特点，以实现油藏的高效开发。

（三）提高采收率技术的应用

为了更高效地从油藏中提取石油，需要运用前沿的提高采收率技术。这些技术包括聚合物驱油、表面活性剂驱油以及二氧化碳驱油等方法。根据每个油藏的具体特性，以及各种方法的经济可行性进行综合考虑，选择最为合适的方法进行采油。这一决策过程需要对油藏的地质结构、油水性质、压力和温度条件等进行详细的分析，同时也要考虑技术的成本效益比，确保所选方法既能显著提高原油采收率，又在经济上可行，确保石油开采的可持续性。

执行小规模先导试验的目的是全面评估提升采收率技术的实际效果以及其实施的可行性。这一阶段的工作重点是通过控制性的实验，对技术进行细致的测试和分析，以便了解其在实际生产中的应用潜力。在取得足够的试验数据和分析结果之后，可以对技术的有效性进行判定，并对其在大规模应用中可能遇到的问题进行预测和准备。当先导试验显示出积极的结果，并确认了技术的可行性之后，就可以进入大规模的推广应用阶段。这一阶段将把先导试验中得到的知识和经验应用到更广泛的范围内，进一步验证技术的实用性和经济性。同时，大规模推广应用还能够帮助相关企业和组织实现技术改进和优化，为提高采收率提供技术支持，从而促进整个行业的可持续发展。

在现代油田开发过程中，油藏精细化管理扮演着至关重要的角色。这种管理方式要求实时地监测油藏的生产动态，通过精确的数据分析，及时掌握油藏的变化情况。当获取到这些反馈数据后，需要根据数据反映出的问题，调整和优化采收率方案。这样的做法，不仅可以提高油藏的开发效率，也有助于提升油藏的开发效果，延长油藏的生命周期。具体来说，实时监测生产动态，就是通过安装在油井上的传感器和其他监测设备，实时地收集油井的生产数据，如产量、压力、温度等。这些数据被传输到数据处理中心，通过专业的数据分析软件进行处理和分析。通过这些数据分析，可以了解到油藏的实时情况，如油藏的压力变化、油水比例、油藏饱和度等。当获取到这些数据后，需要根据数据反映出的问题，调整采收率方案。如果数据分析显示油藏的压力下降较快，可以增加注水量，以提高油藏的压力，从而提高采收率。如果数据分析显示油水比例失衡，可以调整注水井的注水量，以达到平衡油水比例的目的。

（四）环境友好型开发与可持续发展

环境友好型开发与可持续发展在特低渗透油藏的开发中占据核心地位。为了降低对环境的负面影响，开发前应进行详细的环境影响评估，并制定相应的保护措施和应急预案。清洁生产技术的应用，如水处理和再利用系统，能够减少水资源消耗和污水排放，同时减少废弃物排放和实施废弃物处理，以降低对土壤和地下水的污染风险。此外，生态保护和修复措施，如保护敏感生态系统和恢复受损植被，有助于维护生态平衡和生物多样性。

在可持续发展方面，应注重油藏资源的合理利用，避免过度开发和资源浪费。通过精细化管理和技术创新，可以提高油藏的采收率和开发效率。实施长期价值最大化的战略，不能仅追求短期经济效益，还要考虑油藏的长期可持续性和后代的需求。同时，要综合考虑社会和经济效益的平衡，确保开发活动能够为社会带来积极的影响。

合作与参与是实现环境友好型和可持续发展的关键。鼓励多方参与和合作，包括政府、企业、社区、环保组织等，共同制定和实施环境保护措施和可持续发展战略。积极与利益相关者进行沟通，了解他们的关切和需求，确保开发活动能够充分考虑各方的利益和意见。通过这些措施，特低渗透油藏的开发既能满足能源需求和经济发展的目标，又能保护环境、维护生态平衡，并为社会和后代创造长期价值。

天然气篇

第五章 天然气概论

随着全球经济的持续发展和人口的不断增长,能源需求日益增加,而传统化石能源的有限性和环境压力使得全球能源结构转型成为必然趋势。在这一背景下,天然气作为一种清洁、高效、相对环保的化石能源,其重要性日益凸显,成为连接传统能源与可再生能源的重要桥梁。本章围绕天然气组成与分类、天然气处理与用途、天然气物理化学性质、天然气矿场集输系统等内容展开研究。

第一节 天然气组成与分类

一、天然气的组成

(一)天然气组分

石油与天然气均主要由烃类化合物构成,它们的成分范围广泛,从最简单的甲烷(CH_4)开始,延伸至包含多达33个碳原子的石蜡烃,以及含有22个或更多碳原子的芳香烃。具体而言,石油是一种主要由4个或更多碳原子构成的液态烃类混合物,这些烃类在常温下保持液态。相比之下,天然气则是一种由低分子饱和烃为主,并混有少量非烃类气体的混合性气体。它展现出低相对密度和低黏度的特性,是一种无色透明的流体,在自然界中广泛存在。

天然气是一种高度可燃的气体,其在空气中5%~15%的混合比例极易引发燃烧,且蕴含极高的热能。其化学组成极为复杂,包含超过100种不同的成分。其中,甲烷(CH_4)占据了天然气组成的主体部分,而乙烷(C_2H_6)、丁烷(C_4H_{10})和戊烷(C_5H_{12})等烷烃的含量则相对较少,庚烷及以上(C_5^+)的烷烃更是微乎其微。此外,天然气中还含有一定量的非烃类气体,这些成分包括硫化氢(H_2S)、二氧化碳(CO_2)、一氧化碳(CO)、氮气(N_2)、氢气(H_2)和水蒸气(H_2O),以及一系列有机硫化物如硫醇(RSH)、硫醚(RSR)、二硫化碳(CS_2)、羰基硫(COS)和噻吩(C_4H_4S)等。在某些情况下,天然气中还可能含有微量的稀有气体元素,如氦(He)和氩(Ar)。值得注意的是,大多数天然气中还含有微量的不饱和烃,如乙烯(C_2H_4)、丙烯(C_3H_6)和丁烯(C_4H_8),这些成分虽然含量不高,但对天然气的整体性质有一定影响。天然气中还可能含有极少量的环状烃化合物,包括环烷烃和芳烃,具体如环戊烷、环己烷、苯、甲苯和二甲苯等。

（二）天然气组成

组成天然气的组分是大同小异的，但其相对含量却各不相同。天然气分析的典型组成数据如表 5-1 所示，这些数据往往可以作为设计工程师进行地面处理装备的设计数据。对于含重组分较多的天然气还要回收液烃。潜在可回收的液烃量常用在 10 000 Sm³（GPA）气体中所含的总液烃量（m³）来表达，液烃指 C_2^+ 或 C_3^+。

表 5-1 典型的天然气组成

组分	天然气 1/mol%	天然气 2/mol%	凝液 /mol%	分离器气相 /mol%
N_2	0.51	4.85	—	—
CO_2	0.67	0.24	0.47	—
C_1	91.94	83.74	82.13	59.04
C_2	3.11	5.68	6.37	10.42
C_3	1.26	3.47	4.09	15.12
iC_4	0.37	0.30	0.50	2.39
nC_4	0.34	1.01	1.85	7.33
iC_5	0.18	0.18	0.55	2.00
nC_5	0.11	0.19	0.67	1.72
C_6	0.16	0.09	1.03	1.18
C_7^+	1.35	0.25	2.34	0.80
Σ	100.00	100.00	100.00	100.00

二、天然气的分类

（一）按矿藏特点分类

根据矿藏特点的不同，可将天然气分为气井气、凝析井气和油田气。前两者合称非伴生气，后者也称为油田伴生气。

1. 气井气

气井气即纯气田天然气，指的是直接从气藏中以气相形态存在的天然气，通过专门的气井进行开采。这种天然气的一个显著特点是甲烷含量高，使其成为能源利用中的重要组成部分。

2. 凝析井气

凝析井气即凝析气田天然气，是指在气藏中原本以气体状态存在，但富含可回收烃类液体的特殊天然气。这类天然气在开采过程中，随着压力降低和温度变化，部分气体会凝结成液态，形成凝析液，其中主要成分为凝析油，同时可能还包含少量被凝析出的水分。

因此，凝析气田的井口流出物不仅包含高比例的甲烷、乙烷等轻质烃类，还显著含有一定量的丙烷、丁烷以及碳五（C_5^+）以上的重质烃类，使得其成为具有独特价值的能源资源。

3. 油田气

油田气即油田伴生气，顾名思义，是伴随着原油产出的共生气体。这些气体在油藏内部与原油保持着一种相平衡的状态，共同存在于地下环境中。具体而言，油田伴生气包括两种主要形态：一种是自由游离于气层中的气体；另一种则是溶解在原油内部的溶解气。从组成特性上来看，油田伴生气一般富含较重的烃类成分，因此其物理性质往往表现为湿气特性。

在油井开采过程中，游离气常被用来维持井筒压力，而溶解气则随着原油的开采一同被带出地面。油田气的具体组成和气油比（GOR，即每吨原油伴随产出的气体体积，范围通常在 20～500 m³/t）受到产层地质特性和开采条件的影响，这些因素无法人为精确控制。油田气的一个显著特点是富含丁烷及更重的烃类组分。当油田气与原油一同被开采至地面后，经过油气分离处理，其气相成分除了常见的甲烷、乙烷、丙烷、丁烷外，还可能包含戊烷、己烷，甚至更高碳数的烃类如 C_9、C_{10} 等。

在液相中，除了包含较重的烃类化合物外，还混杂着一定比例的轻烃，如丁烷、丙烷，乃至甲烷。为了有效控制原油的饱和蒸气压，从而防止原油在储存与运输过程中因挥发而造成损失，石油工业中广泛采用原油稳定技术。这项技术旨在回收原油中易于挥发的 C_1～C_5 轻烃组分，这些被回收的气体被专门称为"原油稳定气"，业内简称"原稳气"。

（二）按烃类组成分类

根据天然气的烃类组成的多少来分类，可分为干气、湿气或贫气、富气。

1. C_5 界定法——干气、湿气的划分

按照天然气中 C_5 以上的烃液含量的多少，用 C_5 界定法划分为干气和湿气。

（1）干气

干气指在 1 Sm³（CHN）井口流出物中，C_5 以上烃液含量低于 13.5 m³ 的天然气。

（2）湿气

湿气指在 1 Sm³（CHN）井口流出物中，C_5 以上烃液含量高于 13.5 m³ 的天然气。

2. C_3 界定法——贫气、富气的划分

按照天然气中 C_3 以上烃类液体的含量多少，用 C_3 界定法划分为贫气和富气。

（1）贫气

贫气指在 1 Sm³（CHN）井口流出物中，C_3 以上烃类液体含量低于 94 cm³ 的天然气。

（2）富气

富气指在 1 Sm³（CHN）井口流出物中，C_3 以上烃类液体含量高于 94 cm³ 的天然气。

（三）按酸气含量分类

按酸气（指 CO_2 和硫化物）含量多少，天然气可分为酸性天然气和洁气。

酸性天然气指含有显著量的硫化物和 CO_2 等酸性气体，必须经处理后才能达到管输标准或商品气气质指标的天然气。

洁气是指硫化物含量甚微或不含硫化物的气体，它不需净化就可外输和利用。

由此可见，关于酸性天然气与洁气的界定，目前存在一种较为模糊的标准，缺乏全球范围内统一且明确的数值指标。在我国，由于对 CO_2 的净化处理并未设定严格的标准，因此在实际操作中，往往依据特定的行业惯例或企业标准来划分。以西南油气田分公司的管道输送指标为例，该标准将天然气中的硫含量不超过 20 mg/m^3（CHN）作为区分酸性天然气与洁气的关键指标。具体而言，若天然气中的硫含量高于这一阈值，则被视为酸性天然气；反之，则归类为洁气。

第二节 天然气处理与用途

一、天然气处理与加工

天然气是在地球岩石圈中自然形成的，其开采过程依赖于油气井的钻探。而天然气处理与加工是一个综合性的流程，它涵盖从井口到最终输气管网的每一个环节。具体而言，这个过程通常包括以下几个关键步骤：采气管线、井场分离、集气管线、净化处理、轻烃回收、输气管网等。

处理富含水分、未经加工且呈酸性的天然气（富气）的流程至关重要。首先，原料天然气从地下储层经井筒输送至地面，随后需减压至适合集输管线的操作压力范围，这一压力通常维持在 10 mPa 以下。在减压过程中，由于压力降低，天然气中原本处于饱和状态的水分将开始冷凝析出。同样地，当这些未处理的天然气在长途输送至加工厂（尤其是输送距离超过 1 km 时），其温度会因环境而逐渐下降，进一步促使水分冷凝。这些冷凝出的水分与天然气中的某些成分结合，极易形成水合物，这些水合物一旦在管道内积聚，将严重阻碍天然气的顺畅流动，甚至导致管道堵塞。为有效预防此类问题，必须在井口附近立即实施水合物防治策略。常用的方法包括将天然气加热至其水露点之上，使水分保持气态，避免冷凝；或是通过专业的脱水工艺，直接去除天然气中的水分。完成上述预处理后，天然气将通过管道继续输送至气体加工厂进行进一步加工。在输送过程中，由于天然气中仍可能含有少量水分或其他液态成分，因此流体流动状态多为气液两相共存。

当天然气抵达加工厂时，其处理流程首先始于一个高效的分离器，该设备旨在将携带的液体杂质彻底分离。随后，纯净化的原料气进入脱硫单元，这一环节利用特定的脱硫溶剂，如单乙醇胺（MEA）、二乙醇胺（DEA）、砜胺溶液等高效吸收剂，有效脱除天然气中的酸性气体成分。经过脱硫处理的天然气，尽管酸气含量已显著降低，但仍含有一定量的饱和水及重烃。为确保产品满足严格的水露点和烃露点标准，需进一步通过多阶段处理来脱除这些残余物质。这需要通过几个过程来完成。

在此阶段，为防止水合物生成对管道造成堵塞，通常会向天然气中注入乙二醇作为抑制剂。同时，也可采用吸收法去除重烃，并通过脱水工艺彻底消除水分。

分离设备及烃露点控制过程中产生的液烃，随后被输送至精馏装置进行精细处理。在这一阶段，复杂的液烃混合物被精细分离成单一组分或特定的目标产品，以满足不同的市场需求。

至于脱硫过程中产生的酸性气体，包括 H_2S 和 CO_2，它们被导向硫黄回收单元进行进一步处理。在此单元内，H_2S与空气中的O_2发生化学反应，生成纯净的硫单质。硫的回收率可根据政府环保法规及企业标准进行调整和优化。而剩余的CO_2，以及可能未完全转化的SO_2，在经过适当处理后，会安全地排放至大气中。

二、天然气的用途

天然气主要由两大类成分构成：烃类和非烃类，其中烃类占绝大多数。这些烃类成分在天然气中扮演着至关重要的角色，它们不仅是主要的燃料来源，还广泛应用于基础有机化工原料的生产中，为能源和化工行业提供了不可或缺的原材料。

经过非烃成分的有效分离，天然气成为一种极为理想的燃料，被誉为"无污染能源"。其显著特点在于高热值与高热效率。在21世纪，随着西部大开发的实施，国家正在建设从新疆轮南油田到上海的超长距离双管长输管线（直径φ1118 mm，4167 km）以实现西气东输。随着天然气的开发和油田伴生气的利用，我国将有更多的城市居民能用上清洁的天然气。同时，天然气用作发动机燃料的比例也日益增加。天然气用作汽车燃料始于第一次世界大战，当时用常压胶囊装载天然气代替汽油作为燃料用于短距离运输，以解决战时汽车燃料短缺问题。目前，北京、重庆、西安、成都、南充等大中城市都在实施城市公交车、出租车环保化工程，以保护城市环境。液化天然气（LNG）和液化石油气（LPG）作为车用燃料的技术也已成熟。

鉴于天然气作为汽车动力源展现出的诸多优势，近年来，业界正积极研发吸附天然气（ANG）技术，旨在将其推广为高效、环保的车用燃料。与此同时，天然气也在能源领域扮演着重要角色，特别是作为发电厂的优选燃料。响应国家能源政策的导向与调整，四川成都地区自1999年起便率先行动，启动了以天然气为燃料的发电厂建设项目，旨在推动清洁能源的广泛应用与可持续发展。

将天然气中的烃类成分作为化工原料加以利用，是实现其经济效益最大化的重要途径。当前，全球范围内超过一半的天然气被投入化工生产中，这些应用主要集中在多个高附加值领域。具体而言，天然气烃类通过裂解工艺可生产炭黑、乙炔及其衍生产品；通过氯化反应可制备氯化烷烃；硝化过程则能生成硝基甲烷；氧化技术则用于生产甲醛；此外，天然气还能与水蒸气在高温下反应，生成合成气，进而转化为合成氨及其系列化工产品。天然气的化学加工技术，作为当代化工领域的研究热点，不仅推动了化工行业的创新发展，也为全球能源利用和化学品生产提供了更加高效、环保的解决方案。

液化气，作为从天然气中高效回收的产物，同样展现出卓越的民用燃料价值。其核心组分是低碳饱和烃类，尤以丙烷与丁烷为主力军，其间还巧妙融合了微量的乙烷或戊烷等成分。与依赖庞大管道网络传输的商品气不同，液化气采用更为灵活的罐装或瓶装形式，这一特性使其供应量能够灵活调整，既满足大规模需求，也便于个人或小规模用户的便捷使用。得益于其独特的包装方式，液化气不仅便于通过汽车、火车乃至船舶等多种交通工具进行远距离运输，还尤为适合那些地处偏远、难以铺设商品气管线的地区，以及那些分散的用户群体。进一步而言，液化气可通过精细分馏技术，分离出高纯度的丙烷与丁烷，这些稳定轻烃，亦被称为天然汽油，无须复杂处理即可直接调配，成为汽车燃料的一部分。由于稳定轻烃正构烷烃多，辛烷值低，一般可掺甲醇、芳烃或MTBE（甲基叔丁基醚）以提高辛烷值，用作车用汽油的调合原料；也可进一步分馏而得到一系列优质工业溶剂。这些溶剂油基本上是饱和烃，化学稳定性好，溶解能力强，广泛应用于化工、医药、航空等诸多领域。同时，也可用作戊烷燃料，采用集中气化、集中供气的方式以改善小城镇居民的燃料结构。

从天然气中精心分离的 H_2S，经过克劳斯工艺转化后，能生产出色泽鲜亮的黄色硫黄，其纯度高达 99.9%，这一高品质产品不仅是化工行业的珍贵原料，还在工业、农业等多个领域展现出广泛的应用价值，尤其对于硫资源相对匮乏的中国而言，其战略意义更为显著。从富含 CO_2 的天然气中高效提取出的高纯度 CO_2，不仅可用于制备干冰这一特殊物质，还在石油开采领域发挥着重要作用。通过将其回注至地层中，可以显著提高原油采收率（EOR），为石油工业带来了创新性的增产手段。

从天然气中提炼出的氦气，作为全球氦气供应的主要来源，其应用领域极为广泛且至关重要。得益于液氦的超低沸点——仅 4 K，几乎逼近绝对零度，加之其无放射性、卓越导热性等独特性质，氦气在多个高科技及基础科学研究领域发挥着不可替代的作用包括低温超导技术、聚变核反应堆的冷却与运行、航天航空领域的航天飞机氦推进系统、核磁共振成像技术、低温电子学实验、超导磁推进系统等前沿科技。此外，氦气在工业生产与日常生活中的应用同样广泛，涵盖冶金行业的精确控制、焊接工艺的优化、光纤技术的制造过程、医疗领域的诊断与治疗、激光技术的能量传递等多个方面。随着科技的进步与新兴技术的不断涌现，氦气的需求量持续增长，几乎成为所有现代及未来新技术的关键支持元素之一。

第三节　天然气物理化学性质

一、天然气的压力、温度、临界值及其对比值

（一）天然气的压力

压力，或称压强，是指垂直于单位面积表面上的力。从分子动力学的视角出发，压力可以理解为单位面积上，所有气体分子无规则运动过程中相互碰撞所产生的总冲击力。对于天然气而言，其压力正是由这些气体分子在不停歇、无定向运动过程中，彼此间频繁碰撞所产生的综合作用力的体现。这一压力值直接反映了天然气内部蕴含的能量大小，是评估其能量状态的重要指标。

在国际单位制（SI）体系中，压力的标准度量单位是 N/m^2，这一单位被特别命名为帕斯卡，其符号表示为 Pa。然而，在工程实践中，人们也常采用工程单位制来衡量压力，其中较为常见的是 kgf/cm^2。除了上述两种主要单位外，还存在多种习惯上使用的压力单位。

工业生产中压力多用压力表测量，目前压力表上所示的压力单位多为国际制单位，而且表上的读数不是绝对压力，而是被测流体的绝对压力与当时当地的大气压力的差值。

当被测流体的绝对压力大于大气压力时，压力表测得的压力称为表压。此时流体的实际压力等于大气压力加上表压。

当被测流体的实际压力低于大气压力时，压力表上测得的压力称为真空度。此时流体的实际压力为大气压力减去真空度。

（二）天然气的温度

温度作为一个物理量，用于量化和表示物体所具有的冷热程度。对于天然气而言，其温度直接反映了其内部气体分子热运动的激烈程度。具体而言，天然气温度的高低，直接由其内部气体分子热运动的状态所决定。

计算温度的标准，简称温标，常用的温标有以下4种。

1. 摄氏温度

在国际单位制中，温度的一种常用表示方法是通过摄氏度来衡量，它基于水的物理特性来定义。具体而言，将水的正常冰点设定为0℃，水的正常沸点定为100℃，并将这两个点之间的温度范围均匀划分为100等份，每一等分的单位即为摄氏度（℃）。摄氏度作为一种具有明确名称和定义的导出单位，在科研、工程及日常生活中得到了广泛应用。

2. 华氏温标

在华氏温标体系中，以水的正常冰点作为基准，设定为32华氏度（℉），同时，将水的正常沸点设定为212华氏度（℉）。这两个温度点之间的范围被均匀地划分为180等分，每一等分的单位即为华氏度。这一温标体系广泛应用于采用英制单位的国家，作为衡量温度的一种常用标准。

3. 开氏温标（绝对温标）

水的正常冰点被定义为273.15开尔文（K），水的正常沸点为373.15 K，两者之间的差值为100 K。这一特性使得开氏温标中的1度温差与摄氏温标中的1度温差完全等价，即1℃等同于1 K。这里的K代表开尔文度，是热力学温标中用于量化温度的单位。

开氏温标，作为热力学领域的基础温标，已被广泛接纳为国际统一使用的标准。在国际单位制（SI）的框架下，它被视为一个基本物理量，其度量单位便是开尔文（K）。

4. 兰金温标（英制绝对温标）

与开氏温标相似，存在另一种绝对温标，它同样将理论上的最低温度设定为零度。在这种温标体系中，温度的度量单位是兰氏度（°R）。

它的温度差值与华氏温标的差值相同，其绝对零度为–459.58℉，所以0℉即460°R。天然气的温度一般用摄氏度 T（℃）表示。

（三）天然气的临界值

1. 临界温度

对于每一种纯净的气体而言，都存在一个独特的温度阈值，称为临界温度。对于某种气体而言，存在一个特定的温度阈值，称为临界温度。当气体的温度超越了这个临界点时，无论施加多么强大的压力，都无法实现该气体从气态向液态的转变。换句话说，临界温度是气体能够维持液态所允许的最高温度界限。

2. 临界压力

在临界温度条件下，气体与液体达到相平衡状态时所需施加的压力，即为临界压力。这也可以理解为在临界温度点上，气体转变为液态所需的最低压力，也就是该温度下的饱和压力。

然而，对于天然气这样的混合物而言，其临界点的情况远比单一气体复杂。由于天然气由多种成分组成，其临界参数（包括临界压力和临界温度）会随着各组分比例的变化而变化，因此并不存在一个固定的、普遍适用的临界值。在这种情况下，通常使用"平均临界值""视临界值""假临界值""虚拟临界值"等术语来描述天然气的这些特性，以反映其组成变化对临界参数的影响。

（四）天然气压力和温度的对比值

通过实践探索，对于仅由单一组分构成且对比状态参数（如对比温度、对比压力等）相同的两种气体来讲，它们在物理性质上，特别是在压缩性和黏度等方面，会展现出显著的相似性。这一现象被概括为对应状态原理，揭示了气体在相同对比状态下的性质趋同规律。

二、天然气的分子质量

天然气作为一种复杂的混合气体，由多种不同的气体成分组成，因此并不具备一个明确的单一分子式，所以无法直接通过分子式来计算其恒定的分子质量。然而，在工程实践中，为了简化计算过程，通常会采用一种约定俗成的方法：将标准状态下（即 0℃，压力为 101 325 Pa）体积为 22.4 m³ 的天然气所具有的质量，视为该天然气的"等效分子质量"。这实质上是一种近似处理，意味着在数值上，这个"等效分子质量"等同于在基准状态（标准状态）下 1 mol 天然气的质量。

天然气的"分子质量"实际上是一个概念性的、假设性的数值，用于描述其整体质量特性，故常被称为"视分子质量"。由于天然气是由多种气体按照不同比例混合而成的复杂混合物，其成分并非固定不变，这导致天然气的"分子质量"并非一个恒定的具体数值，而是会随着其组成成分的变化而有所波动。为了更准确地描述这一特性，通常将这一质量称为"平均分子质量"或简称天然气的分子质量，实际上它更接近于一个"视分子质量"或"平均分子质量"的概念。

三、天然气的黏度

天然气的黏度是气体流动计算的重要参数，所以，确定气体在工作状况下的黏度十分重要。

天然气的黏度，从物理本质上讲，可以视为气体分子在相互运动过程中所产生的内摩擦力。当天然气内部发生相对运动时，这种分子间的内摩擦力会导致内部阻力的产生。黏度的大小直接决定了阻力的大小：黏度越高，意味着分子间的内摩擦力越强，产生的内部阻力也就越大，使得天然气的流动变得更为困难。黏度有两种表示方法。

①动力黏度（绝对黏度）μ。在物理单位制中，动力黏度的一个常用单位是克/（厘米·秒）[g/(cm·s)]，这个单位也被广泛地称为"泊"（Poise）。然而，在实际操作尤其是日

常应用中，直接使用泊（P）作为黏度的单位往往显得过大，不够便捷。因此，人们常常采用"泊"的百分之一作为黏度的表示单位，这个更小的单位被称为厘泊（cP）。

在工程单位制中，动力黏度的单位是 $kgf \cdot s/m^2$。

在国际单位制中，动力黏度的单位为 $Pa \cdot s$（帕斯卡·秒），即 $kg/(m \cdot s)$［千克/（米·秒）］。

其关系为：

$1\ Pa \cdot s = 10\ P = 1000\ cP$。

天然气黏度的有关图表，常使用物理单位制的厘泊，利用上面关系，只要将所查得的黏度值"厘泊"变成"泊"，然后用 98.1 去除或用 0.010 2 去乘就可将黏度从物理单位制换算成工程单位制。若将厘泊除以 1000 即从物理单位制换算为国际单位制的（$Pa \cdot s$）了。

②运动黏度 η，工程计算中常用。它等于天然气的动力黏度除以其密度，即：$\eta = \mu/P$。

在国际单位制中，运动黏度的单位是 m^2/s。与工程单位制的单位相同，但来源不同。

在进行绝对黏度到运动黏度的换算时，必须考虑天然气在当前温度和压力条件下的密度 $\rho°$。这是因为天然气的黏度并非一个固定值，而是受到多种因素的综合影响，其中温度、压力以及分子质量（或相对密度）是尤为关键的几个因素。值得注意的是，在不同的压力范围内（高压与低压），天然气的黏度变化规律存在显著差异。

（一）低压下的气体黏度

在接近大气压力的环境下，气体的黏度几乎不受压力变化的影响，而是主要受到温度和分子质量的影响。具体而言，随着温度的升高，气体分子的热运动加剧，相互之间的碰撞更为频繁，从而导致内摩擦力增大，黏度也随之增加。相反，当气体分子的质量增大时，虽然分子间的相互作用力可能增强，但由于大质量分子在相同条件下运动速度相对较慢，碰撞频率降低，因此总体上表现为黏度降低。

在低压环境下，气体黏度的特性显著受分子间距离和温度的共同影响。由于低压条件下分子间距离相对较大，分子间的相互作用力变得不那么显著，此时温度成为影响气体黏度的主导因素。随着温度的升高，气体分子的平均动能增加，导致分子运动更加剧烈，相互碰撞的频率也随之上升。这种碰撞频率的增加直接导致了气体黏度的增大。进一步地，在特定温度下，当不同气体的动能水平相近时，其分子质量的大小将影响分子的运动速率和碰撞频率。具体来说，对于分子质量较大的气体，其分子在相同动能下运动速率较慢，因此碰撞的机会相对较少，这导致了黏度的降低。相反，分子质量较小的气体分子在相同动能下运动速更快，碰撞更加频繁，从而使得黏度增大。

（二）高压下（压力大于 6.9 mPa）的气体黏度

高压下气体黏度特性近似液体黏度特性。

当温度保持不变时，随着压力的增加，气体分子之间的平均距离会相应缩短。这意味着在相同的动能水平下，分子间的接近程度增加，从而提高了它们相互碰撞的机会。由于分子碰撞增多，气体内部的动量传递和能量耗散变得更加频繁，这直接导致了气体黏度的增加。

在高压环境下，气体分子间的距离很小，分子作用力起主导作用，并表现为分子间的结合力。在压力保持恒定的条件下，随着温度逐渐升高，气体分子的运动速度会显著增加，使得分子间的相互作用力减弱，进一步导致气体黏度降低。

在高压环境下，气体分子间的相互作用力特别是引力变得更为显著。这种增强的引力作用在温度相同且分子动能相近的条件下，对黏度产生了直接的影响。具体来说，分子质量较大的气体分子，由于其具有更多的质子和电子，因此相互之间的引力作用更强。相反，分子质量较小的气体分子，其相互间的引力作用较弱，分子间的碰撞虽然也可能频繁，但由于引力小，碰撞的效率可能较低，动量和能量的传递不如大分子那么有效，因此黏度相对较低。

第四节　天然气矿场集输系统

天然气矿场集输系统作为天然气集输体系中的核心环节，其地位与重要性不言而喻。为了深入理解这一系统在整体架构中的角色，本节首先全面剖析天然气集输系统的各个环节，这些环节通过错综复杂的管道网络紧密相连，共同构成一个完整、封闭的流体动力系统。随后，进而讨论天然气矿场集输系统，该系统由精心布局的集输管网以及功能各异的场站设施共同构成，是天然气从井口采集到初步处理并输往后续处理或外输环节的关键桥梁。

一、天然气集输系统

（一）天然气集输系统的概念

天然气集输系统是一个高度集成且封闭的水动力系统，其构成包括气田集输管网、专门的气体净化与加工装置、输气干线网络、连接各主干线的输气支线，以及服务于不同功能需求的各类站场设施。这一系统通过精心设计与布局，实现了从气田开采到天然气加工、净化，再到远距离输送至用户的全链条一体化管理。

（二）站场种类和作用

1. 井场

通常，天然气处理设施会被部署在气井的周边，以便对直接从气井产出的天然气进行处理。这些天然气首先经过节流调压设备以降低其压力，随后进入分离器中，在那里，游离的水分、凝析出的油分以及机械杂质被有效脱除。完成净化与分离后，天然气会经过精确的计量流程，最终安全地输送到集气管线中，以便进一步输送或利用。

2. 集气站

通常情况下，两口或更多数量的气井会各自通过独立的管线直接从井口连接到集气站，形成一个高效的收集网络。在集气站内，这些来自不同气井的天然气会经历一系列精心设计的处理流程：节流、分离和计量。这一系列处理步骤完成后，天然气会被安全、有序地集中起来，并通过专门的集气管线，输送到下一个处理或输送环节。

3. 压气站

压气站根据其在天然气输送系统中的位置和功能，可分为矿场压气站、输气干线起点压气站以及输气干线中间压气站三种类型。随着气田开采进入后期阶段，或是面对低压气田的特殊条件，地层压力往往会逐渐减弱，直至无法直接支持天然气的有效生产和顺畅输送。在此情境下，矿场压气站的设立变得至关重要。这些压气站的主要作用是将低压的天然气通过增压设备提升至符合工艺要求的压力水平，随后再将其输送至天然气处理厂或直接注入输气干线，以保证天然气的稳定生产和高效输送。天然气在输气干线的传输过程中，由于沿途阻力和地形变化等因素，其压力会逐渐降低，这样就有必要在输气干线沿途合理布局压气站。这些压气站的主要职责是通过压缩设备对天然气进行加压，以恢复并提升其压力至满足后续输送要求的水平。根据压气站在输气干线中的位置不同，可将其分为起点压气站和中间压气站两大类。起点压气站设立在输气干线的起始端，负责对刚从气源处采集的天然气进行初步压缩，以确保其具备足够的初始压力进入干线。而中间压气站则分布于输气干线的中途某一位置，用于在天然气压力因沿途损失而下降时，再次对其进行加压处理，以维持其传输效率和稳定性。

4. 天然气处理厂

若天然气中硫化氢（H_2S）、二氧化碳、凝析油以及水分的含量超出了管道输送所规定的标准，就必须建立天然气处理厂来执行一系列净化处理。这些处理包括脱除硫化氢（二氧化碳）以减少腐蚀性，脱除凝析油以防止管道堵塞，以及脱水以确保气体干燥。

5. 调压计量站（配气站）

调压计量站通常被设置在输气干线或支线的起始点和终止点，以完成关键的气体处理与分配任务。在某些情况下，如果管线中途有用户接入，也会在这些位置设立调压计量站。这些站点的核心职责是接收来自输气管线的天然气，首先进行除尘处理以确保气体清洁，随后根据需求分配气量、调节压力至适宜水平，并进行精确的计量。处理完毕后，天然气可以直接输送给终端用户，或者通过城市配气系统进一步分配到各个用户。

6. 集气管网和输气干线

在矿场内部，负责将各气井产出的天然气汇集并输送至集气站的管道系统被称为集气管网。天然气在矿场经过必要的处理流程后，用于将处理完毕的天然气远距离输送至终端用户的管道被定义为输气干线。当输气干线需要穿越铁路、公路、河流或沟谷等自然或人工障碍时，会涉及专门的穿越和跨越工程，以确保天然气能够安全、高效地通过这些区域。

7. 清管站

为了提高管线的输送效率，确保天然气顺畅流通，集气干线和输气干线上往往会设置清管站，这些站点的核心任务是清除管道内部积聚的铁锈、水分及其他污物。为了简化管理流程，清管站往往与调压计量站进行一体化设计，这样不仅可以共享基础设施和人力资源，还能实现更高效的协同作业，确保整个天然气输送系统稳定运行。

8. 阴极保护站

为了有效防止和减缓埋设于土壤中的输气干线因电化学作用而产生的腐蚀现象，通常会采取一种预防措施，即在输气干线上按照特定的间距设置阴极保护站。

二、矿场（气田）集输系统

气田集输系统是一个复杂而精密的体系，它以气井井口作为起点，涵盖集气、分离、计量、净化以及配气增压等一系列单元工艺装置，这些装置通过精心的配合与科学的安排，共同完成了天然气的采集与处理过程。该系统不仅包括井场这一基础环节，还延伸到了集气管网、集气站、天然气处理厂以及综合增压站等多个组成部分，形成了一个完整且高效的天然气采集、处理与输送网络。

气田集输流程分为集输系统流程和集输站场流程两类。

（一）集输系统流程

气田集输系统流程可分为四种类型。

1. 线型管网集输系统流程

线型管网集输系统流程采用了一种树枝状的管网布局，其核心在于通过一条贯穿气田主要产气区的集气干线，将位于该干线两侧的各个气井产出的天然气收集起来，并统一输送至总集气站。这种流程设计特别适用于那些气藏面积狭长且井网分布相对稀疏、距离较大的气田。

2. 放射型管网集输系统流程

放射型管网集输系统采用了一种独特的流程布局，其中数条集气干线自同一中心点（集气站）出发，以放射状向四周延伸。这种系统特别适用于那些面积广阔、气井数量众多且地面被多条深沟自然分隔的矿场环境。

3. 成组型管网集输系统流程

成组型管网集输系统，作为一种专为气井集中区域设计的优化天然气收集与输送方案，展现出了卓越的效率与灵活性。该系统尤其适用于气井分布相对紧凑，自然形成井组群的区域。在这种先进的系统中，每个井组的核心在于精心选定的一口井，该井被赋予集气站的重要角色，承担起汇集并初步处理天然气的任务。其余的单井则巧妙地通过呈放射状铺设的采气管线，与这个中心集气站紧密相连，构建了一个高效、有序的气体收集网络。这种独特的设计，被业界形象地称为"多井集气流程"。该系统的显著优点在于能够方便地进行天然气的集中预处理和集中管理，降低了操作难度和成本，有效减少了操作人员数量，提高了整体运营效率。

4. 环型管网集输系统流程

环型管网集输系统流程适用于面积较大的方圆形或椭圆形气田。对于具备上述条件但地形复杂、位于大山深谷中的气田，采用传统的集输系统流程可能会面临诸多挑战。因此，在这种情况下，放射型管网集输系统流程成为更为适宜的选择。四川威远气田即采用这种流程。放射型管网集输系统流程的主要特点在于其灵活性和可靠性。该流程以集气站为中心，向四周呈放射状铺设集气干线，这种布局便于对气量进行灵活调度，以适应不同的生产需求。同时，由于集气干线之间相对独立，即使其中某一段发生局部事故，也不会对整个系统的正常供气造成严重影响，从而确保了供气的稳定性和可靠性。

制定科学合理的气田集输流程，深入剖析气田的地质构造与地理环境特征。紧密结合国家对产气量的具体需求以及当前可用的技术条件，进行综合考量与规划。在规划过程中，还需充分考虑到气田开发的不同阶段特性，既要紧密贴合当前的现实条件，确保系统的实用性和可行性；又要具备前瞻性的视野，预留出未来发展的空间与接口，以应对未来可能的技术升级、产量提升或市场变化等需求。

集气管网的压力等级分为高压、中压和低压三种。

①高压集气：压力在 10 mPa 以上为高压集气。

②中压集气：压力在 1.6～10 mPa 范围内为中压集气。

③低压集气：压力在 1.6 mPa 以下的是低压集气。

（二）集输站场流程

1. 井场装置流程

井场作为天然气开采的关键区域，其核心装置非采气树莫属。采气树，这一精密的井口设备，主要由闸阀、四通等关键部件精心组装而成，它们共同构成了连接井筒与地面集输系统的桥梁。此外，还有控制和测量流量及压力、温度的仪表。为了防止井口节流降压形成水化物，还设有防止水合物形成的工艺设备。

井场装置依据防止水合物形成的方法差异，被划分为两个主要流程：A 型流程侧重于通过加热来防止结冰，而 B 型流程则依赖于注入抑制剂来达到防冻效果。

A 型加热防冻流程，通常被设计为应用于那些气井产量相对较低的场合，特别是针对压力等于或低于 30m Pa 的高压气井。当这些气井的日产量在 $1 \times 10^5 \, m^3$ 以下时，加热防冻流程被视为适宜的选择。然而，当气井的日产量超过 $1 \times 10^5 \, m^3$ 时，为了更有效地防止水合物生成，建议采用 B 型注抑制剂防冻流程。但需注意，在选择 B 型流程时，还需综合考虑与集气站现有流程的兼容性和配套性，以确保整体系统的顺畅运行。

从井场装置输出的天然气，由于其具有较高的压力且含有饱和水分及机械杂质，因此不宜直接供给用户使用。天然气在节流调压过程中，由于温度下降，会析出游离水，并容易促使水化物形成，进而引发冰堵现象，这会对正常生产构成威胁。为解决水化物生成导致的冰堵问题，集气站采取两种主要策略：一是采用加热方式，通过提升天然气的温度，确保在节流后不会形成水化物；二是预先向天然气中注入防冻剂，以脱除其中的水分，从而预防水化物的生成。基于这两种不同的防冻措施，集气站的工艺流程被划分为常温分离流程和低温分离流程两大类。

2. 常温分离集气站流程

对于硫化氢含量较低（通常不超过 0.5%）且凝析油含量不多的天然气，其处理过程相对简单。在矿场集气站中，仅需执行节流调压、分离以及计量等基本操作，即可满足直接输送至用户的要求。针对此类天然气，集气站可采用常温分离流程，该流程能够有效处理并确保天然气在输送过程中的质量和稳定性，从而安全、高效地送达用户端。

（1）常温分离单井集气站流程

在此高效管理的集气站流程中，为了保障气井的顺畅运行与精细调控，一系列关键设备与仪表被精密部署于井口装置附近的核心区域。这些设备不仅负责调节气井的工作状态，还承担着分离气体中杂质、精确计量气量及凝析液量的重任，同时采取有效措施预防水化物形成，确保生产安全。针对每口井，均设有专门的管理人员，以便实时监控与操作。[①]

常温分离单井集气站根据处理需求的不同，细化为两种流程：A 型流程采用三相分离技术，专为处理天然气中油水含量均较高的气井设计，能够有效分离并收集油、气、水三相，提高资源回收率；B 型流程则侧重于气液分离，适用于天然气中单一含水量或含油量较多的情况，通过高效的气液分离装置，确保天然气质量，满足后续处理或输送要求。

（2）常温分离多井集气站流程

常温分离多井集气站流程划分为两种主要型式，以适应不同气田的特性需求。

A 型流程，其显著特征在于其三相分离能力，特别适用于那些天然气中油分与水分含量均较高的气田。

B 型流程，具有气液分离功能，专为天然气中含油量或含水量较高的气田设计。

值得注意的是，这两种常温分离多井集气站流程在井数的配置上具有很高的灵活性，其下辖井数并不受固定限制，而是依据集输系统的整体布局与流程图设计进行灵活调整优化，以使生产效益与运营效率最大化。

（3）常温分离多井轮换计量流程

此流程专为处理单井产量相对较低但井位密集的气田而设计。在全站范围内，根据井的具体数量灵活配置一个或多个计量分离器，这些分离器采用轮换方式，为各井提供精准的计量服务。同时，根据集气的总量，设置相应数量的生产分离器，这些生产分离器实现多井共享，有效提高了设备利用率和处理效率。

3. 低温分离集气站流程

针对那些压力高且产气量大的特殊气井，其产出气体组成尤为复杂，除了主要的甲烷成分外，还常伴随有高浓度的硫化氢、二氧化碳等有害气体，以及凝析油、液态和气态水等多种杂质。为了有效应对这种复杂气体成分带来的挑战，推荐采用低温分离流程进行处理。具体来讲，即在集气站中运用低温分离技术，有效地将天然气中的凝析油分离出来。这一过程不仅能确保管输天然气的烃露点达到行业规定的标准，防止在输送过程中因烃类物质的凝析而影响管道的输送能力，同时，对于含有硫化氢的天然气来讲，脱除凝析油还能有效避免后续天然气净化过程中溶液被污染的问题，从而提升整个处理流程的效率和安全性。

---

① 赵玉琴. 国内天然气集输工艺技术研究现状 [J]. 中国石油石化，2017（12）：13-14.

第六章 天然气储存与处理

天然气作为一种清洁、高效的能源，在全球能源消费结构中的地位日益重要。随着全球经济的快速发展和环境保护意识的增强，天然气的需求量持续增长，其储存与处理技术也面临着新的挑战与机遇。本章围绕天然气储存方式及其分类、天然气储存设施设计与建造、天然气处理技术、天然气储存与处理过程中的安全与环境考虑等内容展开研究。

第一节 天然气储存方式及其分类

天然气是一种极为重要的能源，它的储存方式和类型直接关系到其使用效率和安全性。天然气的储存方式主要有两种：地上储存和地下储存。天然气的储存是为了更好地利用这一能源，保证能源的供应和安全。在选择储存方式时，需要综合考虑储存容量、储存效率、安全性、成本等因素，以达到最佳的储存效果。储存设施的建设和运营必须严格遵守相关的安全规定和环保标准，确保储存过程安全可靠，并减少对环境的影响。同时，还需要加强对储存设施的监测和维护，及时发现和处理潜在的安全隐患，确保储存设施稳定运行。

一、地上储存

地上储存主要是通过建设储气罐或储气库来进行天然气的储存。这种方式的优点是建设周期短，调节灵活。相较于地下储存，地上储存设施的建设周期通常较短。这是因为地上储存的施工过程较为简单，不需要进行复杂的地质调查和开挖工作，大大缩短了建设时间。地上储存设施可以根据需求随时进行储存容量的调整。在天然气需求旺季，可以通过增加储存量来满足市场需求；在天然气需求淡季，可以适当减少储存量，以节省成本。但相较于地下储存，地上储存容量相对较小，储存效率较低，且需要占用一定的土地资源。地上储存设施的储存容量通常较小，这意味着它不能长期大量储存天然气，适用于短期或中期储存需求。地上储存设施的储存效率相对较低，这是因为地面空间有限，且储气罐等设施的气密性相对较差。这会导致储存过程中有一定量的天然气泄漏或蒸发。地上储存设施需要占用一定的土地资源，在土地资源紧张的地区，这可能会成为一个限制因素。地上储存又可以分为液化天然气储存和压缩天然气储存等。这些不同的储存方式，都有其特点和适用场景。

二、地下储存

地下储存作为天然气储存的主要方式，具有众多优势。其核心原理是将天然气注入地下储层，利用地层的压力和岩石的密封性来实现天然气的保存。这种方式的优点主要表现在以下几个方面。

（一）地下储存的优点

1. 储存容量大

地下储层以其庞大的存储空间而著称，能够容纳巨量的天然气，这一特性使得地下储存成为大规模天然气存储需求的理想选择，占据了储存方式的首要地位。

2. 储存效率高

地下储存之所以展现出相对较高的效率，关键在于地下储层所具备的自然压力以及岩石层卓越的密封性能。这种存储机制显著降低了天然气在储存过程中的泄漏与蒸发风险，从而实现了储存效率的有效提升。

3. 安全性好

地下储存设施以其独特优势展现出较高的安全性。与地上储存相比，地下储存由于深埋地下，因此受到外界环境因素的干扰较小，这极大地降低了自然灾害（如风暴、地震）以及人为破坏对其造成的潜在风险，从而确保了储存过程的安全与稳定。

4. 不占用地上空间

地下储存方式的一大显著优势在于其不占用宝贵的地上空间资源，这一特性在土地资源紧缺的地区显得尤为重要，因此具有极高的实用价值。

（二）地下储存的类型

地下储存还可以细分为多种类型，每种类型都有其独特的特点和适用场景。

1. 盐穴储存

盐穴储存技术巧妙地利用了地下盐层中自然形成的空洞作为天然气的储存场所。这些空洞在经历人工改造后，成为一个既安全又高效的天然气存储系统，能够容纳并妥善保管大量的天然气资源。盐穴储存以其卓越的储存效率和出色的安全性，在众多地下储存方式中脱颖而出，成为当前广泛采用的一种高效、可靠的天然气存储手段。

2. 枯竭油气藏储存

枯竭油气藏储存技术是一种创新的天然气储存方案，它充分利用了已经停止生产的油气藏资源。对这些废弃的油气藏进行专业的改造，可以将它们转化为高效、可靠的天然气储存设施。这种储存方式不仅具备巨大的储存容量，能够满足大规模天然气的存储需求，而且由于其基于现有基础设施进行再利用，相比新建储存设施，成本更为低廉，具有明显的经济优势。

3. 煤层气储存

煤层气储存是一种创新的天然气储存方法，它巧妙地利用了地下煤层中存在的天然空隙作为储存空间。通过这种方法，不仅能够高效地利用煤层资源，还能显著提升天然气的储存效率，实现资源利用与储存效能的双重优化。

4. 含水层储存

含水层储存技术是一种创新的天然气存储方法，它巧妙地利用了地下含水层中的自然空隙作为储存空间。通过向这些含水层中注入天然气，并在需要时回收，该技术不仅实现了天然气的有效储存，还具备了灵活的调峰功能，能够应对短期至中期内的天然气供需波动。这种储存方式因其灵活性和适应性，在天然气市场中扮演着重要角色。

5. 废弃油气田储存

废弃油气田储存技术是一种资源再利用的高效手段，它着眼于那些已停止生产的油气田。通过对这类废弃油气田进行专业的改造，可以重新利用原有的油气储存设施来储存天然气。这种方式不仅显著降低了建设新储存设施的成本，还因利用了现成的、经过验证的储存系统而具备了高储存效率。因此，废弃油气田储存技术在天然气储存领域展现出了成本低廉与效率卓越的双重优势。

三、液化天然气储存

液化天然气（LNG）的储存是一个精密而高效的过程，它通过将天然气这种气态物质进行深度压缩并冷却至极低的温度，促使其物理状态发生转变，即由气态转化为液态。这一转化过程带来了显著的体积缩减效果，极大地提高了天然气的储存效率与便捷性。通过液化的方式，可以更加高效地储存和利用天然气资源。液化天然气储存设施在设计和技术上通常追求高储存效率和大规模储存容量，以满足不同规模和需求的天然气储存要求。这样的储存方式特别适用于长期储存天然气，因为它可以大幅度减少所需储存空间，同时，在长距离运输天然气时，液态的形式也能显著降低运输成本，提高运输效率。液化天然气（LNG）储存是一种在现代能源运输和储存中应用广泛的技术，它通过冷却和压缩天然气，不仅实现了天然气资源的有效储存，还大大提升了天然气的运输便利性。

四、压缩天然气储存

压缩天然气（CNG）的储存方式是通过压缩技术减小天然气的体积，以此实现高效储存。相较于其他储存方式，压缩天然气储存具有设施体积较小、占地面积较小的优点，这使得它非常适合应对短期或中期储存需求。此外，由于其储存设施相对较小，压缩天然气储存还便于实现近距离的天然气供应，能够有效满足城市或区域内的天然气需求。

在实际应用中，压缩天然气储存设施通常包括压缩机、储存罐等关键组件。通过压缩机将天然气压缩至一定压力，使其体积减小，然后储存在特制的储存罐中。这样一来，原本占据较大空间的天然气得以高效储存，大大提高了储存空间的利用率。同时，这种储存方式还能根据实际需求调整储存量，具有较好的灵活性。压缩天然气储存设施在安全性方面也具有较高标准。储存罐等设备采用先进材料和工艺制造，具有良好的密封性和抗压性能，确保了天然气的安全储存。此外，压缩天然气储存设施还需配备完善的监控系统，实时监测储存罐内的压力、温度等关键参数，以确保储存过程的安全稳定。

第二节 天然气储存设施设计与建造

天然气储存设施的设计与建造过程复杂而精细，它涉及多方面的技术标准和安全规范，是一个需要综合考虑技术、安全、法律和环境等多方面因素的系统工程。严格按照设计标准和建造规范进行，才能确保天然气储存设施的安全、可靠和高效运行。在此主要对天然气储存罐进行论述。

一、天然气储存罐的设计标准

储存天然气的容器，通常被称为储罐，必须根据特定的设计标准进行工程规划。这些标准涵盖了储罐的材料选择、结构强度、密封性能、耐腐蚀性以及抗疲劳能力等多个关键因素。在材料选择方面，储罐通常采用钢材，这是因为钢材具有较高的强度和耐腐蚀性能，能够承受高压和复杂环境的影响。此外，对于储罐的建造地点，需要进行详细的地质勘探，以确保建造地点的稳定性和安全性，防止由于地质活动导致储罐损坏。

在储罐的设计过程中，还需要考虑其能够承受的压力、温度变化以及内部天然气的膨胀和收缩。因此，储罐的设计标准不仅要满足结构强度要求，还要考虑材料在长期使用过程中的疲劳寿命。此外，储罐的密封性能至关重要，它直接关系到天然气储存的安全性和泄漏风险。因此，在储罐的建造过程中，必须采用高精度的焊接技术，确保储罐的严密性，同时，还需要定期对储罐的密封性能进行检测和维护。天然气储存设施的安全性是设计和建造过程中的首要考虑因素。这要求设计和建造人员不仅要熟悉和遵守国内外的相关法律法规，还要掌握先进的设计理念和建造技术。例如，在储罐的周围应设立安全防护区域，以防止外部事故对储罐造成影响。同时，储罐应配备先进的监测系统，包括压力、温度和液位监测，以便实时掌握储罐的工作状态，及时发现并处理可能存在的安全隐患。

同时，设计标准不仅要满足功能需求，还要符合国家和国际的相关法规和标准。设计和施工团队需要具备专业的知识和经验，以确保储存罐的安全和可靠。

二、天然气储存罐的系统构成

（一）安全阀与压力释放系统

天然气储存罐安全阀和压力释放系统是保证罐体在各种工况下安全运行的重要设备。这些系统的主要功能是在罐内压力超过设定值时，自动启动阀门，将多余的压力释放掉，从而确保罐体不会因压力过高而发生事故。因此，这些系统的设计和安装必须遵循严格的工业标准和规范，以确保其可靠性和安全性。

压力释放系统通常包括安全阀、爆破片、泄压孔等组件。安全阀的主要功能是在罐内压力超过设定值时自动打开，释放部分气体，以降低压力，防止罐体因超压而损坏。安全阀通常按照 API 521 标准设计，分为全启式和部分启式两种类型。全启式安全阀在压力超过设定值时完全开启，释放所有流体；部分启式安全阀在压力超过设定值时只释放一定比例的流体。爆破片是一种在压力超过设定值时瞬间破裂的装置，用以快速释放压力。泄压孔是在罐体压力升高时自动开启的孔洞,用于缓解压力。

在天然气储存罐的设计中,压力释放系统的设计至关重要。它需要考虑多种因素,如储存罐的尺寸、储存介质的特性和工作条件等。正确的压力释放系统设计可以确保在各种异常情况下,储存罐的安全性得到保障。在安装安全阀和压力释放系统时,需要严格遵守相关的规范和标准。这包括正确的阀门选型、安装位置、焊接工艺和检验要求等。此外,还需要定期对安全阀和压力释放系统进行检验和维护,以确保其始终处于良好的工作状态。

(二)消防与监控系统

天然气储存罐的消防与监控系统是确保储存罐安全运行的重要组成部分。这些系统的设计和建造需要考虑储存罐的特性,如储存介质的风险、容量、地理位置等,以及相关的国家和行业标准。

1.消防系统

天然气储存罐的消防系统主要包括以下几个方面。

(1)灭火介质

针对天然气储存罐,在应对突发火灾事件时,选择合适的灭火介质至关重要。常见的灭火介质包括水、泡沫、干粉和二氧化碳等。这些介质各自具有不同的特点和适用场景。水灭火介质通过降低火焰温度和窒息作用来扑灭火灾,适用于可燃液体和固体火灾;泡沫灭火介质通过覆盖燃烧物质表面,隔绝氧气,从而达到灭火的效果,适用于可燃液体火灾;干粉灭火介质通过化学反应抑制火焰,适用于金属火灾和可燃液体火灾;二氧化碳灭火介质通过降低氧气浓度,使火焰窒息,适用于电气火灾和液体火灾。为了确保火灾得到有效控制,选择灭火介质时需要综合考虑储存介质的特性和火灾的可能性。例如,对于储存易燃液体的天然气储存罐,泡沫灭火介质可能是更合适的选择,因为它能有效覆盖液体表面,阻止火焰蔓延。而在储存易燃气体的情况下,干粉或二氧化碳灭火介质则更为适用,因为它们能迅速降低氧气浓度,窒息火焰。此外,还需考虑灭火介质对环境和设备的潜在影响。例如,水灭火介质可能会导致储存罐内部设备受损,而干粉灭火介质可能会对环境造成污染。因此,在选择灭火介质时,应充分了解储存罐内部介质的性质、火灾风险以及可能产生的后果,以确保既能有效灭火,又能最大限度地减少对环境和设备的影响。

(2)消防设施

常见的消防设施包括消防水炮、泡沫喷淋系统、干粉灭火装置等。这些设施的布局和配置必须全面考虑火灾可能发生的各个部位以及类型,以确保灭火效率最大化。在紧急情况下,这些设备要能够迅速响应,有效地控制和扑灭火灾,最大限度地减少火灾对生命财产安全的威胁。

(3)消防通道和紧急疏散

为了保证在不幸发生火灾的情况下,人们能够安全、迅速地撤离现场,建筑设计必须充分考虑设置明确、宽敞的消防通道以及制订一套详尽的紧急疏散计划。这不仅涉及建筑设计的合理性,还包括对突发状况的快速反应能力,确保在紧急情况下,人们可以有秩序地通过消防通道迅速撤离到安全地带,最大限度地减少因火灾造成的人员伤亡。同时,紧急疏散计划的制订还需要考虑各种不同的火灾场景,以及不同区域的疏散路径和集合点,使得在任何情况下，疏散过程都能高效、有序地进行。

（4）自动报警和灭火系统

在现代社会，天然气储存罐作为一种重要的能源存储设施，其安全性至关重要。因此，这些储存罐通常会装备有先进且周密的自动报警系统。该系统的设计旨在实时监控储存罐周边的环境状况，一旦检测到火源或者烟雾等火灾隐患，系统能够立即做出反应，迅速启动预设的灭火装置。这样的措施可以最大限度地减少火灾发生的风险，保障人民群众的生命财产安全，同时避免可能的财产损失。此外，这种自动报警系统还能在火灾初期就发出警报，为人员疏散和火灾扑救提供宝贵的时间，降低事故的严重性。

2. 监控系统

天然气储存罐的监控系统主要包括以下几个方面。

（1）液位监控

监控储存罐内的液位是至关重要的，这样可以确保储存罐不会超载或发生溢出。通过实时监控液位，可以及时调整液体的输入和输出，将储存罐内的液位保持在安全范围内，以避免因超载或溢出而导致的潜在危险和损失。

（2）温度监控

液化天然气（LNG）在储存过程中会自然释放出一定的热量，这是由其特殊的物态变化性质决定的。为了确保储存过程的安全性，必须对储存罐内的温度进行严格的监控，及时采取措施防止温度过高，将温度保持在安全范围之内。

（3）压力监控

监控罐内压力是一项至关重要的工作，其目的在于确保罐体不会因为超过其设计承受的压力而遭受损坏。通过对罐内压力的实时监测，可以有效预防罐体破裂或者其他相关安全问题的发生，从而保障人员和财产的安全。

（4）泄漏检测

利用高精度的传感器和先进的报警系统，能够对潜在的泄漏进行实时监测。一旦检测到任何异常的气体或液体泄漏情况，系统将立即启动预设的警报程序，通过高分贝的声光提示来警示现场人员。同时，自动化控制系统会自动启动相应的应急措施，如关闭相关的阀门、启动排风系统，以及通知维护人员进行紧急处理。

（5）视频监控

为了确保储存罐周围的环境安全，并且能够在第一时间发现任何可能威胁储存罐安全的因素，如异常行为或火灾迹象，需要在关键位置安装高清晰度的摄像头。这些摄像头将24h不间断地监控储存罐及其周边区域，通过实时视频传输技术，将捕捉到的画面实时发送到监控中心。在监控中心，专业的安全监控人员将对这些实时画面进行持续的监视，以便一旦发现任何异常情况，如未经授权的入侵、潜在的火灾隐患或其他任何异常行为，他们能够立即采取行动。

（6）远程控制和数据传输

现代的储存罐监控系统已经集成了高级的远程控制和数据传输功能。这些功能使得中心控制室能够实时地监控储存罐的运行状态，并及时处理各种紧急情况。通过这些先进的技术，工作人员可以在远离储存罐的地方，对其实施有效的管理和控制。同时，数据传输功能也使得储存罐的各项数据能够实时地传输到中心控制室,以便工作人员及时了解储存罐的运行情况,并做出相应的决策。

这些消防和监控系统的设计和实施需要遵循国家和行业的相关标准,如中国的 GB 50183—2015《石油天然气工程设计防火规范》和 GB 50074—2014《石油库设计规范》等。此外,还需要根据储存罐的具体情况和地理位置来定制化设计和实施。

三、天然气储存罐的建造技术

天然气储存罐的建造技术主要涉及罐体设计、材料选择、制造工艺和施工方法等环节。要想使天然气维持在液态,必须严格满足两个关键条件:一是温度需低至 $-161\,^\circ\text{C}$,二是储存压力需精确控制在 $0.03\,\text{mPa}$。因此,用于储存液化天然气(LNG)的储罐,必须具备承受这种极端低温和特定压力的能力,以确保天然气的安全、稳定储存。储存罐采用双层结构,其间填充绝热材料。内罐用低温韧性好的不锈钢或铝合金,也可用预应力混凝土制成;外罐则是高强度的金属罐体,承受罐内的压力及重力。

中国的液化天然气储存罐建造技术在近年来取得了显著的进步。以江苏盐城的"绿能港"项目为例,该项目包括 6 座全球单罐容量最大的液化天然气储罐,罐容达 $27\times10^4\,\text{m}^3$,总罐容达 $250\times10^4\,\text{m}^3$。项目的建设和投产使用了中国自主技术,国产化率达到 98.3%。项目在设计和建设过程中,采用了众多新技术新工艺,包括设计团队开发了新型群桩承载力计算方法,施工团队则首次采用了 Hyfill 成桩技术。

储存罐的设计与建造是一门极其复杂的工程技术,它必须能够应对各种极端的工作条件,包括火灾、爆炸以及地震等自然灾害和人为事故。为了确保储存罐的稳定性和安全性,中国海油团队通过不断的创新与实践,成功研发出一套与之相匹配的计算方法以及隔震技术。这些技术不仅提高了储存罐的耐久性,也极大地增强了其对极端情况的应对能力。

除此之外,储罐建造智慧化评估系统的运用在国内尚属首次,它通过高科技手段对储罐进行了全生命周期的远程实时监测。这意味着无论储罐处于何种环境、何种状态下,都能够实时地掌握其运行情况,从而有效地预防和减少安全事故的发生。同时,该系统还能够预警潜在的风险,为及时处理可能出现的问题提供了重要的技术支持。这不仅提高了储罐的安全性能,也为我国储罐建造技术的进步开辟了新的道路。

第三节　天然气处理技术

一、天然气净化

天然气净化是一种重要的工业过程,其主要目的是从天然气中去除杂质和有害物质,以满足不同用途和标准的要求。这一过程不仅关系到能源的质量和安全,也是保护环境和公共利益的关键环节。

天然气净化是确保天然气质量的关键过程,它通过物理和化学两种主要方法来实现。物理方法主要依赖于过滤、吸附和冷却等手段,将天然气中的固体颗粒、液体和气态杂质分离出来。过滤器能够有效捕捉天然气中的微小颗粒和液滴;吸附剂能特异性地吸附掉天然气中的特定组分，如硫化氢、二氧化碳等；冷却系统通过降低天然气温度，使得其中的轻质组分如乙烷、丙烯等冷凝分离出来。化学方法涉及使用化学溶剂或反应剂，与天然气中的有害成分发生化学反应，从而将其转化为无害或更容易处理的物质。化学溶剂可以是酸性气体吸收剂，用于去除天然气中的酸性气体，如硫化氢和二氧化碳；反应剂可以用于转化天然气中的特定组分，如甲烷芳构化反应，将甲烷转化为苯等化工原料。这些方法可以单独使用，也可以组合使用，以达到最佳的净化效果。

在天然气净化过程中，分子筛材料是一种关键技术，它具有高效和选择性的分离作用。分子筛是一种具有多孔结构的固体材料，其内部孔道的大小和形状可以精确地筛选出特定的分子。这种材料的独特性质使其成为去除天然气中二氧化碳、硫化氢等有害气体的理想选择。分子筛材料的分离机制基于分子尺寸和形状的匹配。其孔道能够容纳特定大小的分子，而排斥其他大小的分子。因此，当天然气通过分子筛时，有害气体分子会被捕获，而纯净的天然气则得以通过。这种高度的选择性确保了天然气的净化效率。除了分子筛吸附，天然气净化还可以通过化学反应来实现进一步的提纯。例如，水气变换反应（WGS反应）是一种常用的化学净化方法，它将天然气中的甲烷转化为二氧化碳和氢气。这个反应可以在催化剂的作用下进行，催化剂能够提高反应速率及产物的选择性。通过WGS反应，不仅可以去除天然气中的甲烷，还可以得到氢气，这对于后续的能源加工和化工生产非常有价值。在天然气净化的实际操作中，分子筛吸附和水气变换反应通常与其他技术如冷却、压缩和液相分离等相结合，以实现最佳的净化效果。

二、天然气液化和再气化

天然气液化与再气化是能源领域的两个重要过程，涉及天然气的储存、运输以及使用。天然气液化指的是将天然气中的主要成分——甲烷以及其他杂质在特定的温度和压力条件下转化为液态。这一过程能够显著增加天然气的储存密度，降低其在运输过程中的体积，从而节省空间并降低成本。

天然气液化是将天然气在极低的温度和适当的压力下转化为液态的过程。这一过程通常在专门的液化天然气（LNG）工厂进行，这些工厂配备有先进的冷却技术和高压设备。在液化过程中，天然气被冷却至 $-162°C$，同时施加高压，使得天然气分子间的距离缩短，相互作用增强，从而使天然气由气态转变为液态。在液化状态下，天然气的体积大大减小，大约只有气态时的1/600。这一显著的体积缩小使得LNG成为一种高效、经济的可运输能源。由于其体积小，LNG可以用船舶进行运输，这为国际能源贸易提供了极大的便利。

再气化是液化天然气的逆过程，它是在液化天然气（LNG）到达目的地后，为了输送和利用而将其从液态转化为气态的过程。再气化设施通常位于LNG接收站、港口或靠近消费者的地区，以确保LNG能够高效地被转化为可供使用的天然气气体。再气化过程通常在接近常温常压的条件下进行，以简化工艺和降低成本。在再气化设施中，液化天然气被储存在特制的容器中，并通过管道连接到再气化装置。再气化装置可以是简单的加热器，也可以是更为复杂的换热系统，它们通过加热LNG使其气化。这一过程中，LNG吸收热量，其分子间的相互作用减弱，从而使天然气分子脱离液态，转变为气态。再气化后的天然气气体可以被送入天然气管道，与其他天然气供应混合，输送到家庭、商业和工业用户。

此外，再气化天然气也可以直接用作发电厂的燃料，以产生电力供应给电网。在一些地区，再气化天然气还被用于供暖系统，特别是在寒冷的季节，为住宅和商业建筑提供暖气。再气化过程的效率和安全性对于确保 LNG 作为能源媒介的可持续性和可靠性至关重要。因此，再气化设施的设计和操作需要遵循严格的安全标准和性能要求，以确保天然气气体在再气化过程中质量不受影响，能够满足市场和消费者的需求。

三、天然气调峰与储存

天然气调峰与储存是一种重要的能源管理策略，它涉及在天然气供需波动时对供应进行调整，以确保能源供应的稳定性和可靠性。具体来说，当天然气需求增加时，调峰技术能够通过提高供应量来满足用户的需求；而当需求减少时，储存设施则可以保存多余的天然气，以备后续高峰时段使用。为了实现这一目标，需要依赖一系列的技术手段和设施，如调峰发电站、储存罐、输气管道等。这些设施不仅需要具备高度的灵活性和可靠性，还需要在安全、环保和经济性之间取得平衡。

天然气调峰与储存是确保天然气供应稳定性和应对市场需求波动的关键策略。这一过程涉及多个环节，确保天然气网络能够在高峰时段满足需求，同时在低峰时段避免资源浪费。

首先，天然气市场预测是调峰与储存策略的基础。通过对市场需求的深入分析和预测，可以预见性地做好供应调整和储存规划。这包括对居民、商业和工业用户的需求进行预测，以及对季节性变化、天气条件、政策变动等因素的影响进行评估。准确的预测能够帮助运营商优化资源配置，减少供应短缺或过剩的风险。

其次，先进的调峰技术是实现供应灵活调整的重要手段。燃气轮机和燃料电池是两种常见的调峰技术。燃气轮机可以在短时间内启动并提供大量的电力，适用于市场需求高峰期。燃料电池可以提供更为灵活的电力输出，适合于市场需求的变化。这些技术的应用可以快速响应市场需求，保证供应的稳定性。

再次，天然气的储存是应对供需波动的关键。地下储气库是一种常见的储存方式，它利用地下空间储存多余的天然气。这些储气库在市场需求高峰期释放天然气，以满足供应需求。此外，液化天然气（LNG）也是一种有效的储存方式。在低峰时段，多余的天然气可以被液化并储存，待到高峰时段再将其重新气化并供应市场。

最后，跨季节的天然气储存和运输也是调峰与储存策略的一部分。例如，在夏季天然气需求较低时，可以通过管道将天然气输送到储存设施中；而在冬季需求增加时，再将储存的天然气释放到市场中。这种跨季节调节的能力，有助于平衡全年天然气供需，提高系统的整体效率。

天然气调峰与储存虽然对于确保能源供应的稳定性至关重要，但其在实施过程中也面临着一系列挑战和限制，这些因素需要被仔细考虑和应对。储存设施的建设和运营成本是一个重要的经济考量。地下储气库、液化天然气（LNG）储存设施以及其他类型的储存设施都需要巨额的投资。建设和维护这些设施的费用可能会转嫁给能源供应商，进而影响终端用户的能源成本。

储存设施的规模和能力需要与市场的需求相匹配，以避免过度投资或储存能力不足的问题。天然气的供应和需求波动受到多种因素的影响，给调峰与储存带来了不确定性。天气条件是一个重要的外部因素，极端天气事件如寒潮或热浪可能会导致天然气需求急剧变化。政治因素，如国际关系的变化、政策调整和贸易壁垒，也可能影响天然气的供应渠道和成本。经济波动，包括经济增长、通货膨胀和汇率变化，也会影响天然气的需求和价格。这些不确定性因素要求调峰与储存策略能够灵活适应，以应对潜在的市场变化。天然气的储存和再气化设施的地理位置也需要考虑。储存设施应位于市场需求的中心位置，以便在需要时快速响应市场供应需求。而再气化设施的位置则需要考虑到天然气管道的分布和市场需求的具体位置。

此外，环境保护和可持续性也是调峰与储存需要考虑的重要方面。随着全球对减少温室气体排放的关注，天然气作为一种相对较清洁的化石燃料，其排放控制和环境影响管理变得越来越重要。

四、天然气掺醇技术

天然气掺醇技术，是一种将醇类化合物与天然气混合，以提高能源利用效率和减少环境污染的技术。具体来说，这种技术是将甲醇、乙醇等醇类化合物按一定比例掺入天然气中，然后通过管道输送至终端用户。

天然气掺醇技术的优势明显，体现在提高能源利用效率、减少环境污染以及拓宽天然气应用领域等方面。醇类化合物的燃烧热值较高，掺入天然气中可以提升能源的燃烧效率，从而提高能源利用效率。这意味着在相同的质量下，掺醇天然气可以释放更多的能量，提高能源消费的效益和降低能源成本。

此外，醇类化合物燃烧产生的尾气中含有较少的有害物质。与纯天然气燃烧相比，醇类化合物的燃烧产物中二氧化碳和水蒸气的含量较高，其他有害气体如硫化物和氮化物的排放量则显著减少。这使得掺醇天然气在环境保护方面具有明显优势，有助于减少温室气体排放和空气污染，符合可持续发展的要求。另外，醇类化合物还可以作为化工原料，用于生产各种化学品。这进一步拓宽了天然气的应用领域，为化工产业提供了更多的原料选择，促进了化工产业的可持续发展。

第四节 天然气储存与处理过程中的安全与环境考虑

在天然气储存与处理过程中，对安全与环境的考虑是至关重要的。以下是一些关键的安全与环境措施，用于预防天然气泄漏并确保处理过程的环境友好性。

一、泄漏预防与检测

天然气作为一种重要的能源资源，在为社会经济发展提供动力的同时，其安全处理和储存也显得尤为重要。天然气泄漏不仅可能导致能源损失，还可能对环境和公众健康造成严重影响，如引发火灾、爆炸和空气污染。因此，天然气泄漏预防成为确保能源安全、保护环境和公众健康的关键措施。为了预防天然气泄漏，需要从多个层面采取措施。

①设计安全的储存设施：使用符合标准的安全设计和建造规范，确保储存罐和管道能够承受预期的压力和温度。

②定期检查和维护：定期对储存设施和输气管道进行检查和维护，以识别和修复潜在

的缺陷或磨损。

③安全阀和压力释放系统：安装安全阀和压力释放系统，以在压力超过安全极限时自动释放多余的压力，防止容器或管道破裂。[①]

④高质量密封材料：使用高质量的密封材料和技术，以减少泄漏的风险。

二、环境影响评估

天然气环境影响评估是一个系统的分析过程，旨在评估天然气开发、储存、运输和使用过程中对环境可能产生的正面和负面影响。这个过程对于确保能源开发的可持续性、保护生态环境以及维护公众健康至关重要。以下是天然气环境影响评估的关键内容。

①生命周期评估：评估天然气从勘探、开采、加工、储存、运输到最终使用的整个生命周期中的环境影响，包括温室气体排放、能源消耗、水和土壤污染等。

②温室气体排放：量化天然气生产、运输和使用过程中排放的温室气体，特别是甲烷（CH_4）的排放，因为甲烷是一种强效的温室气体。

③生态系统影响：评估天然气活动对野生动植物栖息地、湿地、森林和其他生态系统的潜在影响，包括生态破坏和物种灭绝的风险。

④水资源影响：分析天然气开发对水资源的消耗和污染风险，包括水足迹、废水处理和排放对河流、湖泊和地下水系统的潜在影响。

⑤空气和土壤污染：评估天然气泄漏、排放和其他相关活动对空气质量、土壤质量和健康的影响。

⑥社会经济影响：考虑天然气项目对当地社区的经济影响，包括就业机会、收入增加和基础设施发展，以及可能的社会冲突和公平性问题。

⑦风险管理：识别和评估与天然气活动相关的潜在风险，如泄漏、事故和灾害，并制定相应的风险缓解措施和应急响应计划。

⑧法规遵从：确保天然气项目符合国家和国际的环境保护法律、法规和标准。

⑨公众参与和透明度：鼓励公众参与环境影响评估过程，提供信息，听取意见，确保评估过程的透明度和公正性。

三、应急预案与事故处理

天然气应急预案与事故处理是确保在天然气泄漏、火灾、爆炸等紧急情况下能够迅速、有效地采取行动，以减少人员伤亡和财产损失的关键措施。为确保天然气行业在面对紧急情况时能够迅速有效地响应，应急预案的制定、员工的培训演练以及应急物资和设备的准备是关键。天然气公司、政府部门和利益相关者共同制定详细的应急预案，涵盖应急响应程序、人员职责、资源配置和通信系统等关键要素。

此外，定期对员工进行应急响应培训，并举行演练，以确保他们熟悉应急预案的操作流程，提升整体的应急响应能力。同时，储备必要的应急物资和设备，包括防护装备、消防器材和泄漏控制设备，以便在紧急情况下迅速使用。这些措施共同构成了一个坚实的应急管理体系，旨在保护人员安全、减少财产损失和环境污染。

在天然气事故发生后，迅速而有效的处理是至关重要的。一旦发生天然气泄漏，应立

---

① 张婷.浅谈压力容器安全阀应用存在的问题和建议[J].化工中间体，2013，10（2）：55-57.

即启动泄漏控制程序，采取隔离泄漏源、切断气源、通风换气和设置警戒线等措施，以控制泄漏扩散和保护现场安全。若事故升级为火灾或爆炸，应急响应程序将包括报警、启动灭火系统、疏散人员和救援伤者，以确保人员安全。在整个事故处理过程中，应重视环境保护，采取措施防止泄漏物质进一步污染环境，如使用围堵材料和清理泄漏残留物。同时，与当地政府、应急部门、医疗机构等保持紧密沟通和协调，共同完成应急响应行动，确保事故得到妥善处理。

此外，事故调查和总结是天然气事故处理的重要组成部分。一旦发生事故，必须进行彻底的事故调查，以确定事故原因并从中吸取经验教训。这些调查结果将用于对现有的应急预案进行评审和更新，以便改进应急响应措施，提高应对未来潜在事故的能力。通过这种不断总结和改进的过程，天然气公司和利益相关者能够确保其应急管理体系日益完善，从而更好地保护人员安全、降低财产损失和环境污染的风险。

四、法规与标准遵循

天然气行业作为能源领域的重要组成部分，必须严格遵守国家和国际的法律法规和标准。这不仅是为了确保行业的合法合规运营，也是为了保障公众安全、环境保护和可持续发展。以下是天然气行业在法规与标准遵循方面的一些关键点。

（一）法律法规

①天然气勘探、开采、加工、储存、运输和使用等活动必须遵守相关的国家法律和行政法规。

②遵守有关安全生产、环境保护、劳动保护、消费者权益保护等方面的法律法规。

③遵守国际贸易法律和规定，特别是在跨国天然气管道建设和运营方面。

（二）标准与规范

①遵循国家和行业标准，如工程建设标准、产品质量标准、安全生产标准等。

②采用国际标准和最佳实践，如 ISO 标准、API 指南等，以提高行业整体水平。

③定期更新和完善内部管理规范和操作规程，确保符合最新法律法规要求。

（三）合规性检查与审计

①实施定期的合规性审查与内部审计机制，全面确保公司所有业务活动严格遵循国家法律法规以及内部政策规定，以此维护企业的合法运营与良好声誉。[1]

②对违规行为进行调查和纠正，确保公司文化和合规管理体系的有效性。

（四）培训与意识提升

①定期对员工进行法律法规和公司政策的培训，提高他们的合规意识和责任心。

②促进企业文化中的合规价值观，鼓励员工积极报告潜在的合规问题。通过遵守法规与标准，天然气行业可以确保其业务活动不会对人员安全、环境和社区造成负面影响，同时提高企业的市场竞争力和可持续发展能力。

---

[1] 李艳.基于财务风险管理的企业内控体系优化路径[J].老字号品牌营销，2024（9）：129-131.

第七章　天然气的集输工艺

天然气的集输工艺是指将分散在气田中的天然气收集起来，经过一系列的处理后，通过管道或其他方式输送到用户的过程。这一过程不仅涉及天然气的物理收集，还涵盖了天然气的净化、增压、储存等多个环节，是天然气产业链中技术最为复杂、操作最为关键的部分之一。本章围绕集输工艺流程、气田天然气矿场分离、液烃矿场稳定、水合物的形成及防治、集输工艺系统的安全保护等内容展开研究。

第一节　集输工艺流程

一、集输工艺流程的类别

气田集输流程是明确天然气流动路径及其处理技术的综合性描述，它涵盖天然气从气田到处理终端的全过程。这一过程可以细分为集输管网流程与集输站场工艺流程两部分。其中，集输站场工艺流程进一步分为单井集输与多井集输两类，以适应不同规模的气田开发需求。

在气田集输站场，按照天然气分离时的温度条件，可以将工艺流程细化为常温分离与低温分离两种。常温分离适用于温度相对较高的环境，低温分离则针对需要深度冷却以实现更高纯度或特定处理要求的天然气。

值得注意的是，气田的储气地质结构、地形地貌、自然环境、气井的压力温度特性、天然气的具体成分以及含油含水比例等因素均呈现高度复杂性与多样性。本节仅对较为典型和常见的流程加以描述。

（一）集输管网流程

气田集输管网流程详尽地描绘了气井产出物的流动路径与流量分配情况，同时，它也明确指出了每一条管线的承载能力（通过能力）以及在实际操作中所涉及的关键参数，这些参数对于确保管网的安全、高效运行至关重要。

（二）集输站场工艺流程

气田集输站场的工艺流程是对站场内各类工艺方法和操作过程的系统阐述。它不仅详尽地展示了物料平衡的计算结果，还明确指出了所需设备的种类、规格及其生产能力，同时涵盖关键的操作参数范围。此外，该流程还详细说明了用于控制操作条件的各种方法，以及配套的仪表设备和控制系统，确保整个集输过程的精确调控与高效运行。

1. 井场装置

井场装置具有 3 种功能：①调控气井的产量；②调控天然气的输送压力；③防止天然气生成水合物。

在井场装置流程中，目前较为典型且广泛应用的有两种主要类型：一种是通过加热天然气的方式来预防水合物的生成；另一种则是向天然气中注入抑制剂的流程。该流程利用化学抑制剂的特性，通过将其注入天然气中，改变天然气的物理化学环境，抑制水合物的形成条件，从而达到防止水合物生成的目的。

2. 常温分离集气站

常温分离集气站的核心职能涵盖天然气的收集、处理、压力调控及精确计量。具体而言，该站首先负责从各个气井安全、高效地收集天然气资源。随后，在站内实施精密的气液分离处理，通过先进的压力控制技术，对处理后的天然气进行压力调节，确保其压力水平符合集气管线的输送要求。最后，该站还承担着对天然气进行精确计量的任务，为后续的生产管理、经济核算提供可靠的数据支持。

在常温条件下，单井集气站会对采出的天然气进行初步分离，得到液烃或水等副产品。按照这些副产品的产量大小，会灵活选择运输方式：若量较小，则采用槽车运输；若量较大，则通过管道输送。之后，这些液烃或水会被送至专门的液烃加工厂或气田水处理厂，进行集中、统一的处理。[①]

常温分离单井集气站，作为气田生产的重要设施，一般直接设立在气井井场，以便于就地收集和处理天然气。这两种集气站在处理流程上的主要差异体现在分离设备的选择上：一种采用三相分离器，另一种使用气液分离器。这种设备选型的不同直接决定了它们各自适用的使用条件。具体来说，配备三相分离器的集气站更适用于处理那些天然气中液烃和水含量均较高的气井。而采用气液分离器的集气站，则主要针对天然气中仅含有水或液烃较多但水含量相对较少的情况。

3. 低温分离集气站

低温分离集气站的功能有以下 3 个：①收集气井的天然气；②在集气站内，采用低温分离技术对收集到的天然气进行处理；③经过低温分离处理后的天然气，其压力水平需要进行相应的调控，以确保符合集气管线的输送要求。

低温分离技术是一种在特定低温条件下进行的物理分离过程，其中分离器的操作温度被设定在 0℃以下，一般维持在 −20℃～−4℃的低温区间内。通过低温分离处理，天然气中的液烃（如凝析油和其他重烃类化合物）能够更有效地凝结并分离出来，从而实现液烃的高效回收。

为了确保分离器能在低温条件下有效运行，同时避免在大幅压降的节流过程中天然气形成水合物，不能采用加热防冻的方法，而应采用注入抑制剂的方式来防止水合物的生成。

在天然气进入抑制剂注入器之前，首先通过一个高效的脱液分离器（也称为高压分离器，因其操作于高压环境）。这一步骤的作用是预先将天然气中携带的游离水分离出来，以减少后续过程中水合物形成的风险。

为了进一步降低分离器的操作温度，在天然气经历大差压节流降压之前，实施预冷处

---

① 王赤宇. 天然气集输工艺及数字化处理方案[J]. 化工管理, 2019（32）: 214-215.

理。具体方法是利用低温分离器顶部释放出的低温天然气，通过换热器与即将进入分离器的天然气进行热交换。这样，通过回收和利用低温天然气的冷能，可以有效降低进料天然气的温度，为后续的低温分离创造更为有利的条件。

从闪蒸分离器顶部排出的气体中，含有一定量的较重烃类成分。为了回收这些有价值的重烃，让这些气体伴随着低温进料天然气一同进入低温分离器。在低温分离器内，随着温度的进一步降低，这些重烃会得到有效分离并回收，从而提高整体资源的利用率。

闪蒸分离器的操作压力是依据低温分离器的操作压力来设定的，以确保两者之间的压力平衡和顺畅的气体流动。而其操作温度，则是按照高压分离器的操作温度来确定的。

至于三相分离器，其操作压力的设定依据是稳定塔的操作压力。而三相分离器的操作温度，则是按照稳定塔液相的沸点和系统允许的最高进料温度来综合确定的。

二、集输工艺流程的制定

（一）制定集输流程的技术依据

技术依据的构建主要依赖于两大核心资料源：一是详尽的气田开发方案，它为整个开发流程提供了宏观规划与战略指导；二是近期精心收集的、具有广泛代表性的气井动态资料，这些资料为具体操作与调整提供了实时、精确的数据支持。

在深入分析和利用上述资料时，以下几类关键资料和数据对于科学制定气田集输工艺流程至关重要。

①气井产物。在井口条件下获取的关于天然气的详尽取样分析资料、油品的全面分析与评估资料，以及水的分析报告等资料集。

②构造储层特征的分析资料，揭示了气田的储集空间、岩石物性、渗透率等地质信息，对于理解气田产能潜力和开发难度至关重要。同时，气田的可采储量、预期的开采速度、开采年限以及逐年生产规模的规划，为集输流程的设计提供了明确的生产目标和时间框架。还要各生产区单井平均产量、生产井井网布置图以及生产井数的具体数据，进一步细化了生产布局，为集输系统的布局与优化提供了直接参考。

（二）制定集输流程应遵循的技术准则

制定集输流程应遵循的技术准则包括：①国家各种技术政策和安全法规；②各种技术标准和产品标准，各种规程、规范和规定；③环保、卫生规范和规定。

（三）集输系统（包括管网和站场）的布局

集输系统的布局可参考以下原则。

①基于气田开发方案的总体指导与井网布置的具体安排，集输管网与站场的规划需采取综合考量、统一规划、分步实施的策略。这一规划过程需紧密围绕工艺技术的实际需求，确保集输系统的高效稳定运行；同时，也要充分考虑到生产管理的便捷性，力求实现管理流程的集中化、简约化，以提升整体运营效率。

②产品应符合销售流向要求。

③三废处理和流向应符合环保要求。

④集输系统的通过能力应协调平衡。

第二节　气田天然气矿场分离

一、矿场分离的对象和特点

天然气从气井中开采出来时，往往携带了多种杂质，包括液态物质（如水、液烃）和固态物质（如岩屑、腐蚀过程中产生的物质以及酸化处理后的残留物等）。这些杂质的存在对集输管线及相关设备构成了显著的磨蚀风险，可能因长期冲刷而导致设备磨损加剧，使用寿命缩短。更为严重的是，它们还可能积聚在管道内部，堵塞仪表管线或完全阻塞设备通道，进而影响整个集输系统的顺畅运行，降低生产效率和安全性。

在天然气开采与处理过程中，天然气中大量含砂并非普遍现象，因此，在介绍井场装置典型流程时，通常不直接涉及砂的分离步骤。然而，若遇到天然气中砂含量较高的情况，为确保集输管线的安全与稳定运行，必须在天然气进入集输管线之前，采用专门的除砂分离器（也称作沉砂器）进行有效的砂分离处理。值得注意的是，对于天然气中可能存在的微量固体物质和少量液体物质，这些成分在井场装置阶段并不进行专门的分离操作。从井场装置到集气站的输送过程中，通常采用两相输送方式，即主要输送天然气和可能伴随的少量液体（如凝析水），而不额外考虑固体颗粒的分离与输送。这种两相输送方式在实践中被证明是经济、可靠且易于管理的。

当天然气中携带的气田水含量较高，且这种高含水量对采气管线的正常输送构成挑战时，就有必要在矿场进行专门的分离处理。

矿场分离的核心在于采用机械手段，有效地从天然气中分离出固体或同时分离出固体与液体物质。值得注意的是，分离过程中操作温度和压力的控制对于烃类和水之间的相态平衡关系具有显著影响。所以，在矿场分离操作中，精确控制这些参数是至关重要的，它直接关系到分离效率、产品质量以及后续处理流程的顺畅性。

二、矿场分离工艺

（一）常温分离工艺

在天然气处理过程中，当天然气在分离器内以不导致水合物形成的温度条件进行气液分离时，这一过程被称为常温分离。在这一流程中，分离器有效地将气体与其中的液体成分（如水或液烃）分离开来。分离后的气体随后被送入气田集输管线系统，以供进一步输送或利用；而分离出的液体则根据成分被分别引导至储水罐（池）用于储存水，或液烃储罐用于储存液烃。

为了精确控制分离器的操作压力，通常会在其前端安装节流阀。这一压力值的设定主要基于集输管线的启动压力要求，以确保天然气在输送过程中的稳定性和安全性。加热器在维持分离器操作温度方面扮演着至关重要的角色。这是因为分离器的操作温度必须精确设定，以防止在当前操作压力下形成水合物。具体来说，分离器的操作温度需要设定得高于在当前压力下水合物开始形成的温度点，通常这个差值保持在3~5℃，以确保分离过程安全、高效。

（二）低温分离工艺

在许多实际场景中，天然气从气井采出时的压力远高于其最终外输所需的压力。为了有效利用这一显著的压差，气田集输系统会采取节流降压措施，此过程中伴随的焦耳—汤姆逊效应被巧妙地用来实现低温条件下的气体与水或和液烃的分离，这一过程被称为矿场低温分离。矿场低温分离工艺不仅实现了对天然气的高效处理，还带来了双重效益：一是显著增加了液烃的回收量，提高了资源利用率；二是有效降低了天然气的露点温度。所以，气田集输系统通过巧妙运用矿场低温分离技术，不仅实现了液烃的高效回收和天然气的深度脱水处理，还进一步满足了管道输送对天然气品质的要求。这一工艺不仅提升了气田整体的生产效率，还作为节能措施之一，减少了能源在输送过程中的损耗，促进了气田集输系统的可持续发展。

井场装置产出的天然气，首先经过脱液分离器的处理，以去除其中夹带的游离水、液烃以及固体杂质，确保天然气的纯净度。随后，为了防止后续流程中形成水合物，会向天然气中注入水合物抑制剂。处理后的天然气接着进入气—气换热器，与低温天然气进行热交换，这一过程使其温度显著降低。之后，天然气通过节流阀，经历大差压节流降压，温度因此进一步下降，直至达到预设的低温条件。在这一低温环境下，天然气中的 C_5^+ 重烃组分大部分被冷凝成液态，同时，C_3 和 C_4 轻烃也有相当一部分转变为液相，并溶解于液烃之中。随着温度的持续降低，所有液态物质逐渐在分离器的底部沉积聚集，实现了天然气中气相与液相的有效分离。

从低温分离器中排出的液体混合物，主要包含抑制剂富液以及不稳定的液烃。这些液烃之所以不稳定，是因为它们内部溶解了一定量的甲烷和乙烷等轻质气体。为了确保这些液烃符合气田矿场的储存标准，在将其送往液烃加工厂之前，必须进行矿场稳定化处理。这一过程通常涉及一系列物理或化学方法，如减压蒸馏、闪蒸分离等，以有效去除或减少液烃中溶解的轻质气体组分。经过稳定化处理后的液烃，其蒸气压将显著降低，从而满足矿场储存的严格要求，确保储存过程的安全性和稳定性。

低温分离器的操作压力设定依据是集气管线的输送压力，以确保两者之间的顺畅衔接与高效运行。而操作温度的确定则更为复杂，它需要综合考虑天然气的具体组成成分以及期望达到的液烃组分回收率。[①] 同时，按照矿场回收条件和稳定工艺的特点，确定低温分离器的操作温度。

三、矿场分离工艺计算

由于分离器的操作温度和压力影响烃类和水的相态平衡关系，从矿场分离器中分离出来的水和液烃的量，则需通过气—液平衡计算来确定。天然气的饱和含水汽量可以根据特定的温度和压力条件，通过查阅天然气饱和含水汽量图来确定，从而得知从天然气中冷凝下来的水量。而对于从天然气中凝析出来的液烃量，则需要借助更为复杂的气—液平衡计算来求解。

---

① 刘培林. 天然气的低温处理方法[J]. 中国海上油气工程，2000（5）：37-38，47.

（一）平衡状态

气化，也称为蒸发，是一个物理过程，描述的是物质从液态阶段转变为气态阶段的现象。相反地，液化，或称凝结，则是指气态物质在特定条件下转变为液态的过程。在一个密闭的容器内，当观察到分子从液体表面脱离的速度与它们重新返回到液体中的速度达到一种动态平衡时，这个系统便被认为处于一种稳定的平衡状态。

当液体在某一特定温度下，其蒸发的蒸气压力与液体表面上方蒸气空间中相应物质的分压达到相等状态时，可以判定该系统在该条件下已达到了动态平衡状态。

在相同的温度条件下，不同类型的液体展现出各异的蒸气压特性，这直接反映了它们转化为气态能力的差异。基于这种差异，物质可以被划分为两大类：低沸点物质（易于气化）和高沸点物质（难以气化）。

当一个系统在任何给定时间内，其内部相的数目以及各相所包含的成分均保持不变时，称该系统为平衡系统。

理想状态的平衡在现实中往往难以直接达到。为了进行数学计算，通常会假设系统已经处于这种平衡状态。在许多实际应用场景中，系统的实际状态已经相当接近理想平衡状态，所以由此产生的计算误差通常可以忽略不计。然而，在某些特定情况下，基于假设的平衡状态所得出的计算结果可能需要进一步通过引入效率因数或校正因数来进行调整，以确保其准确性。

在气田集输工艺中，气相与液相之间的平衡状态占据着至关重要的地位。它不仅直接影响液烃回收量、天然气外输量，还关系到气液组分的精确划分以及含水量的准确测定。为了准确确定这些关键参数，必须依赖于气—液平衡计算，通过科学的计算方法来模拟和预测系统中气液两相的行为和状态。

（二）蒸气压

蒸气压是讨论气—液平衡的重要概念。在某一恒定温度下，当物质的气态相与其液态相达到平衡状态时，所测得的气相压力，称为该物质的饱和蒸气压，一般简称为蒸气压。

（三）分压

气体混合物中某一特定组分的分压，是指当该组分单独存在于与混合物总体积相等的空间内时，其所能展现出的压力。

（四）气液平衡常数

单组分的平衡常数（K 值）是一个复杂参数，它不仅受到混合物所处温度和压力的直接作用，还受到该物质自身浓度以及混合物中其他组分的构成和浓度的显著影响。鉴于这种多因素影响的特性，K 值通常需要通过实验方法进行精确测定，因为理论计算难以全面考虑所有变量。因此，大量文献中均可见到关于不同条件下 K 值实验研究的详细记录。

在工程计算领域，为了高效求解气液平衡常数，已发展出多种方法。其中，列线图法和收敛法是传统且常用的手段，它们通过图形化或迭代的方式逐步逼近真实的 K 值。

第三节　液烃矿场稳定

一、液烃矿场稳定的意义

不论是通过常温分离还是低温分离技术回收的液烃，都会不可避免地溶解有甲烷、乙烷等轻质组分，尤其是低温分离过程得到的液烃，其溶解的甲烷和乙烷含量更高。这些轻质组分在液烃中极不稳定，当液烃储罐的温度上升，且在常压条件下储存时，甲烷、乙烷以及部分丙烷、丁烷等极易从液烃中挥发出来。此外，当这些轻质组分蒸发逸出时，还会携带走一部分较重的组分，导致未稳定的液烃在储存和运输过程中面临较大的蒸发损失。为了避免这种不必要的损失，对未稳定的液烃进行矿场稳定处理显得尤为重要。稳定处理的主要目的是从未稳定的液烃中脱除甲烷、乙烷以及部分丙烷、丁烷等易挥发的轻质组分，从而降低液烃的蒸气压，提高其在储存和运输过程中的稳定性。

二、液烃矿场稳定与液烃收率

此处所提及的收率特指液烃在完成分离并进入储罐后的实际回收效率。当天然气中C_5^+组分的含量存在差异时，即便在相同的分离条件下进行处理，所得到的液烃总量以及对应的储罐收率也会有所不同。

三、液烃矿场稳定工艺

（一）液烃矿场稳定工艺原理

液烃矿场稳定工艺的核心在于运用精馏塔实施拔顶蒸馏技术。此过程旨在将液烃中的部分丁烷、丙烷以及几乎全部的乙烷和甲烷等轻质组分有效分离出去。经过这样的处理后，精馏塔底部所剩余的液体即为稳定状态的液烃产品。

（二）液烃矿场稳定工艺的特点

1. 具有独立性和灵活性

矿场设施呈现分散且独立的布局特点，因此，在设计稳定设备的辅助设施时，应致力于实现最大限度的简化，以提高效率并降低复杂性。同时，这些稳定装置应具备快速响应能力，确保在需要时能够立即投入运行，满足生产需求。

2. 控制系统应简单可靠

设计应确保矿场操作者能够轻松掌握操作技巧，同时便于进行日常的维护与管理，以提升整体运营效率并降低维护成本。

3. 适于处理组分变化范围广的天然气

由于不同气田的天然气组分常存在差异，一旦操作条件发生变化，回收的液烃在组成和数量上均会随之波动。鉴于此，稳定设备需要具备较宽的适应范围，以灵活应对各种天然气组分及操作条件的变化，确保生产过程的稳定性和效率。

4. 工艺设备容易安装和拆迁

鉴于矿场生产活动常因地质条件的变化而调整，稳定设备的设计应倾向于采用组合快装式结构，以满足频繁拆迁与重新安装的需求。

第四节　水合物的形成及防治

一、水合物的形成

（一）水合物的机制和特性

在特定的温度和压力环境下，天然气中的部分气体成分能够与液态水相互作用，形成天然气水合物，这是一种独特的白色结晶固体。其外观颇似松散的冰块或密集的雪花，且密度范围在 0.88～0.90 g/cm³。

从分子结构上来看，天然气水合物是一种复杂的笼形晶格包络物。在这个过程中，水分子通过氢键紧密相连，构建出笼状的晶格结构。随后，在范德华力的作用下，天然气中的气体分子被巧妙地捕获并稳定在这些笼形孔室之中。水合物的形成过程中，与单一气体分子结合的水分子数量并非固定不变，这一特性受到气体分子本身的尺寸、化学性质以及填充水合物晶格中孔隙的复杂程度等多种因素的共同影响。具体而言，当气体分子完全占据了水合物晶格中的所有孔室时，不同气体组分所形成的水合物具有特定的分子式：$CH_4 \cdot 6H_2O$，$C_2H_6 \cdot 8H_2O$，$C_3H_8 \cdot 17H_2O$，$C_4H_{10} \cdot 17H_2O$，$H_2S \cdot 6H_2O$，$CO_2 \cdot 6H_2O$，戊烷和己烷以上烃类一般不形成水合物。

（二）水合物的形成条件

1. 必要条件

天然气水合物形成的必要条件如下：①气体处于水汽的饱和或过饱和状态并存在游离水；②有足够高的压力和足够低的温度。

2. 辅助条件

尽管上述条件均已满足，但水合物的形成有时仍需依赖一些辅助因素，如压力的周期性波动、气体的高速流动所产生的湍流效应、流向急剧变化带来的搅动作用，以及水合物晶种的存在。当这些晶种位于特定的物理位置，如管道的弯头处、孔板前后、阀门附近或粗糙的管壁表面时，更有助于水合物的形成。[①]

值得注意的是，水合物的形成存在一个关键的临界温度，即水合物能够稳定存在的最高温度界限。一旦环境温度超过这个临界值，无论压力如何增加，都无法促使水合物形成。

---

① 吕涯，杨长城. 天然气水合物及其抑制剂的研究和应用 [J]. 上海化工，2010，35（4）：20-23.

（三）水合物形成与节流膨胀的关系

1. 节流效应

（1）基本概念

气体在经历节流过程时，由于压力的变化而直接导致其温度发生相应的变化，这一现象称为节流效应，称为焦耳-汤姆逊效应。

节流时微小压力变化所引起的温度变化，称为微分节流效应。

（2）节流降温原理

在气体的绝热膨胀过程中，随着压力的降低，其比容（单位质量气体所占的体积）相应增大，这直接导致了气体分子间平均距离的扩大。为了维持这种距离的增大，系统必须消耗功来克服分子间原有的吸引力。这一过程中，分子间的位能（由于分子间相互作用而产生的能量）随之增加。然而，由于该过程是绝热的，意味着外界没有向气体提供任何能量输入。因此，为了保持系统的总能量守恒，分子间位能的增加只能以牺牲分子动能为代价。分子动能的减少直接导致了气体内部微观运动的减缓，进而在宏观上表现为气体温度的降低。

气体的临界温度愈高，则转化温度愈高。对于广泛存在的大部分气体而言，它们的转化温度设定在较高的水平。因此，在常规的环境温度条件下，当这些气体经历节流过程时，由于节流效应的作用，普遍会表现出冷效应，即气体的温度会有所下降。只有少数气体如氖、氦、氢等，其转化温度很低，所以在节流后，温度非但不降低，反而会升高。

2. 膨胀制冷的利用

在气田集输系统中，集气站若能有效利用压力降，可采取膨胀制冷技术来回收液烃并实现脱水目的。这一过程通常涵盖两种基本工艺路径：一种依赖于水合物抑制剂的加入，另一种则不采用水合物抑制剂。这两种工艺的共同之处在于都运用了绝热膨胀的原理来降低气流温度。为了进一步优化制冷效果，使天然气在膨胀后的温度进一步降低，可以采取热交换技术。具体而言，就是使经过分离器处理后的低温气体与膨胀前的高温气体进行热交换。通过这种方式，预先降低膨胀前气体的温度，从而增强膨胀过程中的制冷效果，使得膨胀后的气体温度达到更低水平。

值得注意的是，在气体膨胀前进行预冷时，其温度必须高于该压力下形成水合物的临界温度，以确保操作的安全性。若需追求更低的制冷效果，虽然对预冷温度本身无绝对限制，但必须在预冷步骤之前向天然气中注入水合物抑制剂，以防止水合物的意外形成。

对于选择不使用水合物抑制剂的激冷工艺，允许在低温分离器内部自然形成水合物，这些水合物会迅速在分离器内聚集。为了有效处理这些水合物，必须在分离器内安装加热蛇管。该蛇管用于引入温度适宜的膨胀前气体，通过加热使已形成的水合物溶解。重要的是，在采用这种工艺时，必须避免在分离器顶部安装捕雾器，以防止水合物颗粒积累并导致堵塞问题。

二、水合物的防治

水合物作为一种结晶状的固体物质，其一旦在天然气中形成，便倾向于在阀门、分离器入口、管线弯头及三通等位置积聚，从而可能引发严重的堵塞问题。这种堵塞不仅会干扰天然气的正常流动，还可能对天然气的收集和输送过程造成重大影响，甚至导致系统瘫痪。因此，为了防止水合物的生成，必须采取积极有效的预防措施。在天然气集输系统中，常用的防止水合物形成的方法主要包括加热法和注抑制剂法。[①]

（一）加热法

为了有效防止天然气在节流过程中生成水合物，可以采取两种主要策略：一是提升天然气在节流操作之前的温度，确保其高于水露点；二是沿着采气管线并行铺设热水伴热管线，通过持续的热传递保持气体流动过程中的温度始终高于天然气的水露点。这两种方法都能有效防止因温度下降而引发的水合物形成问题。在矿场实际操作中，常用的加热设备包括套管加热器和水套加热炉。

（二）注抑制剂法

1. 抑制剂的种类和特性

防止天然气水合物生成的抑制剂主要分为两大类：有机抑制剂和无机抑制剂。在有机抑制剂中，甲醇和甘醇类化合物是常见的代表，它们通过特定的化学机制来阻止水合物的形成。无机抑制剂包括氯化钠、氯化钙及氯化镁等盐类物质，尽管它们在某些条件下也能发挥作用，但在天然气集输矿场中，由于多种因素的综合考量，有机抑制剂更为常用。

当这些抑制剂被加入天然气中时，它们能够与气流中的水分相互作用，使水分溶解于抑制剂中，改变水分子之间的相互作用力，进而影响水分子在气体中的行为。抑制剂的加入降低了水分子在气体表面的分压，这是抑制水合物形成的关键因素。

甲醇可用于任何操作温度。甲醇因其沸点低和蒸气压高的特性，在较低的操作温度下展现出更佳的适用性。但是，在较高温度环境下使用甲醇时，会面临较大的蒸发损失问题，这增加了其使用成本。在实际应用中，通常会将甲醇以喷雾形式注入天然气中，但注入后蒸发至气相中的甲醇往往不再进行回收，以减少处理复杂性和成本。相反，液相中剩余的甲醇水溶液则可以通过蒸馏处理，实现循环再利用。关于甲醇是否需要经过再生循环使用，需综合考虑多种因素，如处理的气体量、甲醇的市场价格以及相关的技术经济分析。在某些情况下，特别是当处理气量较小或甲醇价格较低时，回收液相甲醇进行再生的经济效益可能并不显著，甚至回收成本可能会高于直接购买新甲醇。如果选择不对液相水溶液进行回收再利用，那么由此产生的废液处理将成为一项极具挑战性的任务。因此，在决策过程中，必须进行全面而细致的考量，综合评估各种因素，在保障社会效益的同时，实现经济效益的最大化。

甲醇展现出一种中等毒性的特性，其毒性能够经由呼吸道吸入、食道摄入或直接通过皮肤渗透进入人体。对于人类而言，甲醇的中毒剂量大约为 5～10 mL，致死剂量，约为 30 mL。值得注意的是，当空气中甲醇的浓度升高至 39～65 mg/m³ 时，人体暴露于该环境 30～60 min，就有可能表现出中毒的症状。

甘醇类抑制剂以其无毒的特性，在天然气处理过程中被广泛采用。与甲醇相比，甘醇类抑制剂具有较高的沸点，这意味着在相同操作条件下，其蒸发损失相对较小。此外，甘醇类抑制剂通常具备良好的回收再生性能，意味着在首次使用后，可以通过适当的处理工

[①] 梁晨. 金龙4井试油（气）过程中水合物生成原因分析与解决措施[J]. 新疆石油天然气, 2010, 6（4）: 92–96, 121–122.

艺将其从系统中回收，并经过再生处理重新投入使用。

甘醇适于处理气量较大的气井和集气站的防冻。甘醇类抑制剂由于具有较高的黏度，在注入天然气系统后，会导致系统的整体压降有所增加。这一现象在系统中存在液烃时更为显著，因为液烃的存在会进一步影响流体的流动性能。当操作温度降至较低水平时，甘醇溶液与液烃的分离过程会变得更为复杂和困难。此外，甘醇在液烃中的溶解度也可能随温度下降而增加，从而造成更多的溶解损失。同时，未完全分离的甘醇溶液还可能被液烃携带出系统，造成额外的携带损失。溶解损失一般为每立方米液烃 0.12～0.72 L，多数情况下为每立方米液烃 0.25 L。

2. 抑制剂注入量计算

在天然气系统中注入抑制剂的过程中，这些抑制剂会经历两种主要分布形式。一部分抑制剂会与系统中的液态水混合，形成所谓的"富液"，即含有较高浓度抑制剂的水溶液。同时，由于抑制剂通常具有较低的沸点和高蒸气压，因此另一部分抑制剂会蒸发并与天然气混合，形成所谓的"蒸发损失"。这种蒸发损失是抑制剂使用过程中的一个固有现象，需要在进行抑制剂注入量计算时予以考虑。

在计算甲醇这类低沸点抑制剂的注入量时，要全面考虑其在气相和液相中的分布与含量，因为甲醇的低沸点特性使得它在两种相态中均可能存在显著浓度。相反，对于甘醇这类高沸点的抑制剂，由于其不易挥发至气相中，因此在计算其注入量时，通常可以主要关注液相中的含量，而气相中的含量相对可以忽略不计。

第五节 集输工艺系统的安全保护

一、集输管线的安全保护

（一）集输管线的防火安全保护

集输管线的防火安全保护工作的核心在于预防管道破裂以及因不当放空操作而引发的火灾事故。为实现这一目标，必须采取一系列周密的防火安全措施，以确保生产作业的安全进行。

这些安全措施主要涵盖以下两大方面：①管线选材正确并具有足够的强度；②管线同其他建筑、构筑物、道路、桥，公用设施及企业等保持一定的安全距离。

在管线设计阶段，为确保其结构强度满足安全要求，必须采用适当的安全系数进行强化设计。进入施工阶段后，焊接质量成为关键，必须严格遵循现行标准对焊口质量的要求，确保每一个焊接点都达到规定的强度和密封性。此外，还需通过强度试压和严密性试压双重测试，来全面验证管线的承压能力和密封性能。在管线的生产管理过程中，应实施定期测厚制度，以监测管线壁厚的变化情况，及时发现并处理潜在的腐蚀或磨损问题。同时，还应加强日常的维护管理工作，包括巡检、清洁、防腐处理等，确保管线始终处于良好的运行状态。

（二）集输管线的防爆、防毒安全保护

集输管线的防爆、防毒安全保护的首要任务是严格预防管线泄漏，以防止泄漏气体可能引发的爆炸事故以及对周边人群和牲畜构成的中毒风险。尽管在野外敷设的管线因环境开阔，形成爆炸条件的概率相对较低，但仍需警惕其可能导致中毒的潜在威胁。为确保集输管线的防爆与防毒安全，应始于设计阶段，通过精心选择耐用材质、准确计算管线强度来构建安全基础；继而在施工阶段，严格把控施工质量，确保每一处细节都符合安全标准；最后，在生产运营阶段，坚持定期巡查管线、检测泄漏，及时发现并消除安全隐患，从而全方位、多层面地保障管线的安全运行。

（三）集输管线的限压保护和放空

1. 采气管线的限压保护

为了确保采气管线的安全稳定运行，防止因压力过高而引发事故，井场装置内部通常会配备安全阀，作为该管线限压保护的首道防线。当管线内压力超过预设安全阈值时，安全阀会自动开启，释放多余压力，从而保护管线免受超压损害。此外，在天然气集气站进站前的关键管线上，还会增设紧急放空阀和超压报警设施，以进一步提升安全保护水平。紧急放空阀在紧急情况下能够迅速打开，将管线内的高压天然气安全地排放到大气中，以避免压力持续升高对设备和管线造成破坏。超压报警设施能在管线压力接近危险水平时及时发出警报，提醒操作人员采取相应措施，进一步保障采气管线的安全。

2. 集气管线的限压保护

集气管线的限压保护机制主要依赖于出站管线上安装的安全阀，这些安全阀具备关键的泄压功能。当集气管线内的压力超过预设的安全阈值时，安全阀会自动开启，释放多余的压力，从而保护管线免受超压损害。

对于集气站内的集气支管线布局，常见做法是在天然气出站阀之后的位置安装集气支线放空阀，以确保在需要时能够快速释放支线内的气体，实现安全放空。此外，对于长度超过 1km 的集气支线，在集气支线与集气干线的连接处增设支线截断阀，以便在紧急情况下或维护作业中截断支线，缩小影响范围。

对于集气干线的末端设计，在进入外输首站或天然气净化厂的进站（厂）截断阀之前，通常也会设置集气干线放空阀。同时，在此位置还应设置高、低压报警设施，以便实时监测管线压力状态，并在压力异常时及时发出警报，提醒站内操作人员采取相应措施。

二、集输站场的安全保护

（一）集输站场的防火防爆措施

①在选择集输站场的位置时，必须严格遵守防火规范，确保站场与周边建筑物的安全距离，以防止火灾蔓延和减少潜在风险。

②集输站场的总体布局设计以及站内的防火防爆等级划分，均需严格依照相关的防火规范执行，确保站场的安全运行和事故预防能力。

③安装在集输站场内的工艺装置和工艺设备所处的建筑物，应确保具备良好的通风条件，以促进空气流通，降低可燃气体浓度，提高安全性。

④针对那些可能散发天然气的建筑物，必须安装甲烷报警器，以便实时监测甲烷浓度，及时发现并预警潜在的安全隐患，确保人员和设备的安全。

（二）集输站场的防毒措施

①在含有硫化氢的天然气集输站场，应在合适的位置设置至少2个风向指示标。

②对于工艺设备和工艺装置所在的建筑物，为了及时监测并预警硫化氢泄漏，必须安装硫化氢报警器。

③为保障站场人员的安全，站场内应配备充足的防毒面具。

（三）集输站场的限压保护和放空

1. 常温分离集气站的限压保护

（1）常温分离单井集气站的限压保护

在涉及压力变化的系统中，特别是当阀前处于高压等级而阀后为中压等级时，为了确保系统的安全稳定运行，必须在低一级压力系统（中压系统）中设置超压泄放安全阀。具体到常温分离器的应用场景中，无论其进口还是出口管路，都需要根据实际情况装设相应的安全阀。对于分离器进口管路上的安全阀，由于进口处可能同时含有气体和液体（气液混相）；而对于分离器出口管路上的安全阀，由于经过分离器的处理，出口处主要以气相为主，因此该安全阀的泄放介质可设定为气相。

安全阀与泄放系统之间应当安装截断阀，确保在检修或拆换安全阀时不会对正常生产造成干扰。

在常温分离单井集气站中，为了提高系统的安全性和灵活性，通常会在进出站截断阀之间的位置设置一个紧急放空阀。这个放空阀可以设置在高压系统或中压系统中，用于在紧急情况下迅速释放管线内的压力，并兼作检修时的卸压放空功能。当需要进行紧急放空或检修卸压时，通过操作这个放空阀，可以将管线内的高压或中压气体安全地引导至站外的一个安全地段进行放空。

（2）常温分离多井集气站的限压保护

遵循相关规范要求，对于平行布置且设有截断阀分隔的生产装置系统，每个独立系统都必须单独配置超压泄放安全阀，以确保在压力异常时能够迅速、有效地进行压力释放，保障设备和人员的安全。在多井集气站的情境下，当生产装置采取平行设置方式时，尽管它们共同构成一个较大的集气系统，但根据截断阀的划分，每个被截断阀分隔开的部分应视为一个相对独立的生产单元，类似于一个单井集气站的功能单元。因此，在这些独立的生产单元中，安全阀的设置方法应当与常温分离单井集气站中的安全阀设置保持一致，即每个独立系统均需独立配置超压泄放安全阀，以满足安全规范的要求。

在常温分离多井集气站中，针对多组平行布置的生产装置，为确保安全阀的有效运行及日常检修的便利性，需在设置安全阀的管段附近增设检修泄压放空阀。这些检修泄压放空阀不仅便于在维护或检修过程中安全地释放压力，还能与安全阀的放空气体一起通过合并的站外放空管进行统一放空处理，从而优化放空流程，减少对环境的影响。此外，为了进一步提升整个集气站的安全性能，特别在多组平行生产装置的汇气管上安装了紧急放空阀，这个阀门的主要功能是作为全站的超压泄放装置。

2. 低温分离集气站的限压保护

在高压分离器与低温分离器之间，由于存在节流阀的设置，导致两者之间存在明显的压力等级差异。为了应对这种压力变化可能带来的安全风险，通常在高压分离器之前或之后的管段上，以及低温分离器之前或之后的管段上，分别安装超压泄放安全阀。对于安装在分离器进口管段上的安全阀，其设计需充分考虑到进口处可能存在的气液混相状态，因此，在规划泄放介质时，应预设为气液混相，以确保在超压情况下，该安全阀能够有效且安全地释放混合介质，防止对设备或系统造成损害。而在分离器出口管段上设置的安全阀，由于分离器的功能作用，出口处的介质通常已经过有效分离，以纯气体为主。

在安全阀的邻近主管道上，特别增设了一个放空阀，该阀门专为设备检修时的泄压需求而设计。为了确保操作的安全性和效率，安全阀与这个检修放空阀的放空气体将在合并后，统一通过站外的放空管道进行排放。

此外，在安全阀与泄压系统之间安装一个截断阀，能在安全阀需要检修或更换时，有效地切断安全阀与系统的连接，从而避免对正常生产流程的干扰。

综合篇

第八章 油气田勘探

在能源领域，油气资源的勘探与开发一直是推动社会进步和经济发展的关键力量。随着全球能源需求的不断增长和能源结构的逐步优化，油气田勘探的重要性日益凸显。油气田勘探作为石油工业的前端环节，其核心任务是通过一系列地质、地球物理和工程技术手段，识别和评价地下油气资源的潜力，为后续的油气田开发提供科学依据。这一过程不仅要求勘探人员具备扎实的地质学基础，还要求其掌握先进的勘探技术和数据分析方法，以应对复杂多变的地质条件和勘探环境。本章围绕油气田勘探的任务与阶段、区域勘探、圈闭预探、油气田评价勘探、滚动勘探开发等内容展开研究。

第一节 油气田勘探的任务与阶段

一、油气田勘探的总任务

油气田勘探的首要职责是运用先进的技术和方法，以高效、精准的方式探寻并确定油气田的位置。其核心目标是最大化地提升油气后备储量，确保能源的可持续供应。在此过程中，还需深入查明油气田的基本地质特征、储层性质及流体分布等关键信息，并收集、整理开发油田所需的全套数据资料，最终，为油气田的全面开发做好充分准备，确保开发过程的顺利进行和最大效益的实现。[①]

二、油气田勘探的阶段划分

油气田勘探工作是一个连续的、循序渐进的过程。在油气田勘探的不同时期，由于工作对象、主要任务和工作方法的差异，可以将整个勘探过程划分为若干个相对独立的阶段。这些阶段既各自独立，又相互关联，共同构成了勘探工作的整体框架。各个阶段之间的这种相互联系以及工作上的先后顺序，称为勘探程序。勘探程序的制定，有助于确保勘探工作的有序进行，提高勘探效率和质量。我国基于长期以来在油气勘探领域的丰富实践经验，并借鉴了美国、苏联等国际上的先进勘探程序与方法，现已确立了一套成熟且广泛应用的常规油气勘探程序。该程序系统性地划分为三大核心阶段：区域勘探、圈闭预探以及油气田评价勘探。每个大阶段内部又进一步细化为多个具体的小阶段，以实现勘探工作的逐步深入与精细化实施。通过这一层层递进、逐步深入的勘探程序，我国油气勘探工作得以科学、有序地进行，为实现油气资源的可持续开发和利用提供了有力保障。

---

① 孙瑞华，杨旭萍. 油气勘探项目范围管理初探 [J]. 项目管理技术，2006（7）：21-25.

第二节　区域勘探

区域勘探是针对一个完整的盆地或其内部相对独立的构造单元所开展的初始性、基础性的油气勘探工作。这一阶段的勘探工作建立在广泛的地质调查和详尽的地质填图基础之上。

一、区域勘探的主要任务

区域勘探的核心使命在于对盆地、坳陷或其特定区域实施全方位、深层次的地质勘查。这一过程不仅涉及对区域地质结构和石油地质基本特征的详尽解析，还涵盖对早期油气成藏潜力的评估与资源量的初步估算。通过这一系列综合分析与评估，区域勘探旨在筛选出最具勘探价值的坳陷、构造带等目标区域，并据此设计科学合理的预探策略与方案，为后续油气勘探工作的顺利开展奠定坚实基础。

为了完成上述任务，区域勘探阶段要着重查明以下几个问题。

①基底概况。基底概况指基底的岩性、起伏及断裂情况，重点是起伏情况。

②地层情况。需要详细查明沉积地层的时代归属、厚度变化、岩性特征、岩相分布及其变化规律，尤其要关注不整合面的特征以及砂体的类型和分布情况。

③构造情况。基于已经划分出的一级构造单元，进一步初步查明二、三级构造的具体形态、特征及其分布状况；同时，确定主要断层的分布位置、性质特征以及其发展历史。

④生油条件。对生油层系进行划分，并深入了解其岩性特征、厚度变化以及分布规律，同时，进行岩相分析、地球化学研究、地温结构探讨及其历史演变的分析。

⑤储集层、盖层及生储盖组合分析。包括对储集层的岩性、孔隙类型、厚度以及物性变化的研究，同时也涵盖盖层的类型、厚度及其分布状况。此外，还探究生油层与储集层之间的接触关系及分布状况，以及生储盖的组合情况。

⑥油气水资料。油、气的宏观及微观观测结果显示，油、气具有直接的显示特征。同时，对油、气、水的物理性质、化学性质进行详细分析，并进行分类。

二、区域勘探的部署原则

在沉积盆地内启动油气勘探的初步阶段，其策略与路径并非一成不变，而是依据具体地质条件与技术能力灵活调整。回溯至20世纪30年代之前，受限于当时的石油地质科学认知与勘探技术水平，勘探者往往直接将注意力聚焦于油气苗的追踪与构造形态的识别上，作为寻油的初始策略。尽管这种方法偶能有所斩获，发现一些油气田，但其局限性与盲目性亦显而易见，成效往往不尽如人意。随着生产实践的积累与科学技术的飞速进步，人们对油气成藏规律的认识逐渐深化，意识到油气的形成与富集主要受控于复杂的区域地质背景和特定的石油地质条件。这一认识转变促使油气勘探的工作部署原则发生了根本性变化。基于我国长期油气区域勘探工作的实践经验与教训，并借鉴国际先进理念，可归纳出以下几点新的勘探部署原则。

①在沉积盆地内开展油气勘探的初始阶段，应秉持"从区域出发，整体解剖"的理念，核心任务是深入查明该区域的地质概况及其特有的石油地质条件。油气的生成、运移与最终分布，是区域地质构造与石油地质条件综合作用的结果，这一过程复杂且受到地层、岩性、岩相、构造格局及水文地质条件等多重因素的精密调控。若忽视了对这些整体控制因素的全面理解和综合分析，未能充分认识到它们各自在油气成藏过程中的潜在贡献与相互作用，那么油气勘探工作将难以具备前瞻性、针对性和高效性。

松辽盆地的油气勘探历程深刻体现了区域勘探策略的重要性。20世纪40年代，受限于当时的技术手段和勘探理念，未能在整个盆地范围内实施系统的区域普查，导致对盆地地质结构的整体认知不足。因此，勘探活动主要聚焦于盆地南部油气苗较为集中的区域，忽视了更为广阔的潜在生油区域，这一策略上的局限使得多年勘探未能取得显著成果。进入20世纪50年代，随着勘探技术的进步和勘探理念的革新，松辽盆地迎来了新的转机。全盆地的区域勘探工作全面铺开，通过构建综合地质大剖面，成功识别出深坳陷这一关键构造带。基于这一发现，勘探队伍在盆地中部精心布置了基准井，其中松基3井的钻探不仅打出了工业油流，更是直接引领了大庆油田的惊世发现，这一成果不仅标志着勘探工作的重大突破，也充分证明了从区域出发、整体解剖的勘探策略对于油气资源高效发现的决定性作用。

苏联石油工业的蓬勃发展，同样彰显了区域勘探工作的核心价值。他们巧妙运用区域综合大剖面构建、基准井钻探等一系列科学方法，不仅在全国范围内灵活穿梭于各个沉积盆地之间，进行广泛而深入的区域普查，还针对特定盆地实施整体解剖式的研究，快速而精准地把握盆地地质全貌，明确勘探的主攻方向。这种高效切换与深度解析相结合的策略，有效避免了勘探过程中的盲目性和资源浪费，确保了油气勘探工作能够沿着正确的路径高效推进。苏联石油工业在第二巴库、西西伯利亚等油田区域勘探工作中所取得的辉煌成就，正是这一策略成功应用的生动例证。这些经验充分证明，科学合理的区域勘探工作程序与石油勘探效率之间存在着紧密的正相关性，是推动石油工业持续繁荣的关键所在。

②在全面审视区域地质背景的基础上，首要任务是深入探究油气的形成条件。明确盆地的生油潜力是启动油气勘探工作的先决条件，唯有确认其具备充裕的油气生成能力，方能在该区域推进后续的勘探工作。此外，实践经验揭示，在广袤且处于勘探初期阶段的地区，直接锁定油气聚集的具体位置及勘探方向往往难以实现。因此，首要步骤是系统研究盆地的沉积演化历史及其发育过程。这一过程不仅能够帮助我们全面了解盆地的油气生成环境与资源丰度，还能进一步揭示出油气富集的有利区域，为后续勘探工作提供明确且高效的探索方向。

③在新探区的勘探初期，高度重视并细致分析各类生储盖组合是至关重要的。通过深入研究沉积剖面与岩样样本，往往能够识别出多个潜在的生储盖组合。对这些组合进行全面而科学的评估，以精准判断哪些组合具备成为主力生储盖组合的潜力。正确选择主力生储盖组合并快速锁定主力目的层系，是加速油气勘探进程、提高油气发现效率的关键所在。

④因地制宜地选择工种，加强综合勘探。在多变的地质环境中，各类油气勘探方法展现出的可靠性、工作效率及经济效益均存在显著差异。即便是面对相似的地质条件，同一勘探技术的应用效果也可能因具体情境的不同而有所变化。鉴于此，单一依赖某种勘探方法显然是不够全面且存在局限性的，而不区分重点地盲目采用多种方法，可能导致资源的

无谓浪费。所以，应倡导一种更为科学、高效的勘探策略，即结合具体地质条件，采取因地制宜、主次分明的综合勘探方法。这就意味着在勘探过程中，需要灵活运用主要勘探方法以高效解决关键问题，并辅以适当的次要方法作为补充，二者相互配合，形成优势互补，从而在保证勘探效果的同时，最大限度地提升工作效率并节约经济成本。

在勘探策略的选择上，需充分考虑地形地貌的特点。对于地形相对平缓的覆盖区域，推荐以地球物理勘探方法（尤其是地震勘探法）为主导，辅以适量的参数井和剖面井，形成综合勘探体系。这样的组合能够高效揭示地下地质结构，为油气资源的评估与开发提供可靠依据。在地形复杂多变的露头区，地质调查法则应成为勘探工作的核心，通过详细的地面观察与测量，直接获取地质构造的第一手资料。地震反射波方法作为当前主流的勘探方法，在重点推广与应用的同时，也不应忽视对其他地球物理勘探方法的研究与探索。例如，在构造相对稳定的地区，重力测量和电测深法因其独特的优势，在揭示区域构造特征、基底隆起形态以及盐丘等局部构造方面表现出色，且成本相对较低。

⑤为了确保预探工作顺畅进行，必须提升圈闭准备工作的质量。区域调查的核心目标在于为远景区域筛选出适宜进行预探的圈闭，所以，在部署区域调查工作时，必须紧密围绕并保障这一核心目标的实现。

对于我国广泛发育的断块油田而言，构造准备质量的好坏十分重要。部分地区因对断块情况了解不足，无法精确依据断块分布进行钻井，这不仅导致了大量进尺的浪费，还造成了勘探时间的延误。

提升构造准备工作质量的两大途径分别是：一是通过优化勘探工作的各个环节，包括施工流程、技术应用以及数据处理方法，全面提升勘探工作的质量，进而获取高质量的地震剖面图；二是提高解释工作的水平，致力于培养既精通地质又熟悉物探技术的复合型人才，以更准确地解读和分析地震数据，为构造准备提供坚实的支撑。

三、区域勘探的工作方法

（一）地面地质测量及构造测量

当启动对一个盆地的勘探工作时，首要任务是规划并部署地面地质测量工作。这种方法因其直接性、可靠性和经济性，在获取区域地质资料方面无可替代，构成了后续所有勘探方法的基础。

按照具体条件，地质测量应精细地覆盖盆地边缘与盆地内部两个关键区域。鉴于大多数含油气盆地被较新的地层所覆盖，尤其是第四纪沉积或海水，直接观察盆地内部地质情况变得尤为困难。所以，深入研究盆地内部地质，需充分依赖盆地边缘古老山区的地质测量成果及详细的地层剖面分析。这一策略对于构建盆地内完整的地层序列、解析区域构造运动特征、追溯盆地形成与演化历程，以及预测潜在的生油层与储油层，均能提供至关重要的数据与信息支持。

在露头区域进行的地面调查工作，其核心任务不仅局限于地质图的详尽绘制，更涵盖构造图的精确测绘。地面构造测量作为一种高效且成本相对低廉的技术手段，其优势在于能够直接、便捷地收集到丰富、可靠且属于第一手的直观地质信息。这些信息不仅是深入进行地质构造研究不可或缺的基石，也是后续进行地震剖面精准解析与地下构造图绘制时，至关重要的基础支撑与参考依据。

（二）重力、磁力及电法勘探

地面地质测量主要聚焦于地面露头区域，其应用范围受限于对深层地质结构的探究及第四纪沉积物覆盖地区的勘探能力。所以，在区域勘探的初步阶段，为了全面完成区域普查任务，通常需要将地球物理勘探技术与地质方法结合使用。此阶段，普遍采用小比例尺[（1：1 000 000）～（1：100 000）]的重力及磁力勘探方法，进行大面积的区域性测量。在地质条件适宜的区域，还会针对性地实施电法勘探，以补充地质信息。通过对重力、磁力、电法勘探数据及地质资料的综合分析与解释，可以高效地获取关于盆地内部基底性质、基底起伏形态、基底断裂构造以及盆地沉积范围等定性资料。尽管这些资料在解决具体地质问题时的精度可能有限，但其操作简便、效率高、成本低的特点，使得它们完全能够满足区域勘探初期对区域地质问题进行初步解释和评估的质量要求。

（三）地震勘探

在区域勘探阶段，地震勘探的重要性日益凸显。得益于数字地震勘探技术的飞速进步，地震勘探不仅实现了精度的显著提升，还大幅提高了工作效率。尤其是在海上勘探领域，地震勘探的优势更加突出，相较于陆上作业，其工作效率更高，成本效益更为显著。地震勘探能够深入探查地下构造细节，精确描绘圈闭形态，测定地层厚度，并且具备强大的岩性、岩相分析能力及烃类检测功能。这些综合能力使得地震勘探在地质勘探中的效果远胜于其他传统方法，成为现代地质勘探不可或缺的重要手段。

（四）基准井和参数井

基准井的选址应当紧随一定规模的地面地质调查与地球物理勘探工作之后进行，此举旨在消除井位选择的盲目性，确保科学性与合理性。在规划井位时，首要任务是广泛搜集区域地质资料及各类地球物理勘探数据，并在此基础上进行深入的研究与分析，最终确定最关键的井位。这样才有助于揭露盆地内重大且复杂的地质难题，为勘探工作开辟新的突破口和发展方向。所以，设计基准井时需遵循全面性、明确性和战略性的原则，即任务要覆盖全面，目的需清晰明确，且应具备指导战略性油气勘探的特点。布置基准井时应当遵循的一般原则如下。

①基准井的选址应优先考虑地壳历经长期下沉且对油气形成有利的坳陷（或凹陷）区域，这些地带沉积剖面完整，是生油层与储油层系发育的理想场所，有利于油气资源的富集。

②在规划基准井位置时，需紧密结合油气勘探的目标，即选择那些有利于油气聚集的构造带，如长期下沉区域中的相对隆起部位，或是盆地边缘斜坡带上的次级隆起。同时，井位应确保地层发育完整且沉积厚度适中，以便钻井作业能够穿透更多地层，直至触及基底，从而使勘探效益最大化。

③具体到井位的确定，应避免选择地层遭受严重剥蚀或断层破坏的区域，而应倾向于地层倾角平缓、构造相对稳定的地点进行布置。

我国各大含油气盆地均已成功钻取了相当数量的基准井，这些井如同地质探索的灯塔，为解决盆地深部的复杂地质谜题及评估油气资源潜力提供了无可估量的宝贵数据与见解。其独特的作用和核心地位，是任何其他地质或地球物理勘探手段都难以企及的。

与此同时，在勘探实践中，"参数井"这一术语已广泛普及，它虽与基准井在任务与性质上有所区分，但仍扮演着举足轻重的角色。参数井的研究项目相对精简，侧重于关键层段的取心工作（特别是储层或目标层位），通常采用 3200 m 钻机进行作业。其核心目标在于精确获取地质与地球物理参数，包括地震测井数据的采集、全井段声波时差测井的实施，以及确保取心长度至少占钻井进尺的 3% 等。此外，参数井还肩负着评价性找油的任务，为油气勘探的进一步深入提供了有力支持。

参数井的使用相较于基准井更为普遍，其数量也超过了基准井。这是因为参数井在投资和钻探时间上相对于基准井花费较少，同时其采用条件也相对更加灵活。

基准井与参数井的应用，标志着勘探工作已从地表调查深入地下钻探阶段。在钻井实施过程中，这两类井不仅承担着地质信息收集的任务，还潜藏着直接发现油层或油气藏的可能性。因此，在设计之初，它们就融入了找油的目的，一旦在钻井过程中遇到油气喷涌，即可摇身一变，成为油气田首次发现的"功勋井"。实际生产经验告诉我们，油气田的最初发现并不总是局限于预探阶段。鉴于此，在区域性的油气资源普查过程中，应敏锐捕捉时机，在合适的地点与条件下，适时钻凿达到一定深度的参数井。这些井如同侦察找油的"先锋队"，能够充分发挥其先导作用，助力我们在更广袤的区域实现勘探"突破"，从而为油气勘探事业开辟出崭新的篇章。

（五）区域综合大剖面

区域综合大剖面作为深入剖析盆地地质结构的关键手段，集地质、地球物理勘探（物探）、钻井等多种技术手段于一体，其核心构建往往依托于地球物理大剖面的精细分析。

在勘探初期阶段，受限于地质工作的不完善性、重力与磁力勘探资料的多重解释性以及其精度的局限性，难以直接获取盆地地质结构全貌的精确、量化信息。同时，全面铺开深入细致的勘探工作，在时间、人力与物力资源上均面临巨大挑战。所以，一种高效且策略性的做法是，在充分利用现有地质资料、重力、磁力、电法勘探成果以及区域地震剖面成果的基础上，精心规划并实施一系列横跨整个盆地的区域性综合大剖面勘探项目。这些大剖面不仅旨在进一步验证和深化对重力与磁力勘探结果的理解，还致力于通过定量化的方式解析基底岩石的起伏形态与埋藏深度，明确划分出一级构造单元，并深入探究构造分区、地层特征等地质细节。此外，这些大剖面也是发现潜在二级构造带与局部构造的重要窗口，为后续的油气勘探与开发工作提供坚实的地质基础与指导方向。

在区域综合大剖面的构建与研究中，主要涉及的工种和技术手段涵盖以下几个方面。

①整合重力、磁力、电法（包括大地电流法与电测深法）以及地震（涵盖反射与折射两种方法）等多种地球物理勘探技术，构建一条综合性的大剖面。该剖面的比例尺通常设定为 1∶100 000，以确保数据的精细度与代表性。地震包括折射与反射两种方法，折射法主要用于揭示基底岩石的起伏形态与断裂构造的分布情况。反射法则侧重于精细刻画不同地质层位与构造层次的形态与特征，为地质解释提供高分辨率的成像依据。为了拓宽勘探范围与提高数据覆盖的全面性，重力、磁力及电法勘探手段也可沿大剖面两侧扩展部署，形成一个宽度约为 20 km 的普查带。

②钻井。当前，沿剖面进行的地质勘探工作，其核心手段逐渐转向钻井作业，尤其是

参数井的部署。钻井作业中，井的类型主要包括参数井和剖面井，但值得注意的是，随着地震勘探技术的飞速发展，浅层地质结构的反射成像质量显著提升，因此，以往常用于构造带或地层、岩性、厚度变化显著区域的剖面井，其应用已大为减少，多数情况下已不再作为首选勘探手段。参数井，作为另一种重要的钻井类型，其数量相对较少，但战略地位显著。它们主要分布在沉积区域，旨在深入探究并控制较大规模坳陷或坳陷区域的地层变化特征。

③地球化学工作。在各类钻井作业同时，还应进行一系列综合性的测井与分析工作，这些工作包括气测井、沥青测井、水化学录井、岩石地球化学分析，以及生油层有机地球化学研究等。

四、区域勘探阶段的工作步骤

基于我国长期以来在区域勘探工作中积累的丰富经验与深刻教训，同时借鉴美国与苏联在油气勘探领域所遵循的成功程序与方案，将区域勘探工作精练地划分为4个关键步骤：建立项目、物探普查、钻参数井和盆地（凹陷）评价。

（一）建立项目

区域勘探项目的建立与设计，是紧密围绕国家或地区油气勘探的长远战略规划展开的，其核心目标在于在稳固当前油气生产水平的基础上，科学调配资源，以持续增强油气后备储量的增长动力。这一环节对于石油工业的长远、健康发展具有不可估量的战略意义。全国性的重大区域勘探项目，通常由石油天然气集团公司的专业业务部门发起并提出，这些项目旨在探索大型油气田，对全国能源布局具有深远影响。而对于地区性的中小型勘探项目，则由各油田根据本地资源状况与开发需求自主提出，并由油田指定的专业单位负责项目的可行性论证与详细设计。所有勘探项目均需经过石油天然气集团公司的严格审批流程，确保项目的科学性、合理性与可行性。项目获批后，即由指定的承担单位负责实施，整个勘探过程将严格按照既定方案与规范进行。当项目工作完成后，将由石油天然气集团公司或相应油田组织专门的验收团队，对勘探成果进行全面评估与验收。验收过程中，将综合考察勘探成果的质量、储量估算的准确性、技术应用的创新性等多个方面，最终提出客观、公正的评审意见，为后续的油气开发工作提供重要参考。

（二）物探普查

物探普查即在前一阶段工作的基础上，在所选盆地中广泛开展地球物理工作。部署方案的主要内容如下。

①对全区进行重力、磁力普查以及地震概查，以明确盆地的结构、地质构造特征，以及沉积岩的厚度和分布情况。

②开展全区地震概查和普查，普查测网密度为 8 km×16 km 或 4 km×8 km。在有凹陷的地区，地震测网密度可达 3 km×6 km～4 km×4 km。

③划分构造单元及查明二级构造带，作出构造分析。

④提出参数井钻探方案。首先，在勘探区域内实施重力及磁力普查，辅以地质调查与卫星图像解析工作。针对特定区域，还会采用地质浅钻技术，以深入探究地层结构与构造特征。随后，编绘出覆盖全区、比例尺为（1∶200 000）～（1∶1 000 000）的重力异

常图、磁力分布图以及地面地质图，为勘探工作提供翔实的基础资料。此外，根据实际需要，还应针对性地开展电法测量，以进一步揭示地下地质构造的复杂性。其次，要有计划、有目标地推进地震勘探工作，包括概查与普查两个阶段。在大型盆地的概查阶段，采用 10～32 km 的测线间距进行地震大剖面测量，旨在初步了解区域隆起（凸起）、坳陷（凹陷）的分布概况，并结合重力、磁力及电法测井等多种资料，对一级构造单元进行划分。进入普查阶段，采用更密集的测线间距，一般为 8～16 km，进行连续性的面积测量。这一步骤旨在深入查明坳陷（凹陷）、隆起（凸起）内部二级构造带的详细形态、类型及其分布范围，为后续的油气勘探与开发提供更为精准的地质依据。

在物探普查的收尾阶段，地震资料的应用需更加多元化与深入。除了继续专注于构造问题的解析外，还应积极拓展至地震地层学的研究领域，以探索地层序列、沉积环境及其演化过程。在此过程中，应充分融合已有的钻井资料，通过对比分析，努力预测不同相带以及各类砂体的具体性质、空间分布及形态特征，为后续的油气勘探与开发工作提供更加全面、准确的地质信息支持。

（三）钻参数井

基于对区域构造与二级构造带的全面认识，以及对相带与砂体分布的有效预测，可进而规划参数井的部署工作。

参数井的钻探旨在深入剖析勘探区域的地层层序、岩性特征、岩相变化及其厚度，同时评估生油环境的潜力与储盖组合的有效性，为地球物理勘探数据的精准解释提供关键参数与验证依据。所以，在对参数井进行部署时，需秉持全局观念，进行科学合理的统筹规划。设计参数井的深度时，应优先考虑揭露尽可能多的地层，尤其是那些对油气生成、储集及盖层具有决定性影响的地层组合。力求通过钻探，直达基底或达到当前钻井技术所能达到的最大深度，以充分揭示地下地质结构的奥秘，为后续的油气勘探与开发奠定坚实的基础。

（四）盆地（凹陷）评价

此阶段的核心使命在于，依托前期区域勘探所累积的地质、地球物理及钻探资料，对盆地展开深入的专题与综合研究，重点剖析其沉积、构造特性，以及生油、储油、盖层、圈闭、油气运移与保存等油气藏形成的区域地质与石油地质条件。通过这一系列详尽的分析与研究，能够更为准确地评估全区及二级构造带的资源潜力，进行资源量的科学估算与评价。在此基础上，对每一个二级构造带进行细致入微的评价，识别出最具潜力的油气聚集带。随后，针对这些有利区域，精心准备构造预探工作，为后续的油气勘探与开发奠定坚实的基础，确保能够高效、精准地锁定并开发油气资源。

评价的主要内容如下。

①盆地（凹陷）的构造特征及发展史。

②针对盆地（凹陷）区域，深入剖析其地层沉积特征，包括沉积层的分布、厚度变化及沉积序列；追溯沉积历史，探究沉积环境变迁；细致观察岩性变化，即岩石成分、结构、颜色的演变；进行岩相分析，揭示不同岩石相带的空间分布规律，并结合地震相技术，分析地下构造形态及沉积层特征。

③详细研究盆地（凹陷）内生油层的地球化学特征，包括有机质类型、生物标志物组

成等，以理解油气生成潜力；追溯生油层的热演化历程，评估油气生成的时间框架；确定生油母质的类型、丰度（有机质的含量）及成熟度。

④综合地质、地球物理、地球化学等多种资料，运用科学的方法和模型，对盆地（凹陷）内的含油气远景进行全面评估，预测可能的油气藏分布区域；并在此基础上，估算资源量，为油气勘探提供可靠的数据支持。

⑤明确指出盆地（凹陷）内最有利的油气聚集带和潜在圈闭位置；同时，提出针对性的构造预探建议，包括勘探目标选择、勘探层位确定、勘探策略制定等，以指导后续的油气勘探工作。

其中，第③条为最主要的因素，也是区域勘探中必须查清的核心问题。

第三节　圈闭预探

圈闭预探是在区域勘探全面揭示了区域地质构造与石油地质基本特征之后，基于油气资源潜力的评估，精心筛选出具备高勘探价值的目标区域。随后，在这些优选出的有利油气区带或局部构造上，综合运用地震勘探与钻井技术作为核心手段，旨在精确识别并确认潜在的油气圈闭，以最终发现并确认油气田的存在，为后续的商业性油气开发奠定坚实基础。

一、圈闭预探的任务

圈闭预探是在区域勘探基础上，针对有油气远景的构造或圈闭进行的一系列勘探工作，旨在发现和评价油气田。其主要任务包括：通过地震详查，进一步查明地下构造的形态和断裂情况，通过钻井发现油气田，探明圈闭的含油气性，推算含油气边界，提供评价钻探的对象等。倘若经预探后没有发现工业油气藏，便能够进行"暂缓勘探"或"停止勘探"的否定性评价。

在这一关键阶段，核心任务在于解决一系列关键地质问题，以全面评估潜在油气资源。首先，需精准编制各主要标准层及目的层的构造图，明确圈闭的具体类型及其空间分布格局。其次，深入分析圈闭的形态特征及其地质发展历史，为理解油气聚集条件提供基础。同时，详细掌握储集层的岩性、岩相变化、厚度分布、物理性质及空间展布。进一步地，需探讨可能的油气藏类型，剖析油气水的物理化学性质、分布规律及其主控因素。通过上述综合研究，对圈闭进行全面评价，并据此提交预测储量报告（对于具有显著潜力的含油气区带，还需额外提交控制储量评估），初步判定其工业开发价值。这些成果不仅为下一步是否开展进一步的评价勘探提供了决策依据，还可作为未来油气田开发规划的宝贵参考资料，指导勘探开发工作的有序进行。

二、圈闭预探的部署原则

按照油气在盆地内的分布特性，其富集规律主要受二级构造带及岩相带等地质要素的主导。基于此，圈闭预探的策略应全面覆盖整个二级构造带与岩相带，确保勘探的广泛性和系统性。鉴于二级构造带或岩相带面积广阔，内含众多规模不一、含油气性各异的三级构造或圈闭，预探工作需优先聚焦于含油气潜力最为显著的关键三级构造，以期迅速实现勘探突破，进而带动整个二级构造带或岩相带的全面预探进程。在圈闭勘探的各个阶段，对圈闭的详尽描述与科学评价始终占据核心地位。这意味着，在部署和设计预探井之前，必须首先完成圈闭的初步描述与评价工作，以确保井位选择的合理性与有效性。预探井钻探完成后，无论是否直接发现油气，均应对所涉及圈闭进行再评价，以更新认识，指导后续勘探。而对于那些已获工业油气流的圈闭，则需进一步开展精细的圈闭描述与评价，通过深入分析，准确计算并预测其储量，为后续的油气田开发提供坚实的数据支撑与决策依据。

三、圈闭预探的工作程序

圈闭预探阶段的工作一般包括4个环节：确定预探项目、地震详查、钻预探井、圈闭描述与评价。

（一）确定预探项目

基于对区域勘探后期局部构造的评价，应优先选择那些最具远景且最易勘探的圈闭进行预探工作。选择预探圈闭要进行以下论证：①根据油气生成、运移、聚集、保存等石油地质条件进行综合分析，论证所选圈闭的有利性；②应用概率理论分析其概率值，论证其勘探的风险性及预期效果；③分析预探井采用的工艺技术、措施及其可行性和有效性；④根据预计工作量、油气远景对比分析，作出投资概算，预测经济效益。

（二）地震详查

在选定的圈闭区域内，随即启动详尽的地震勘探工作，通常采用的测网密度为1 km×1 km或1 km×2 km，以确保数据的全面性和准确性。随后，对收集到的地震资料进行即时处理与分析，结合岩性特征、地震地层学以及层序地层学的综合研究方法，深入剖析并明确构造体内储集体的具体分布状况，为后续勘探与开发工作提供坚实的地质依据。

此阶段的核心使命在于优化圈闭的准备质量，确保预探工作能够高效顺畅地推进。为此，所提交的详查报告需详尽且全面地涵盖以下关键内容：

①针对各标准层及主要目的层段，绘制高精度地震构造图，以清晰展示地下地质构造的精细形态，为预探井的部署提供精准的地质依据。

②绘制研究区域的地层剖面预测图，并明确标注出目的层位的位置与特征，帮助理解地层的沉积序列与结构变化。

③基于地质、地球物理等多种资料，预测并绘制储集体的分布图，同时提供详尽的储层描述与评价资料，以评估储层的含油气潜力与开发价值。

④对各圈闭进行全面的地质、地球物理及工程评价，分析其含油气性、规模、形态等特征，并依据评价标准与方法，合理估算各圈闭的资源量，为勘探决策提供依据。

⑤综合以上分析成果，结合勘探目标与经济效益考量，提出科学合理的预探井井位建议方案，明确井位坐标、钻探目的、钻探深度等关键参数，为预探工作的具体实施提供指导。

勘探实践表明，预探井勘探失利多是由于圈闭准备不充分。例如，在华北油田的河间古潜山区域，1975年依据当时地震勘探技术所绘制的古潜山顶面构造图，初步锁定了马12井作为探索古潜山构造高点的预探井。然而，后续的钻探作业却揭示了一个重大挑战：由于构造图的精度不足，导致马12井在钻探至3179 m深度时意外穿过了断层，非但没有如预期般抵达高点，反而偏离了目标，深入到古潜山的下部区域，从而宣告了此次钻探尝试的失败。

1976年，经过重新绘制并发布的构造图揭示了显著变化：与旧有构造图相比，高点与断层的位置均发生了偏移。具体而言，高点位置显著地向西南方向移动了180 m，而断层则向东偏移了1200 m。基于这一新构造图，精心规划并部署了三口勘探井——马19、马20及马21，旨在深入钻探新识别的高点区域并探索边界范围。钻探作业随后展开，结果显示，马19井和马20井分别在井深达到2993 m和2533 m时成功穿透了古潜山地层，并遭遇了于庄组的白云岩岩层。然而，遗憾的是，在这两口井的钻探过程中，并未发现任何油气显示的迹象。1977年对新处理的地震剖面进行分析，认为马19井、马20井仍偏离断层，未见成效。这样，第三次在距马20井西北200 m处的断层上布马38井。经钻探证实，马38井在钻探过程中几乎精确抵达了断层位置，当井深达到2308 m时，成功穿透了古潜山地层，并揭露了一层厚度达17 m的白云岩地层，该地层富含油气资源。经过酸化处理以增强油气流动性后，该井实现了日产千吨的高产油流，这一重大发现标志着河间古潜山区域在油气勘探领域取得了突破性进展，成功揭开了高产出油的新篇章。

（三）钻预探井

1. 井位的确定及探井设计

首口预探井的选址应精心规划于圈闭内部，优先考虑那些最有可能富集油气的区域。此外，鉴于构造内部可能蕴藏多种类型的油气藏，建议同步设计并部署多口井，构成一个综合性的布井网络或系统。这样的布局策略旨在提高勘探效率与成功率。若首口井未能如预期发现油气，则可通过该布井系统内的其他预设井位，对目标构造进行更为细致的勘探解析，以期揭示并发现可能存在的不同类型油气藏。

（1）预探井部署前的准备工作

在预探井的部署与设计工作正式启动之前，必须确保已准备齐全一系列关键的基础图件，以支撑科学决策与精准实施。

这些图件具体包括：主要标准层的高精度构造图；利用地面露头观察、参数井钻探数据以及地震勘探收集的资料，精心编制详细的地层剖面图。在此剖面图中，清晰地标注了生储盖组合（生油层、储集层和盖层的组合），以及本次勘探的主要目标层位，确保地质信息的直观展示与准确识别；绘制至少两条穿越这些高点的地震或地质剖面图；岩相古地理图及烃源岩、储集层分布图；应用地球化学资料和经特殊处理的地震资料编制的烃类显示及异常图等。

（2）预探井的部署原则

在规划油气勘探策略时，应首先聚焦于控制油气聚集的二级构造带，如长垣、隆起、背斜带、断裂带及古潜山等关键区域，这些地带往往是油气富集的重要场所。随后，从这些二级构造带中精心挑选出主要的三级构造，如背斜、鼻状构造等，作为具体的钻探目标。在此过程中，必须严格遵循"稀井广探"的勘探原则。"广探"这一原则蕴含了两层重要含义：首先，它强调预探工作的覆盖面要广，即不应局限于某一狭小区域或单一构造，而应通过合理的布井策略，实现对多个潜在有利区域的全面勘探，以增加发现油气藏的机会；其次，它要求预探的目的层要多样化，不应仅仅聚焦于某一特定层位，而应结合地质资料与勘探经验，对多个可能含油气的层位进行勘探尝试，以拓宽勘探视野，提高勘探成功率。

（3）井网系统及选择依据

井网系统的选择是油气田开发规划中的关键环节，常见的井网系统包括"十"字剖面系统、平行剖面系统、放射状剖面系统、环状系统以及网状系统。这些系统的应用依据主要涵盖构造的平面几何特征、预测的油气藏类型、油气藏的埋藏深度以及地下地质条件的复杂程度等多个方面。具体来讲，"十"字剖面系统因其结构简洁且能有效覆盖目标区域，被广泛应用于穹隆和短轴背斜等构造形态中，成为这些场景下最为常见的选择。平行剖面系统则因其能够沿构造走向或地层倾向均匀布井，特别适合于长垣、背斜带、单斜带、大型长轴背斜以及断裂带等地质条件相对规则且延伸较长的区域。放射状剖面系统则展现出其独特的适应性，在地台区较大规模且形状不规则的隆起构造中，该系统能够灵活调整井位布局，确保对油气藏的全面勘探与开发。环状系统则以其围绕中心构造的布井方式，成为秃顶油气藏或刺穿构造等特定地质条件下的优选方案，有助于实现对油气藏的高效控制与开采。网状系统以其复杂的井位布局和广泛的覆盖范围，特别适合于不规则的河道砂岩体岩性油气藏、生物礁油气藏等地质条件复杂且油气分布不均的区域，能够显著提升油气藏的勘探成功率和开发效率。

此外，在当前的勘探实践中，临界方向布井法作为一种策略被频繁采用。该方法的核心策略在于精心选择井位，以最小化的钻井数量最大化地揭示油气藏的特征。具体而言，它遵循以下步骤：首先，第一口井被精确部署在具有决定性意义的关键位置，如二级构造带上多个高点中的最高点，其直接目标是验证该最有利部位是否含有油气；若第一口井成功发现油气，则进一步部署第二口井，位置选定在相邻局部高点之间的鞍部区域。此步骤的设计意图在于探究这些局部构造之间是否存在油气的连续性，即它们是否构成了一个更大的含油区块；若第二口井同样揭示了油气的存在，则推进至第三步，将第三口或第四口井布置在圈闭整个二级构造带的最低等高线附近。这一决策的关键在于评估整个二级构造带是否具有整体的含油性，为后续的油气田开发提供全面而深入的地质依据。然而，值得注意的是，临界方向布井法虽然在大型构造及油藏类型相对简单的情况下表现出色，但其应用范围存在一定局限性。对于构造复杂或油藏类型多样的区域，该方法可能无法全面而准确地揭示油气藏的真实面貌，因此需要结合其他勘探手段和技术进行综合分析。

（4）井的数目和井的类型

预探井的部署数量主要取决于油气藏的具体类型、地层的复杂程度以及构造的多样性，同时，对含油气面积的研究深入程度也是决定因素之一。在探索新油气田的过程中，通常需要钻探5~7口预探井用于初步评估。一旦在构造最为有利的区域部署的第一口井成功发现油气流，后续的钻井作业便会采用"临界方向"布井策略，即基于已钻井的勘探成果，通过科学推断与调整，确定下一口井的最佳位置与深度，旨在以最少的探井数量，实现油气藏的高效、精准发现，从而降低勘探成本并提升探成功率。

根据这种布井方案，预探井的分类可以明确为以下三类：第一类为独立井，这类井在设计之初就已确定了其确切的位置和钻探深度，作为勘探计划中的首批钻井，它们是不可或缺的，旨在为后续勘探工作奠定基础。第二类为附属井，它们构成了第二批预探井，同样被视为必须钻探的井型。然而，与独立井不同的是，附属井的具体位置和钻探深度具有一定的灵活性，可以按照独立井钻探过程中收集到的地质资料进行综合评估后进行相应的调整，以优化勘探效果。第三类为后备井，作为第三批预探井，其钻探的必要性、具体位置以及钻探深度均取决于前两类井（独立井和附属井）的钻探结果。

2. 科学打探井

科学打探井是一项综合性的系统工程，涵盖多个关键环节：首先是钻探前的周密准备，为后续作业奠定坚实基础；随后，在钻井过程中，精心配制钻井液，旨在有效保护珍贵的油气储集层免受损害。同时，钻井期间还需进行取心作业与录井记录，确保及时采集样本并送交分析，以获取详尽的地质数据。进入完井阶段，工作更为复杂且精细，包括测井、固井、射孔、地层测试与试油等一系列关键步骤。在这一阶段，需按照具体地质条件灵活调整策略，如采用适宜的套管程序以应对不同地层特性，以及依据油层压力与物性的差异，选择最优的射孔方式，从而最大化地提升勘探效率与开采效果。

基于地质与构造的详尽总结评价、精确的测井数据解释、钻井作业与固井质量的全面回顾、综合录井资料的深入分析，以及针对岩石物理特性与流体性质的专项研究，进而开展单井油层的细致评价工作，并据此进行储量的精确计算。随后，对每口井的投资成本进行汇总，形成单井资金总结，并进一步分析这些投资所带来的经济效益，以全面评估单井的开发价值与盈利能力。

3. 进行单井油层评价

基于地质与构造的深入总结评价、精确的测井解释结果、详尽的钻井与固井质量评估、全面的综合录井资料，以及针对岩石物理特性与流体性质的专题研究成果，系统地开展了单井油层的综合评价工作，并据此进行了储量的精确计算。此外，为了全面评估项目的经济可行性，还对每口单井的投资情况进行了细致的资金总结，并进行了经济效益的深入分析，以确保决策的科学性与合理性。

（四）圈闭描述与评价

1. 圈闭描述

圈闭描述是一个系统而综合的过程，它深深植根于现代油气成藏理论的土壤之中，并借助计算机技术的强大力量，广泛融合地面物探、化探、钻井、测井以及分析化验等多源数据，对圈闭的成藏条件及其基本特征进行全面而深入的剖析与阐述。这一过程紧密伴随预探阶段的始终，从钻探前的精心筹备到钻探后的细致分析，无一不体现着圈闭描述的持续性与重要性。然而，值得注意的是，随着预探阶段的不断推进，圈闭描述与评价的内容也呈现阶段性的差异与侧重点差异。[1] 具体而言，这一过程涵盖圈闭的识别、优选、详细描述及综合评价等多个关键环节。

在圈闭的预探阶段，圈闭描述是一个贯穿始终的关键环节，它自然地被划分为钻探前的早期描述阶段与钻探完成后的后期描述阶段。早期描述，作为这一过程的初始部分，其核心任务是对已识别出的圈闭进行初步而全面的刻画，旨在为后续的圈闭初步评价与优选

---

[1] 韩殿杰，李国会，汪利，等. 科学勘探明确了"四个评价"的核心地位 [J]. 中国石油勘探，2009，14（5）：41-45，77-78.

工作提供关键性参数。这些参数包括圈闭的几何形态、规模大小、断层特征及其分布数据，以及通过非钻探手段（如地球物理勘探）获得的烃类检测初步显示等。

后期描述是圈闭描述的重点，内容包括：圈闭基本条件描述，如构造、储层、保存条件等描述及烃类检测；圈闭发育与成藏模拟，如圈闭发育史、断裂发育史、模拟圈闭成藏史，预测圈闭的含油可能性、规模和油气藏类型等；圈闭的资源量或储量计算。

2. 圈闭评价

（1）圈闭评价的工作

圈闭评价的核心工作涵盖以下几个方面：①依据单井钻探成果、地震勘探资料等多元信息，对圈闭的关键属性进行详尽分析，包括其闭合面积的大小、闭合高度的测量以及封闭条件的有效性评估等，从而全面评价圈闭本身的资源潜力与成藏条件；②明确界定圈闭内主力含油气层系，即最有可能富集油气的地层序列，并基于地质、地球物理等多学科资料，推断可能的油气藏类型，如构造油气藏、地层油气藏等，为后续的勘探开发策略制定提供依据；③通过对油气层物性、储集条件及油气运移规律的研究，运用先进的油气藏工程方法，对油气层及油气藏的潜在产能进行合理预测，评估其经济开采价值；④基于前述评价结果，采用科学的储量计算方法，如容积法、类比法等，对圈闭内控制储量（或称为三级概算储量）进行估算；⑤综合圈闭评价结果，结合勘探目标、经济效益分析等因素，精心设计油气田评价钻探方案，明确钻探井位、钻探目的、钻探层位及钻探工艺等关键要素，以最低成本、最高效率地实现油气发现与储量升级。

（2）圈闭评价的方法

圈闭评价的方法丰富多样，总体上可归纳为三大类别：石油地质条件综合评价法、圈闭排队优选法以及风险分析法。

①石油地质条件综合评价法是一种侧重于定性的评价方法。该方法通过深入分析圈闭的石油地质条件，如地质构造、储层特性、盖层封闭性等，将圈闭划分为三类：石油地质条件有利、较有利及不利。

②圈闭排队优选法进一步细化为两类实施策略。一类是统一标准排队优选法，它遵循全国统一的分级评分标准，综合考虑圈闭的可靠性、石油地质条件、资源量估算及经济评价等多个因素，对各个圈闭进行量化打分并排序，从而选出优先勘探的对象。另一类是相对标准排队优选法，该方法更加灵活，不依赖于固定的评分标准，而是按照参与排队的圈闭之间相关因素的相对优劣来动态设定评分标准，适用范围广泛，尤其适合复杂多变的勘探环境。

③风险分析法是一种创新的评价方法，它将地质学家的主观判断和经验知识转化为可量化的概率表达，即"风险"的数字化。通过这种方法，地质学家的"直觉"和"感性认识"得以客观呈现，为决策者提供了直观且便于比较的决策依据。风险分析法的核心在于帮助投资者在不确定性中做出合理决策，以实现投资效益的最大化。

四、预探井部署实例

（一）长垣及大隆起的预探井部署

长垣与大隆起，作为盆地或凹陷内部的显著正向二级构造单元，展现出一系列独特的构造特征，包括广阔的构造面积、相对平缓的地层倾角、较小的闭合高度以及断层分布较少的特性。这些特征共同决定了该区域油气藏类型的主导地位，即以层状背斜油气藏为主。针对此类地质条件的预探井部署与钻探策略，可合理规划为两个主要步骤实施。

首先，在精心挑选的关键三级构造（高点）上部署单井勘探，主要目的是全面揭示整个二级构造带内的油气蕴藏状况，并明确油气分布主要受哪一级构造的支配。若所有部署的单井均未发现油气显示，则可能意味着该区域的含油气情况异常复杂，大型背斜油气藏存在的概率相对较低。相反，如果仅在个别三级构造高点上发现油气，则是一个重要指示，表明油气分布可能主要受三级构造控制，但整体的含油气远景可能相对有限。而最为乐观的情况是，若所有选定的三级构造高点均探明有油气存在，这将是油气资源丰富的强烈信号，表明二级构造带对油气分布具有显著的控制作用，预示着在该区域有极大可能发现大型油田，具备极高的勘探与开发价值。

其次，为了全面验证二级构造带整体的油气潜力，并精细解析三级构造内部油气的具体分布规律，精心选取二级构造带上具有战略意义的关键位置，如鞍部及倾没端，同时涵盖所有三级构造作为钻探井位的部署区域。假若勘探作业取得预期成果，即发现鞍部区域与构造高点同样富集着可观的油气资源，这将是一个重大发现，它不仅强有力地证实了二级构造带整体范围内蕴藏着丰富的油气资源，而且为后续在该区域进一步开展油气勘探与开发活动奠定了坚实的地质基础与信心支撑。同时，针对重点三级构造的详细解剖，目标不仅限于查明背斜油藏的存在，更在于探索是否有其他类型的油气藏存在，如断块油气藏、岩性油气藏等，并初步划定这些油气藏的大致边界。

以大庆长垣的预探工作为例，该区域坐落于松辽盆地这一资源丰富的生油坳陷北部，自然条件得天独厚，油源充裕。大庆长垣，这一蔚为壮观的二级构造带，自南向北巧妙地串联起7个标志性的地质高点，它们依次是：敖包塔、葡萄花、太平屯、高台子、杏树岗、萨尔图，以及最北端的喇嘛甸。1959年9月26日——具有历史意义的一天，位于高台子高点的松基3井率先揭开了长垣油藏的神秘面纱，喷涌而出的石油宣告了这里丰富的油气资源。以此为契机，预探井的部署迅速展开，策略性地覆盖了整个大庆长垣区域，同时集中精力于局部构造的精细勘探。勘探过程中，采取了甩开钻探与重点解剖相结合的高效方法，精心构建了一个由三条横向与一条纵向剖面交织而成的"3横1纵"布井系统，这一系统巧妙地融合了平行与"十"字剖面的优势，实现了对地下油气构造的多维度、全方位勘探。在具体实施上，对于相对简单的、单井即可有效控制的小面积构造，采取了直接钻探的策略；对于规模较大的构造，则额外增加了横向剖面井，以获取更全面的地质信息。经过紧张而有序的半年勘探，令人振奋的成果接踵而至——所钻的6个高点均成功喷油，这标志着大庆长垣这一大型二级构造的预探工作取得了阶段性的圆满成功。

（二）与背斜构造带有关的预探井部署

背斜构造带的分布往往与褶皱区域中的山前坳陷或山间坳陷紧密相连，其走向大多与褶皱山系保持着平行关系。这些构造带通常由一系列三级构造单元组成，包括短轴背斜和长轴背斜等。每个三级构造单元的特征在于其相对较小的闭合面积，但闭合高度却较为显著，且断裂构造较为发育。在这样的地质背景下，油气藏的形成与分布也展现出多样性，主要以背斜型、断层遮挡型和裂缝型油气藏为主。这些油气藏类型的出现，与背斜构造带中复杂的断裂和裂缝系统密切相关，它们为油气的运移和聚集提供了有利条件。为了更准确地描述背斜构造带的复杂性和多样性，可以根据断层、裂缝等地质要素的发育程度，将其进一步细分为三类：简单背斜构造带、受断裂复杂化的背斜带以及裂缝发育背斜带。

在简单背斜构造带油藏的预探部署中，策略上与长垣地区的勘探方法有着相似之处，均倾向于采用甩开单井、平行剖面系统或是结合平行与"十"字剖面系统的综合布局方式。然而，具体到预探井的布置细节上，简单背斜构造带与长垣地区相比展现出一些明显的差异：首先，简单背斜构造带在采用平行剖面系统时，更倾向于部署短剖面。这种短剖面的设计使得剖面上的井距相对更为接近，旨在通过密集的勘探点来更精细地刻画构造带的地质特征，提高勘探的准确性和效率。其次，沿着背斜构造带的长轴方向，预探井的数量会有所增加。这一调整是基于对背斜构造带油气分布规律的深入理解，通过增加沿长轴方向的勘探井，可以更有效地覆盖和控制油气藏的潜在富集区域，提高油气发现的成功率。

针对受断裂复杂化的背斜带，其预探井的部署策略显得尤为复杂且需谨慎。在勘探这类构造时，首要任务是深入细致地分析地质与地震资料，重点研究断裂的分布、发育程度及其封闭性能。特别地，当遇到一条具有显著断距的逆断层时，该断层很可能将储集层切割成两个相对独立的油水系统，形成断层遮挡油藏。针对此类情况，预探井的部署需采取分而治之的策略。在上盘区域，应优先部署3口探井，其中1号井的位置需精心选择，确保能够钻探到构造的最高部位，以最大限度地揭露油气藏的潜力。同时，如果条件允许，应尽量尝试钻穿断层，进入下盘的目的层，以获取更全面的地质信息。然而，若因地质条件复杂、钻井技术限制或其他原因，1号井无法完成钻穿下盘的任务，则必须及时调整部署方案，增设4号井来填补这一空白。4号井的部署需精确计算，确保能够接替1号井的工作，完成对下盘目的层的勘探任务。

针对裂缝发育显著的背斜构造带，鉴于裂缝分布特点，主要集中于构造高点及长轴延伸区域，预探井的布置策略应着重于以下方面：首先，应沿背斜的长轴方向进行井位部署，并优先考虑钻探构造高点，以最大化揭露裂缝系统，提高勘探成功率；其次，在垂直于长轴的方向上，井位间的距离应适度控制，不宜过宽，以确保井网覆盖的密集性和有效性；最后，构建的井网系统通常采用平行线与"十"字交叉剖面相结合的模式，这样的布局既能保证勘探的全面性，又能提高对裂缝带及其周边区域地质特征的认识精度。

第四节 油气田评价勘探

一、油气田评价勘探的任务

油气田评价勘探的精髓任务聚焦于：在预探阶段已成功验证的具有工业价值的油气藏基础上，进一步深度剖析油气田的各项核心特性，并精确界定其含油气边界范围。这一过程不仅要求细致入微地圈定出含油气面积的具体界限，还需提交详尽的二级探明储量报告，以科学严谨的态度全面、系统地评价油气藏的整体状况。同时，结合经济分析手段，对油气田的开发潜力及未来经济效益进行合理预测，为决策者提供有力的数据支撑。最终，油气田评价勘探的成果将直接服务于油气田开发方案的精细编制，确保开发方案的制定拥有详尽的地质基础资料与油田相关参数作为依托。

一般而言，要查明的问题主要有以下几个方面。

①油气藏类型、含油气面积、油气藏高度。

②油气层的特性研究涵盖其岩性（如岩石类型、成分）、物性（如孔隙度、渗透率）以及电性（如电阻率、自然电位等）的详细特征，并深入探索这些特征随地质条件变化而展现出的规律。

③针对油气层的具体数量（层数）、具备开采价值的有效厚度、埋藏于地下的深度等关键参数进行详细分析。同时，关注油层内部不同层位之间的差异，包括储集性能、流体性质等方面的变化，以此为基础，科学合理地划分开发层系，确保油气资源的高效开发与利用。

④油气田的构造形态、断裂情况。

⑤油气层的压力和压力系统、油层温度。

⑥油、气、水在地面和地下条件下的物理、化学性质以及油、气组分。

⑦油、气、水的分布规律及其控制因素。

⑧油气藏驱动类型及其特征。

二、油气田评价井部署原则

为了确保油气藏勘探的全面性和高效性，以便油气田能够迅速进入开发阶段，评价井的布置应遵循两大核心原则。第一，坚持"由已知向未知拓展"的部署策略。这一原则指导我们在已知油气富集区域的基础上，通过布置加密井来逐步推进勘探范围，深入到尚未充分探索的区域。此过程中，应针对不同的地质分区逐一开展精细勘探，旨在不断扩大二级探明储量的覆盖面积，最终实现对整个油气田（藏）的全面查明。第二，强调评价井与未来开发井网的契合性。在布置评价井时，应充分考虑其未来在油气田开发中的角色和位置，力求使评价井能够最大限度地融入并优化后续的开发井网布局。这样做不仅可以提前为开发井网的规划提供可靠的地质依据，还能避免在开发阶段因井位布置不当而造成的资源浪费和开采效率降低。

为了全面揭示油气藏的特征并收集详尽的勘探资料，通常需要执行大量的岩心取样和分层试油作业，但这往往伴随着勘探周期的延长和投资成本的显著增加。化解这一矛盾的关键在于科学且合理地平衡取心、试油作业与勘探进度之间的关系。这要求将这三者紧密融合，在整体评价方案的策划阶段就进行统筹安排，确保它们相互支持、协调推进，从而在实现勘探目标的同时，优化资源配置，控制成本，提升勘探效率。因此，把评价井分为3种基本类型。

第一类是快速钻进井，此类井主要侧重于高效钻进，通常不采集岩心，也不实施全面的分层试油作业，而是进行全面的测井数据采集、岩屑录井、井壁取心作业，并在关键层段或主力油层进行大段合并试油或专项试油，以快速评估油气潜力。

第二类是分层试油井，这类井在设计上追求快速钻进的同时，尽量减少或避免取心作业，转而将重点放在系统的分层试油上。旨在通过提升测井和录井的解释精度，深入了解各含油层系的详细分层情况，包括层数、厚度、产量、地层压力、油水关系等关键参数，为后续的油气开发提供详尽的地质依据。

第三类是重点取心井，此类井由少数精心挑选的井位组成，它们能够有效控制并反映油层的主要特征。除了进行岩心采集这一核心任务外，还会辅以其他全面的录井工作。岩心样品直接用于对比分析油层剖面，精确测定各储油层的岩性、孔隙度、渗透率等关键参数，从而准确评价油层质量，区分优质油层、较差油层、干层及水层。此外，结合井壁取心、电测等多元数据，进行综合研究，旨在提高电测解释的准确性，并拓展其应用范围，确保地质解释结果的高质量和可靠性。

三、油气田评价勘探阶段的工作步骤

一般来讲，油气田评价勘探分为以下 4 个步骤进行。

（一）项目的建立

在提出评价勘探项目之后，首先需要对目标构造进行详尽的地质分析。基于这一分析，计算预期的工作量及其可能的效果，并确定相应的工艺技术措施。随后，由各石油管理局或石油勘探局负责组织对项目进行审定。审定通过后，将项目上报至石油天然气集团公司进行最终批准。获得批准后，即可正式建立并启动该评价勘探项目。

（二）地震精查

在评价勘探项目确立之后，应立即启动高精度的地震详查工作，采用更为密集的测网密度，如 0.5 km×0.5 km 或 0.5 km×1 km，以确保数据的精确性和详尽性。这一阶段的勘探，需全面汇总并提交各类圈闭的详细构造要素信息、分层构造图以及关键层段的构造图，为后续的勘探评价奠定坚实基础。随后，基于上述地震资料，进行深入的局部地震地层学研究，通过综合分析地层结构、岩性变化及沉积环境等因素，精准识别和评价潜在的油气储层。在此基础上，科学合理地提出评价井井位建议，以期通过钻探进一步验证并评估圈闭的含油气性，为勘探项目的成功实施提供有力支持。

（三）评价井钻探

为了圆满达成评价勘探阶段的目标，需紧密依托地震精查所绘制的精细构造图作为决策依据。遵循评价井的布井原则，精心规划并合理部署评价井的位置，确保每一口井都能最大限度地覆盖潜在的有利区域。在钻探过程中，秉持科学严谨的态度，追求高效作业，力求获取全面、详尽的地质资料。

（四）油气田评价

在完成上述所有勘探阶段的工作后，油气田的关键信息如含油气范围，油、气、水层的具体分布情况以及驱动类型等均已清晰界定。进一步地，结合详尽的油层物理性质资料，能够准确预测油气田的潜在产能，并据此计算出二级探明储量。随后，这些重要数据和结论将被提交至石油天然气集团公司的储量委员会进行细致审查，以确保其科学性和准确性。最终，经过严格审核的数据将上报至国家储量委员会，以获取最终的批准与认可。

第五节　滚动勘探开发

一、滚动勘探开发的概念与优点

（一）滚动勘探开发的概念

通常来讲，当评价勘探工作圆满结束，探明储量得到确认后，油气田便自然而然地过渡到开发阶段。然而，国内外丰富的油气勘探实践却揭示了一个重要现象：面对那些因构造、地层或岩性等因素而变得异常复杂的构造带或岩相带，即便它们已被证实蕴含油气资源，若遵循传统的勘探路径——从圈闭预探到评价勘探，逐一厘清油气田特性并提交探明储量，这一过程往往要求在预测的含油气区域内钻取大量评价井，以精确收集油气藏的各项关键参数，进而制定出科学合理的开发计划。然而，这一传统方法在实践中暴露出明显弊端：勘探周期被不必要地拉长，评价井的数量激增，导致大量资金与物资被消耗在评价井的钻探作业上，不仅增加了勘探成本，还可能延误油气田的开发时机。鉴于此，业界提出了一种创新性的勘探开发模式——"滚动勘探开发"，旨在打破勘探与开发之间的传统界限。

滚动勘探开发是一种针对复式油气聚集带（区域）或复杂油气田而设计的独特工作模式。该策略自评价勘探的初步阶段便启动，并持续贯穿于整个油气田从评估到全面投入开发的全过程。在此过程中，采取整体控制策略，对勘探区域进行分块处理，实现勘探一块、开采一块的高效作业模式。同时，评价勘探与油田开发紧密结合、交叉进行，确保勘探与开发工作的无缝衔接和高效推进。

（二）滚动勘探开发的优点

实践证明，针对复杂油气田（区），采取评价勘探与油田开发并行不悖、相互融合的工作模式，带来了三大显著优势：首先，这种模式有效减少了探井的布设数量，从而直接节省了勘探投资，降低了总体勘探成本，同时为开发井的精准部署提供了更多高质量、更具潜力的井位选择；其次，它显著缩短了勘探周期，加速了勘探进程，提高了工作效率，使得油气田能够更快地进入生产阶段，加速成本回收，实现经济效益的提前显现；最后，通过探井与生产井钻探工作的交叉实施，增强了数据分析、对比及评价的力度与深度，这无疑极大地提升了勘探工作的成功率和整体经济效益，为油气田的可持续发展奠定了坚实基础。

二、滚动勘探开发的程序

滚动勘探开发策略通常是在广泛的区域勘探及圈闭初步评估之后逐步展开的。鉴于不同油田间的地质复杂性各异，滚动勘探开发的具体实施路径并无固定模式可循。这一过程大致可以划分为早期与晚期两个阶段：早期滚动勘探开发阶段，依托于高精度的地震勘探数据，尤其是三维地震解释的成果，以及初步勘探或短期评价勘探的反馈，聚焦于油气资源富集且已初步探明储量的区块。在这一阶段，会选定特定区域作为生产实验区，通过部署生产井并逐步替换部分评价井，以实战方式进一步揭示油气藏的地质细节与特性。同时，研究工作也聚焦于油气田的驱动机制识别、开采技术的优化选择，对尚未开发的探明储量及潜在可采储量进行科学评估，并据此制定初步但全面的开发规划方案，为后续的油气田开发奠定坚实基础。相比之下，晚期滚动勘探开发阶段聚焦于那些已上报未开发探明储量的区域，在初步开发方案执行的同时并行展开。此阶段，通过部署有限数量的评价井，专注于对开发进程中意外揭露的新层系及潜在新区块进行深入评估与勘探。其核心目标在于不断拓展勘探的边界，将新发现的油气资源区域有效连接成网，同时探索并确立新的接替开发区块，以确保油气田开发的持续性与高效性。[1]

滚动勘探开发程序由 4 个核心阶段构成，依次为滚动勘探阶段、滚动评价阶段、滚动开发阶段，以及全面投入开发后继续滚动阶段。其中，前 3 个阶段总体上对应于早期滚动勘探开发阶段，它们紧密衔接，共同构成了从初步勘探到中期评估，再到实际开发的全过程。每个阶段都承载着特定的任务与目标，旨在逐步深化对油气资源的认识，优化开发策略，并最终实现油气田的高效、可持续开发。

（一）滚动勘探阶段

在滚动勘探阶段，一旦在错综复杂的断裂带中成功发现具有商业价值的工业油气流，随即会启动更为深入的预探作业。这些精心设计的预探工作核心目标在于精准定位油气资源高度富集的特定区块，并确切落实油气圈闭的地理位置。通过不断深化对地质构造的理解与认知，致力于最大限度地提升勘探效率，力求在后续开发中实现高产工业油流的稳定获取。

该阶段的主要任务涵盖以下几个方面。

①利用二维或三维地震技术，精准绘制地下构造图像，明确主要断层的空间分布格局及断块构造的具体形态，为后续工作奠定坚实的地质基础。

②依托相邻断块区域的已知资料，科学预测潜在含油层系、确定目标层位，并合理规划钻探所需的深度，以确保勘探活动的针对性和有效性。

③通过地质分析与计算，预估断块的圈闭面积、潜在的含油面积以及相应的地质储量，为油气资源的经济评估和开发规划提供依据。

④在综合考量地质、经济等多方面因素的基础上，选定首批最具评价价值的井位进行钻探。在钻探过程中，确保获取全面、准确的地质资料，包括但不限于岩心、测井数据等，为后续油气藏的深入评价与开发决策提供坚实的数据支撑。

（二）滚动评价阶段

当评价井成功揭示出具有工业价值的油气流时，即标志着进入了滚动评价阶段。此关键阶段的核心目标在于基本确立油气储量的规模，并明确划定具备开发潜力的区域范围。为实现这一目标，需重点开展以下几项主要任务。

1. 早期油藏评价

早期的油藏评价工作，是在评价井成功发现油气显示之后展开的。这一阶段，旨在通过全面利用已获取的各类数据与信息，深入理解和分析地下的地质构造、储层特性及流体

---

[1] 夏克亮.海—塔油田勘探开发一体化管理模式研究[D].哈尔滨工业大学，2012.

分布等条件。同时，还会对既有资料的准确性、完整性及与实际情况的契合度进行严格的验证与评估，以确保后续开发决策的科学性与可行性。

早期油藏评价工作应全面、细致，需涵盖以下 5 个核心方面：①深入确认断层的展布特征及其与构造形态的吻合程度，确保地质模型的准确性，为后续工作提供坚实的地质基础；②详尽掌握主要目的层在三维空间（纵向与横向）内的具体分布情况及可能的变化趋势；③精确确定油藏的产能参数，如渗透率、孔隙度、流体性质等，这些参数是评估油藏开发潜力及制定开发策略的关键依据；④科学预测含油面积的大小及地质储量的多少，为资源量评估及开发规划提供数据支持；⑤深入探究油藏的驱动机制，明确其驱动类型（如弹性驱动、水压驱动、溶解气驱动等）。

完成上述评价后，将依据评价结果提出详尽的滚动开发设计方案。在该方案中，将优先确定第二批评价井与取心井的位置，这些井的部署旨在进一步验证地质模型、深化对油藏的认识。同时，还将进行断块经济效益的详细测算，以评估开发项目的经济可行性，为最终的开发决策提供全面、科学的依据。

2. 评价井钻探

基于滚动开发设计的整体框架，将核心聚焦于第二批评价井的精心部署与高效钻探工作。这一举措旨在深入探究尚存的地质疑问，进一步夯实储量基础，并同时验证前期油藏评价及滚动开发设计的合理性与准确性。为确保勘探成果的全面性与精准度，需严格要求获取完整且准确的各项地质资料，包括岩心取样、中途电测以及地层倾角测井等关键数据收集工作，以全面支撑后续的开发决策与资源评估。

3. 跟踪对比和滚动作图

在第二批评价井圆满完成钻探任务后，首要工作是细致开展钻井跟踪对比分析。这一过程涉及将钻井所获取的最新数据与地震剖面进行详尽比对，以验证二者之间的吻合度。基于对比分析结果，对构造形态、断层分布、油层变化、储集层参数、含油面积、地质储量及驱动能量等关键地质要素进行重新评估与确认，并同步检查构造图、断面图及剖面图的准确性和可靠性。若对比结果与原有认知基本吻合，仅需对设计方案进行微调，即可作为正式方案逐步推进实施。然而，若对比结果与原有认知存在显著差异，则必须依据这些新获取的资料重新开展前期评价工作，包括重新编制各类地质图件，并据此对原设计方案进行彻底的重构与调整，以确保后续勘探开发工作的科学性与有效性。

（三）滚动开发阶段

当第二批评价井的钻探工作圆满达成预定目标，且所获取的地质信息与既有认知高度吻合时，项目随即转入滚动开发的新阶段，该阶段以完成上报探明储量和尽快建成生产能力为目标。主要任务包括以下几个方面。

①精心编制断块的地层分层构造图，以展现不同地层的分布与构造特征；同时，绘制砂体连通图，明确砂体间的连通关系；制作油藏剖面图，直观展示油藏的内部结构；并绘制断面图，分析断层的具体形态与影响。此外，还需整理小层数据表，为后续分析提供详尽的基础数据。

②深入分析并确认各项关键的地质参数（如岩性、物性等）和油藏参数（如孔隙度、

渗透率、流体性质等）。基于这些数据，通过科学方法计算出断块的含油面积及地质储量，为资源评估与开发规划奠定坚实基础。

③依据动态监测资料及先进的数字模拟技术，科学确定合理的注采井网布局、注水方式及开采方式。旨在使油藏采收率最大化，同时确保生产作业的经济性与可持续性。

④在充分论证的基础上，编制正式的滚动开发方案，该方案应全面涵盖地质、工程、经济等多个方面。随后，以开发方案为蓝本，编制地面建设方案、采油工艺方案，进行经济效益测算，然后统一加以实施，以尽快建成生产能力。

（四）全面投入开发后继续滚动阶段

在富集区块经历全面开发并进入一定阶段后，针对开发实践中显现的各类问题与挑战，需启动深入的再评估工作（第四次评价）。此次评价的核心目标是优化储量利用效率，增强水驱作用下的储量控制，进而改善整体开发效能，提升油田的最终采收率。这一过程涵盖多个关键方面，包括精细的构造描述和储量复算、注采井网对储量的控制程度及适应性分析、储集层水淹特征及剩余油分布规律分析、地面管网和工艺技术的调整等。

基于上述评价结果，可综合编制出针对性的调整方案，以指导后续开发工作的实施。同时，为了保持油田的持续稳定发展，还需对富集区块以外的潜在新区块、开发过程中新发现的地质领域、层系及区块进行积极的勘探与评价工作，旨在发现新的储量接替区，为已开发区块提供有力的资源保障。

第九章 油气田开采技术

油气田开采技术是现代能源工业的核心领域之一，它直接关系到油气资源的有效开发与利用，对于保障国家能源安全、推动经济发展具有重要意义。随着科学技术的不断进步和全球能源需求的持续增长，油气田开采技术也在不断创新与发展，旨在提高开采效率、降低生产成本、减少环境影响，实现油气资源的可持续利用。本章围绕机械采油技术、稠油油藏开采技术、疏松砂岩油藏开采技术、水平井开采技术、注水与抽水井技术等内容展开研究。

第一节 机械采油技术

一、气举采油

当自然地层能量不足以将原油自发地从井底提升至地表时，油井的自喷现象将终止。为了维持油井的产油能力，必须采取人工干预措施，向井筒内的流体补充能量，以助力其顺利到达地面。气举采油技术便是实现这一目标的有效手段之一。

气举采油技术的核心在于，通过地面设备向油井内注入高压气体，这些气体与油层中自然产出的流体在井筒内相遇并混合。随着气体的膨胀，井筒内混合液的总体密度显著降低，进而形成了一种向上的驱动力，使得混合液能够克服重力，被顺利举升至地面。

气举采油技术依赖于两条关键通路来实现其作业流程：一是压缩气体的注入通道，负责将高压气体引入井下；二是被举升液体的排出通道，确保原油等液体能够顺利被举升至地面。在实际操作中，为了提高效率和简化结构，经常采用单层管的设计。在这种设计中，压缩气体通过油套环形空间被注入井筒内，利用气体的压力推动井下的原油。而原油则沿着油管这一专门的通道被举升至地面，从而实现油气的有效分离和开采。

气举采油法根据其进气方式的连续性，主要被划分为连续气举和间歇气举两大类别。其中，连续气举作为一种高效的采油技术，其核心运作机制在于将高压气体以稳定且不间断的方式直接注入油井内部。随着气体的持续注入，井筒内的压力逐渐升高，进而推动井筒中的液体（如原油、水等）向上流动，并最终被排至地面。连续气举技术特别适用于那些供液能力较强、产量相对较高的油井。间歇气举是一种特定的采油技术，它涉及周期性地向井筒内注入高压气体。在这些注入周期之间，井筒内会自然聚集形成油层流体段塞。当高压气体再次注入时，它会推动这些段塞沿井筒上升，直至到达地面，从而实现井中液体的有效排出。间歇气举技术则主要应用于那些油层供给能力较弱、产量相对较低的油井。

当油井所在地层所能提供的能量无法克服重力及其他阻力,将原油从井底有效推送至地面时,该油井将不再具备自喷能力,从而停止自喷。

(一)气举井系统组成

气举采油法的一大优势在于其井口与井下设备设计相对简洁,这使得整体管理和维护工作变得更为便捷。此技术尤其适宜应用于多种复杂环境下的油井开采,包括深井、斜井、水平井以及海上采油平台等。同时,对于含砂量较小、含水率低、气油比高且腐蚀性成分含量低的油井,气举采油法更是展现出卓越的性能。然而,在选择是否采用气举采油法时,首要考虑因素是是否有稳定且充足的气源供应。通常情况下,这些气体来源于高压气井的产出气或是油井伴生的天然气。气举采油技术因其依赖压缩机组和地面高压气管线,导致地面设备系统相对复杂,初次投资成本较高,并且系统整体效率有时可能不尽如人意。此外,该技术还受到气源供应稳定性的限制,这在一定程度上限制了其在国内油田的广泛应用。但是,随着气举技术及其配套工艺的不断进步和完善,其在特定类型的油藏(如高气油比油藏)开发中,展现出了良好的应用潜力和前景。

(二)气举原理

现以环形空间进气方式为例,详细阐述气举采油的工作流程。

首先,启动压缩机,将高压压缩气体注入油套管之间的环形空间内。随着气体的不断注入,环形空间内的液体受到气体的挤压作用,开始向下移动。假设液体并未渗入地层,因此环形空间内的液体将被完全推挤进入油管内部,导致油管内的液面显著上升。随着液面的上升,压缩机需要维持并增加其输出压力,以确保气体能够持续推动液体。这一过程中,压缩机的压力会逐渐上升,直至环形空间内的液面下降至油管与套管之间的狭窄间隙处。此时,压缩机达到了其工作过程中的一个关键压力点,即启动压力。

其次,压缩气体便能够顺利进入油管内部,与其中的原油充分混合,降低原油与液体混合物的整体密度,从而增强了其向上的流动能力,并最终以足够的动能喷出地面。在原油初现喷出迹象之前,井内始终维持着高于地层压力的内部压力状态。一旦原油开始从井口喷出,得益于环形空间内持续不断的高压气体注入,油管中的混气液得以持续喷出。随着混合液中气体比例的增加,其整体密度逐渐降低,这直接导致油管内的压力迅速下降。相应地,井底压力和压缩机的排气压力也会经历一个急剧降低的过程。当井底压力下降至低于地层压力时,地层中的原油受到压力差的作用,开始自然流入井底以补充之前的消耗。这一流入过程不仅增加了油管中混气液的总量,还略微提升了其密度,因为新流入的原油增加了液体成分的比例。这一变化进而触发了压缩机排气压力的再次上升,作为系统对新的生产条件做出的响应。

最后,经过一段时间的自动调整与适应,整个系统最终会达到一个相对稳定的生产状态,此时各部分的压力、流量和密度均处于动态平衡之中,形成一个协调的生产状态。在这个状态下,压缩机的排气压力会稳定在一个特定的水平,称为工作压力。

(三)气举阀

在气举采油的生产过程中,一个显著挑战是启动压力较高,这直接导致压缩机需要具备较大的额定输出压力。但是,在气举系统进入正常生产阶段后,其实际的工作压力却远低于启动压力，这往往导致压缩机功率的冗余和浪费，不仅增加了初期投资成本，还降低了系统的整体运行效率。为了克服这一难题，需要探索有效方法来降低压缩机的启动压力与正常工作压力之间的差距，即降低气举的启动压力。一种创新的方法是在油管的不同深度安装可调节的阀孔装置。这些阀孔在高压气体注入时发挥作用，允许气体从阀孔直接进入油管，从而迅速降低阀孔上方油管中混合液的密度，促进上部油管液体有效排出。进一步地，当油管内的压力降至预设的界限值时，阀孔能够自动关闭，阻止气体继续无节制地进入油管。此时，高压气体将转而推动环形空间内的液体继续向下移动，直至达到下一个深度位置的阀孔并重复上述过程。以此类推，从而逐级排出井筒中的积液，使油井正常工作。这一智能化的阀孔设计，即为我们所熟知的气举阀，其核心价值在于显著降低启动压力，并有效辅助排出位于油套环形空间内的液体。作为气举生产系统中不可或缺的核心组件，气举阀的性能直接关联到气举井能否实现稳定、高效的生产。

气举阀根据其独特的功能与设计，存在多种分类方式。首先，从安装方式的角度来看，气举阀可以被划分为绳索投入式与固定式两种。绳索投入式气举阀便于在井下进行快速部署与调整，而固定式则以其稳固性和长期可靠性著称。其次，依据使阀门保持开启或关闭状态的加压元件类型，气举阀又可细分为封包充气阀、弹簧加压阀，以及结合了充气室与弹簧双重加压机制的双元件阀。每种类型的气举阀都根据具体的应用场景和需求，通过不同的加压机制来实现对阀门状态的精准控制。最后，从井下阀对套压和油压敏感程度的角度出发，气举阀被进一步区分为套压控制阀和油压控制阀。套压控制阀主要响应套管内的压力变化，而油压控制阀则更为敏感于油管内的压力波动。

二、有杆泵采油

对于不能有效自喷生产的油井，只能借助机械方法来实现采油目的。目前使用的机械采油方法有多种，除前述的气举采油方法外，有杆泵采油方法以其结构简单、适应性强、耐用和便于维护等特点，备受采油工作者青睐。有杆泵采油方法是目前我国最主要的机械采油方法。

有杆泵采油技术主要分为两大类别：游梁式抽油机深井泵采油与地面驱动螺杆泵采油。这两种方法的核心共通之处在于，它们都利用抽油杆作为关键媒介，有效地将地面机械设备的动力和运动精准地传递至位于井下的泵体。前者机制中，抽油机悬点的往复运动及其动力被有效地通过抽油杆传输至位于井下的柱塞泵，以驱动其工作；而后者则采用不同方式，即将井口驱动头的旋转运动及其产生的动力，同样经由抽油杆传递至井下的螺杆泵，以实现其运转。鉴于目前国内外陆上油井大多数采用游梁式抽油机深井泵装置采油，本节将重点介绍此系统的工作情况。

（一）抽油机采油

抽油机是有杆深井泵采油的主要地面设备。

1. 抽油机的结构

根据抽油机在结构和原理上的差异，可以将其明确区分为游梁式抽油机与无游梁式抽油机两大类。其中，游梁式抽油机的核心构造由 4 个至关重要的部分组成，它们分别是游梁—连杆—曲柄机构、减速箱、动力设备和辅助装置。

游梁式抽油机按结构可分为普通型和前置型。两者的主要组成部分相同，只是游梁和连杆的连接位置不同。常规型游梁抽油机，作为矿场应用最为广泛的采油设备，普遍采用机械平衡机制。其结构设计中，支架巧妙地安置于驴头与曲柄连杆机构之间，以实现稳定的支撑与传动。在作业过程中，该抽油机的上下冲程时间保持相等，确保了抽油过程的连续性和效率。前置式多采用气动平衡，且多为重型长冲程抽油机，前置式的曲柄—连杆机构位于驴头和游梁支架之间。前置式抽油机的设计特点在于其上冲程时曲柄转角为195°，而下冲程时则为165°，这种设计使得上冲程相对于下冲程更为缓慢。

近年来，为响应节能号召、提升冲程效率并优化抽油机的结构性能与承载能力，全球范围内涌现了众多创新设计的变形抽油机，包括异相型、旋转驴头式、大轮构型以及六杆式双游梁等，这些新型抽油机展现了多样化的技术解决方案。

同时，为了减轻设备重量、拓宽应用领域并提升技术经济指标，无游梁式抽油机作为另一大技术突破，也受到了广泛关注与研发。这类抽油机的核心优势在于其长冲程、低冲次的作业特性，非常适合应用于深井及稠油开采环境。目前，市场上主流的无游梁式抽油机类型涵盖链条传动式、增距机构式以及宽皮带驱动式等多种高效、可靠的机型。

2. 游梁式抽油机的工作原理

在工作状态下，动力机通过皮带与减速箱的协同作用，将高速旋转的动力传递至曲柄轴。随后，曲柄—连杆机构巧妙地将这一旋转运动转化为游梁的上下摆动。这一运动被进一步传递到驴头上悬挂的悬绳器，悬绳器带动抽油杆柱进行上下往复的抽汲动作。最终，这一连续的往复运动驱动深井泵工作，将深藏地下的原油抽汲至地面，实现了原油的开采过程。

（二）抽油泵采油

抽油泵，亦被业界称为深井泵，是专为有杆机械采油系统量身打造的核心设备。它精准地部署在油井的井筒内部，位于动态液面以下的一个特定深度，以确保能够有效地抽取并提升地下的原油资源。该泵通过抽油杆传递的动力，对原油施加压力，从而将其从地下提升至地面。鉴于抽油泵所处的工作环境极为复杂且条件苛刻，它必须具备一系列优异的性能特点，包括结构设计的简洁性、高强度材料的应用、卓越的质量保证、出色的耐磨性能、良好的抗腐蚀能力以及长久的使用寿命，以确保在恶劣条件下稳定可靠地运行。

1. 抽油泵的结构

抽油泵的构造核心由几个关键部件组成，包括工作筒、柱塞，以及分别负责排出与吸入的游动阀和固定阀。按照抽油泵在油管内的固定与安装方式，它们大致可以分为两大类别：管式泵与杆式泵。

（1）管式泵

普通管式泵的设计特点鲜明，其组装过程为：首先在地面上完成外筒与衬套的装配，并将这一组合体连接至油管的下部，随后整个结构被下入井内。接着，固定阀被精准地投入井中预定位置，以确保其稳固可靠；最后，将柱塞安装在抽油杆柱的下端，并随同抽油杆柱一同下入泵体内，完成整个安装过程。

管式泵的结构简单、造价低、容许下入的泵径较大，但检修打捞困难，需要连同油管一同起出井筒，故适用于下泵深度不很大且产量较高的油井。

（2）杆式泵

普通杆式泵的设计独具特色，其整个泵体首先在地面完成组装，随后直接连接在抽油杆柱的下端。这一整体结构通过油管被送入井内，并借助预先安装在油管中预定深度（下泵深度）的锁锁紧卡稳，固定在油管壁上。这一特点使得在检修泵体时，无须将整个油管从井中取出，从而极大地方便了维护与检修工作。然而，杆式泵因其结构设计上的相对复杂性，导致了其制造过程需要更高的技术和材料投入，进而使得其制造成本相较于其他类型的泵有所提升。

2. 抽油泵的工作原理

（1）上冲程

在抽油杆柱的牵引下，柱塞向上移动的过程中，其上的游动阀会因受到管内液柱施加的压力而自动关闭，这一动作促使泵内形成一个逐渐降低的压力环境。与此同时，位于环形空间内的固定阀则处于另一套压力机制的作用之下，它受到来自液柱的沉没压力与泵内当前压力的差值作用，当该差值足够大时，固定阀会克服自身重力而开启。若此时油管内已充盈液体，那么在井口处，将有一段长度与柱塞冲程相等的液体被排出。因此，上冲程阶段实际上是泵内吸入液体，并在井口实现液体排出的过程。

（2）下冲程

当抽油杆柱带动柱塞向下运动时，固定阀会迅速关闭，有效防止了液体的逆流。随着柱塞的下行，泵内压力逐渐累积并升高，当这一压力超过柱塞上方液柱压力与游动阀自重之和时，游动阀会被强大的压力推开。此时，位于柱塞下方的液体得以通过开启的游动阀顺畅地流入柱塞上方，随后这些液体被进一步推向油管中。值得注意的是，此过程中，一段与冲程等长的光杆从井外进入油管，它占据了原本液体的空间，因此会相应地排出等体积的液体。所以，下冲程阶段是实现泵向油管有效排液的关键环节。为确保排液效率，必须确保泵内压力高于柱塞上方液柱的压力。同时，随着抽油杆的卸载，其长度会相应缩短，而油管则因承载增加而有所伸长，这一物理变化也是抽油过程中不可忽视的一部分。

3. 泵效影响因素及提高措施

（1）泵效的影响因素

在常规评估中，若深井泵的泵效维持在 0.6~0.8 的范围内，通常被视为工作状态良好。然而，对于部分具备自喷能力的油井，其泵效可能接近或超过 1，展现出更为优异的性能。然而，在矿场实际操作中，一个普遍现象是多数油井的平均泵效偏低，大多低于 0.7 的基准线，更有极端情况下，部分油井的泵效甚至不足 0.3，这明显偏离了理想状态。针对这一复杂现象，深入探究深井泵工作的三个核心环节显得尤为关键，即柱塞释放空间、液体流入泵体以及泵内液体排出的过程，可以将影响泵效的关键因素归纳为以下三大方面。

①抽油杆柱和油管柱的弹性伸缩。在深井泵的运行机制下，抽油杆柱与油管柱持续面对周期性变动的负荷作用，这导致它们均会产生显著的弹性伸缩效应。这一现象导致柱塞在实际工作循环中的有效冲程（Sp）小于光杆所完成的冲程（理论上的柱塞冲程 S）。因此，柱塞实际释放的空间减小，进而影响了液体的有效抽取量。

②气体和充不满的影响。在泵的吸入过程中，如果混入了气体与液体的混合物，气体

将占据原本应由液体占据的柱塞空间，导致实际进入泵内的液体量减少。此外，当泵的排液速率超出油层自然供油能力时，液体无法及时补充到泵内，同样会造成泵内液体量不足，影响抽油效率。

③漏失影响。柱塞与衬套之间的微小间隙、阀门以及泵内其他连接部件的泄漏，都会导致已经泵入的液体在输送过程中发生流失，从而减少实际排出的液体量。

（2）提高泵效的措施

泵效，作为衡量抽油设备利用效能与管理水平的关键指标，其数值不仅直接反映了泵本身的工作性能，还深受油层条件等多种外部因素的影响。在探讨如何提升泵效时，除了深入分析泵内部工作机制及其影响因素外，还必须充分认识到油层条件与泵效之间的紧密联系。因此，从改善油层条件入手，确保油层具备充足的供液能力，是提升泵效的基石。在此基础上，还需要在井筒方面采取一系列有效措施，以进一步优化抽油系统的整体性能。

①选择合理的工作方式。在抽油机型号确定且设备性能满足生产需求的基础上，应将实现最高的泵效作为核心目标，对抽油机的工作参数进行精细调整。

②从泵的结构设计入手，采用更耐磨、耐腐蚀的材料，以增强泵体及关键部件的耐用性。同时，实施一系列预防性维护措施，如安装防砂装置以防止砂粒对泵的磨损，采用防腐蚀涂层保护泵体免受介质侵蚀，以及定期清理泵内蜡质沉积物等。

③使用油管锚减少冲程损失。冲程损失的产生，主要源于静载变化所引发的抽油杆柱与油管柱的弹性伸缩行为。为了有效应对这一问题，采取油管锚来固定油管的下端成为一项关键措施。油管锚的稳固作用，可以显著减少油管在工作过程中因压力作用而产生的伸缩变形，从而大幅度降低冲程损失。这一改进不仅能提升抽油系统的稳定性，还能直接促进抽油效率的显著提升。另外，在深井作业环境中，将油管的下部进行锚定还具备另一项重要优势：它能防止油管因内部压力作用而发生螺旋弯曲。这种弯曲不仅可能损坏油管本身，还会直接导致活塞冲程的减少，影响抽油效果。

④合理利用气体能量及减少气体影响。气体对抽油井生产的影响是多样的，这种影响很大程度上取决于油井的具体条件。特别是对于那些刚从自喷状态转变为抽油作业的油井而言，在其转换后的初期阶段，通常还保留有一定的自喷能力。此时，通过巧妙地调控套管气，可以充分利用这部分天然气体能量来辅助举升原油，实现油井的连续自喷与抽汲相结合，从而显著提升油井的产油量和抽油泵的工作效率。实践验证，即便是那些不具备自喷能力的纯抽油井，合理调控套管气也能有效稳定井底液面和维持稳定产量，同时减少因气体析出导致的原油黏度增加问题，有助于保持油井生产的顺畅性。对于已处于正常抽油状态的油井而言，若要进一步提升抽油泵的充满系数，关键在于减少进入泵体内的气体量，以此降低泵内的气油比。

（三）抽油杆及抽油井井口装置采油

1. 抽油杆

抽油杆，作为抽油系统中不可或缺的关键组件，其角色至关重要，它不仅是连接抽油机与深井泵的桥梁，更是动力传输的核心通道。在复杂的作业环境中，抽油杆需承受来自多个方向的复杂载荷，这些载荷在其上下往复运动的过程中呈现出显著的不均匀性。具体而言，当抽油杆上行时，由于需克服油井内的各种阻力和提升液柱的重量，因此受力较大；而下行时，由于重力的作用及部分阻力的减小，其受力相对较小。这样一大一小反复作用，很容易使金属疲劳，使抽油杆产生断裂。因此，要求抽油杆强度高、耐磨、耐疲劳。

抽油杆作为石油开采中的关键工具，主要分为三大类：普通抽油杆、玻璃纤维抽油杆以及空心抽油杆。

抽油杆普遍采用实心圆形钢材精心打造，确保其在严苛的井下环境中依然坚固耐用。其设计巧妙，两端均配备有加粗的锻头，不仅增强了连接强度，还便于安装与维护。锻头下方设有精密的连接螺纹和易于搭扳手的方形断面，简化了操作流程，提高了工作效率。在抽油杆柱的顶端，有一根特别的光杆，它不仅是整个抽油杆柱的引领者，更是与井口密封填料盒紧密配合的关键部件。光杆与填料盒协同工作，能有效地密封井口，防止井内油气外泄，保障作业环境的安全与清洁。

2. 井口装置

抽油井的井口装置，在功能上虽与自喷井相似，但在结构上却更显简约，且设计时所考虑的压力承受范围也相对较低。这一井口装置的核心组成部分主要包括套管三通、油管三通以及密封填料盒，这三者共同协作，能够确保井口的安全与密封性。至于其他附加组件的数量及其连接方式，则依据不同油田的具体地质条件、开采需求以及安全规范等因素灵活确定，以实现最佳的适配性和功能性。

三、潜油电泵采油

电动潜油离心泵，业界常简称为潜油电泵或电泵，是一种创新的无杆抽油技术设备。它巧妙地集电动机与多级离心泵于一体，共同置于油井内部液面以下，直接执行抽油与举升作业。这种电潜泵设计独特，通过油管将电动机与泵体一同送入井底，实现井下工作的高效与直接，为石油开采提供强有力的技术支持。

（一）电潜泵采油系统组成及工作原理

近年来，国内外电潜泵举升技术发展很快，目前大庆油田的许多高产井，都在逐渐改为电潜泵采油。电潜泵采油装置主要包括地面控制部分、井下机组部分和电力传输部分。

地面控制部分由控制屏、变压器和接线盒组成，主要起到连接动力电缆和电动机的作用。电力传输部分由潜油电缆组成，主要是从地面向井下机组传输电力。通常来讲，井下机组部分自上而下依次是多级离心泵、分离器、保护器和潜油电机。有的电泵井潜油电机下部还装有监测装置，可测定井底压力、温度、电机绝缘程度和液面升降情况，并将信号传送到地面控制台。

电潜泵的工作原理涉及一系列精密的转换与传输过程。首先，地面电源提供的电能经过变压器进行电压调整，以确保其符合井下设备的运行要求。随后，这一调整后的电能通过控制屏进行精细控制，以确保其安全、稳定地传输至潜油电缆。潜油电缆作为电能传输的媒介，深入井下，将电能直接输送给潜油电机。当潜油电机接收到电能后，它开始驱动多级离心泵进行高速旋转。这一过程中，电能被高效地转换为机械能，驱动泵体内部的叶轮旋转，从而产生强大的离心力。这股离心力作用于进入井筒内的液体，将其从低处举升至高处，最终通过管道输送至地面。[①]

[①] 刘卫东.浅析电潜泵采油工艺在油田新技术领域中的应用[J].装备制造，2009（6）：225.

（二）电潜泵采油系统主要部件的作用

1. 潜油电机

潜油电机安装在井下机组的最底端，其设计采用了先进的两极、三相鼠笼式异步感应电机技术。相较于普通的交流电机，潜油电机展现出了几大显著特点：首先，其外观形态独特，呈现出细长的轮廓。其次，潜油电机的转子和定子采用了分节式设计。再次，为了确保电机在井下恶劣环境中可靠运行，潜油电机采用了严格的密封技术。最后，潜油电机还配备了一套特殊的润滑油循环系统。

2. 潜油多级离心泵

潜油多级离心泵承袭了地面离心泵的基本原理，其核心均在于离心力的巧妙应用。当井液被顺利吸入泵内并充盈于叶轮的流道之中，随着叶轮的飞速旋转，这股井液便在离心力的强大推动下，自叶轮中心起沿着精心设计的叶片间狭窄而高效的流道疾速流向叶轮的边缘。在这一流动过程中，井液不仅经历了速度上的急剧跃升，更在压力上实现了同步的显著增长，这一切都得益于叶片形状与排列的精妙设计，它们共同协作，确保能量转换的高效与平稳。随后，这股高压高速的液体流通过导轮的引导，顺畅地进入下一级叶轮，继续接受类似的增压加速过程。如此循环往复，每一级叶轮与导轮的组合都如同一个能量转换站，将液体的压能不断累积提升。最终，当井液历经所有级别的叶轮与导轮后，其压能达到足够的高度，从而能够克服地心引力，将深井中的液体顺利举升至地面。

由于井筒尺寸的限制以及对于较高扬程的需求，潜油多级离心泵的设计与生产面临着特殊的挑战。为了适应井下的紧凑空间并满足高效的液体提升要求，这些泵被精心设计成细长形，以便在有限的空间内安装并运行。此外，为了逐步增加液体的压力并最终达到足够的扬程以将井液成功举升至地面，潜油多级离心泵采用了多级叶轮串联工作的方式。在结构上应具有以下特点：①直径小，级数多（通常是几十甚至几百级），长度大；②轴向卸载，径向扶正；③泵吸入口装有特殊装置，如油气、油砂分离器；④泵出口上部装有单流阀和泄油阀。

3. 保护器

保护器安装在潜油电机的上部，内部充满具有一定压力的电机油，利用井液与电机油的密度差异，防止井液进入电机造成短路而烧毁电机。它主要是通过隔离腔连接井液与电机油来完成这一功能的，还能起到润滑、密封电机的作用。

当前，电潜泵机组领域在全球范围内广泛采用了多种类型的保护器，旨在保障设备的稳定运行。从工作原理的角度出发，这些保护器可以大致划分为3种主流类型，分别是连通式保护器、沉淀式保护器以及胶囊式保护器。

4. 油气分离器

油气分离器安装在泵的液体吸入口处，将自由气体分离出来以减少或消除气体进入泵内的可能性，从而确保电潜泵能够展现出优异的工作性能，保障多级离心泵的持续、稳定运转。在实现这一目标的过程中，两种常用的分离器发挥了重要作用：沉降式分离器和旋转（离心）式分离器。

5.潜油电缆

潜油电缆,作为连接地面与井下机组的重要电力传输纽带,其在形态上可鲜明地区分为圆电缆与扁电缆两大类别。其中,扁电缆又分大扁电缆和小扁电缆两种。结构上,这类电缆主要由核心部件——导体(通常选用三芯独根铜线或高性能的三芯多股铜绞线以增强导电性)、精心设计的绝缘层,以及坚固的护套层构成。此外,为了进一步增强电缆的抗压、耐磨性能,以及应对井下复杂环境的能力,潜油电缆还采用了钢带进行铠装保护,确保电力能够稳定、安全地输送到井下机组,支持其高效运作。

6.控制屏

控制屏作为地面操控的核心,负责电泵的启动与停止指令的发送。此外,它还集成了自动记录系统,能够实时记录运行数据;同时,配备了过载与欠载的自动保护功能,确保电泵在安全稳定的参数范围内运行,预防潜在的设备损害。[①]

7.变压器

为了匹配电泵电机的工作需求,会对网络电压进行调整。这一过程涉及利用线圈的变换特性,将地面电源直接输出的电压进行转换,以产生电泵电机运行所需的特定工作电压。

8.单流阀

电泵在启动过程中,若处于空载状态,会触发相应的保护措施,以确保电泵的安全启动和运行。同样地,在停止电泵运行时,单流阀扮演着至关重要的角色。它能够有效地阻止油管内的井液发生倒流现象,从而避免因倒流引起的电泵反转问题,保障电泵及整个系统的稳定与安全。

9.泄油阀

在启动作业泵的过程中,需要执行一项关键操作:将泄油阀芯关闭或切断,以实现油套管的连通状态。让原本积存在油管内的液体能够顺畅地流回井筒中,确保作业过程的连续性和效率。

10.接线盒

该电缆作为井下与地面之间的关键连接纽带,不仅方便了机组参数的实时监测与机组运行的有效控制,还承担着防止天然气通过电缆内层渗透至控制屏内部的作用,从而避免可能引发的爆炸风险,确保整个系统的安全稳定运行。

四、水力活塞泵采油

目前,矿场上常用的无杆泵采油方法中还有一大类,就是水力泵采油。水力泵可分为两种,一种是水力活塞泵,另一种是水力射流泵。

水力活塞泵是一种创新的抽油装置,它巧妙地将液压传动技术应用于无杆泵领域。在操作过程中,动力液首先在地面被加压,随后通过油管或特设的动力液管道被输送至井下。在井下,这些动力液经过精心设计的滑阀控制结构,其流向被不断切换,以驱动液马达进行往复运动。这一往复运动进而带动抽油泵工作,实现高效的原油抽取。与有杆泵相比,

---

① 张龙,徐培亮,贾志庆.QYRK-3型潜油电泵控制柜常见故障及处理[J].中国石油和化工标准与质量,2019,39(12):9-10.

其根本区别是改变了能量的传递方式；而就井下抽油泵本身的工作原理来说，本质上与常规有杆泵无异。水力活塞泵的排量大，可调节范围大，使用寿命长，起下方便，适用于各种复杂条件下的油井采油。

水力射流泵，亦称水力喷射泵，是一种创新的无杆水力采油设备，它巧妙地运用了射流原理。具体而言，该设备通过将高压动力液注入井内，并利用这些动力液高速流动产生的能量，将能量有效地传递给井下的油层产出液。

（一）水力活塞泵采油系统的类型

根据不同的分类原则，可将水力活塞泵采油系统分成多种类型。

①按系统井数分类，可分为单井流程系统、多井集中泵站系统和大型集中泵站系统。

②按动力液循环分类，可分为闭式循环方式和开式循环方式。闭式循环方式是指动力液有自己独立的循环通道，不与产出液相混的方式；开式循环方式是指动力液驱动井下液马达工作后，与井筒产液相混并一同排至地面的方式。

③按动力液性质分类，可分为原油动力液和水基动力液。

在当前的油田开发与应用实践中，开式循环多井集中泵站系统因其显著优势而备受青睐，特别是在动力液的选择上，通常优先考虑采用原油作为动力源。

（二）水力活塞泵采油系统的工作原理

地面高压柱塞泵首先对动力液施加压力，随后这股加压后的动力液经由高压控制管汇流入地面油管系统。在井口装置的引导下，动力液顺利进入油井，并沿着油管向井下深入，直至抵达水力活塞泵所在位置。在水力活塞泵内部，动力液被转化为机械能，驱动与之相连的液马达运转，进而带动抽油泵开始工作。抽油泵有效运作，将井下的原油抽出，并与此时已略显乏力的动力液在封隔器上方的油套管环形空间内相遇并混合。这一混合液随后沿着既定路径返回至地面，进入分离器进行油气分离处理。在分离器中，油气得到有效分离，而脱除了气体的混合液则进入动力油罐进行沉降净化过程。经过初步净化处理的原油，一部分被重新导向高压柱塞泵，再次加压后作为新的动力液循环使用；另一部分作为最终产品，被输送至集油站进行后续的收集与处理。

（三）水力射流泵采油系统的组成

水力射流泵采油系统同样构建于地面与井下的协同作业之上，其结构可分为地面与井下两大核心部分。在地面部分，系统集成了动力液的供给装置以及产出液的收集处理系统，这些组件共同确保了采油作业的能量输入与产出物的高效管理。井下部分，部署了动力液与产出液在狭长井筒内的流动系统，以及至关重要的射流泵装置。值得注意的是，水力射流泵采油系统的地面部分以及井筒内的流动系统，在设计与运作原理上与水力活塞泵的开式采油系统保持着高度的相似性。

射流泵的核心构成部件包括喷嘴、喉管以及扩散管。其中，喷嘴扮演着至关重要的角色，它负责将高压动力液体的压力能高效地转化为高速流动液体的动能。这一转换过程在喷嘴出口处尤为显著，导致该区域形成显著的低压区，为后续流体的吸入与混合提供了必要条件。喉管，作为关键部件，其作用是引导原油进入泵体内部，并在此处与动力液实现高效混合，形成混合流体。而紧随其后的扩散管，其设计巧妙，采用逐渐扩大的喇叭形结构，以适应流体流动特性的变化。当混合流体流经扩散管时，随着过流面积的增加，流体的流速会逐渐减慢，这一过程中，原本蕴含在流体中的动能被巧妙地转化为压能，从而提升了混合流体的整体压力水平。

（四）水力射流泵采油的工作原理

常用的射流泵采油系统采用开式设计，其工作流程清晰而高效。首先，高压动力液经由动力液管柱被强力泵送至井内深处。当这股动力液流经喷嘴时，其速度急剧增加，形成一股高速射流，同时伴随着显著的压力下降。这一现象在喷嘴出口处创造了一个低压区域，如同一个无形的"吸力泵"。井筒中的原油通过专门设计的流道，被这个低压区域所吸引并吸入。在喷嘴附近，原油与动力液迅速混合，形成一股混合流体。随后，这股混合流体进入喉管，开始其向扩散管的流动旅程。在扩散管中，随着流道截面的逐渐扩大，混合流体的流速逐渐降低，而这一过程正是将流体的动能转化为压能的关键步骤。因此，混合液在扩散管中的压力逐渐升高，为其后续的上升提供了强大的驱动力。最终，在压力的作用下，混合液沿着生产管柱的流道，顺利被排送至地面，从而实现抽油的目的。概括来说，水力射流泵的工作原理就是增速减压与减速增压这一流体机械能守恒定律的矿场应用。

五、射流泵采油

水力射流泵，作为一种创新的无杆水力采油装置，其核心在于精妙地运用了射流动力学的原理。通过高压动力液的注入，该泵能够高效地将能量传递给井下的油层产出液，实现原油的抽取与提升。这款装置的设计亮点在于其结构的简约性、安装的便捷性以及出色的耐用性。特别值得一提的是，由于井下无活动部件设计，使得水力射流泵能够轻松应对品质不一的动力液，展现出卓越的适应性。在维护检修时，更无须烦琐的起下油管操作，能极大地提高工作效率，降低维护成本。因此，在全球范围内，水力射流泵在各大油气田中均得到了广泛的应用与推广。

（一）射流泵采油系统

射流泵采油系统是一个综合性的系统，由地面与井下两大部分紧密协作构成。地面部分主要涵盖动力液的供给系统以及产出液的收集与处理系统，确保采油作业的顺利进行。而井下部分则聚焦于动力液与油层产出液在井筒内的流动系统，以及射流泵这一关键设备的运作。值得注意的是，地面部分与井筒内的流动系统在设计上与水力活塞泵开式采油系统存在相似之处，保证了技术的兼容性和操作的便捷性。在井下，动力液被注入后，与油层中产出的原油进行混合，形成混合液。

射流泵这一高效装置，其核心构造简单而精妙，主要包括喷嘴、喉管及扩散管三大部件。喷嘴，作为能量转换的关键枢纽，其作用是将高压动力液蕴含的压力势能转化为液体的高速动能，并在喷嘴出口后端塑造出一个低压区域。这个低压区域吸引油层中产出的液体被吸入。随后，这股被加速至高速且处于低压状态的动力液，与自油层被吸入的原油液体在喉管这一狭窄通道内相遇并相互融合，形成一股混合流体。这一过程中，动力液的高速动能与原油的静态势能交织作用，共同推动着混合流体前行。当混合流体进入截面逐渐增大的扩散管时，流动空间的扩展使得流体的流速自然而然地减缓下来。在这一过程中，流体所携带的动能被巧妙地转化为压力势能，混合液的压力因此得以显著提升。最终，这股压力增强、流速适宜的混合液，在压力的作用下被顺利举升至地面。

射流泵独特之处在于它直接利用流体压能与动能之间的转换来传递能量，无须经过机械能到流体能的中间转换过程，这一特性使其结构显著简化，无运动部件，设计紧凑。因此，射流泵在排量范围上展现出极大的灵活性，特别适用于定向井、水平井及海上丛式井等复杂环境下的流体举升作业。此外，凭借其能够利用动力液的热力及化学特性，射流泵在开采高凝油、稠油及高含蜡油井时展现出独特优势。射流泵灵活的自由安装方式，为检泵操作和泵下测量工作提供了极大的便利。但是，尽管水力射流泵拥有诸多亮点，其效率瓶颈仍是一个不可忽视的问题。具体而言，高压动力液在喷嘴处遭遇的水力阻力损失，以及动力液与油层产出液在混合过程中产生的高湍流混合损失，共同导致了射流泵整体效率不及容积式泵。此外，射流泵的正常运行还需依赖地面动力液系统的配套建设，这一要求不仅增加了其应用的复杂性和条件限制，还相应地提升了成本投入。因此，在常规作业环境下，射流泵的应用范围受到一定程度的制约，需要在实际应用中权衡其优势与局限性。

在特定的动力液压力和流速条件下，动力液被有效地泵送穿过具有特定过流面积的喷嘴。这一过程促使井中的流体在压力和流速的联合作用下，被迅速牵引并加速流向喉管的吸入截面。在喉管内部，井中流体与动力液相遇，并经历一个充分混合的过程，最终形成均匀的混合液。随后，这股混合液在压力的作用下顺利离开喉管，继续其传输路径。进入扩散管阶段后，由于管径逐渐扩张，混合液的流动速度开始逐渐降低，而与此同时，其压力则相应地得到提升。这一过程中，混合液中的动能逐渐被转化为压力能，使得其压力逐渐升高至泵的排出压力水平。这一压力水平足够强大，能够确保混合液顺利地被排出地面，完成其在井下的输送任务。

水力射流泵的排量、扬程取决于喷嘴面积与喉管面积的比值。直径较大的喷嘴和喉管可能会让人联想到更高的排量性能，但实际上，影响射流泵性能的关键变量并非仅仅是这些部件的直径，而是喷嘴面积与喉管面积之间的比值。此比值之所以显得尤为关键，是因为它深刻影响着泵压头与排量之间的和谐共存与动态平衡。就特定过流面积而言，若喷嘴的设计面积被设定为喉管面积的60%，这一精心挑选的组合将缔造出一种独特性能的射流泵：其特点在于较高的压头伴随相对较低的排量。在此情境下，喷嘴喷射流体环绕喉管进入的环形空间显著缩减，这一结构变化直接促使油井流体的流动速率低于动力液的流速。更为关键的是，由于喷嘴传递的能量主要集中于这较低流量的油井流体上，从而实现了高压头的生成。因此，此类射流泵特别适用于需要大幅度提升抽取高度的深井作业，能够高效应对深井抽油中的复杂挑战。当然，选用大尺寸的射流泵能够实现油井流体流量的显著提升。但值得注意的是，无论如何优化，油井流体的实际流量总会受到动力液流量的限制，即其流量始终会小于动力液的流量。反之，若在设计过程中将喷嘴的面积设定为喉管面积的20%，这种配置将显著扩大喷射流周边、供油井流体进入喉管的环形通道面积。但是，这种设计也带来了一个必然的后果：喷嘴喷射流的能量需要被分散到比动力液流量更为庞大的油井产出流体中。由于能量分散，导致形成的压头相对较低。因此，这种设计的射流泵更适用于那些举升高度要求不高、处于较浅地层的油井抽油作业，它能够更有效地适应低举升高度的抽油需求。

通过准备一系列具有不同面积比的喷嘴—喉管组合，能够更加灵活地应对各种流量和举升高度的需求，从而找到最优化的配置。例如，当采用喷嘴—喉管面积比为20%的组合时，虽然可以生产出小于动力液流量的油井产量，但由于高速喷射的动力液与低速流动的油井流体之间产生了显著的高湍流混合损失，这种组合的效率会相对较低。相反，如果尝试使用喷嘴—喉管面积比为60%的组合来生产超过动力液流量的油井产量，虽然油井流体的产量得到了提升，但由于流体需要快速通过相对狭窄的喉管部分，这会导致较大的摩擦阻力损失，同样也会显著降低射流泵的工作效率。要选择最佳的喷嘴—喉管组合，就要在混合损失和摩擦损失之间进行协调处理。

（二）射流泵采油的应用

目前，我国众多油田已步入注水开发的中后期阶段，油井中的含水量显著上升，迫使采油作业转向强化开采模式。然而，油井伴生的出砂问题、高含蜡量以及原油黏度的增加，给采油作业带来了诸多挑战与困难。在此背景下，喷射泵采油技术的引入展现出了其独特的优势。该技术不仅能够灵活应对这些复杂地质条件下的采油需求，还具备投资成本低、运营费用低的特点，因此被视为一种极具发展潜力的抽油方法，为油田的高效、经济开采提供了新的解决方案。

1. 深井

对于泵挂深度超过 2500 m 的深油井而言，由于地层供液能力受限，动液面往往稳定在大约 2200 m 的深度。为了显著增强这类油井的举升效能，需要采取针对性的策略，即优化喷射泵的设计。具体而言，通过精心调整喷嘴出口过流面积与喉管入口过流面积之间的比例，实现泵性能的显著提升。在此配置下，动力液的压力被精确控制在 20 mPa，以确保既能充分利用动力液的能量，又不会因压力过高而带来不必要的能耗或设备负担。通过这样的优化设计，实现油井产液量的显著提升，使其能够达到每天 5 t 以上的高产水平，有效满足深井开采的需求。

2. 稠油井

热动力液在稠油井的生产过程中扮演着至关重要的角色，其通过稀释、伴热、降黏、降凝等多重作用，确保稠油井能够维持正常的生产状态。

3. 强腐蚀性油井

地层液中的高矿化度与高含硫特性，对传统的抽油机生产系统构成了严峻挑战，导致抽油泵、油管及抽油杆等关键部件遭受严重腐蚀，影响了生产效率和设备寿命。为解决这一问题，引入了水力喷射泵系统，并通过精心挑选喷射泵核心部件的材质及优化热处理工艺，实现了对腐蚀问题的有效缓解。

4. 斜井及井身结构复杂的油井

对于斜井及井身结构复杂的油井而言，传统抽油机生产方式面临着一个显著问题：抽油杆在复杂井况下容易发生偏磨，这不仅加速了抽油杆的磨损，还导致了高频率的停产，严重影响了生产效率和油井的经济效益。水力喷射泵作为一种先进的无杆泵系统，展现出了其独特的优势，能够从根本上避免抽油杆偏磨现象的发生。

第二节　稠油油藏开采技术

稠油因其高黏度特性而难以通过常规手段开采。当前业界广泛采用热力采油技术开采稠油，该技术主要基于降低原油黏度、促进岩石与流体热膨胀效应以及利用蒸汽蒸馏原理来提升原油的采收效率。热力采油技术涵盖蒸汽吞吐、蒸汽驱、热水驱及火烧油层等多种方法。尤为值得注意的是，蒸汽吞吐与蒸汽驱等涉及蒸汽注入的技术已成为开采稠油的主流手段，其产量贡献率占据热采总产量的80%以上，彰显出这些技术在稠油开采领域中的核心地位与重要性。

一、稠油分类及开采技术

原油的性质，影响着举升方式的选择和生产参数的确定。稠油的黏度变化范围很大，从百毫帕·秒到几十万毫帕·秒，因此，需要对稠油进行具体的分类。

（一）稠油特性及分类

1982年2月，在第二届国际重油及沥青砂学术会议上提出了统一的定义和分类标准，主要内容如下。

①重质原油和沥青是存在于孔隙介质中的油或类似石油的液体或半固体。

②这种油可以用黏度和密度来表示特性。

③在界定重质原油与沥青砂时，黏度是一个关键指标。若黏度数据不可得，则可采用重度值（以 °API 表示）作为替代标准。

④重质原油的定义基于其物理特性：在原始油藏温度下，脱气后的原油黏度范围介于 100～10 000 mPa·s；或者在标准条件（15.6℃，即60℉，标准大气压）下，其密度位于 934～1000 kg/m³，对应的 API 重度值约为 20°API 或更重。

⑤沥青砂是指那些在原始油藏温度下，脱气后原油黏度超过 10 000 mPa·s 的原油；抑或在标准条件（15.6℃，即60℉，标准大气压）下，密度大于 1000 kg/m³（API 重度值低于20°API）的原油。

⑥对于不符合上述重质原油或沥青砂定义的原油，它们被归类为中质原油或轻质原油。

⑦重质原油及沥青砂的核心构成在于碳氢化合物。这类油品的显著特点是仅含有少量易挥发、便于蒸馏的碳氢成分，相反，它们富含大分子质量的脂族烃与萘烷类碳氢化合物，沥青成分占比较高，并掺杂有氧、氮、硫等元素的化合物。研究指出，在某些情况下，当中质与轻质原油遭遇微生物侵袭时，其中的轻质馏分会显著减少甚至消失。

⑧针对浅埋的沥青砂矿，露天开采技术成为可行的开发方案。而对于那些深埋地下的重质原油及沥青砂矿藏，热力开采法则占据了主导地位，成为主要的开采手段。

我国稠油因其独特的化学成分，展现出低沥青质与金属含量，同时伴随着高胶质含量的特性，这些因素共同作用导致了稠油具有较高的黏度。然而，与之相反的是，其相对密度却保持在较低水平。

（二）稠油开采方法与特点

稠油开采过程中面临两大核心挑战：一个是稠油在油层内流动性极差，导致原油难以自然流入井筒，这一过程需要极高的驱动能量来克服；另一个是油层中气体与水的黏滞指进现象显著，加剧了开采难度，最终影响了采收率。为应对这一难题，国内外普遍采用热处理油层技术，如蒸汽吞吐、蒸汽驱、蒸汽辅助重力泄油以及火烧油层等方法，这些技术通过提高油层温度，降低原油黏度，从而改善其流动性，提升采收效率。此外，即便在油藏温度和压力条件下原油能够流入井筒，但在向上流动过程中，随着温度下降、压力降低以及脱气作用，原油在井筒内的流动性会进一步恶化。这就要求在油井生产过程中维持较高的井底流压以保证原油的顺畅流动。针对这一问题，主要是选取并优化能改善井筒流动条件的工艺技术，如采用改进的常规人工举升方法，通过调整举升设备参数、优化井口设计或采用新型举升技术等手段，来克服原油在井筒内流动性下降的问题，确保油井的高效稳定生产。

二、蒸汽吞吐开采技术

（一）热力采油

其主要机制如下。

1. 降黏作用

高温高压蒸汽蕴含着丰富的潜热与显热能量，这些能量在注入油层后，能显著提升油层的温度，进而改变地层原油的物理性质，特别是大幅度降低地层原油的黏度。随着蒸汽的持续注入，油藏温度逐渐上升，而相比之下，水黏度的降低幅度远小于原油，这种差异优化了水与油之间的流度比，使得油更易于被水驱替，从而提高了整体的驱替效率和波及范围。

此外，原油黏度随温度变化的特性具有可逆性，这一特性在蒸汽驱过程中发挥了关键作用。随着油层温度的上升，原油黏度显著降低，导致原油更容易流动并聚集形成油墙。这一现象在蒸汽驱生产井达到热突破前的阶段尤为明显，表现为油井高产油速度的大幅提升。

2. 热膨胀作用

热膨胀现象在稠油注蒸汽开采过程中扮演着至关重要的角色。随着地层温度的稳步上升，不仅油层中的岩石和原油本身会发生显著的体积膨胀，更为关键的是，注入的蒸汽与随之产生的热水，在物理性质上展现出明显的差异，这种差异进一步促进了采油过程的进行。具体来讲，蒸汽的比容（单位质量所占的体积）远高于热水，这一差距可达数倍乃至数十倍之多。因此，在相同的压力条件下，蒸汽的体积相较于热水会显著增大，其差距可达到几十倍甚至上百倍，从而极大地增加了地层能量，促使油层驱动能量得到有效提升。

3. 蒸汽的蒸馏作用

当蒸汽被注入地层时，它携带的丰富热量使地层内的原油温度显著升高，进而触发了原油的蒸馏效应。这一过程不仅有效扩展了井底蒸汽带的影响范围，还通过产生的物理扰动促使原本滞留在死孔隙中的油液流向相互连通的孔隙，显著增强了驱油效果。此外，随着蒸汽的持续注入，部分原油被转化为轻质馏分，这些凝析出的轻质组分与地层中原始油混合后，能够稀释原油，有效降低其黏度和密度。在这一系列的共同作用下，最终实现提高原油采收率的目标。

4. 蒸汽对矿物及孔隙结构的影响

蒸汽驱扫油带取心井的电镜与薄片分析结果显示，蒸汽注入对岩石的矿物成分及孔隙结构产生了显著影响。具体而言，黏土矿物中高岭石与蒙脱石含量的增加，往往导致油层的渗透能力明显下降。然而，与此同时，矿物间的重新胶结过程又可能重塑岩石的孔隙结构，反而有潜力提升油层的渗流能力。因此，存水率的变化与注蒸汽开采的效果之间存在着紧密的关联，二者相互影响，共同决定着开采的成效。

（二）蒸汽吞吐采油

蒸汽吞吐采油法是一种高效的石油开采技术，其过程涉及向采油井内周期性注入一定量的蒸汽。注汽完成后，油井会被关闭进行一段时间的焖井操作，使蒸汽充分渗透并加热油层，从而提高原油的流动性。焖井结束后，油井重新开启进行生产，直至采油量降至经济效益的临界值，此时便重复上述注汽、焖井、生产的循环过程。由于蒸汽吞吐技术具有见效迅速、操作简便、易于控制且工作灵活等优势，它在国内外油田的研究与应用均取得了显著的进展。

值得注意的是，蒸汽吞吐又被称为单井吞吐采油，这是因为它在同一个油井内既完成蒸汽的注入，也进行原油的开采。在每一个吞吐周期内，该技术可分为 3 个阶段：注汽、焖井和生产。

1. 注汽阶段

高温高压蒸汽由锅炉生成后，通过铺设于地面的管道系统，被精确引导至井口，并沿着井筒深入注入油层之中。此过程的关键在于严格调控 4 个核心参数：控制注汽量、注汽速度、注汽压力和注蒸汽干度，以确保注入过程的高效与安全。

注汽量定义为单位时间内注入油层中蒸汽的总量或质量，是衡量蒸汽注入规模的重要指标。

注汽速度具体指每单位时间（如每小时、每分钟）内注入油层中的蒸汽量，其快慢直接关系到热能在油层中的传递效率和利用率。提高注汽速度能有效降低井筒内的热损失，并减少热能向非目标地层的逸散。在蒸汽注入总量相同的情况下，较快的注汽速度能够扩大对油层的加热范围，从而提高开采效率。然而，这一做法也伴随着挑战：高注汽速度要求更高的注入压力，一旦这一压力超过油层的承受极限，就可能导致油层压裂，不仅损害油层结构，还可能引发汽窜现象和油井出砂等不利后果。因此，在确定注汽速度时，必须全面考虑各种因素，采取辩证思维，力求在保障油层完整性和开采效率之间找到最佳平衡点。

2. 焖井阶段

为了优化蒸汽热能的利用效率，焖井操作至关重要。焖井时长的选择直接影响蒸汽吞吐的效果。如果焖井时间过长，会导致热能过度散失至非目标层或油层深处，进而引起井底附近油层温度显著下降，原油黏度回升，影响开采效率。相反，焖井时间过短则意味着热能未能充分与油层交换，限制了蒸汽热能的有效作用范围，同样不利于吞吐周期的产量提升。

因此，合理的焖井时间需依据现场实际情况灵活调整，通常这一时间范围设定在1~4 d。对于注汽量适中、蒸汽扩散迅速且注入压力相对较低的油井，可适当缩短焖井时间以提高效率。而对于注汽量大、注入压力高且油层渗透率低的油井，则建议适当延长焖井时间，以确保热能充分作用于目标油层，达到最佳开采效果。

3. 生产阶段

焖井阶段完成后，即开启油井进行生产作业。此时，生产方式的选择多种多样，其核心目的在于最大限度地利用已累积的热能，并有效提升吞吐周期的原油产量。

蒸汽吞吐油井在一个完整的吞吐周期内，由于不再向油层补充热能，因此生产特性表现为初期产量较高，随后随着生产时间的延长，油层温度逐渐下降，原油黏度增加，导致油井产量逐渐下滑。此外，对于同一油井而言，不同吞吐周期之间的产量表现也存在差异。具体而言，前两个吞吐周期往往产量较高，这主要得益于油藏初期较高的含油饱和度和油层压力。然而，随着吞吐周期次数的累积，产量会呈现逐渐递减的趋势，且每个周期内的有效生产时间也会相应缩短，反映出油藏能量的逐渐消耗和开采难度的增加。

油井在完成注汽焖井过程后，由于蒸汽主要集中在近井区域，随着热量的逐步传递，蒸汽温度逐渐降低并冷凝为水，这一过程导致油井的含水率发生显著变化。在同一个吞吐周期内，随着生产时间的延长，由于蒸汽冷凝水逐渐被排出，油井的含水率会呈现下降趋势。然而，当对比不同吞吐周期时，在相同的生产时间点上，由于油藏条件的逐渐变化（如油层压力的降低、原油黏度的增加等），油井的含水率却会逐渐升高。这种现象的发生源于周期注汽量的递增趋势，即随着注汽周期次数的增加，每次注入的蒸汽量也逐渐增多，导致油层中的含水饱和度呈现上升的趋势。相应地，油层中的含油饱和度则随着水分的增加而逐渐下降。

三、蒸汽驱开采技术

蒸汽驱开采技术的核心原理在于，当蒸汽被注入油层后，它会在注入井周边迅速形成一个饱和蒸汽区域。随着蒸汽向四周扩散，其前缘会与油藏中的岩石及流体发生热交换，导致蒸汽逐渐冷却并凝结成水，这一过程在油层内形成了一个独特的凝析水带（亦称"热水袋"）。正是在这一系列的物理和化学变化——包括热水驱、直接气驱、原油蒸馏以及溶剂抽提等——的共同作用下，蒸汽驱采油技术能够实现较高的采收率。

在蒸汽驱的实际生产过程中，从最初的蒸汽注入到蒸汽最终突破并淹没油井，整个过程大致可以分为三个阶段。

（一）注汽初始阶段

蒸汽注入油层后，其携带的丰富热能立即被井底邻近的油层高效吸收，促使油层温度迅速上升，并有助于油层压力的稳定回升。但是，在此初期阶段，热能尚未广泛而深入地传播至远离注入点的生产井周边区域，这直接限制了生产井附近原油的流动性，使得油流在通过时仍面临较大的阻力。因此，尽管油层温度和压力有所改善，但油井的产油量却受到这一流动限制的影响，保持在较低水平。

（二）注汽见效阶段

随着蒸汽不断累积注入油层，其能量与热量得到了充分的补充与传递。这一过程中，大量蒸汽携带的热能成功传递至生产井周边区域，有效提升了该区域内原油的温度，进而改善了原油的流动性能，使得原油产量显著增加，标志着注汽措施开始显现成效，生产井也顺利进入高产阶段。在这一高产阶段，若面对的是均质油层，即油层内各部分的物性相对均匀，那么为了进一步提升产油量和蒸汽驱的经济效益，应当增大生产压差；在面对非均质性显著的油藏时，若观察到产油量突然且迅速上升，表明蒸汽可能即将突破油井的屏障。此时，必须给予高度关注并采取相应措施，以防止蒸汽过早地涌入油井内部，从而避免发生汽窜现象。

（三）蒸汽突破阶段

随着时间的推移，油层内的原油逐渐被有效驱替，这一过程中，蒸汽与热水作为驱动力，不断在油层内部向生产井方向推进。当达到某一特定时间点时，蒸汽驱的前端会突破油井的屏障，使得蒸汽、热水以及被它们携带的原油一同被采出。然而，一旦蒸汽突破油井，油汽系统的流动特性将发生显著变化。由于蒸汽的突破，油汽混合物在井筒内的流动阻力急剧减小，这直接导致蒸汽注入所需的压力也迅速降低。更重要的是，蒸汽因其高流动性和低黏度特性，其流动能力远胜于原油，这种差异在蒸汽突破后尤为明显。

在蒸汽驱的三个阶段中，初始阶段相对短暂，而随后的两个阶段则占据较长时间。为了最大化地回收油层孔隙中的原油，提升原油采收率，应不遗余力地采取各种有效措施，延长注汽见效阶段的生产周期。当进入最终的汽窜阶段时，策略需转变为应对蒸汽突破带来的挑战。此时，关闭那些严重产汽的井眼，或暂时关闭采油井一段时间，成为关键措施。这样的操作旨在让蒸汽能够更深入地加热油层中下部的原油，有效缓解蒸汽超覆现象带来的负面影响。随后，再重新开启油井进行生产，以此策略来增强驱油效率，确保原油资源得到更充分的开采。

四、火烧油层开采技术

火烧油层是指向注入井中注入空气，达到一定量后点燃油层，继续向油层注入空气或氧气助燃以形成移动的燃烧前缘，油层中的部分原油会参与燃烧并释放出大量热能，这些热能不仅加热了周围的油层，还通过热传导、对流和辐射等方式，将热量传递给未燃烧区域的原油，使其黏度降低、流动性增强，进而被有效驱替至生产井并被采出。这一过程显著提高了原油的采收效率，尤其是在燃烧前缘直接作用下的区域，除去部分重油因焦化而消耗外，其余原油的驱替效率几乎可以达到100%。但是，由于油层本身存在的非均质性以及气体（如空气或氧气）与原油之间较大的流度比，导致在燃烧过程中气与油的分离作用变得尤为明显。这种分离作用不仅影响了燃烧前缘的均匀推进，还使得燃烧热量难以充分均匀地传递到整个油层，进而降低了火烧油层的波及系数。矿场实践表明，火烧油层的平均采收率约为50%。

火烧油层技术是一种先进的采油方法，它涉及向特定的注入井中注入空气。当空气达到一定的量后，通过点燃油层内的可燃物质，引发持续的燃烧过程。为了维持并推进这一燃烧反应，需继续向油层内注入空气或纯氧作为助燃剂，从而形成一个不断向前推进的燃烧前缘。

（一）火烧油层采油机制

注蒸汽热力采油技术是一种通过外部热源向油层直接注入高温蒸汽，以此方式向油层提供所需热量的技术。与之不同，火烧油层技术则是在油层内部直接点燃并燃烧部分原油，利用这一燃烧过程产生的热量来加热周围的油层，进而达到提高原油采收率的目的。

火烧油层采油技术，作为一种独特的驱替型开采方法，同样依赖于注入井与生产井的协同工作，并需按照特定比例和布局构建井网系统。操作流程的起点是向注入井内泵送空气或纯氧等助燃性气体。此步骤旨在提高油层对注入气体的相对渗透率，确保氧气可以畅通无阻地渗透进油层内部，从而有效支持油层内的燃烧反应。同时，这一操作还能促进燃烧过程中生成的废气被顺利排出油层，为后续的燃烧过程创造更为有利的条件。随后，在油层内部进行点火，持续注入气体以在油层内塑造出一条狭窄而高温的燃烧带，该燃烧带自注入井向生产井方向逐步推进。高温环境下，靠近井眼的原油经历蒸馏与裂化过程，轻质油分以蒸汽形态向前流动，与沿途温度较低的油层岩石及流体进行热交换后冷凝析出；而重质烃类则转化为焦炭，作为持续燃烧的燃料源，不断释放热能以支持采油作业。与此同时，燃烧产生的热废气在流动过程中也起到加热油层、提升原油流动性的作用，进而促进原油的驱替。废气中的水蒸气及油层原有的水分在推进途中冷凝，形成所谓的"热水袋"，这些热水与蒸汽共同作用于油层，增强了蒸汽驱与热水驱的采油效果。此外，在燃烧前缘的推进过程中，废气、水蒸气、气相烃类以及凝析油之间还可能发生局部混相现象，这种混相作用进一步提升了驱油效率。只要保持足够的残碳量、温度及氧气供应，燃烧过程就能持续进行，推动燃烧前缘不断向生产井方向延伸，从而实现高效采油。

（二）火烧油层开采工艺

1. 正燃法

火烧油层技术中，广泛采用的是正燃法，此法特点在于燃烧前缘自注入井起始，并向生产井方向逐渐推进，此推进路径与注入空气的自然流动方向相吻合。正燃法的实施前提在于，未经热处理的原始含油带中的原油，在油层自然条件下需具备流动性。这一要求间接设定了原油黏度的上限，限制了正燃法在极高黏度油层中的直接应用。

2. 逆燃法

为了突破原油黏度限制，针对特稠原油的开采，火烧油层技术衍生出了逆燃法。逆燃法的核心在于燃烧前缘的推进方向与常规流体流动方向相逆，即燃烧过程从生产井反向推进至注入井。此过程中，蒸发形成的油气、水蒸气及燃烧废气作为驱动力，将原油从已加热、黏度大幅降低（可至原黏度的千分之一以下）的油层区域推向生产井，使得原本难以通过其他手段开采的特稠原油也能得到有效开采。

其工艺流程为：首先，在预定的生产井中注入空气，并点燃油层以启动燃烧过程，此阶段燃烧将沿油层进行一段短距离后暂停，随后停止向该井注入空气；紧接着，转向对应的注入井进行空气注入，此时，原本用于点火的井则转变为生产井，负责收集并采出因油层燃烧而驱动出的原油。逆燃法的采收率可达 50%，但需要的空气量是正燃法的两倍甚至更多。

为了有效地利用热能，火烧油层方法中提出了湿式燃烧法，它是正燃法的改型。在正向燃烧过程中，为了更有效地传递热能并扩大其影响范围，会采取同时或交替的方式向油层中注入空气和水。当水流经已燃烧的区域时，它会部分或完全汽化，随后这些水蒸气会穿越燃烧前缘，将所携带的热能传递至燃烧前缘前方的油层区域。这一过程不仅能促进热能的均匀分布，还能显著扩大热能对油层的影响范围，提高原油的采收效率。

五、稠油出砂冷采技术

稠油出砂冷采在加拿大及委内瑞拉等国家是一种较为普遍的稠油开采方式，其开采理念与核心机制已获得业界的广泛认可与共识，即摒弃传统的注热与防砂措施，转而依赖螺杆泵的强大功能，直接将原油与伴随的砂粒一同采出地面。这种创新方法之所以能够实现高产，主要得益于两大核心开采机制：①形成了"蚯蚓洞"，显著增强了油层的渗透率；②形成了泡沫油，给原油提供了内部驱动能量。

这种开采方式最为显著的优势在于其低开采成本、高产出量以及相对较小的风险，使其成为胶结疏松稠油油藏的理想选择。国外丰富的矿场实践经验已充分验证，采用稠油出砂冷采技术，日产量可稳定维持在 $10 \sim 40 \text{ m}^3$，而单位原油的开采成本则能控制在约 4.5 美元/桶的较低水平，展现出了极高的经济效益和开发潜力。出砂冷采技术已经在稠油油藏的商业化开采中取得了显著的成功，这充分证明了其在实际应用中的可行性和有效性。随着科学技术的不断进步与创新，出砂冷采技术将会持续得到优化和完善，其性能与效率将进一步提升。

（一）排砂生产技术及应用条件

稠油出砂冷采技术的成功应用，与以下几个关键因素紧密相连．①由于油层岩石胶结较为疏松，高黏度的稠油在流动过程中能够自然地将砂粒携带出来，减少了人工干预的需求，同时也为油层内部结构的改变创造了条件。②随着开采过程的进行，大量砂粒被原油携带至地表，这一过程中，能油层内部逐渐形成所谓的"蚯蚓洞"（一种地层中的特殊结构）。这些孔洞不仅能为原油的流动提供更多的通道，还能显著增加油层的孔隙度和渗透率。③原油中溶解的一定量气体不仅能作为原油流动的驱动力，促进原油的流动，还起到降低原油黏度的效果，使得原油的输送更为顺畅。④这些溶解气与原油以饱油状共同产出，有助于维持"蚯蚓洞"的稳定性，防止地层原油因脱气而带来的不利影响，从而延长油井的稳定生产时间。⑤油藏中的边底水也扮演着重要角色，它们能为原油的开采提供额外的驱动能量。

稠油出砂冷采技术因其独特的开采机制，特别适用于那些地质结构胶结疏松、富含稠油的油藏。基于稠油出砂冷采技术的室内机制实验深入研究，并结合国内外广泛应用的现场实践经验，可以对油藏的各项关键参数进行定性的分析与评估，从而制定出科学合理的油藏筛选标准。

1. 油藏埋深

从出砂冷采技术的采油原理出发，为确保有效开采，油藏的埋藏深度应设定在 300 m 以上。这是因为出砂冷采本质上是一种基于地层能量自然衰竭的开采方式，若油层过浅，则地层自然能量不足以支持持续的油气产出，容易导致开采效率低下。至于油层深度的上限，其设定主要依赖于举升技术的先进性。特别是当采用井下驱动螺杆泵这类高效举升设备时，由于其对油层压力变化的适应性更强，能够有效提升深层油气的开采效率，因此可以相应放宽对油层深度上限的要求，使得更深层的油气资源得以经济有效地开发。

2. 油层厚度

通常情况下，油层厚度的不足会直接影响开采的经济效益。较薄的油层不仅限制了可开采的原油储量，还增加了单位体积油层开采的成本，导致整体经济效益不佳。此外，油层厚度的限制也阻碍了"蚯蚓洞"网络的有效形成。因此，油层过薄将不利于这一自然过程的进行，影响开采效率。基于上述考虑，通常认为出砂冷采技术适用的油层厚度应大于3m，以确保开采的经济性和技术可行性。

3. 油层压力

在出砂冷采技术的应用中，一个关键的前提是依赖于地层自身的能量。因此，普遍认为初始油层压力应保持在一个相对较高的水平，以确保开采过程的有效进行。较高的初始油层压力不仅意味着更充足的能量储备，有利于原油的顺利采出，还能够在开采过程中促进更大的压力降。这种压力降的产生对于出砂冷采技术尤为重要，因为它有助于砂粒的松动与携带，同时也有利于泡沫油的形成。

4. 原油黏度与密度

原油的黏度特性在出砂冷采技术中扮演着至关重要的角色，它直接影响着原油的携砂能力和泡沫油的稳定性。通常而言，原油的黏度越高，其携砂能力就越强，这意味着在开采过程中，高黏度的原油能够更有效地将砂粒携带至地表，同时也有助于形成更稳定的泡沫油。然而，过高的黏度也会带来挑战，因为它可能导致原油失去流动性，增加开采难度，并且高黏度原油通常含气量较少。同时，原油的重度（通常以API重度表示）也是影响泡沫油稳定性的一个重要因素。API重度越低，意味着原油越重，油气间的界面张力就越高，导致临界气饱和度提升，即需要更多的气体才能形成稳定的泡沫油。根据国内外出砂冷采技术的实际应用情况，适用于该技术的油藏的脱气原油黏度大致分布在1000~50 000 mPa·s的范围内，而脱气原油的密度则通常在0.92~0.98 g/cm³。

5. 原始溶解气油比

普遍观点认为，对于采用出砂冷采技术的稠油油藏而言，其内部应含有一定量的溶解气。这些溶解气在地层中能够促成稳定的泡沫油形成，进而实现原油的体积膨胀。这一过程不仅作为有效的驱动能量来源，促进原油的流动，还能显著提高油藏的采收效率。

6. 黏土胶结物含量

油层中黏土胶结物的含量如果较低，那么油层的胶结程度就会相对疏松，这样的结构特性更容易导致在开采过程中出现出砂现象。

7. 初期含水量与底水

在初期阶段，理想的含水率应低于40%，因为随着含水率的上升，携砂采油的效果会逐渐减弱，即携砂采油的能力会下降。底水的存在具有双重效应：一方面，它能为原油的开采提供内部的驱动力，有助于原油的流动；另一方面，若底水不慎涌入井筒，则会直接导致出砂冷采作业无法进行，对生产造成不利影响。

8. 稠油出砂冷采所适用的开发阶段

普遍认为，该技术最适宜应用于尚未开发的新区或是老区中的新层系。然而，值得注意的是，即便在老区，国外也有成功应用此技术的案例。在我国，河南油田曾尝试过从蒸汽吞吐转为出砂冷采的现场试验，遗憾的是，由于前期蒸汽吞吐的频繁实施，导致油层压力显著下降，这一变化对出砂冷采的试验效果产生了不利影响，使得试验并未达到理想状态。因此，选用蒸汽吞吐后转冷采的油藏时要注意其衰竭程度。

（二）排砂生产工艺

出砂冷采技术广泛适用于众多稠油油藏环境，然而，该技术的实施成效高度依赖于所采用的工艺技术手段的合理性与先进性。

1. 完井

由于考虑到出砂冷采后的接替开采技术，以及高密度射孔的要求，出砂冷采井通常遵循套管完井的标准流程，其中包括在环空内注入水泥以完成固井作业，确保水泥层上返至地表，而油井在开采过程中则不采取任何特定的防砂措施。

2. 射孔

稠油出砂冷采井在设计时，会特别采用大孔径、深穿透、高密度的射孔技术，旨在通过激励地层出砂来有效提升油井产量。具体而言，孔径通常设定在 25 mm 以上，预防射孔孔道末端因砂堵而形成砂桥，从而有利于"蚯蚓洞"（地层内因出砂而形成的通道）的自然形成与发展。同时，采用高能量射孔炮弹以实现深穿透，确保孔道末端的压力梯度显著增加，进一步促进出砂效应，穿透深度需达到 600 mm 以上。基于地质力学分析的结果，蚯蚓洞的形成与扩展主要沿着射孔孔道的方向进行，因此，蚯蚓洞的数量直接受到射孔密度的影响。为了最优化油层的出砂效率，从而诱发形成更密集的蚯蚓洞网络，出砂冷采井的射孔设计被精细调控，每米井段上的射孔数量被设定为 25~40 孔，这样的布局旨在达到最佳的出砂诱导效果和增强油井生产能力。在选择射孔井段时，关键是要确保不会穿透相邻的水层或气层，以防止"蚯蚓洞"不必要地延伸至这些非目标区域。为实现这一目标，通常采用的做法是避开井筒底部或顶部数米的范围进行射孔，以确保作业的安全性和有效性。

3. 地面驱动系统

螺杆泵的地面驱动系统是一个集成化设计，主要由马达、减速器和驱动头三大核心部件构成。在这一系统中，马达作为动力源，具备多样化的选择，包括电动马达、内燃机以及液压马达，以满足不同工况下的动力需求。减速器则负责将马达输出的动力进行减速处理，以适应螺杆泵的工作特性。减速器的类型同样丰富多样，既有传统的固定转速减速器，也有适应更广泛工作条件的可变转速减速器。减速器的种类繁多，其中包括齿动减速器、皮带轮动减速器、变频减速器以及液压变速减速器等。同时，驱动头作为地面驱动系统的核心组件，同样展现出多样化的传动方式，以满足不同的应用需求。

4. 螺杆泵

在稠油出砂冷采工艺中，广泛采用螺杆泵进行生产作业，这主要是因为螺杆泵对油井出砂情况具有出色的适应性。螺杆泵的级数是其技术特性的一个重要指标，它直接关联到泵能够承受的最大压差。具体而言，螺杆泵的级数多，意味着其结构设计和材料选择更为复杂与强化，从而能够更有效地抵抗并承受更大的压差。在出砂冷采作业中，普遍推荐选用排量范围在 20～40 m³/d 的螺杆泵，这类大排量泵能够更好地满足开采需求。同时，其地面驱动配套设备也需要进行相应的升级与匹配，以应对因排量增大而导致的扭矩增加，从而保证整个系统的协调性和可靠性。

5. 抽油杆和油管

螺杆泵通常配备使用大直径的抽油杆，其直径达到 25.4 mm，以匹配直径为 88.9 mm 的油管，这样的配置有助于提升泵送效率和稳定性。

6. 降黏措施

针对超（特）稠油的出砂冷采作业，常通过向井内注入降黏剂或掺混轻油的方式来优化井筒内的流动特性，从而改善开采效率。在启动螺杆泵之前，会预先向泵内注入大量轻质油，以降低初始启动时的阻力。若生产过程中出现产砂量激增或砂粒在井筒内沉积，影响正常生产时，会采取向环形空间注入原油的策略，利用原油的流动性悬浮并携带出砂粒，以此稳定油井的生产状态。相比之下，普通稠油的出砂冷采过程则较为直接，通常无须额外添加降黏剂或轻油。这是因为对于普通稠油而言，其黏度已经处于相对较低的水平，若再进一步降低黏度，可能会削弱流体对砂粒的携带能力，反而不利于出砂冷采的效果。

7. 地面集输及处理

（1）井口集输方法

出砂冷采要在井口进行脱砂处理，以防止含砂量高的产出液对集输管网造成堵塞。做法是在井口处安装一个大型储罐，以便将开采出的流体直接导入其中。该储罐内部配备有 U 形加热管，通过加热作用对流体进行初步处理，使其中的砂粒沉降下来。经过这样的加热沉砂处理后，得到的乳状液随后被输送至集输站，如果单井产量较高，井口也可串接两到三个大罐，经多级脱砂处理后再将产出液泵送至管网。

（2）井口管网

在油管头与大罐之间的连接设计中，应当优先采用粗管线和具有较大弯度的连接方式，以确保流体顺畅传输并减少阻力。具体而言，推荐使用外径为 88.9 mm 的粗管线，并通过形成 135° 的弯度进行连接。

（3）油砂处理方法

在稠油出砂冷采的初期阶段，产出液中砂粒的含量可达到 20%～60%，这一高含砂特性构成了出砂冷采技术面临的重要挑战之一。为此，稠油出砂冷采井普遍在地面配置了专门的储罐系统。当产出流体进入储罐后，由于脱气和重力分异作用，流体中的各组分会在储罐内自然分层，形成由上至下依次为气体层、原油层、黏稠混合物层、水层及砂层的结构。储罐的设计充分考虑了这些分层特性，分别设置了放空、输油和输水管线，以便有效分离并输送油、气、水等组分。在油、气、水被有效移除后，储罐底部会积聚剩余的砂粒和黏稠混合物。这些黏稠混合物实际上是一种复杂的乳化体系，由原油、富含泥质与粉砂质微粒的土壤以及水混合而成，其中还包含大量具有强表面活性和高黏度的多糖分子，使得体系更加难以处理。针对这些残留物，通常采用真空抽提技术从储罐底部进行抽取。值得注意的是，抽取出的砂子中往往还附着有 1%～5% 的稠油，这进一步增加了处理的复杂性。从环境保护的角度出发，对产出的砂粒和黏稠混合物进行妥善处理显得尤为重要，以避免对环境造成不良影响。

六、深层常规稠油举升技术

针对深层稠油油藏，通过实施创新的采油方法并结合有效的降黏技术手段，成功地实现了显著的开采成效，大幅提升了这类难以开采油藏的开发效率与经济效益。通过热力、化学、掺轻烃稀释等措施，可以使井筒中流体保持较低的黏度，显著降低井筒内的流动阻力，减轻抽油设备因高黏度流体而面临的运行压力和不适应性，提升深层稠油油藏的开发效率与效果，确保开采过程更加顺畅和经济。

（一）井筒加热技术

电加热降黏工艺技术主要是针对稠油黏度对温度敏感的特性，利用电热杆或伴热电缆，将电能高效地转化为热能，进而提升井筒内生产流体的温度。随着温度的升高，流体的黏度会相应降低，流动性得到显著改善。

1. 电热杆泵上加热采油工艺

该设备的工作原理是，通过悬接器将交流电输送至电热杆的末端，进而对空心抽油杆的本体进行加热。随着热量的传递，井筒内生产流体的温度得以提升，进而降低了其黏度，有效改善了井筒内流体的流动性，确保了开采过程的顺畅进行。

2. 电热杆过泵加热采油工艺

在电加热降黏技术的工艺规划过程中，核心要素在于精准设定加热深度与加热功率这两项关键参数。加热深度的确定需综合考虑井筒内生产流体的温度分布、黏度变化以及流动行为特性，确保加热效应能够精准作用于流体黏度改善的关键区域。至于加热功率的选定，则直接关联于期望达到的温度提升幅度，旨在通过优化设计实现生产流体黏度的显著降低与流动性的显著提升。在此过程中，还需秉持经济性与环保性的原则，既要考虑满足油井特定条件下的生产需求，又要力求节约材料消耗与能源消耗。因此，针对每口油井的具体状况，需进行细致分析与计算，以确定最为合理的加热深度与经济高效的加热功率。

两种电热杆加热举升技术显著地提升了井筒内流体的温度，并有效降低了稠油的黏度，其效果直接受到稠油对温度敏感程度的影响。然而，尽管这种方法在降黏方面表现出色，但其降低黏度的幅度通常不及稀释和乳化降黏技术那样显著。

（二）井筒掺稀油和掺化学剂降黏技术

1. 掺稀油井筒降黏技术

采用掺稀油的方式对稠油进行稀释，可以显著地降低其黏度。这一过程中，多个因素共同作用于降黏效果，其中掺入稀油的比例直接决定了稠油被稀释的程度。此外，掺入时的温度会影响稀油与稠油之间的混合效果及化学反应速率。再者，混合效率的高低也直接影响降黏的最终结果。通常来讲，随着稀油掺入比例的增加、掺入温度的升高以及混合时间的延长，降黏效果会相应增强。然而，从经济性的角度出发，特别是考虑到举升成本，需要找到一个平衡点，以最小的稀释比实现最佳的降黏效果。经过实践验证，当稀油与稠油的比例达到 3∶7 时，可以在有效控制成本的同时，获得令人满意的降黏效果。

按照原油的黏温关系式进行估算，当原油在地面经过脱气脱水处理后，其在50℃条件下的黏度高达10 110 mPa·s；而温度升至80℃时，黏度则显著降低至560.1 mPa·s。这一变化表明，在30℃～80℃的广泛温度范围内，原油展现出较高的黏度特性。鉴于吐玉克油层中部的实测温度为76.69℃，这一温度接近但低于原油黏度显著下降的临界温度80℃。因此，在井筒流体的自然流动过程中，若缺乏任何提升井筒温度的技术措施，那么井筒内流体的温度很可能下降至80℃以下。在此温度环境下，原油会展现出其固有的高黏度特性，对流动性能造成不利影响。

2. 掺化学剂降黏技术

将地面脱气原油与特定化学剂混合后，展现出卓越的降黏性能，基于此特性，可采用井筒内掺入化学剂的工艺来显著改善井筒内流体的流动状况，从而提高开采效率。井筒内无论是掺入稀油还是化学剂，均能实现显著的降黏效果。具体来说，井筒化学降黏工艺涵盖两种主要方式：一种是通过油套环空掺入化学剂，另一种是利用空心杆系统掺入化学剂。

3. 井筒掺液降黏工艺

油套环空掺液降黏工艺是一种创新的降黏技术，它通过在油管柱的特定位置安装封隔器和单流阀来实现。在这一工艺中，预先配制好的降黏溶液被精确地通过油管柱上的单流阀注入，与油管内部流动的原油充分混合。这种混合过程能够显著降低原油的黏度，改善其流动性，从而提高开采效率和经济效益。根据单流阀与抽油泵的相对安装位置，该工艺可细分为泵上降黏（在抽油泵上方进行溶液掺入）和泵下降黏（在抽油泵下方进行溶液掺入）两种方式。

空心杆掺液降黏工艺是一种利用空心抽油杆的特殊设计来注入稀油或化学剂的降黏方法。在此过程中，稀油和化学剂被直接注入空心杆内，随后通过位于空心杆底部的单流阀释放，进入油管与原油混合，实现降黏效果。同样地，按照掺入点相对于抽油泵的位置，空心杆掺稀油和化学剂的技术也区分为泵上掺液降黏（掺入点在抽油泵上方）和泵下掺液降黏（掺入点在抽油泵下方）两种方式。

掺化学剂时，其浓度的控制至关重要。若浓度过低，则无法有效形成水包油型乳状液，从而无法达到预期的降黏效果。相反，若浓度过高，虽然理论上可能进一步降低乳状液的黏度，但实际上降低的幅度有限，而与此同时，采油成本却会显著增加，从经济角度来看并不划算。更为严重的是，某些化学药剂在高浓度条件下，反而容易促使形成油包水型乳状液，这种乳状液的结构特性可能导致原油的黏度不降反升，完全违背了降黏的初衷。温度对于已经形成的乳状液黏度来说，其直接影响相对较小，但它却对乳化过程的效果起着关键作用。具体而言，随着温度的上升，乳化剂的活性增强，乳化作用更为充分。水液比作为活性水与产出液总量之间的一个重要比例关系，对乳状液的性质和油井的生产性能具有深远影响。水液比的优化还能够有效调节油井的产油量，提高生产效率和经济效益。

掺稀油时，掺入量越大，成本越高，可根据室内实验结果确定掺入比。井筒掺稀油降黏工艺技术与化学降黏工艺技术相似。

实施井筒掺稀油或注入化学剂的工艺，旨在改善井筒内的流体流动条件，这一效果主要体现在流体与掺入液充分混合并成功降黏之后。然而，在油井生产的初始阶段，由于井筒中的原油尚未与掺入液完全融合，流体的流动性可能仍然较差，呈现出原有的高黏度特征。因此，在这一过渡时期，必须采取额外的工艺措施来启动流体流动，待稳定后上述分析结果才能指导生产。

第三节　疏松砂岩油藏开采技术

我国的疏松砂岩油藏不仅分布广泛、储量丰富，而且在石油总产量中占据举足轻重的地位，因此，针对这些油藏特性深入研究并发展高效的油井防砂技术，对于推动我国石油工业的持续发展具有不可估量的重要意义。

一、油层出砂原因及出砂预测技术

准确判断油层是否出砂，是选定适宜完井方式、实现油田经济高效开采的关键前提。为此，需深入理解影响出砂的多种因素、掌握出砂的具体机制，并评估出砂预测方法的精确度。通过透彻分析油田的出砂机制与规律，能够制定出既科学又合理的生产作业规范，以及行之有效的防砂措施，这对于保障油田稳定生产、延长开采周期具有极其重要的意义。

（一）油层出砂原因

油层出砂的影响因素大致可归纳为地质、开采和完井三大类别。首先，地质因素源自地层与油藏的自然属性，如构造应力、沉积相、岩石颗粒的物理特性（大小、形状）、岩矿组成、胶结物质及其牢固程度，以及流体的类型与性质等，这些因素在油藏形成之初即已确定，但开采过程中的生产条件变化仍可能对岩石与流体状态产生影响，进而间接作用于油层出砂的程度。其次，开采与完井因素则更多地关联于人为操作与生产条件的调整。这些因素，如油层压力与生产压差、流体流速、多相流动特性及相对渗透率、毛细管效应、射孔作业的具体参数、地层可能遭受的损害、含水率的变化以及日常的生产操作等，均直接作用于出砂过程，且多数属于可调控范畴。通过深入探究这些因素与出砂现象之间的内在联系，可以有针对性地优化生产条件，采取有效措施来预防或减轻出砂问题。

1. 地质因素

（1）构造应力的影响

根据岩石力学的原理，可以明确一个现象：在疏松砂岩地层中，钻井作业完成后，井壁周边往往会形成一个塑性变形区。这一现象在断层邻近区域及地质结构错综复杂的地带尤为凸显，这些区域由于原生构造应力的高度集中，已促使岩石内部骨架发生部分瓦解，自然形成了密集的节理与微裂隙。这一地质过程不仅加剧了岩石结构的复杂性，还显著削弱了岩石的剪切强度。简单来讲，这些区域构成了地层中的"软肋"，不仅强度最弱，也是出砂现象最为频发和严重的地带。具体而言，断层附近或其顶部的区域往往成为出砂最为显著和剧烈的地带。相反，那些远离断层且位于构造较低部位的区域，由于受到的构造应力相对较小，岩石结构相对紧实，因此出砂现象显得较为缓和。这一规律在胜利、中原等众多油田的实际勘探开发中得到了广泛验证。鉴于上述分析，在制定和执行防砂治砂策略时，必须特别关注这些易出砂的高风险区域，采取全面且有针对性的防范措施，以确保油田生产的顺利进行和长期效益的实现。

（2）颗粒胶结性质

颗粒间的胶结程度是决定地层出砂状况的核心要素之一，而胶结性能的优劣则紧密关联于地层的埋藏深度、胶结物的种类与数量、胶结方式的选择以及颗粒的尺寸与形状等多方面因素。地层岩石的强度，作为一个关键的物理量，直接反映了胶结程度的强弱。

通常情况下，地层埋深越深，所经历的压实作用就越强，这直接导致地层岩石的强度相应提升，从而增强了其抵抗外力破坏的能力，降低了出砂的风险。相反，若地层埋藏较浅，压实作用相对较弱，岩石强度则可能较低，这正是浅层第三系油气藏易于发生出砂现象的一个重要原因。

砂岩地层中胶结物的类型对出砂现象具有显著影响。具体而言，钙质胶结的砂岩地层由于钙质胶结物的强化作用，展现出较高的地层强度，因此相对不易出砂。相反，泥质胶结的砂岩由于泥质胶结物提供的结合力较弱，地层强度较低，从而更容易发生出砂现象。在胶结方式中，孔隙式胶结以其卓越的性能脱颖而出，展现出最佳的胶结强度。相比之下，孔隙—接触式及接触式的胶结方式，其强度相对较低。此外，颗粒的物理特性，如大小、形状及分选性，也对胶结强度产生显著影响。具体而言，细小的、分选性较差且带有棱角的颗粒往往能够形成较为牢固的胶结，这是因为它们之间的接触面积更大且形状不规则，有利于增强相互之间的锁固作用。相反，粗大的、分选性良好的圆颗粒，由于其接触面积相对较小且形状圆滑，导致它们之间的胶结相对较弱。

胶结物的性质在油层出砂问题中扮演着至关重要的角色，不同类型的胶结物如硅质、钙质、铁质及泥质等，对地层强度的贡献各不相同。其中，硅质胶结以其极高的强度著称，而泥质胶结则相对脆弱，容易导致地层稳定性下降。

在特定地质条件下，当砂岩颗粒间呈现点接触状态，并且油层经历的压实作用不够强烈时，地层倾向于形成接触式的胶结类型。这种胶结方式下，黏土矿物成为关键的胶结物质，这些地层特性共同构成了地层易于出砂的内在基础条件。

从岩石力学的视角深入剖析，地层的胶结性质对岩石颗粒所固有的剪切强度具有决定性影响。具体而言，较弱的胶结性质往往导致地层强度偏低，这是地层出砂现象发生的主要内在驱动力。

（3）流体性质

油相饱和度的变化对胶结质量有着直接的影响。含油饱和度提升时，胶结效果往往更佳，因为油相颗粒之间的界面张力较大，有助于颗粒间的紧密连接；相反，含油饱和度降低则会导致胶结程度减弱。同时，原油的黏度也是影响胶结强度的一个关键因素，稠油因其较高的黏度而使得毛细管作用力相对较小，不及稀油那般显著。

此外，毛细管作用力的强弱还受到颗粒表面润湿性的调控。若颗粒表面表现出强亲水性，则它们更易于与水分子形成牢固结合，这种结合增强了颗粒间的内聚力，从而对胶结性能产生积极的影响。

2. 开采因素

（1）地层压降及生产压差对出砂的影响

油藏上覆岩层的压力维持在一个平衡状态，这一平衡是由孔隙内流体所承受的压力与岩石基质本身的强度共同作用的结果。然而，在油气开采过程中，随着油气的不断被采出，油藏内部的压力通常会经历一个逐渐降低的过程。特别是当采用衰竭式开采方式时，由于主要依赖地层自身的能量进行开采，缺乏外部能量的补充，油藏内部的压力会经历一个更为急剧的下降过程。由于上覆岩层的压力保持不变，这种压力差异会导致岩石颗粒承受的力逐渐增大。一旦这种力超出了地层的固有强度极限，岩石骨架的结构将遭受破坏，随后，在油藏内部液体流动的作用下，被破坏的地层颗粒会被携带至井底，从而引发出砂现象。

油藏压力的显著下降对地层出砂现象有着多方面的不利影响。首先，过大的压力降幅会增大岩石颗粒所承受的负荷，超出其承受能力时，岩石便可能发生剪切破坏，从而引发地层的大规模出砂。其次，当油藏压力降至原油饱和压力以下时，地层内将发生脱气现象，形成油气两相流动状态。这种相态变化会显著降低地层对油相的渗透率，同时脱气过程还会导致原油黏度增加，两者共同作用增加了油流在地层中的流动阻力。为了维持既定的产量水平，生产者不得不提高生产压差，而这将进一步加剧地层的出砂状况。此外，油层压力的下降通常伴随着边水、底水或注入水的侵入，导致地层内形成复杂的油、气、水多相流动体系。这种多相流的存在同样会急剧降低油相的渗透率，迫使生产者增大生产压差以维持产量稳定。然而，这种操作无疑会加剧地层的出砂问题，形成恶性循环。

（2）流速对出砂的影响

在简化的炮孔模型中，将其视为圆柱与半球形的结合体，其中炮孔的前端为圆柱形态，而顶端则呈现半球状。炮孔半球形顶端的流体压力梯度相较于圆柱前端更为显著，因此更易于受到破坏，特别是在岩石遵循 Mohr-Coulomb 破坏准则的条件下。

针对疏松砂岩这类易于出砂的地层，速敏现象尤为突出。实验观察发现，当油层内的流体流速保持在临界流速以下时，尽管微粒会发生一定程度的运移，但它们倾向于在炮孔入口处自发形成"砂拱"。这种砂拱结构具有一定的稳定性，能够有效阻止进一步的出砂现象。然而，随着流速逐渐提升，砂拱的尺寸会相应增大，但其稳定性却逐渐降低（砂拱越小，其稳定性越高）。当流速增加到一定程度，砂拱的平衡状态将被彻底打破，无法再形成新的有效阻挡，导致砂粒能够自由流入井筒，从而引发明显的出砂现象。

若流速继续增大，其直接后果将是出砂现象的进一步加剧。实验数据表明，在某一特定的流速范围内，出砂量与流速之间呈现线性增长的关系，即流速的增加直接导致出砂量的显著增加。

（3）含水量上升或注水对出砂的影响

含水量的变化对地层出砂的影响可综合归纳为以下几个关键方面。随着含水量的上升，地层颗粒间的原始毛细管力显著下降，这一变化削弱了颗粒间的相互吸引力，进而导致地层整体强度降低。水的作用使地层中的胶结物（尤其是蒙脱石等黏土矿物）发生溶解、膨胀并分散，这一过程严重破坏了地层的内部结构，极大地降低了地层的固有强度。注水过程中，水流对地层产生持续的冲刷作用，这种物理作用不仅加速了地层颗粒的松动，还促进了颗粒间的分离，进一步削弱了地层的稳定性，增加了出砂的风险。

从岩石力学的视角分析，注水操作不可避免地导致油层强度的下降。具体而言，含水量的增加直接削弱了地层的内聚力，这是地层原始强度降低的直接原因。同时，注水过程中的反复冲刷对岩石产生了拉伸应力，这种应力作用逐渐累积，最终导致岩石发生拉伸破坏，加剧了地层的出砂现象。

（4）蒸汽吞吐开采对出砂的影响

蒸汽开采技术在油气资源开发中，对地层出砂的影响极为显著，其背后的岩石破坏机制复杂而深远。具体而言，蒸汽开采对岩石的破坏作用主要体现在以下几个方面。首先，蒸汽的冲刷效应对岩石构成了强烈的、持续性的拉伸破坏。由于蒸汽具有远高于常规流体的线流速度，其产生的动力效应对岩石颗粒间的连接产生了巨大的拉伸力，这种力量远超液体的作用效果，加速了岩石结构的破坏。其次，在蒸汽注入过程中，蒸汽与地层流体之间的温差和压力差，形成了显著的高压梯度。这种高压差在井筒周围产生了强烈的剪切应力，对岩石施加了巨大的剪切力，导致岩石发生形变，甚至发生剪切破坏。这种破坏作用的影响范围主要被限制在井筒的周边区域，确保了破坏的局部性和可控性。此外，蒸汽还通过溶蚀作用对岩石颗粒产生了间接破坏。蒸汽中的水分能够溶解岩石颗粒间的胶结物质，降低了岩石的胶结强度，使得岩石颗粒更易于分离和移动。

3. 完井因素

在此情境中，几何形状因素是一个综合性的考量，它涵盖井眼的具体尺寸、井身的倾斜程度，以及射孔作业时的各项条件，如射孔的方位、相位角设置、布孔的具体格式（如排列方式）、孔洞的密度以及孔径大小等。这些因素共同与油层相连，构建起了油液流动的通道网络。因此，它们对于油井生产过程中的出砂现象具有不可忽视的影响。

（1）射孔孔道充填物对地层出砂的影响

油流在通过弹孔时所遭遇的阻力大小，深受弹孔尺寸的直接影响，并且这种阻力还紧密关联于弹孔内部充填物的渗透率特性。具体来讲，孔内充填物的渗透率成为调控弹孔压降的核心要素：高渗透率意味着流体通过时遇到的阻力小，压降自然降低；当弹孔处于完全无阻状态，阻力达到最小值；反之，低渗透率会导致显著的压降增加，极端情况下甚至造成完全堵塞。这一理解对于疏松且易于出砂的地层非常重要。在射孔作业结束后，由于枪弹碎片、残余碎屑以及地层微粒的存在，弹孔内部往往出现不完全清理的情况，导致局部区域发生堵塞。这种堵塞现象直接增大了流体在通过弹孔时的流动阻力，成为影响流体顺畅流动的一个不可忽视的因素。值得注意的是，弹孔压降在生产压差中占据了主导地位，其贡献比例高达约80%，所以，采取积极措施以减轻或消除这种堵塞显得尤为关键。常见的解决方案包括采用弹孔清洗、反冲洗以及负压射孔等工艺技术，确保弹孔畅通无阻，这对于减缓地层出砂（在缺乏额外防砂措施的情况下）具有积极意义。即便实施了防砂措施，保持弹孔的畅通无阻同样至关重要。这是因为畅通的弹孔为向孔内注入高渗透率充填材料（如砾石）提供了可能，这些材料不仅能强化孔壁的稳定性，还能为地层预充填创造更广阔的空间和流畅的流动通道，从而进一步优化生产效率和安全性。

（2）射孔参数对地层出砂的影响

弹孔流道面积是影响弹孔压降的关键因素。针对单个弹孔，增大孔径是提升流道面积的有效途径；而对于整个井段，则需通过增加孔密来扩大整体的流道面积。这种孔径与孔密的双重优化，可以显著增加有效流动面积，进而减小流体在流动过程中遇到的阻力，并减缓流速。在其他条件保持不变的情况下，这种变化有助于降低生产压差，从而减缓出砂现象。此外，对于需要采取防砂措施的油井，高孔密与大孔径的射孔设计还能有效减少防砂作业可能带来的产量损失。具体计算数据显示，在孔径相同（如均为15 mm）的条件下，孔密从 16 孔/m 增加到 32 孔/m，弹孔内的压力梯度将减少超过一半；而孔径的变化对压力梯度的影响同样显著，变化幅度超过 1.7 倍。

关于井斜的影响，当井斜倾角小于 45° 时，其对出砂的影响相对较小，此时可以近似视为垂直井处理。然而，当井斜倾角超过 45°，尤其是在高倾角斜井或水平井中，由于井筒与油层段的接触面积显著增加，在维持相同产量的前提下，反而有助于减缓出砂现象。

当射孔相位角设定为 90° 时，效果最为理想。这是因为此时地层中的流线围绕井轴呈现相对对称的分布，减少了流线的弯曲和收缩现象，从而降低了流动阻力，有助于减少出砂问题。而采用螺旋布孔格式，则是为了减轻射孔作业对套管强度可能造成的削弱影响。对于高倾角斜井和水平井等特殊井况，为了更有效地减缓出砂现象，推荐在 -90°～90° 的相位角范围内进行射孔作业。这一措施旨在通过合理控制射孔位置，减少套管上方油层区域因流体流动引发的出砂风险，保障油井的稳定生产。

（二）油层出砂预测技术

准确预测油井的出砂情况或其出砂量的多少，关键在于深入研究并确定地层的出砂临界流速以及临界压差，这两项参数是量化评估地层出砂程度的重要依据。鉴于不同地层拥有独特的岩石力学性质，当地层所承受的外界应力或流体动力条件超出其固有的临界参数值时，地层结构便可能受损，进而引发出砂现象。所以，为了有效预测油层的出砂状况，必须通过实验测试与理论计算相结合的方式，精确测定地层的强度参数（如抗压强度、抗剪强度等）及其对应的临界参数值（如临界流速、临界压差）。这些参数的获取为建立可靠的出砂预测模型提供了基础，使得我们能够根据具体地层条件，对油层出砂的可能性及严重程度进行科学合理的预判。

获取储层岩石的岩石力学参数的方法主要有两种，其中一种是通过测井资料获取。测井的声波密度直接反映了储层岩石强度大小；泥质含量、井径则与地层胶结的程度密切相关。通过对测井资料的系统处理、深入分析及精确计算，能够间接获取一系列关键的岩石强度参数，包括泊松比、杨氏模量、内聚力以及内摩擦角等。这些通过测井资料得出的岩石力学参数被视为动态参数值，它们是通过间接方法获得的。为了更贴近实际应用，通常会利用经验性的关系式将这些动态参数值转换为静态值。然而，值得注意的是，这种转换方法本身存在一定的误差，且所依赖的关系式往往具有较强的经验性和特定的适用范围，因此其局限性不可忽视。鉴于上述原因，为了确保岩石力学参数的准确性和可靠性，建议将基于测井资料计算得到的参数与通过直接岩石力学试验获得的参数进行对比验证。测井资料在用于计算岩石力学参数时，展现出了显著的优势，主要在于其易于获取且资料内容丰富多样。目前，出砂预测方法有现场观测法、经验分析法、应力分析法。当前，应力分析模型在完善程度上尚存不足，特别是在探讨生产过程中孔隙压力的动态变化以及流体流动时产生的摩擦力如何具体影响岩石应力方面，研究深度尚显不够。鉴于这一现状，经验分析法在实际应用中占据了较为突出的位置。但是，由于经验方法本身固有的局限性，加之出砂问题的高度复杂性，业界往往倾向于采用多种方法并行预测的策略，以期通过综合考量获得更为可靠和稳健的预测结果。尽管如此，这些方法在预测生产参数如何直接影响出砂行为方面，仍存在一定的局限性，难以全面准确地揭示其内在关联。

1. 现场观测法

（1）岩心分析法

通过观察岩心的外观特征，如采用肉眼直接审视以及手动触摸的方式，可以初步评估其强度特性。若岩心在轻微触碰下即发生破碎，或即便在静置数日后自行出现裂痕，甚至能够轻易地使用指甲在其表面留下刻痕，这些迹象均表明该岩心结构疏松，具有较低的强度。在油气生产过程中，此类岩心由于其固有的脆弱性，更容易发生出砂现象。

（2）DST法

若钻杆测试（Drill stem test, DST）期间油井出现出砂现象，尤其是当出砂情况严重时，往往预示着在油气井的生产初期阶段同样存在较高的出砂风险。尽管有时DST过程中并未直接观察到出砂，但通过对井下钻具和工具的细致检查，若在接箍台阶等位置发现附着的砂粒，或者是在DST结束后，通过下探测量发现砂面有所上升，这些迹象均确凿无疑地表明该井存在出砂问题。

（3）临界情况对照

在相同的油气藏区域内，如果邻近的油井在生产过程中遭遇了出砂问题，那么这一信息可以作为重要的参考，提示当前考察的油井在未来生产过程中出现出砂现象的可能性也会相对较高。

（4）岩石胶结物

根据在水中的溶解性，岩石中的胶结物可以明确划分为两大类：一类是易溶于水的，另一类是不易溶于水的。具体而言，泥质胶结物由于其特定的化学成分和结构特性，展现出良好的水溶性，因此被归类为易溶于水的胶结物之一。当油气井中的含水量上升时，这种溶解作用会加剧，导致岩石中的胶结物减少，进而削弱了岩石的整体强度。然而，在胶结物含量相对较低的岩石中，其强度主要由压实作用所贡献。压实作用是指岩石在地质历史过程中受到的压力作用，使得颗粒之间紧密排列并相互支撑。在这种情况下，由于胶结物对岩石强度的贡献较小，因此岩石的出砂倾向受到压实作用的主导，而对其他出砂因素（如流体流动、压力变化等）的敏感性相对较低。

2. 出砂经验预测法

出砂经验预测法是一种基于岩石物性、弹性参数以及丰富的现场实践经验来预估地层出砂倾向的方法。由于其简便易行且实用性强，该方法受到了国内外学者的广泛关注与深入研究。以下是对当前几种常用出砂经验预测方法的综合概述。

（1）声波时差法

声波时差，作为声波纵波在井筒剖面中传播速度的倒数，是一个重要的地球物理参数。在出砂预测领域，常常利用声波时差的最低临界值作为判断依据。当实测的声波时差值超过这一预设的临界阈限时，预示着油气井在生产过程中可能会面临出砂的风险。

（2）地层孔隙度法

孔隙度是衡量地层致密程度的关键参数之一，其沿井段纵向的分布情况可以通过测井技术和岩心室内实验来精确测定。通常而言，孔隙度的大小与地层的出砂倾向密切相关。具体而言，当孔隙度超过30%时，往往意味着地层岩石的胶结程度较差，这种情况下，油气井在生产过程中很可能遭遇严重的出砂问题。而当孔隙度为20%～30%时，地层的出砂现象会相对减缓，但仍需密切关注。反之，若孔隙度低于20%，则地层出砂的可能性较小，表现为轻微的出砂倾向。

（3）出砂指数法

出砂指数的计算方法涉及对多种测井数据的综合分析与处理。具体而言，该方法首先对利用声波时差测井和密度测井等测井技术获取的曲线数据进行数字化处理，以提取出关于岩石物理性质的关键信息。随后，基于这些数据，通过复杂的计算模型或经验公式，推算出不同井段或地层岩石的强度参数，计算出油井不同部位的出砂指数。

（4）产层岩石坚固程度判别指数

在垂直井的构造中，井壁岩石所承受的切向应力表现为最大的拉伸应力。

基于岩石破坏的力学原理，当岩石所承受的最大切向应力超越了其固有的抗压强度极限时，这一力学失衡状态将触发岩石内部结构的破裂与瓦解，进而导致岩石骨架中的砂粒被释放出来，形成出砂现象。

二、砾石充填防砂技术

（一）砾石充填防砂原理与工艺特点

砾石充填防砂技术作为历史悠久的防砂方法，近年来凭借其理论体系的深化、工艺技术的精进以及设备的更新换代，已成为防砂效果最为显著的方法之一，占据了全球防砂作业总量近九成的市场份额。该方法的核心在于将精心设计的绕丝筛管或割缝衬管精准置入井下的防砂层段，随后利用特定流体介质，将地面精选、粒度适宜的砾石材料输送至筛管与油层或套管之间的空间，构建一层坚实的砾石屏障。砾石层的厚度与粒度选择至关重要，它们需依据油层砂的粒径特性进行定制化设计，旨在有效拦截并阻挡随油层流体流动的砂粒，同时在砾石层外部自然形成一层由粗至细的砂拱结构。这种精妙的设计不仅能够确保油气的顺畅流动，还极大地增强了防砂效果，防止油层砂粒的侵入。实施砾石充填防砂时，常用的方式有两种，需要针对不同完井类型的灵活应用：裸眼完井，采用裸眼砾石充填法，直接于井眼内构建砾石屏障；射孔完井，通过套管内砾石充填法，在套管内部完成防砂结构的搭建。

裸眼砾石充填技术以其独特的优势在油井防砂领域占据一席之地。该技术能够提供广阔的渗滤面积，并通过构建较厚的砾石层来实现优异的防砂效果，同时对油层产能的影响保持在较低水平，有助于保障油井的持续高效生产。然而，裸眼砾石充填更常被应用于油井的先期防砂阶段，这要求其工艺流程相对复杂，涉及多个精细操作环节。

（二）砾石充填设计

砾石充填防砂方法的施工设计需遵循以下三大核心原则：首先，确保防砂效果，要求精准选择防砂策略，科学设定工艺参数与流程，旨在有效遏制油层出砂现象；其次，应采纳前沿工艺技术，力求在保障防砂效果的同时，将对油井产能的潜在影响降至最低；最后，注重经济效益的综合考量，通过提升设计品质、施工成功率及成本控制，实现项目的经济高效性。为实现上述原则，施工设计应构建一套系统化的流程体系，确保方案制定的条理性和规范性，进而提升整体设计质量。此设计流程宜分阶段逐步推进。

1. 充填方式选择

在防砂作业中，为了确保最佳效果，需要综合考虑防砂油层与油井的特定性质、设计要求以及完井类型等多重因素，来精心挑选最合适的砾石充填方式。

2. 地层预处理设计

在防砂作业规划中，首先需依据油层砂样的详尽分析化验结果，结合防砂井的独特条件，精确制定包括酸化解堵与黏土稳定处理在内的综合策略。这一步骤中，还需前瞻性地考虑并解决潜在的防乳化问题以及防止新生沉淀物的形成，以确保施工过程的顺利进行与后期油井产能的稳定保障。实施这些针对性措施，不仅能够有效提升施工成功率，降低作业风险，还能最大化地保持与提升油井的产油能力，对于油田的长期开发与经济效益提升具有至关重要的意义。

三、压裂防砂技术

传统防砂方法，如机械防砂和化学防砂，虽能在一定程度上控制出砂，但遗憾的是，它们不仅不能有效修复钻井及作业过程对地层造成的损伤，反而可能因方法本身的局限性而降低油井产能。鉴于此，科研人员持续致力于研发一种创新工艺，该工艺需兼具修复地层伤害、提升产能与有效防砂三重功效。

压裂技术作为业已成熟的增产增注手段，传统上主要应用于低渗透油藏的开发。然而，随着防砂技术领域的不断进步与突破，压裂技术已成功跨越界限，被创新性地应用于高渗透地层油水井的防砂作业中，有效解决了这一领域长期存在的防砂难题，为油气田的高效、稳定开发开辟了新路径。

（一）压裂防砂原理

1. 裂缝对缓解或避免岩石破坏的作用

（1）渗流方式

压裂前，油井的渗流方式为径向流。压裂作业完成后，油气流向具有垂直裂缝的井底的过程，通常可划分为四个明显的阶段。在初始阶段，即开井初期，流体流动主要表现为沿裂缝单向流动直接至井底，此时裂缝外部地层中的流体因裂缝内迅速建立起的压力梯度而基本不参与渗流过程。随着流动的进行，若裂缝的导流能力相对较低或相较于地层系数无显著优势时，流动模式会较早地转变为双单向流阶段。在这一阶段，裂缝近邻地层中的流体首先单向流向裂缝，随后这些流体再在裂缝中单向汇聚并流入井底。进一步地，流动进入第三阶段，此时不仅裂缝周边地层，连地层内部更广泛区域的流体也开始形成单向流动模式。最终，流动逐渐过渡到假径向流阶段，这是流体渗流最为广泛且复杂的阶段。

（2）近井地带的压力分布

随着地层内压力降低的加剧，岩石会经历多种形式的破坏机制，包括拉伸破坏、剪切破坏、黏结失效以及孔隙结构的破坏，这些破坏过程共同作用，最终导致岩石中的砂粒被释放，形成出砂现象。

在考察裂缝系统中垂直于裂缝壁面的流体流动时，可以将其简化为一种单向流动模型。然而，值得注意的是，由于地层本身的渗流性能相较于裂缝而言显著偏低，因此在压力分布上，地层中的压力变化趋势会呈现更为陡峭的直线形态，反映出流体在通过地层时遇到的较大阻力。

（3）破坏机制

深入分析岩石的破坏机制不难发现，无论是拉伸、剪切、黏结失效还是孔隙结构的破坏，这些机制均与生产压力差及流体流动压力梯度之间存在着紧密的关联性。

在涉及中高渗透油藏的开采中，高效的压裂作业成为提升油井产能的关键手段。特别是当油藏中存在高渗透裂缝时，通过压裂技术进一步疏通这些裂缝，并利用压裂后形成的更有利的流动机制（如双线形流动机制），油井的产量往往能够实现2~3倍的增长。对于原本井底污染严重或堵塞的油井，增产效果更为显著。若在压裂前后保持相同的产量水平，压裂后的生产压差可以显著降低到压裂前的一半或更低。将直接导致流体流动压力梯度的大幅下降。反之，若目标是显著提升油井产量，同时保持压裂前后的生产压差不变，那么压裂后的流体流动压力梯度也将远低于压裂前的水平。

通过深入剖析岩石的破坏机制，可以清晰地认识到，压裂作业中形成的具有高导流能力的裂缝在穿透井底污染堵塞带的过程中，不仅成功地将地层流体的原始径向流动模式转变为更为高效的双线性流动模式，这一转变直接促进了油井产量的显著提升；更为关键的是，这种流动模式的优化还有效降低了生产压差，并大幅度减小了压力梯度，这对于缓解甚至避免岩石骨架因高压力差而遭受的破坏具有重要意义。

2. 裂缝对降低流体携带微粒能力的作用

在压裂作业后的裂缝中，当进入单向流阶段时，由于地层流体尚未全面参与流动，裂缝内部各处的渗流速度因此呈现均匀一致的状态。此时，地层流体开始沿裂缝壁面逐渐渗入裂缝内部，这一变化极大地扩展了渗流的有效面积，相比于压裂前仅限于井筒周围的狭小渗流面积，这种扩大幅度可达数十甚至上百倍。在保持相同产量要求的前提下，由于渗流面积显著增大，地层中流向裂缝的流体所需承担的渗流速度将大幅降低，降至原来的几分之一甚至更低。这种减缓的渗流速度意味着流体在移动过程中对岩石颗粒的携带能力显著降低，即便是微小的砂粒也难以被带入支撑裂缝之中，从而有效降低裂缝堵塞和出砂的风险。

针对中高渗透性油藏，当采用常规短裂缝进行压裂，裂缝长度设定在30~50 m范围内时，若压裂后油井产量实现翻倍增长，可观察到流体流向裂缝的速度发生了显著变化。具体而言，压裂后的流速相较于压裂前井壁附近（$r=0.1$ m）的流速降低了超过99%；与压前距离井筒稍远（$r=1.0$ m）处的流速相比，也降低了90%以上；即便是在压前距离井筒较远的区域（$r=5.0$ m），流速仍降低了一半以上。

这一数据对比清晰地揭示了压裂前径向流动的高流速区域主要集中在近井地带，即使在距离井底5米的位置，其流速仍然高于压裂后裂缝内所能达到的最大流速2倍以上。而压裂后形成的双线性流动模式，凭借其高效的分流能力，有效分散了流体的动能，显著降低了流体对地层微粒的冲刷和携带作用，从而减少了微粒进入裂缝系统的可能性，有助于维护裂缝的清洁度和长期稳定性。

3. 裂缝支撑带对地层微粒的桥堵作用

裂缝支撑带在防砂方面的作用，与井底砾石充填层相似，均能有效桥堵地层中的微粒，防止其进入生产系统。基于地层微粒的粒径分布特性，以及砾石充填过程中选择砾石粒径的成熟准则，可以科学地选定压裂砂的粒径规格，以确保其能够有效匹配并适应地层条件。为了进一步增强裂缝对地层砂的阻堵效果，特别是在需要更高防砂性能的场景下，可以采取额外的措施。例如，设计并实施完全充填涂料砂的方案，通过涂料砂的黏附性和填充性，进一步堵塞地层微粒可能进入裂缝的通道。另外，针对近井底区域的裂缝口段，可以优先进行涂料砂的充填作业，因为这一区域往往是地层微粒进入裂缝的主要入口，加强此处的阻堵能力将显著提升整体的防砂效果。

（二）端部脱砂压裂防砂技术

1. 端部脱砂原理

端部脱砂压裂技术（TSO）是一种先进的水力压裂策略，其核心在于在压裂作业过程中，通过精确控制，使得支撑剂在裂缝的末端有选择地脱出，从而构建一个稳定的支撑剂桥堵结构。这一结构能有效限制裂缝的进一步向外扩展，确保裂缝形态的精确控制。紧接着，通过持续泵入高砂比的携砂液，不仅大幅提升裂缝内的储液量，而且随着泵压的逐渐提升，裂缝的宽度得到了显著增大。与此同时，裂缝内部的填砂浓度也随之增加，形成一条具备极高导流能力的裂缝。

对于高渗透储层，传统压裂技术受限于其较弱的裂缝导流能力，增产效果有限，增产比难以突破3的瓶颈。相比之下，采用端部脱砂压裂技术，则能显著提升增产效果，实现高达7倍的增产优势。因此，在高渗透地层中实施压裂作业时，应遵循的关键原则是追求裂缝的相对短距离形成，同时确保裂缝具备极高的导流能力。这里所指的裂缝导流能力，是裂缝宽度与裂缝内填砂渗透率两者乘积的综合体现。

在特定的闭合压力条件下，为了获得理想的填砂渗透率，需要精心选择支撑剂的种类、粒径，并配套使用对填砂裂缝伤害最小的压裂液体系。这一选择过程至关重要，因为它直接影响到裂缝的最终性能。进一步地，当考虑到支撑剂在裂缝中的嵌入、破碎以及微粒迁移等复杂因素时，增加支撑剂层数成为一个有效的解决方案。这样做实际上是在提高缝内支撑剂的浓度，从而有助于维持裂缝的高渗透率。然而，值得注意的是，支撑剂层数的增加往往也会伴随着裂缝宽度的扩大。所以，提升填砂裂缝的导流能力并非单一因素作用的结果，而是裂缝宽度与填砂渗透率两者共同提升的综合效应。

端部脱砂压裂技术通常分为压裂与充填两大阶段进行规划。在第一阶段，即造缝与初期端部脱砂阶段，常采用低砂比携砂液，其砂浓度控制在240～480 kg/m^3，以有效开启并初步扩展裂缝。进入第二阶段，即裂缝扩宽与充填阶段，则需注入高砂比携砂液，此时含砂浓度显著提升，可高达600～1920 kg/m^3，旨在充分填充并加固裂缝。在典型的端部脱砂压裂作业中，压力变化呈现特定趋势：随着地层被成功破裂，裂缝开始延伸，压力会经历一个上升阶段。随后压力会出现下降，这主要是由于裂缝长度的持续增加导致更大滤失量的出现。当前置液完全滤失后，其结果是在裂缝的末端形成了砂堵结构，进一步影响了裂缝内的流体流动和压力分布。

（1）端部桥堵机制

前置液量的选定依据是确保在达到预定缝长指标时，前置液恰好完全滤失，以此原则为基础。随后，当携砂液抵达裂缝末端时，可能面临两种情境：一是裂缝末端附近区域宽度缩减，导致支撑剂颗粒难以顺畅通过；二是裂缝末端的高滤失区使携砂液大量脱水，形成高黏度砂堵。无论发生哪种情况，随着支撑剂不断积聚至裂缝末端，都会形成桥堵效应，有效阻止裂缝的进一步扩展。

（2）缝底、缝顶封堵

①在垂直方向上，若存在优质的遮挡层，它将自然扮演起脱砂桥堵层的角色，有效阻止砂粒的进一步移动。

②若垂直方向上缺乏遮挡层，且垂向渗透率显著大于横向渗透率，这将导致垂向滤失加剧。在此情况下，携砂液的前缘可能尚未到达裂缝末端，就已在垂向上形成了桥堵现象。由于支撑剂颗粒在重力作用下自然沉降，因此向下方向的桥堵往往较为迅速，而向上方向的桥堵则相对滞后。若在裂缝端部发生脱砂之前，垂向桥堵尚未形成，那么随着端部脱砂的加剧，横向压裂液的滤失将受到抑制，进而使得裂缝内部液体存储量增加，压力随之升高，进一步加剧垂向滤失，最终可能在裂缝的顶部和底部形成脱砂现象。

（3）回返堵塞

持续的泵注作业会促使裂缝周围形成一圈支撑剂回返堵塞带，这一环带的扩展若不加控制，将导致未受支撑的裂缝区域迅速缩减，进而显著增加断裂韧性值。同时，由于裂缝内未铺设足够的支撑剂，压裂液的滤失面积会减小，这会导致与裂缝实际宽度不相符的超压迅速累积，然而裂缝的宽度却未能相应增加。

为了优化端部脱砂压裂的效果，理想的设计应致力于最小化这种回返堵塞现象，确保在既定的压力增长范围内，裂缝宽度能够最大化。这通常通过精细调控加砂程序来实现，如在加砂初期采用较低的含砂浓度，以减少过早到达裂缝端部的支撑剂数量。通过合理的压裂设计，可以确保支撑剂按照预定计划和控制策略进行分布，从而实现裂缝的有效扩展和支撑。

（4）端部脱砂压裂的特点

端部脱砂压裂技术相较于传统压裂技术，展现出了一系列独特而固定的特点，具体可归纳如下。

在常规压裂作业中，首要任务是泵注充足的前置液，以确保裂缝得到充分扩展。这一过程的目标是使施工结束时，砂浆在裂缝内的前缘可以接近或恰好抵达裂缝的自然边界。

而对于端部脱砂压裂技术，其核心要求在于在泵注携砂液的过程中，砂浆前缘需要早于常规情况到达裂缝的周边区域。这一设计旨在通过提前限制裂缝长度和高度的进一步扩展，转而促进裂缝宽度的快速增加。所以，成功的端部脱砂压裂技术的显著标志在于，砂浆的脱砂现象精确地发生在裂缝的边界处，而非裂缝的前端、上端或下端的任何其他位置。

（5）技术特点比较

①压裂液黏度低于常规压裂，但必须慎重优选。在液体黏度的设定上，存在两个既相互关联又相互制约的方面：一方面，需要确保液体具有足够的黏度以稳定地悬浮支撑剂，防止其在裂缝中过早沉降；另一方面，黏度又需适中以促进脱砂过程的顺利进行。若液体

的黏度设置得过低，将无法有效维持支撑剂在裂缝中的悬浮状态，导致在裂缝的上部区域可能出现无砂区，进而无法达到预期的压裂效果和裂缝形态控制目标；此外，井筒沉砂的风险也会因液体黏度过低而增加，因为低黏度流体难以有效携带并悬浮砂粒。相反，若黏度过高，虽然能减少滤失，但也会减缓脱砂过程，影响实时脱砂效果。因此，相较于常规压裂技术，端部脱砂压裂对液体黏度的控制要求更为严苛，需要精确调控以确保脱砂过程的顺利进行。

②在进行泵注时，排量设置通常需低于常规压裂作业的标准。这一做法的主要考量在于，通过减缓裂缝的延伸速度，更有效地控制裂缝的高度，并为脱砂过程创造更有利的条件，确保脱砂的顺利进行。

③相比于与常规压裂技术，前置液的用量在端部脱砂压裂技术中会相对较少，目的是在停泵之前，使砂浆前缘能够顺利抵达裂缝的周边区域，从而实现预期的脱砂效果，优化裂缝的形态和性能。

④在端部脱砂压裂中，通常会采用比常规压裂更高的加砂比例，以增强裂缝的导流能力，从而达到更好的增产效果。

2. 压裂防砂设计

（1）泵注程序

为了有效遏制裂缝尖端支撑剂回返堵塞的问题，必须精心规划携砂液的注入程序。该程序旨在确保在泵注过程中，仅允许低浓度的携砂液抵达裂缝尖端。为此，在逐步提升含砂浓度之前，应首先注入一段延长时段的低浓度携砂液，一般设定砂比为7%，以此作为前置措施。理想情况下，这段低浓度携砂液的前端应恰好在预期的脱砂时刻抵达裂缝尖端。随着施工的推进，当施工结束时，高浓度的携砂液前沿应已顺利到达裂缝的末端，从而在保证裂缝有效支撑的同时，最大限度地降低回返堵塞的风险。

（2）端部脱砂压裂程序设计步骤

①在实施脱砂压裂之前，先进行裂缝正常延伸的三维模拟至关重要。这一模拟过程旨在精确描绘裂缝在长度、宽度、高度、体积、造缝效率以及井底压力等关键参数上随时间的变化趋势。通过深入分析这些模拟结果，可以优化泵注排量、液体黏度等关键参数，以确保压裂作业的高效与安全。

②在选择缝长指标时，必须综合考虑油层改造的具体需求与裂缝模拟结果之间的微妙关系。

③为了准确确定脱砂开始的时间点及对应的压裂液效率，可以采用常规设计方法进行估算。具体而言，就是先估算出达到预定缝长指标所需的时间，并计算该时刻的压裂液效率。

④确定低含砂浓度（通常为119.83 kg/m^3）泵注的开始时间。

⑤选定脱砂终止时间点的压裂液效率，当脱砂过程到达尖端时，会存在一段支撑剂回返并堵塞的距离，这一堵塞会揭示或暴露出一块可供流体滤渗的新增面积。

⑥确定泵注主力携砂液的起始时间点，以确保裂缝扩展与支撑效果的最优化。

⑦规划含砂浓度的逐步变化曲线，并精确计算出在裂缝充填阶段所需添加的支撑剂总量，以达到预期的支撑效果。

⑧预测脱砂过程中可能出现的施工压力峰值，为现场操作提供安全预警和应对措施。

⑨全面审核设计的安全性与可行性，若发现潜在风险或不足，则根据实际情况调整设计中的各项参数和假设，并重新进行计算验证。

第四节　水平井开采技术

一、常规（非热采）油（气）藏水平井适应性筛选

当前，水平井钻井技术正处于飞速发展的阶段，其应用范围已从最初的单油层开采扩展到能够同时钻穿多个油层，且钻井形态也实现了从单一方向的水平井向更为复杂的反向双水平井乃至分支水平井的跨越。就技术层面来讲，这些高级钻井形式均已成为可能。然而，在将这些先进技术应用于油田实际开发过程中时，不得不面对诸多难题与技术挑战，这些问题的解决是确保项目成功的关键。更为重要的是，并非所有油田都适合采用水平井钻井技术，其经济效益的考量同样不容忽视。因此，为了优化水平井在油田开发中的应用效果，首先需要对目标油藏进行全面的评价与筛选。

（一）水平井筛选的依据

水平井筛选的依据主要有以下3个。

1. 油藏类型

关键在于探讨水平井开采技术对油藏地质参数的适应性程度，以及油藏内储层能量规模如何显著地影响开采效率和效果。

2. 当今水平井钻采技术的水平

这主要关联于油藏的最大可勘探深度、油层的最小有效厚度以及所采用的水平井类型等因素。值得注意的是，随着技术的不断进步，针对这些问题所制定的标准是可以并且很可能发生变化的。

3. 技术经济综合评价

这主要是看水平井开发的经济效益是否高于直井开发的经济效益。如今，许多文章在评价时倾向于仅以一口水平井的初期产量经济指标是否优于一口直井的经济指标作为评判标准。然而，这种评价方式存在局限性，不够全面。更为合理的方法应当是从整个油藏的角度出发，全面评估在相同时间段内，采用水平井开发技术所累积产量的经济效益是否高于直井所累积的产量的经济效益。

基于上述三个核心问题的考量，确立了针对水平井的筛选原则，即全面而系统地评估油藏的适应性、工艺技术的实施可行性，以及与直井开发模式相比的经济效益优势。

（二）水平井筛选的程序

水平井的适应性筛选不同于油田开发方案的设计过程，它是一种更为简捷、高效的前期评估手段，整体上可以分为两个主要阶段来实施。首先是粗筛选阶段，此阶段侧重于

借鉴国内外成功案例与当前国内水平井钻探技术的能力，针对不同类型的油藏及其特性参数，构建一套全面的评价指标体系。依据这些指标，对油藏进行初步评估，筛选出具有潜在开发价值的候选油藏。若油藏在粗筛选阶段表现良好，则进入细筛选阶段。在这一阶段，工作重心转向对油藏特征的深入剖析，构建精细的地质模型，并初步规划水平井的轨迹路径。随后，运用先进的油藏工程方法，对水平井的产量进行科学预测，并全面评估采用水平井开发方案的技术可行性与经济效益。完成上述细筛选工作，即标志着水平井筛选任务的圆满结束。基于筛选和评价的结果，若确认某类油藏适合采用水平井技术进行高效开发，则可进一步着手编制详细的油藏工程设计，为后续的开发工作奠定坚实基础。

1.水平井适应性粗筛选的油藏类型及其参数范围

就水平井钻井工艺技术来讲，虽然理论上各种类型的油气藏均可考虑钻水平井，但事实上，经济效益与当前开采技术的挑战性仍是重要考量因素，限制了其广泛适用性。具体而言，对于渗透性良好且具备一定水驱能力的油藏，采用水平井开发往往能带来显著的经济效益。裂缝性油藏则因其特性，更适合通过水平井进行开发，相较于直井，其开发效果更为优越。对于低渗透气藏，水平井开发通常被视为适宜的选择。然而，在处理低渗透封闭性油藏及岩性复杂的油藏时，情况则较为复杂。这类油藏在粗筛选阶段难以直接判定其是否适合水平井开发，需要综合考虑压裂技术的可行性与补充能量的需求，并进行详尽的经济评价后，方能作出准确判断。至于高含水区的剩余油开发，虽然水平井技术理论上可行，但因其蕴含极大的经济风险，在粗筛选阶段往往会被谨慎对待，甚至可能不被纳入考虑范围。

（1）水平井适应的油藏类型

下列7种类型的油气藏可应用水平井开发。

①底水油藏。

②气顶油藏。

③底水气顶油藏。

④天然裂缝油藏。

⑤低渗透和高渗透气藏。

⑥砂体延伸长、连通性好的砂岩油藏。

⑦断层或地层遮挡的高角度多层油气藏。

（2）水平井适应的油藏参数及范围

①油（气）藏深度1000～4000 m。普遍观点认为，在浅油层（深度小于1000 m）中实施水平井作业并不经济划算，这主要是由技术挑战大、井眼曲率受限以及钻井成本高昂所致。相反，水平井的最大适宜钻探深度通常被设定为4000 m，这一限制主要基于井下测试工具的耐温性能考虑。按照每100 m增加3℃的地温梯度估算，井下温度应控制在120℃～125℃。值得注意的是，如果实际地温梯度低于此标准，那么水平井的最大适应深度有望延长至4300 m。

②油（气）层的厚度大于6 m。油（气）层厚度大于6 m，主要有以下几个原因。

a.井身轨迹的要求。

b.在我国，众多厚度小于6 m的薄油层多源自河流相沉积，这类油层在横向上展现出显著的变异性，且易于出现尖灭现象，即油层厚度迅速减薄至消失。

c. 针对含有气顶或底水的油藏，为了确保水平井的有效开发并减少与油水或油气界面的直接交互，设计水平井时应确保其与这些界面的垂向距离维持在 4 m 以上。

③油层厚度与 β 系数乘积小于 100 m。

根据美国的实践经验，制定这一标准的初衷在于双重考量：首先，限制油层的厚度，以避免过厚的油层对水平井的增产效果产生不利影响；其次，确保油层的垂向渗透率维持在一定水平之上，不宜过低，因为垂向渗透率是影响水平井增产效果的关键因素之一。

2. 水平井适应性细筛选的思路及步骤

上述提及的油（气）藏类型及其参数范围，可作为初步评估水平井适应性的粗筛选标准。然而，值得注意的是，即便油气藏通过了粗筛选，也并不意味着它必然适合钻水平井。为了做出更准确的判断，还需进一步从技术可行性和经济效益两个维度进行综合评估，这一过程被称为细筛选。细筛选过程中，不能局限于将一口水平井与一口直井进行简单对比，而要从整个油气藏的开发大局出发，全面考量。具体而言，即使单独钻一口水平井，从经济角度看可能并不划算，但当考虑采用水平井技术对整个油气藏进行开发时，由于水平井能够减少钻井数量，从而提高整体开发效率和经济性，因此这样的开发方案在综合评估下可能是合算的。基于这样的逻辑，那些通过细筛选、被认为在整体开发中具有经济可行性的油气藏，将被视为适合采用水平井技术的筛选对象。

为了有效实施这一筛选思路，首先需要扎实开展油藏描述的研究工作，确保对油藏特性有全面而深入的理解。随后，依据油藏的具体类型及规模，精心设计不同水平段长度的水平井方案，并合理预估在该油藏中可钻探的水平井数量。在此基础上，运用先进的油藏工程方法或数值模拟技术，对水平井的产量进行精确预测，并将其与直井的产量进行对比分析；最后，对各方案作出经济评价及决策。这一筛选程序已编制成一套相应的软件，按照上述步骤反复计算并加以比较其技术思路及步骤。

（三）水平井细筛选的技术准备

鉴于大多数油藏地质条件的复杂性，包括断层、地层倾角、孔隙度以及油气或油水接触面等因素的变化均难以准确预测，这使得钻水平井相比直井而言，面临着更高的风险与挑战。这对油藏的描述工作提出了更高的要求，应力求做到尽可能详尽与清晰，同时地质模型的构建也必须力求精确无误。以下是实现这一目标所需满足的几项基本要求。

①利用三维地震成像及先进勘探技术，精确定位油层顶部与底部的空间位置。

②确定断层连通展布状况。

③通过地质沉积学研究，解析沉积相带之间的关系，并精确描绘储层的连通性与展布形态。

④搞清油（气）的应力分布方向和大小。

⑤开展油层精细地质描述，重点刻画层内夹层的分布情况，以及水平渗透率与宏观垂向渗透率比值的变化规律，以揭示油层的非均质性特征。

二、稠油（热采）油藏水平井应用筛选

在探索水平井结合注蒸汽技术开采稠油及超稠油领域，当前实践仍局限于单井及小规

模井组试验阶段，尚未迈入大规模的工业化生产范畴。此过程面临诸多技术挑战与难题，亟待攻克。水平井技术在稠油油藏开发中的适用性，不仅仰赖于工艺技术的不断革新与进步，更核心的是取决于油藏自身的地质特性。并非所有油藏都天然适配于水平井热采技术。鉴于此，在正式部署水平井开采技术之前，至关重要的一步是对潜在油藏进行详尽的筛选与评估。这一过程需深入分析油藏地质参数对水平井注蒸汽开采效率的具体影响，构建一套科学合理的筛选与评价标准体系。通过这一体系，精准识别出那些在技术与经济层面均具备显著优势的油藏，作为水平井开采技术的理想候选对象。

（一）稠油（热采）水平井筛选评价程序

基于油藏整体视角，并依托深入的油藏地质研究，构建了一套针对稠油油藏水平井热采的三级筛选评价方法。以下为该筛选评价程序的具体步骤。

①油藏地质研究，准备筛选评价的基础资料和数据。
②根据油藏类型建立地质模型。
③确定初步的开采方式及布井方式。
④确定注采工艺参数。
⑤采用预先设定的筛选评价标准及图版，对影响水平井热采效果的主要油藏参数进行初步筛选。这些核心参数涵盖原油黏度、油层厚度、油层渗透率、垂直/水平渗透率比值、油藏深度等关键要素。
⑥利用筛选评价软件进行细筛选并进行开发指标预测。
⑦按照经济极限油汽比（在经济上可行的最低油汽产出比例）对油藏进行经济性评价。通过对比分析，明确哪些油藏在经济上具备采用水平井热采技术的可行性，从而确定水平井的适用性范围。
⑧对于经过严格筛选并确定适合水平井热采的油藏，采用专业的油藏数值模拟软件进行深入的可行性研究，全面评估水平井开采方案在实际应用中的效果。

（二）稠油（热采）水平井筛选评价方法

1. 基础资料及数据准备

在进行水平井筛选评价研究时，需要准备下列4个方面的基础资料及数据。

（1）油藏地质参数
①油藏深度。
②油层有效厚度与总厚度。
③初始地层压力。
④初始地层温度。
⑤孔隙度。
⑥油层渗透率。
⑦垂直与水平渗透率比值。
⑧含油饱和度。
⑨含油面积。
⑩原油地质储量。

（2）储层流体性质
①原油密度。
②初始油层温度下脱气原油黏度。
③原油黏温关系。
④溶解油气比。
⑤原油压缩系数。
⑥原油热膨胀系数。

（3）高温渗流特性
①高温油水相对渗透率曲线。
②高温油气相对渗透率曲线。
③相渗端点值与饱和度端点值随温度的变化值。
④岩石润湿性。
⑤不同温度下，水驱、气驱油效率测定。

（4）油层热物性参数
①油层岩石导热系数。
②油层岩石的热容。
③围岩导热系数。
④围岩的热容。
⑤原油热容。

2. 水平井注蒸汽开采方式及布井方式

水平井注蒸汽热采工艺包括水平井蒸汽吞吐、水平井蒸汽驱等。

（1）水平井蒸汽吞吐

蒸汽吞吐作为注蒸汽开采的第一阶段，主要作用包括以下几点。

①通过采取适当措施，旨在降低原油的黏度，进而提升其流动性能，使其更易于在管道或地层中顺畅传输。

②通过降低油层压力来实施预热阶段，此过程旨在建立注采井之间的热连通通道，为后续有效的原油驱替奠定基础。水平井的引入显著提高了这一过程的效率，因为它大幅度增加了井筒与油藏之间的接触面积，从而直接提升了蒸汽的注入效率与生产潜能。相较于传统的直井，水平井能够以其更大的接触面积优势，实现数倍于直井的原油产量，并且展现出更高的油汽比。

（2）水平井蒸汽驱

蒸汽吞吐作为注蒸汽开采的初始阶段，主要依赖于油层自身所蕴含的天然能量来进行生产活动。然而，随着蒸汽吞吐作业的不断深入，油层中的能量逐渐消耗殆尽，同时近井区域的含水饱和度逐渐上升，这两大因素共同作用导致原油产量出现下滑趋势，且每个生产周期的油汽比也随之降低。为了克服这一困境，进一步提升原油的最终采收率，必须采取向油层中额外补充驱替能量的措施。这一转变的标志性操作是由蒸汽吞吐阶段过渡到蒸汽驱阶段。

水平井蒸汽驱技术可以灵活应用，既可以采用双水平井配置，即一口水平井专门用于注入蒸汽，而另一口则作为生产井负责原油的采出；也能将水平井与垂直井巧妙结合，形成互补的开采系统。特别是在处理原油黏度极高的稠油油藏时，实施水平井蒸汽驱需要格外注意注采井之间的距离因素。不同于蒸汽吞吐方法，这种高黏度环境下的开采效果深受注采井距的直接影响。因此，为了使开采效率最大化并确保经济合理性，必须对注采井距进行详尽的优化研究，以选择出最佳且经济的井距配置。

3. 注采工艺参数的确定

水平井注蒸汽开采的注采工艺参数主要包括以下几点。

（1）蒸汽吞吐注汽速率

鉴于水平井的水平延伸段显著长于垂直井的射孔区域，为了确保井底蒸汽能够维持足够高的干度，必须尽可能提升注汽速率。实际操作中，常采用每天 400~500t 的注汽速率进行注入，以此保证蒸汽质量，优化开采效果。

（2）蒸汽吞吐周期注汽量

以井段长度计算，每周期应注入 15~30 t/m。

（3）注汽干度

以高干度注入蒸汽，一般应大于 40%。

（4）生产井排液速率

生产井排液速率应大于注汽速率的 1.2 倍。

（5）蒸汽吞吐转气驱时机

当蒸汽吞吐开采的单周期油汽比降至 0.32 以下时，标志着转换开采方式的时机已经成熟，此时可以转向实施蒸汽驱开采策略，以进一步提升开采效率。

4. 水平井注蒸汽开采经济极限油汽比

一个工程项目或方案能否投入实施，主要取决于其经济效益。开采方式的可行与否，不仅取决于技术上的可行性评估（开发技术指标是否达标），还深刻受制于其经济效益的考量。对于稠油油藏而言，采用注蒸汽开采方法时，原油蒸汽比成为一个至关重要的经济衡量标准，它直接反映了注入单位质量蒸汽（以冷水当量计）所能获得的原油量。一般而言，常规注蒸汽开发方式的经济临界点设定在油汽比 0.15 左右。然而，当应用水平井进行注蒸汽开采时，情况则更为复杂。由于水平井的钻井、测井、完井、防砂及采油等作业环节相较于垂直井更为烦琐且成本高昂，往往其总体费用会达到垂直井的数倍之多。所以，针对这种创新的开采方式，有必要重新评估其经济指标，通过深入研究来确定一个更加合理且适用的经济极限油汽比，以确保开采活动的经济性和可持续性。

水平井注蒸汽开发投资包括基建投资和生产费用。基建投资主要包含四大核心部分：钻井系统、供热系统、采集输系统以及其他辅助性投资。而生产费用则涵盖从燃料消耗到人员薪酬的多个方面，具体包括燃料费、材料费、动力费、井下作业费用、原油脱水处理费、油田的日常维护费、员工工资、管理费用以及科研投入等。基于上述明确的基建费用与生产费用数据，结合不同开采方式（如水平井蒸汽吞吐、水平井蒸汽驱及蒸汽辅助重力泄油）下的蒸汽注入量与原油采收量，绘制原油价格与油汽比（每单位蒸汽注入量所对应的原油产出量）之间的动态关系曲线。

第五节 注水与抽水井技术

向地层内注水以弥补地层能量损失并维持油层压力稳定，这一技术创新标志着采油技术史上的重要里程碑，同时也是当前提升采油速率与最终采收率最为普遍且高效的开发手段。历经多年实践积累，针对复杂地质条件，如多层系油藏、小型断块构造、低渗透率储层及稠油油藏，已发展出一系列与油藏特性紧密匹配的注水开发配套技术。近年来，面对注水开发油田进入高含水期的挑战，为了有效控制含水率上升并确保原油产量稳定，行业内聚焦于注水井调剖技术的创新与优化，形成了以注水井调剖为核心的新型注水配套工艺体系。

一、注水井技术

（一）注水井吸水能力

1. 注水井吸水能力判断指标

注水井的吸水能力主要通过以下几个关键指标来进行评估。

（1）吸水指数

吸水指数是衡量地层吸水性能强弱的核心指标，它直接反映了地层对注入水的吸收效率与能力。在油田日常生产中，频繁关井测量注水井静压会干扰正常作业流程，所以通常采用更为便捷的方法——测定指示曲线，来间接获取不同流动压力下的注水量。具体而言，是通过计算两种不同工作制度下日注水量的差值，再除以这两种工作制度下流压差值的办法，来估算吸水指数。

为了更精确地对比不同地层的吸水能力，引入"比吸水指数"或"每米吸水指数"的指标。这一指标是用地层吸水指数除以地层的有效厚度得到的，它直观地反映了在单位厚度地层和单位压差条件下，地层每天能够注入的水量，为评估地层吸水性能提供了量化的依据。

（2）视吸水指数

在利用吸水指数进行分析的过程中，首要步骤是对注水井进行测试，以获取准确的流压数据作为分析基础。然而，在日常的水井管理实践中，为了快速捕捉并响应吸水能力的动态变化，常采用一个更为直观且易于获取的指标——视吸水指数，来直接反映水井的当前吸水效能。视吸水指数的计算基于日注水量与井口压力之间的比值。

值得注意的是，在实施分层注水作业之外，注水方式的选择将直接影响井口压力的测量方式。具体而言，若采用油管作为注水通道，则井口压力应读取为套管内的压力值；相反，若选择套管作为注水路径，则应将油管内的压力视为井口压力进行记录。

（3）相对吸水量

相对吸水量是一个用于衡量不同地层小层之间吸水能力的相对指标。它指的是在相同的注入压力条件下，某一特定小层所吸收的水量占全井总吸水量的百分比。

2.检查配注准确程度和分配层段注水量

注水井投入正常注入之后,为确保注水方案的有效执行与地层响应的精准监测,定期实施分层测试显得尤为重要,旨在验证并核查各层段的配注量是否达到预设标准,从而保证注水作业的精准性与效率。通过分层测试,可以获取到关于各层段实际吸水能力的直接数据,为进一步优化注水策略、合理分配层段注水量提供坚实的数据支持与可靠依据。

(1)检查配注准确程度的方法

通常用配注误差来表示配注准确程度,其定义式为:

$$配注误差 = [(设计注水量 - 实际注水量) / 设计注水量] \times 100\%$$

当误差表现为正值时,表示实际注入量未能达到预设的注入量标准,此现象被专业地称为"欠注",即注入量不足;相反,若误差为负值,则表明实际注入量超过了原先设定的配注量,这种情况被定义为"超注",即注入过量。在评估配注误差时,若其数值落在预先设定的合理区间内,则该层段被视为"合格层",表示其注入量控制得当;反之,若配注误差超出了这一规定范围,则判定该层段为"不合格层",需要进一步调整或关注。值得注意的是,由于注入层段的特性不同,其配注误差的合格标准也会有所区别,需根据实际情况灵活调整。

在完成对各层段合格性的判定后,可以通过计算合格层段数量占总注水层段数量的百分比,来进一步评估全井的层段合格率。

(2)分配层段注水量

在正常注水作业中,通常仅记录整个井的注水量。然而,为了精确掌握每一层段的累积注入量、深入剖析各层段的注采平衡状况,并有效验证层段配注指标的完成情况,需将每日全井的注水量科学且合理地分配到各个层段。具体实施流程为:先依据近期的分层测试数据进行系统整理,并据此绘制出层段指示曲线;再借助这条曲线,在当前维持的正常注水压力下,准确地推算出每个层段的注水量以及全井的总注水量。有了这些数据,可以进一步计算出在当前注入压力下,各层段的相对注水量以及它们各自的实际注水量,从而为后续的注水管理与优化提供有力的数据支持。

3.影响吸水能力的因素及恢复措施

影响注水井吸水能力的因素可综合为4个方面。

①与注水井井下作业及注水井管理操作等有关的因素。

②与水质有关的因素。

③组成油层的黏土矿物遇水后发生膨胀。

④注水井地层压力上升。

针对地层吸水能力下降的不同根源,需采取针对性的策略来维护并提升地层的吸水效能。在注水作业中,预防策略应占据主导地位,这要求我们高度重视水质监控与注水系统的维护管理,确保水质纯净无杂质,注水流程顺畅无阻,从而有效预防地层堵塞现象的发生,保障地层的持续吸水能力。此外,为防止泥浆侵入油层或由于操作失误、措施不当导致的井底砂堵问题,在对注水井进行非下入式作业时,应严格遵循不压井、不放喷的操作规范。

地层吸水能力的减弱,大多数情况下可归因于地层内部的堵塞现象。因此,要恢复地层的吸水效能，关键在于有效清除这些堵塞物。

排液法作为一种简便手段，虽能在一定程度上缓解地层堵塞问题，但其效果往往有限，且无法应对所有类型的堵塞。更为严重的是，过度排液还可能降低注水井的地层压力，这与注水的初衷相悖。鉴于此，针对地层堵塞问题，通常需要采取更为专业的处理措施。一般需对堵塞物进行分类，主要分为无机物堵塞和有机物堵塞两大类，以便后续能够对症下药，采取针对性的解决方案。

（二）分层注水技术

鉴于油层存在的非均质性特征，各层之间的吸水能力不可避免地呈现出差异。因此，为了有效提升注水效率，必须采取"因地制宜、因层施策"的精细化管理策略，针对每一具体地层的特点和需求，量身定制注水方案，确保注水措施能够精准对接地层的实际需求，实现注水效果的最大化。

1. 分层吸水能力的测试方法

当前，我国针对分层吸水能力的研究主要采用了两种核心方法。第一种方法侧重于通过测定注水井的吸水剖面来评估，具体是依据各层的相对吸水量来量化其分层吸水能力。第二种方法则更为直接，它在注水作业的同时，实施分层测试，并据此整理出分层指示曲线。通过这条曲线，可以精确地计算出各层的吸水指数，这一指标能够深入揭示并评价各层吸水能力的优劣，为后续的注水策略调整与优化提供科学依据。

（1）确定注水井吸水剖面的方法

测量吸水剖面，即在特定压力下，评估沿井筒各射开层段对注入水量的吸收情况。这一过程可通过多种技术手段实现，包括放射性同位素示踪法、点式流量计测量法、井温测井分析法以及连续流量计监测法等。每种方法都有其独特的优势，能够精准地反映各层段的吸水特性，为注水作业提供科学依据。

（2）注水井分层测试法

该方法的核心在于测量各层段的流量，并基于这些数据绘制出分层指示曲线，以直观展示各层段的流量特性。在当前技术条件下，测量井下分层流量主要依赖两种常用方法：投球测试法和井下流量计法。投球测试法通过向井内投放特定球体，利用其运动特性来推算各层段的流量；井下流量计法直接在井下安装流量计，实时、准确地测量各层段的流量数据。

2. 分层注水管柱

为了有效缓解层间差异带来的矛盾，解决油层平面上注入水分布不均的问题，进而控制油井含水率的上升速度和整个油田综合含水率的增速，提升油田开发的整体效益，采用了分层注水技术。

分层注水工艺丰富多样，包括油套管分层注水、单管分层配水以及多管分层注水等模式。其中，单管配水器多层段配水方式以其独特的设计而备受青睐。该方法在井下仅部署一根管柱，巧妙地利用封隔器将注水井段划分为多个独立的层段，每个层段均配备有专门的配水器。在注水作业时，水通过油管进入井内，随后由各个层段配水器上的精密水嘴进行流量控制，确保每一层段都能获得适宜且均衡的注水量，从而实现注入水在地层中的高效分布。

单管分层注水管柱，按配水器结构可分为固定配水管柱、活动配水管柱和偏心配水管柱。单管封隔器分层注水管柱有双管分层注水管柱，同心管分层注水管柱。

3. 注水井调剖

由于油层固有的非均质性特征，注水井在注水过程中，其油层吸水剖面呈现显著的不均匀性。更为复杂的是，这种非均质性通常会随着时间的推移而逐渐加剧，进而导致吸水剖面的不均匀性变得更加显著。

为优化注水井的吸水性能、提升注入水的波及效率并改善水驱油的效果，需采取一种名为"注水井调剖"的工艺措施。该措施的核心在于向地层中的高渗透层精准注入特定化学药剂。这些药剂在注入后会经历凝固或膨胀过程，从而有效降低高渗透油层的渗透率。这一变化迫使注入水在流动过程中更倾向于进入原本含水率低的区域，增强了对这些区域的驱油作用。通过注水井调剖技术，不仅能够实现注水井吸水剖面的调整，还能显著提升油藏的整体开发效率。

（1）水井调剖封堵高渗透层的方法

水井调剖封堵高渗透层可使用两种方法。

①单液法。单液法涉及向油层中单独注入一种特定液体。这种液体在渗透进油层后，会自主发生化学反应，转化为另一种物质。这种转化后的物质能够有效地封堵两个渗透层之间的通道，从而降低整体的渗透率，最终实现堵水的目的。

②双液法。双液法是一种特殊的油层处理工艺，它涉及向油层中注入两种被特殊隔膜分隔开的、能够相互反应或产生作用的液体。在注入过程中，这两种液体被推送至油层内部的一定深度。随后，特殊隔膜失效，不再起到分隔作用，两种液体得以接触并发生预期的化学反应或相互作用。这一反应过程会生成另一种物质，该物质具有封堵地层孔隙的能力。由于油层中的高渗透层往往容易吸入更多的封堵剂，因此封堵效果主要集中在这些高渗透层上，从而提高水驱油的效率，达到调剖和改善油藏开发效果的目的。

（2）注水井调剖选井条件

在选择适合进行注水井调剖作业及封堵大孔道的井位时，需全面权衡多个核心要素：首先，应优先考虑那些综合含水率偏高而采出程度相对较低的注水井；其次，井位需与井组内的油井保持良好的连通性，以确保调剖效果能够有效传递至生产井；再次，注水井的吸水和注水状况需保持稳定，避免因作业过程中的波动影响调剖精度；最后，固井质量必须达到高标准，确保无串槽及层间串漏现象，为调剖作业的成功实施奠定基础。

（3）注水井调剖施工设计

注水井调剖施工设计的核心内容涵盖多个方面：首先，需详尽收集并整理处理井的相关资料数据，作为设计的基础；其次，明确施工前是否需对井筒或油层进行预处理，以确保施工效果；再次，设计合理的管柱结构及地面流程，并列出所需设备清单；同时，详细阐述所使用的调剖剂的成分、性能特点及其配制方法，并经过精确计算确定调剖剂的适宜用量；此外，还需规划施工的具体步骤，包括注入压力与速率的控制策略，以确保施工过程的平稳与安全；最后，考虑施工完成后的后续工作，以全面保障调剖施工的成功与效益。

注水井在实施调剖措施后，若其变化情况满足以下任一条件，则可视为调剖措施有效。

①经过调剖处理后，目标层的吸水指数相比处理前实现了超过50%的显著下降。

②观察到吸水剖面发生了显著且符合预期的变化，具体体现为高吸水层的吸水量明显减少，低吸水层的吸水量则实现了 10% 以上的增长。

③压降曲线明显变缓。

二、油水井技术

（一）水力振荡增产增注技术

水力振荡技术用于油层处理的核心原理在于，首先将水力振荡器精确对准目标油层，随后利用水泥车作为动力源，将高压液体泵送至井下。这些液体在通过振荡器时，会被转化为高频脉冲式的液流，这股强大的液流直接喷射至油层之中，有效地冲击并清除近井地带长期积累的机械杂质、钻井过程中残留的泥浆及因沉积而形成的沥青质和盐类等堵塞物，形成不闭合的微小裂缝，通过后续的洗井作业，将清除出的杂质和残留物一并返排到地面，从而彻底解除近井地带的污染问题。

1. 增产增注机制

一般来讲，水力振荡增产增注的机制有以下几个方面。

①振动波对油层施加作用时，会引发油层内部流体与岩石的同步振动，减弱油与岩石之间的相互作用力，即降低它们的亲和力。同时，油与水之间的界面在振动作用下易于形成乳状液，有助于改善流体流动性能。此外，振动波还导致毛细管半径周期性变化，进而削弱毛细管力的影响。最为显著的是，岩石在持续变化的应力作用下发生疲劳，逐渐形成微裂缝，这便是振动波压裂的基本原理。

②振动波展现出强大的穿透力，能够深入油层内部，促使油层流体产生快速、往复的振动。这种剧烈的振动促使堵塞物如沉积垢等从岩石或管道表面有效脱离，从而打通原本被阻塞的流体通道，显著提升油层的渗透能力。

③在振动波场中原油分子结构在剧烈振荡作用下进行周期性的排列组合；空化作用使分子键断裂，从而降低原油的黏度。高频振动波通过其独特的振荡与空化效应，在石蜡尚未达到凝结状态时就对其产生显著的分散作用。这种作用机制促使石蜡中的长链分子发生断裂，从而降低石蜡的固化温度，使其更难以在低温下形成坚硬的沉积物。进一步地，高频振动波场还伴随着热效应的产生，这种热效应与振荡及空化作用相辅相成，共同作用于石蜡沉积物上。这一机制相当复杂，虽然在实验环境和现场实践中均已观察到其具备降低黏度和降低凝固点的效果，但这些效果的具体作用机制及其优化条件仍需进一步深入研究和探索。

2. 主要设备和工艺过程

水力振荡解堵作业的实施流程主要分为地面设备准备与振动管柱下入两大环节。地面设备核心组件包括泵车、储液罐车以及修井机，它们共同构成了作业所需的动力源、液体储存与供应以及井口操作的基础平台。

在作业开始前，首先需要将现有的生产管柱安全起出，随后对井筒进行必要的通井与冲砂作业，以确保井筒畅通无阻。紧接着，利用油管将振荡器精准下入预定深度，一旦振荡器就位，泵车随即启动，向振荡器内泵入高压流体。这些高压流体在振荡器内部转化为高频振动能量，并直接作用于目标油层。通过由下至上的逐层处理方式，振动能量有效穿透并作用于堵塞区域，实现解堵目的。对于注水井而言，上述流程同样适用。此外，还可巧妙利用原有注水系统的压力资源，通过调整注水流程，使水流携带振动能量直接作用于堵塞部位，达到解堵效果。

（二）电脉冲井底处理技术

电脉冲井底处理技术是一种创新的油气增产增注方法，它巧妙地利用了井下液体环境中电容电极的高压放电效应。通过在油层中引入定向传播的压力脉冲与高强度的电磁场，激发空化效应，这一效应有助于清除油层中的污染物质。同时，这些物理作用还能在油层内部诱发微裂缝的形成，这些微裂缝不仅能增加油层的渗透性，还能促进油气的流动，从而实现增产与增注的双重目标。

1. 增产增注机制

电脉冲井底处理技术的核心精髓，在于巧妙利用井下流体环境中安置的电容电极，执行精密的高压放电作业。这一关键步骤，是在精心设计的井下仪器内部的放电室内完成的。当向流体中的电极对施加电压，且该电压强度超越流体介质的自然击穿阈值时，即会触发高效的放电过程，从而实现技术的核心功能。值得注意的是，在两相邻电极偶之间的空间区域内，每次击穿放电并非连续不断，而是存在一定的时间间隔，这一特性使得放电过程呈现周期性规律。随着放电孔道内部流体的急剧膨胀与释放，大量能量得以瞬间迸发而出。其主要作用机制如下。

①放电过程中产生的压力波以及空化效应，共同作用于油层孔道，有效清除并解除其中的堵塞物，恢复流体畅通。

②在油层内部，放电引发的能量释放促使微裂缝形成，并进一步优化改造已存在的裂缝结构，从而显著提升油层流体的渗流能力与效率。

2. 主要设备和工艺过程

电脉冲井底处理设备主要有地面整流变频器、电缆和井下放电仪。具体的施工步骤如下。

①起出生产管柱、通井、冲砂等。
②在下井仪器上安装定位器。
③用电缆车下放仪器到预定位置。
④启动电源后，系统将以预设的特定频率向油层发射电脉冲进行处理，确保每米油层接收到 100~300 个电脉冲，以达到预期的处理效果。
⑤当面对多层油层时，处理顺序将从最下层开始，逐层向上进行，确保每一层都得到充分的处理。待所有层处理完毕后，将井下的仪器安全地提出井口。
⑥试油或油井正常生产。

（三）超声波井底处理技术

超声波井底处理技术是一种高效的技术手段，它巧妙地利用超声波的振动能量及其引发的空化效应，直接作用于油层区域。超声波通过强力振动，能够有效地松动并清除近井地带积累的污染物和堵塞物，恢复油层的自然渗透能力。

1. 增产增注机制

①声波在传播过程中，其传递方向与流体的自然流动方向呈现一种固有的反向关联，这一特性与声波的强度无关，而是声波传播的基本物理规律之一。当声波穿透油层时，其携带的振动能量能够激励原油分子，使之加速向声源的方向涌动，这一过程与声波的传播方向一致。因此，当井底辐射的声波的传播方向与油层渗流方向相反时，这种反向的声能传递便能有效促进油层中的流体朝向井筒方向渗流并聚集，从而提高油井的采收效率。

②应用超声波处理技术，原油的黏度得以降低，乳状液得到有效破乳，同时其凝固点也会显著下降。

③超声波的强烈振动及其引发的空化效应，能够在近井地带有效解除堵塞，并促进微小裂缝形成，恢复和提升油层的渗透性能，使得流体更易于流动。

④超声波的持续振动导致毛管半径发生动态变化，这种变化会打破油层流体原有的受力平衡状态，为部分原本被毛细管束缚的原油提供释放的机会，进而提高原油的采收率。

⑤对于注水井来讲，超声波的引入不仅能显著降低水的表面张力，减小毛管渗流过程中的阻力，还能发挥杀菌、防垢等多重功效。

2. 主要设备和工艺过程

超声波油层处理系统由三大核心组件构成：地面声波至超声波的转换发生器、高效能传输电缆，以及井下部署的大功率电声转换装置。

如今，广泛应用的超声波油层处理装置，其电力供应通常采用标准的 380 V/220 V、50 Hz 交流电源，确保了设备的稳定运行。而声波发生器能产生频率为 15~33 kHz 的超声波，输出功率为 4~30 kW。

在施工过程中，首先将特制的井下换能器通过普通射孔电缆精准地送入待处理的油层区域。接下来，地面的电源装置作为能量供应中心，为换能器稳定地提供所需电能。同时，地面发生器扮演着关键角色，它负责生成脉冲波、超声波以及电功率振荡信号，这些信号是超声波油层处理技术的核心要素。这些精密的信号通过高性能的电缆系统，以极低的损耗快速、准确地传输至位于井下的大功率发射型换能器，确保处理效果的高效实现。换能器作为关键部件，其核心功能是将接收到的电功率振荡信号转化为机械振动能，即声波。这些声波随后通过流体介质（主要为油和水组成的混合物）进行耦合传播，直达油气层内部，解除污染、堵塞，提高近井地带油层渗透性，达到增产增注的目的。

（四）人工地震油层处理技术

人工地震油层处理技术是一种创新的增产技术，它通过在地面设置人工震源，激发并产生强大的波动场，这些波动场直接作用于油层，引发油层内部的振动处理效应，提高油层中毛管渗流和重力渗流的速率，使得原油在油层内的流动更为顺畅。此外，振动还能够促进石油中原始溶解气的释放，以及将原本吸附在油层岩石表面的天然气进一步分离出来，这些气体的释放和分离不仅能降低原油的黏度，提高其流动性，还能增加油层内的压力梯度，有助于推动原油向生产井筒运移。

1. 人工地震处理油层技术的采油机制

振动波具有卓越的穿透力及独特的共振效应，在作用于油层时，能够发挥多重积极作用，显著促进采油过程的优化与效率提升。

①振动加速油层中流体的流动。

②通过振动作用，原油的黏度得以降低，同时油水界面张力也相应减弱，从而改善原油的流动性，并使得水油流度比得到优化。

③振动还能促进气体从原油或岩石孔隙的表面上有效分离，这一过程中产生的气体进一步发挥了气驱油的作用。

2. 主要设备及工艺过程

在人工地震处理油层技术的矿场施工过程中，核心的施工设备由两大关键部分组成：一是人工震源系统，二是震动监测与分析系统。人工震源系统由两个核心组件构成：一是可调频起震机，它具备调节震动频率的能力，以适应不同油层特性的处理需求；二是可调重基础，用于稳定起震机，确保震动能量的有效传递。而震动监测与分析系统则进一步细分为两个子系统：首先是井下监测与分析子系统，它负责在油层内部直接监测震动效果，收集关键数据；其次是震动地面公害监测与分析子系统，它关注震动对地面环境的影响，确保施工过程的环保与安全。尽管目前市场上存在多种类型的起震机和检测设备，但它们的基本工作原理是相通的。施工过程中，地面起震机被激活，产生低频振动波，这些波动通过地层传播至目标油层，进行震动处理。与此同时，配套的检测仪器实时监测震动的频率以及井中液面的变化状况，这些数据为优化震动频率、调整施工参数提供了重要依据。

第十章　21世纪油气储运技术

进入21世纪以来，随着全球经济的快速发展和能源需求的持续增长，油气储运技术作为石油行业中的关键领域，正经历着前所未有的变革与发展。油气储运技术作为连接油气生产地与终端用户的桥梁，其重要性不言而喻。它不仅关乎能源的安全供应，还直接影响能源利用效率、经济成本以及环境保护等多个方面。在21世纪，随着科技的飞速进步和全球能源格局的深刻调整，油气储运技术正面临着前所未有的发展机遇和严峻挑战。本章围绕油气水的多相混输技术，易凝高黏原油的改性、改质常温输送技术，油气储运安全技术，油气储运设施腐蚀与防护技术，油气储运节能技术等内容展开研究。

第一节　油气水的多相混输技术

在油气田的生产过程中，油气水三者在同一管道内并行流动是常见现象。深入探索油气混输技术，旨在实现油气田地面工程投资与运营成本的双重节约，同时高效利用伴生气资源，并显著降低对环境的潜在污染。

然而，随着重质原油开采比例的提升，以及众多油气井步入开采中后期，其产出液中的含水量显著增加，这一变化无疑为油气混输技术带来了更为严峻的挑战。因此，油气水三相流动问题已成为全球多相流研究领域中的焦点与难点。

鉴于油气水三相流动过程的极端复杂性，各相在管道内的分布形态与结构特征展现出高度的多样性，且相界面间还伴随着复杂的能量交换、传热与传质过程。因此，要构建出能够指导工程实践的模型与软件，必须采取一种综合性的研究方法：首先，基于深入的机制分析，建立多相流动的理论模型框架；其次，通过精心的实验室试验，获取关键参数以丰富模型内容；最后，还需进行现场试验的验证与修正，以确保模型能够准确反映实际工况。这三者相辅相成，缺一不可，共同构成了从理论到实践，再从实践反馈理论的完整循环，为油气水三相流动问题的有效解决提供了理论支撑。

鉴于多相流研究的庞大资金需求和高度专业性，当前国际上的研究机构普遍采取了一种合作共赢的策略，即多家石油公司携手出资，共同资助某一研究机构专注于其特色鲜明的多相流研究课题。以著名的OLGA软件为例，它是由挪威国家石油研究院联合多家顶尖研究院所共同研发的成果。在开发过程中，这些合作机构慷慨提供了丰富的实验数据，为OLGA数学模型的持续优化与改进提供了坚实的支撑。

多相流领域的研究广泛涵盖管输工艺与混输设备两大核心板块。在混输设备方面，经过国外十多年的深入研发，已诞生了一系列成熟产品，如多相泵、高精度多相流量计以及高效三相分离装置等，这些设备在油气田生产中发挥着不可或缺的作用。

管输工艺的研究则进一步细分为稳态流动模拟与瞬态流动模拟两大领域。在稳态模拟领域，气液两相流动的研究已取得显著进展，流型划分、持液率预测及压降计算方法等关键技术已相对成熟。许多知名软件能将压降计算的误差控制在 20% 以内，展现了高度的准确性；而在持液率的预测上，虽然仍有提升空间，但整体上也达到了较为满意的水平。然而，当涉及更为复杂的油气水三相流动稳态模拟时，学术界与工业界仍存在着诸多分歧与争议。值得注意的是，为了深入探索三相流动的奥秘，研究者们普遍认识到，首先需要透彻理解油水两相流动的基本规律。相较于气液两相流，油水两相流的研究历史相对较短，研究成果也相对较少，这在一定程度上制约了三相流动研究的全面展开。

近年来，英国、美国、挪威等国的多家顶尖研究院所正积极开展一系列针对性实验研究，旨在深入探索油水乳状液的类型、稳定性机制、影响反相点的关键因素、乳状液的流变特性，以及油水两相管流中的流型特征与压降规律。

与此同时，随着稳态流动模拟技术的日益成熟，瞬态流动模拟逐渐成为多相流管道运行控制领域的研究新热点。作为确保管道安全、高效运行的关键技术，瞬态模拟能够更加真实地反映管道内流体在动态变化过程中的行为特征。因此，近年来国外的研究重点已逐渐从稳态模拟向瞬态模拟转移，致力于开发出能够精准预测并控制管道瞬态行为的先进模型与算法。

在管道的日常操作中，如启动、停输、清管、运行条件调整及设备维护等关键环节，精确预测瞬态多相流参数是优化系统设备配置、确保安全与经济高效运行不可或缺的前提。

针对多相流管道的安全运行，研究范围广泛且深入，其中水合物的生成与解堵、多相流腐蚀机制与防腐措施是两大核心议题。在特定压力与温度条件下，管道内的气体与水易形成水合物，这不仅可能导致管道堵塞，还可能引发严重的运行障碍。因此，深入研究水合物的生成规律，开发高效的解堵技术，对于减少投资成本、降低运行费用具有重大意义。[①]

此外，油气水三相管道的内腐蚀问题同样不容忽视。由于水相的存在，此类管道的内腐蚀程度显著高于油气两相管道，且常伴随冲蚀现象，加剧了管道的劣化速率。这一问题已引起全球研究机构的广泛关注，各国正积极探索有效的防腐策略与材料，以延长管道使用寿命，保障油气输送的安全与稳定。

第二节 易凝高黏原油的改性、改质常温输送技术

一、含蜡原油综合改性、改质常温输送技术

含蜡原油因其高凝点和常温下显著的流动性障碍，主要归因于原油内部蜡质成分在低温下结晶析出，这些蜡晶相互交织，构建起复杂的网络结构，严重阻碍了原油的顺畅流动。为了优化含蜡原油的流动性，降低输送过程中的能耗，关键在于调整蜡晶的析出行为、形

---

① 宋琦，王树立，武雪红，等.水合物技术应用与展望[J].油气储运，2009，28（9）：5-9，79，83.

态分布及网络结构。展望未来，该领域的发展趋势将聚焦于按照具体原油的物理化学特性及管道运输的实际条件，灵活整合多种物理处理与化学改性手段，以期达到更为显著的改性效果，实现在输送过程中不再加热的"常温输送"。

针对含蜡量偏高或成分独特的原油，当前市场上的降凝剂在改性效果及稳定性方面尚显不足，难以满足实际生产中的严格要求。以我国具有标志性意义的大庆原油为例，尽管其通过管道输送的距离之长、量之大均居国内前列，但遗憾的是，降凝剂技术至今未能在大庆原油的长距离输送管线上得到广泛应用。这一瓶颈的根源之一，在于大庆原油中的胶质成分复杂，含有大量能够抑制现有降凝剂正常发挥作用的物质，从而削弱了降凝剂的改性效能和稳定性。具体表现为，即便采用加剂输送方式，由于降凝剂效果受限，仍无法有效减少沿途加热站的数量，导致整体能耗并未显著降低，甚至可能与直接加热输送相差无几。所以，针对大庆原油这类具有特殊组成的原油，研发出能够克服其胶质抑制效应、实现更高效能的新型降凝剂，已成为当前亟待解决的重要课题。

降低加热输送管道输量会影响油温，进而影响管道安全。为确保管道安全、平稳运行，必须相应增加加热设备，甚至需要进行正输与反输的交替，会浪费巨大的能源。经过改性处理的原油，其凝点显著降低，进而使得管道运输时原油的最低进站温度要求也相应降低。这一变化不仅直接节省了增设加热设备所需的经济投入，还有可能避免进行原油的反向输送操作，提升运输效率。对于部分管道系统，在环境温度较高的情况下，甚至可以选择关闭部分或全部中间加热炉，进一步节省能源。因此，实现易凝且高黏度原油在常温条件下的稳定输送（全程无需额外加热），不仅能大幅度降低加热过程中的能源消耗，还能显著增强管道运行的灵活性和安全性，这一点对于在极端环境（如沙漠、海洋等）中运行的管道尤为重要，因为这些地区对运输系统的稳定性和效率有着更高的要求。目前，我国大部分含蜡原油的输送管道尚无法实现全程无加热的常温输送，仍需依赖中途加热措施来确保原油的流动性。因此，如何优化技术，使含蜡原油管道能够实现经济、安全的常温输送，成为未来研究的重要方向和关键目标之一。[①]

采用热裂解、分子筛裂解等先进技术手段，能够有效地促使原油中的蜡质成分发生碳链断裂反应，进而实现蜡含量的降低，或者将原本化学改性难度较大的高碳数蜡转化为更易处理的低碳数蜡。这一系列处理过程不仅能显著提升原油的流动性，还能对其整体品质进行优化，这一系列操作统称为原油"改质"。在改质过程中，通过精细调控工艺参数，可以精确控制改质的程度与效果，即所谓的"改质深度"。当前原油改质输送技术推广的主要瓶颈在于经济成本，因为原油改质过程本质上是对其进行的一次初步加工，增加了额外的费用。当我们将视野拓宽，将原油的集输、长距离管道输送以及后续加工视为一个紧密相连的整体系统，并以此为基础追求整体效益的最大化时，就可能探索出经济合理的解决方案。实现这一综合效益最大化的方案，除了技术层面的挑战需要克服外，还不可避免地要面对管理体制的重构与经济核算方式的调整。

二、重质原油的采、集、输、加工一体化技术

重质原油的特点是比重大、黏度高、轻馏分油含量少。其蒸馏残渣油超过50%，而轻

---

① 毕洪亮，于龙年，康健，等.论自动化技术在油气储运过程中的应用研究[J].中国石油和化工标准与质量，2013，33（8）：262.

质原油中渣油的比例小于20%。传统上，针对重质原油的输送难题，业界普遍采用掺入轻质油进行稀释以降低其黏度的策略，并且这一过程往往还伴随着加热措施以增强流动性。然而，随着轻质油资源的日益稀缺以及加热过程所带来的高额能耗问题，自20世纪80年代初起，国际社会便迫切地寻求能够替代这一传统方法的重质原油输送新技术。

当前研究聚焦于多种技术创新，旨在提升原油输送效率，其中包括发展迅速的水包油乳化降黏输送技术和低黏液环减阻输送技术。其中，水包油乳化技术因其显著成效而备受瞩目。在委内瑞拉，针对重质原油的特性，水包油乳化技术已达到了相对成熟的阶段。该技术成功制备出名为"奥里乳化油"的产品，该产品不仅具备优异的稳定性，能够适应管道输送、海上船运以及长期储存的严苛条件，还展现了良好的应用前景。近年来，随着乳化技术的不断精进与革新，科研团队更是在保持相同油水比的前提下，成功研发出了第二代产品。目前，奥里乳化油主要用作燃料直接燃烧。

水包油乳化技术的应用可以从采油过程开始，采、集、输诸环节整体受益。在原油开采过程中，原油常常伴随着水分一同被开采出来。当含水率维持在40%～60%的范围时，油井所产出的混合液体便形成了油包水的乳状液形态。这种乳状液的特性在于其黏度显著高于纯原油，给后续的输送与处理工作带来了额外的挑战。将表面活性剂溶液注入井筒深处，利用其化学特性诱导原本的油包水乳状液发生反相转变，从而在井下直接形成黏度较低的水包油乳状液，降低井筒及后续集输管道中的流体阻力，提升原油的开采与输送效率。此项技术已在委内瑞拉、加拿大及美国等多个国家得到实际应用，证明了其广泛的适用性和有效性。然而，面对长距离运输及长期储存对乳状液稳定性提出的极高要求，在井下生成的乳状液往往难以直接作为最终产品进行外输。为确保乳状液在复杂的运输与储存环境中保持其稳定性，避免分层、破乳等现象的发生，通常需要在外输前对其进行专门的再处理，以提升其稳定性并满足相关标准。

倘若重质原油的乳化技术能够实现质的飞跃，即能在井下直接完成乳化过程，并贯穿于后续的采集与输送全周期，实现全程减阻输送，那么乳化技术的应用前景将更加广阔，有望在更多领域发挥重要作用。

此外，值得注意的是，某些重质原油因其独特的化学组成，是生产优质道路沥青等高附加值产品的重要原料。然而，在采集、集输这些原油的过程中，若不慎掺入含蜡原油以降低黏度，可能会给最终沥青产品的质量带来不利影响。这就要求必须将原油的采集、集输与后续的加工环节视为一个紧密相连的整体系统，进行综合考虑与优化。

展望未来的一段时间内，虽然简单便捷的稀释降黏技术因其操作上的易行性仍将持续占据广泛的应用空间，但伴随而来的是轻质油资源日益紧张的严峻挑战。轻质油来源短缺问题将逐渐凸显，进而催生出对稀释输送替代技术的迫切需求。在这一背景下，水包油乳化技术作为一种极具潜力的解决方案，将在原油的采集、集输等多个环节中得到更广泛的应用。随着低黏液环减阻输送技术的进一步研究和完善，对于在不需过泵增压的输送距离内输送密度接近水的重质原油的情况，这项技术可望得到应用。目前还在研究重质原油的化学降黏剂，在有关机制研究取得进一步突破、产品的性能价格比进一步提高后，可望用于采、集、输过程的降黏减阻。

第三节 油气储运安全技术

石油天然气行业，作为国家的经济支柱，其运营特性复杂且充满挑战，涵盖易燃易爆、毒害性强、高温高压、作业连续不间断以及产业链长、覆盖面广等多重高风险要素。这一行业的高危险性直接导致了事故频发，且事故一旦发生，其后果往往极为严重，对人员生命、财产安全构成巨大威胁。[1] 近年来，随着我国石油天然气行业的蓬勃发展，油气资源的生产、储存、运输和使用量急剧增加，应用范围也日益广泛。然而，伴随而来的是油气储运系统中泄漏、火灾与爆炸等安全事故的频繁出现。这些不幸事件不仅给国家和社会带来了巨大的经济损失，更深刻地影响人民群众的生命安全和社会稳定，其负面影响深远，不容忽视。它们不仅削弱了公众对石油天然气行业的信心，也在一定程度上阻碍了该行业的持续健康发展和技术进步。鉴于此，油气储运安全被提升至石油天然气行业首要关注的议题之列。为确保行业财产与人员安全，实施周密的安全防范措施，并对整个工程流程实施严密监控与高效管理，已成为不可或缺的关键策略。油气储运安全技术，正是针对这一领域内在工程设计、作业环境、设备配置、工艺流程及人员操作等多个环节可能存在的安全隐患，而精心设计的一系列技术解决方案。

一、油气储运安全的特点及要求

油气储运工程系统广泛分布于野外，其作业点多面广且相对分散。整个生产过程高度依赖机械化、密闭化和连续化操作，以实现高效运行。然而，这一过程中涉及的主要介质——石油和天然气，均属于易燃、易爆的危险物质，因此，油气储运工程系统面临着极高的安全风险，做好油气储运工程安全工作具有重要意义。

（一）油气储运安全的特点

油气储运安全的特点主要包含以下三个方面的内容。

①油气储运系统大部分在野外分散作业，各个环节有机地联系在一起。油气储运的完整生产过程显著地展现了机械化、密闭化和连续化的特征，这一系列特点要求极高的运行精度与安全性。鉴于所处理的介质——原油与天然气，均属于易燃易爆的高危物质，这一特性进一步加剧了生产过程中的安全挑战。因此，在油气储运的每一个环节，都需要确保人与人、人与机器之间达到高度的协调与默契。为实现这一目标，建立并执行严格的规章制度是基石，它规范了生产行为的边界，确保每一项操作都有据可依、有章可循。同时，构建严密的劳动组织体系，确保人员配置合理、职责明确，形成高效协同的工作机制。在此基础上，一个正确且高效的生产指挥系统显得尤为重要，它能够根据实时情况灵活调度资源，迅速响应各种突发状况，确保生产过程的平稳进行。

②油气储运的主要介质是原油和天然气。原油与天然气均具备一系列显著的危险特性，包括高度的易燃性、易爆性、易挥发性以及易于聚集静电等。当这些挥发的油气与空气混合，并达到特定的浓度比例时，一旦遭遇明火，即可能引发剧烈的爆炸或燃烧，其破坏力

---

[1] 王艳红. 中国石化企业安全文化建设探讨[J]. 化工管理, 2013 (10): 55.

极为强大，能造成严重的人员伤亡与财产损失。此外，油气还具备一定的毒性。在大量排放或泄漏的情况下，油气会迅速扩散至周围环境，对人体及动物健康构成严重威胁，可能引发中毒症状，甚至危及生命。[1]

③油气储运设备和材料是多种多样的，也带有不同程度的危险性。在储运生产过程中，所涉及的机械设备、运输车辆以及原材料种类繁多且数量庞大，这一复杂性给安全管理带来了挑战。

（二）油气储运生产的安全要求

油气储运的特殊性使其在安全方面的需求既包含了一些普遍适用于其他产业体系的安全规范，也具备独特的行业特性。具体而言，油气储运过程中同样重视工程施工中的安全标准、交通安全的保障、对自然灾害事故的预防措施，以及对日常生产中可能遇到的一般性事故的安全防范，这些共通的安全要素可归纳为"一般安全要求"。此外，油气储运工程的独特性也为其安全管理增设了特定要求包括油气储罐的设计、操作与维护必须严格遵循防火防爆及防静电积聚的安全标准，以防止意外事故的发生。同时，鉴于地震、雷击等自然灾害对油气储运工程可能造成的特殊危害，还需采取针对性的预防措施，如增强设施的抗震性能、安装避雷装置等，以确保工程在极端环境下的稳定运行，这些称为"特殊安全要求"。

1. 一般安全要求

在油气储运工程生产中，发生频率较高的是那些常见的一般性事故。一般来讲，可以将这些事故归纳为如下5类。

①由机械性外力作用造成的机械性伤害事故。

②由机械、化学和热效应的联合作用产生的小型爆炸事故。

③与电有关的事故。一是由于人体直接或间接接触带电物体而引发的电击或电伤事故，这类事故往往瞬间发生，对人身安全构成严重威胁；二是电气设备因故障或维护不当导致异常发热，进而可能引发设备烧毁或火灾等电气事故，对生产设施及环境安全造成损害。

④热伤害事故涉及高温与低温两种极端情况。前者常因人体直接接触高温物体（如炽热的管道、设备等）而发生，导致皮肤灼伤或其他热相关伤害；后者则出现在低温作业环境中，如不注意保暖，则可能发生冻伤事故，同样对人体健康构成伤害。

⑤化学物质伤害事故，由具有毒性或腐蚀性的物质直接接触人体而引发，这些物质可能通过吸入、食入或皮肤接触等途径进入人体，造成中毒、腐蚀或其他形式的化学性伤害。

此外，一般性的自然灾害，如洪涝灾害和大风天气等，也可能对油气储运等工业领域造成不同程度的破坏和损失。[2]

2. 特殊安全要求

针对油气储运工程在生产过程中特有的安全风险，提出了"五防"的特殊安全要求，这5个方面涵盖防火、防爆、防静电、防油气蒸发与泄漏，以及防中毒与腐蚀。

3. 事故预防措施

在油气储运工程的整个生产过程中，鉴于原油与天然气的高度易燃易爆特性，首要任

---

[1] 郭长林. 采油厂安全生产管理长效机制的构建 [J]. 中国石油和化工标准与质量, 2013, 33（18）: 215.
[2] 陈兵替, 王建中, 谢友友, 等. 煤层气开采过程安全风险分析 [J]. 中国煤层气, 2011, 8（3）: 44-46.

务是采取针对性的安全措施以防范潜在风险。同时，针对其他可能存在的特性与风险点，也应实施有效的安全策略以全面保障生产安全。为此，油气储运工程中广泛推行"六防"措施，作为一项系统的事故预防措施，旨在从多个维度降低事故发生的可能性。"六防"包括防火、防爆、防触电、防中毒、防冻、防机械伤害。

（1）防火

在油气储运工程的生产环节中，防火被视为至关重要的安全保障措施。防火的核心理念在于通过有效手段阻止燃烧所必需条件的形成，从而从根本上预防火灾的发生。

（2）防爆

在油气储运工程的运作过程中，所遭遇的爆炸事件主体多为混合气体的剧烈反应。这类爆炸特指可燃性气体（如原油蒸发产生的蒸气或天然气）与助燃气体（主要是空气）在特定浓度范围内混合后，一旦遭遇点火源即引发的爆炸，本质上属于化学性爆炸的一种。原油与天然气的爆炸现象，通常与燃烧过程紧密相连，二者之间存在着相互转化的可能性：爆炸可迅速转化为持续性的燃烧，而燃烧在特定条件下亦能升级为爆炸，这种相互转换的特性增加了油气储运安全管理的复杂性和重要性。

（3）防触电

随着油气储运工程技术的持续进步与扩展，电气设备已成为贯穿该领域生产流程不可或缺的组成部分。然而，若电气设备的安装过程不规范、使用操作不当，或是维护保养工作未能及时跟进，均可能引发电气设备故障乃至事故，这类事件不仅直接威胁工作人员的人身安全，还可能造成重大的经济损失，对国家和人民财产构成严重损害。

（4）防中毒

原油、天然气及其衍生品所释放的蒸气均蕴含一定的毒性。这些有毒蒸气若通过口、鼻等途径被人体吸入，且吸入量超出安全阈值，便可能引发慢性或急性的中毒症状，对人体健康构成威胁。

此外，油气储运工程在生产环节中若发生油气泄漏，不仅直接危害人体健康，还会对生态环境造成深远影响。泄漏的油气能够渗透至水体中，对水质造成污染，进而威胁到水生生物的生存，包括鱼、虾等水生动物可能因此遭受毒害而死亡，破坏水生生态系统的平衡。

（5）防冻

油气储运工程的生产现场多数坐落于自然环境较为恶劣的野外区域，同时，许多关键的施工作业环节也必须在野外环境中展开。此外，考虑到我国油田原油所特有的高含蜡量、高凝固点以及高黏度等物理特性，这些因素无疑给油气储运工程的生产过程增添了极大的挑战与困难，要求工程技术人员必须采取更为复杂且精细的操作与管理措施，以确保生产活动的顺利进行。

（6）防机械伤害

机械伤害事故是指因机械性外力直接作用而导致的不良事件。在储运工程的生产作业环境中，这类事故颇为常见，其主要后果可大致分为两大类：一是对人员造成的人身伤害，二是对机械设备本身造成的损坏。在储运工程的日常生产过程中，工作人员频繁接触并使用各种机械设备，从重型起重作业、货物装卸到物料运输等各个环节，均离不开机械设备的参与。

二、油气储运安全技术相关内容

(一)系统安全技术基础知识

1. 危险源

(1)危险源的定义

危险源指的是在某一系统内,潜藏着能量释放或危险物质泄漏风险,且这些风险在特定触发条件下可能转化为实际事故的具体部位、区域、场所、空间、工作岗位、设备及其具体位置。简而言之,危险源是能量与有害物质的集中点,是能量异常释放或物质有害扩散的源头。危险源的存在是相对于特定系统而言的,不同系统边界下,危险源所涵盖的区域范围亦会有所不同。

危险源,作为潜藏于生产活动中的各类可能导致事故发生的不安全因素,其种类繁多且复杂多变。这些不安全因素在诱发事故、对人员造成伤害及导致财产损失方面,各自扮演着不同的角色,其影响力与后果也各不相同。因此,在针对这些危险源实施控制策略时,必须遵循差异化的原则与方法。

(2)危险源的辨识

鉴于危险源作为"潜在性"的不安全因素,其隐蔽性较强,因此危险源的辨识工作极具挑战性,尤其是在系统构成复杂的环境中,辨识难度更是显著提升,这时便需借助专业且系统化的方法来进行。危险源辨识方法大致可分为对照法和系统安全分析法。

在进行危险源辨识时,针对那些不易直接察觉的潜在危险源,需运用特定的分析手段进行深度剖析与评估。尽管判断危险源的方法多种多样,但无论采用何种方法,都需紧密围绕以下几个关键环节展开:首先,明确危险源的具体类型;其次,预测可能发生的事故模式及其潜在后果;再者,深入分析导致事故发生的根本原因及触发条件;最后,全面掌握设备的可靠性、人机工程学原理的应用情况、现有的安全措施以及应急响应机制的完备性。

2. 事故

事故是一个动态演变的过程,它起始于潜在危险的急剧加剧,随后通过一系列按特定逻辑顺序发生的原因事件,在系统中逐步传递,最终导致不利后果的发生。具体而言,事故是指那些出乎意料的事件,它们不仅可能造成人员伤亡、死亡或职业病等健康损害,还可能引发设备、设施等财产的损失,以及其他形式的不良后果。

(1)事故的形成

事故的发生与否及其造成的伤害程度,深受多重因素的交织影响,主要包括:人的具体行为模式与心理状态、所处的环境条件以及物体的实际状况,还有管理层面可能存在的疏漏与不足。当环境恶劣、物体状态不佳或管理存在缺陷时,这些因素可能相互叠加,形成潜在的生产安全隐患。一旦这些隐患被人为因素所触发,便可能引发实际的事故。[1]

简单来讲,事故的根源往往可以归结为两大核心要素的共同作用:一是物的不安全状态,即设备、设施或物料等因故障或缺陷而处于非正常工作状态;二是人的不安全行为,即操作人员因疏忽、失误或故意违反规程而导致的错误操作。在能量流动与控制失衡的背

---

[1] 刘鹏. 建筑工程施工安全管理问题及应对策略[J]. 科技经济市场, 2018 (5): 130-132.

景下，人的活动与物的运动在特定的时间与空间点上发生交集，便构成了事故发生的"时空交汇点"。

在事故的形成与发展过程中，物质条件所展现出的不可靠性和不安全性构成了事故发生的潜在危险源。这些潜在危险源，一旦受到不当触发，便可能转化为实际的事故风险。而人的不安全行为，包括疏忽、错误判断、违规操作等，以及管理层面存在的缺陷，如制度不健全、监督不到位等，则是这些潜在危险源向实际事故转化的主要驱动力。最终，当这些不安全因素和缺陷共同作用，导致系统内的能量流动出现异常传递时，事故便随之发生。

（2）事故致因理论

事故致因理论作为安全原理的核心组成部分，其核心在于深入剖析事故的根源、发展路径及其最终后果，因此也常被称作事故机制或事故模型。该理论超越了对具体危险源特性和个别事故细节的探讨，转而采取一种更为宏观、抽象的视角，聚焦于构成系统的基本要素——人、机（设备）、物（物料）以及环境之间的相互作用与影响。这种普遍性的分析方法使得事故致因理论能够跨越不同行业和领域的界限，具有广泛的适用性。当将事故致因理论与具体的危险源识别、实际发生的事故案例相结合时，这一理论便展现出其独特的价值。它能够以更加科学、务实和形象的方式，揭示出潜在的事故成因、发展过程和可能的结果，为危险性评估、安全性评价、预防措施的制定、监控管理体系的构建以及事故调查分析的深入提供强有力的理论支撑和实践指导。

到目前为止，人们已提出了十多种事故致因理论，这里重点介绍其中常用的几种。

①因果论。在以因果关系为基础的事故模型中，以日本北川彻三的事故模型较为出名。北川彻三提出的模型，其基础在于深刻认识到事故及其所致损失（包括损失的有无与大小）确实蕴含着偶然性，但事故的发生本身却遵循着必然性的规律，即每一起事故背后都必然存在着引发它的原因。这些原因并非孤立存在，而是可以进一步细分为直接原因与间接原因，它们之间紧密相连，共同构成了一个清晰的事故因果链条。具体而言，这个事故链展现了从间接原因出发，通过一系列相互关联的因素，最终导致直接原因发生，并进而引发事故及其后续损失的完整过程。

事故的直接原因，亦称为一次原因，直接关联于事故发生的瞬间与现场环境。它涵盖两个主要方面：一是人为因素，具体表现为人的不安全行为，这可能包括操作失误、误操作或疏忽大意等；二是物的因素，即物的不安全状态，它涉及机械设备存在的缺陷、故障、性能失效，以及不利的环境条件。这两种直接原因，实际上是更深层次、更间接的原因所引发的结果。

②轨迹交叉论。轨迹交叉的事故致因理论核心观点指出，系统内事故的发生并非孤立事件，而是由人的不安全行为与物（或环境）的不安全状态在特定的时间、空间点上不期而遇、相互交织所导致的。此外，环境本身也时常扮演着催化剂的角色，它可能促成人的不安全行为、加剧物（机）的不安全状态，甚至为这两者的不期而遇创造条件。

③人—环匹配论。人—环匹配论最初由瑟利（J. Surly）于1969年提出，这一理论也被广泛称为瑟利模型。其核心观点在于探讨人与环境之间的相互作用及其对事故发生的影响。随后，安德森在此基础上进行了补充与完善，进一步形成了更为全面和深入的瑟利—安德森模型。该理论将包含人、机器、物料及环境在内的复杂系统，简化为以人（作为主

体)与环境(作为客体)为核心的两个主要方面。在此基础上,它将系统内事故的发生过程细分为两个阶段:首先是危险的形成与逐渐迫近阶段,其次是这一危险状态进一步演变为实际事故,并导致伤害或损坏的终局阶段。事故的发生与否,其决定性因素在于人与环境之间是否能够实现良好的相互匹配与适应。

(二)油气储运安全技术研究的意义

石油及天然气行业因其固有的易燃易爆、有毒有害、高温高压特性,加之连续作业、产业链长且覆盖面广等复杂因素,构成了极高的安全风险环境,事故频发且潜在后果极为严重。因此,油气储运安全被置于石油天然气行业安全管理的首要位置。为确保行业财产与员工生命安全,采取一系列高效的安全防范措施,并对整个工程流程实施严密的监控与管理,已成为不可或缺的关键手段。[①]

因此,在石油及天然气行业研究油气储运安全技术是十分必要的,其原因主要有以下几方面。

①石油及天然气行业的生产流程中所处理的物料具有极高的危险性,易直接导致发生火灾、爆炸等严重事故,以及可能引发大规模伤亡事件的风险极大。在石油及天然气行业的生产过程中,所涉及的原材料、辅助材料、半成品及成品中,绝大多数具备易燃或可燃特性。这些物质一旦发生泄漏,其迅速蒸发的气体与空气中的氧气混合后,极易形成具有爆炸性的混合气体,从而大大增加了燃烧和爆炸事故的风险。此外,众多物料还属于高毒或剧毒物质,一旦处理不当或发生泄漏,将直接威胁人员的生命安全,极易导致严重的人员伤亡事故。

②石油及天然气行业生产工艺极为复杂,对运行条件的要求极为严苛,这些因素共同增加了突发灾难性事故的风险。生产过程中,涉及众多复杂的物理、化学变化以及传质、传热等单元操作,这些操作往往需要在极端条件下进行,如高温、高压、低温或真空环境等,这些异常苛刻的控制条件稍有偏差,就可能引发严重的安全事故。

③石油及天然气行业生产装置大型化,生产规模宏大且连续性极强。然而,这也带来了一个不容忽视的挑战:任何局部的事故或故障,都可能如同多米诺骨牌一般,迅速波及并影响整个装置的正常运行。由于装置的高度自动化,各部位、各环节之间的关联性极强,一旦某一处发生故障或操作出现失误,就会迅速引发连锁反应,对整个生产系统造成严重影响。

④石油及天然气行业生产设备日益大型化,原油罐从 10 000 m^3 增加到 150 000 m^3 甚至 200 000 m^3;液化气球罐从 400 m^3 发展到 8000 m^3;低温贮罐从 5 m^3 增加到 20 000 m^3 甚至 50 000 m^3。设备大型化导致安全生产、防火灭火、安装检修的难度不断加大,并产生相应的变化且一旦发生事故,扑救难度大,损失更加严重。

⑤石油天然气行业生产具有火源、电源、热源交织使用的特点。这些动力能源如果存在设备与工艺缺陷、管理不当等情况,极易发生各种事故。石油天然气行业的生产安全管理不仅是企业日常运营的基石,更是其经营战略中不可或缺的关键环节。它直接关联到企业的整体经营状况与对外形象,是衡量企业稳健性与可持续发展的重要标尺。石油天然气企业必须高度重视生产安全管理工作,将其视为推动企业振兴与繁荣的核心任务之一。

---

① 王艳红.中国石化企业安全文化建设探讨[J].化工管理,2013(10):55.

（三）油气储运安全技术的发展

随着科学技术的持续进步，安全技术也呈现日新月异的发展态势。在我国，油气储运工程领域的安全装置得到了显著的改进和完善，这得益于对各种新技术、新材料、新工艺的广泛应用与融合。科研人员不断探索与创新，成功研制出了一系列先进的安全装置。同时，安全科技的新技术和先进成果在储运安全领域得到了广泛的推广和应用。

1. 网络与智能化监控系统

油气田自动化技术，作为一种高度集成的技术体系，深度融合了控制理论、精密仪器仪表、先进计算机技术以及广泛的信息技术。该技术广泛应用于油气田的各个环节，包括油井监控、计量站管理、管汇阀组调控、转油站优化、联合站综合处理以及原油外输系统的智能化调度等。通过实施精准的检测、高效的控制、科学的优化、灵活的调度、全面的管理和智能的决策，油气田自动化技术旨在显著提升油气产量、优化产品质量、降低能耗成本，并确保生产作业的安全无虞。[1]油气田自动化技术正在向开放性、网络化和集成化方向发展。

2. 消除危险的油气储运新技术及新设备

用于消除油气储运危险的新技术与新设备不断涌现，如管线检漏装置和可燃气体探测报警装置，油罐防雷装置，静电消除装置，含油污水处理装置，油罐防溢、防瘪装置等。现有的自动化监控技术体系已经相当成熟，能够高效地实现对油气管道泄漏或潜在破坏的精准定位。这一技术体系的核心包括油气管道泄漏监测系统和输油气管道安全预警技术两大支柱。在泄漏监测方面，国内广泛应用的技术手段多种多样，主要包括流量平衡法、负压波法、次声波法，以及将负压波与流量平衡法巧妙耦合的创新技术。这些技术各有千秋，能够从不同角度捕捉管道泄漏的细微迹象，确保及时发现并定位泄漏点。而在安全预警领域，则涌现出了一系列前沿技术，如管道智能防腐层预警系统，能够实时监测管道防腐层的状况，预防腐蚀引发的泄漏；分布式光纤预警技术，利用光纤的敏感特性，对管道沿线进行全方位的安全监控；管道声波预警技术，通过捕捉并分析声波信号，预警潜在的破坏行为；此外，还有周界防护系统和视频安全监控技术，它们共同构建了一道坚不可摧的安全防线，确保输油气管道的安全稳定运行。在现有人防和物防的基础上，其发展趋势是加强技防的投入。

3. 设备管道防腐新技术与新材料

在设备与管道的防腐处理中，无机非金属防腐层凭借其独特的优势，成为重要的防护手段。这类防腐层所采用的无机防腐材料，展现出了不老化、耐腐蚀、耐磨损以及耐温的卓越性能，相较于有机材料，其使用寿命得到了显著提升。目前，无机非金属防腐层主要包括陶瓷涂层、搪瓷涂层和玻璃涂层等几大类。其中，陶瓷涂层以其卓越的化学稳定性尤为引人注目。它不仅能够有效抵御各种腐蚀介质的侵蚀，展现出非凡的耐腐蚀性能，还具备出色的耐氧化和耐高温特性。

目前，业界已掌握了多种成熟的制备技术，如自蔓延高温合成法、热喷涂技术以及化学反应法等，这些方法为陶瓷涂层的大规模应用提供了有力支持。另外，搪瓷涂层以其非

---

[1] 李小冬，崔凯，邵勇，等.国外油田自动化技术现状及发展趋势[J].石油机械，2011，39（11）：75-77.

凡的耐腐蚀性能脱颖而出，在对钢制管道进行防腐处理时，效果尤为显著，能够显著提升防腐水平，延长管道使用寿命。值得注意的是，腐蚀防护的效果直接关联于表面材料的微观结构特性。随着纳米技术的兴起与广泛应用，这一领域迎来了前所未有的发展机遇。目前，在沁水盆地煤层气集输工程中还采用了一些非金属柔性复合管道材料，而且建立了这些材料的相关行业标准。

4. 设备故障诊断技术

设备故障诊断是一个综合性的过程，它涉及对设备及其运行状态的深入分析与评估。随后，通过运用专业的分析方法和工具，对这些信息进行细致的解析与辨识，以揭示设备当前的工作状态及潜在问题。对于已识别出存在故障或潜在故障隐患的设备，故障诊断的下一步是深入探究，旨在精确定位故障发生的具体部位，并剖析其根本原因。在明确了故障的具体情况和原因后，设备故障诊断还会进一步预测故障的发展趋势，评估其可能带来的潜在危险。最终，基于上述分析，设备故障诊断将提出一系列针对性的措施和对策。

除此之外，对事故预测预防理论的研究更加深入；安全运行的长效机制正处于建立时期，有效地规范操作规程，建立油气储运安全性评价指标体系和技术，加强完整性管理，提高储运安全质量和安全管理水平。

第四节　油气储运设施腐蚀与防护技术

一、油气储运设施的腐蚀与防护

（一）金属储罐的防腐

我国石油与石化行业内广泛分布着大量的钢质储油罐，这些储罐作为关键设施，主要部署于油田、战略储备基地、油气储运企业及炼化工厂之中。尽管这些储油罐在设计时普遍设定了 20 年的使用寿命，然而，由于所储存的油品中常含有有机酸、无机盐、硫化物及微生物等多种腐蚀性杂质，这些杂质对钢质储罐构成了持续的侵蚀威胁。这种腐蚀现象不仅直接导致油品损失，增加了企业的运营成本与维修费用，还可能对生产作业的连续性造成不利影响。更为严重的是，腐蚀过程中释放出的碳氢污染物极易渗透至周边土壤与地下水体中，造成环境污染。所以，针对钢质储油罐的腐蚀问题及其引发的环境污染风险，必须给予高度重视，采取有效措施加强防腐管理，确保储罐的安全运行与环境的可持续发展。

1. 原油储罐

（1）原油储罐腐蚀机制

①拱顶原油罐。拱顶原油罐不同部位的腐蚀有以下特征。

一是罐底内腐。腐蚀问题主要涵盖两个方面：罐底板内侧的腐蚀以及罐底内侧角焊缝处的腐蚀。其中，罐底板内侧的腐蚀以点蚀为主要形态，这种腐蚀通常以溃疡状的形式出现，形成大片的坑点，若不及时处理，极易导致穿孔现象，对储罐的完整性构成严重威胁。

导致罐底内侧腐蚀的原因复杂多样，其中，罐底沉积的水及其所含物质起到了关键作用。沉积水中含有的氯离子、溶解氧以及硫酸盐还原菌等，都是加速腐蚀过程的重要因素。[1]

二是罐壁内腐。这种腐蚀问题在储罐中尤为严重，主要集中在两个关键区域：一是油水界面以下的部分，由于水分和油品的相互作用，以及可能存在的电解质，加速了腐蚀过程；二是油与空气交界处的上方，这里氧气充足，加之油品挥发可能带来的其他腐蚀性物质，同样加剧了腐蚀现象。此外，罐壁与罐底相交之处也是腐蚀的重灾区，这一区域不仅是涂层防腐的薄弱环节，还常常遭受均匀腐蚀的侵袭。尤其值得注意的是角焊缝腐蚀，它通常表现为焊缝下边缘出现细微的裂纹。这种腐蚀现象的发生，很大程度上是由于该区域受力情况复杂多变，既有来自罐内液体的压力，又有因温度变化引起的热应力等。因此，罐底角焊缝处的腐蚀不仅容易引发强度不足导致的失稳问题，还可能造成焊缝的脆性开裂，进而威胁整个储罐的安全运行。

三是罐顶内腐蚀。与罐壁内侧相比，罐顶内侧的腐蚀现象更为突出，其主要特征是局部腐蚀的显著加剧。这一严重状况是多重腐蚀因素交织作用的直接结果，包括氧气、水蒸气、硫化氢、二氧化碳等腐蚀性气体的存在，以及温度变化这一重要因素的影响。特别值得注意的是，由于罐内温度的波动，水蒸气易于在罐顶内侧表面冷凝，进而形成一层水膜。这层水膜不仅为腐蚀提供了必要的液态环境，还携带了包括上述气体在内的多种腐蚀性成分，进一步加剧了腐蚀过程。此外，油罐的呼吸作用也是一个不可忽视的因素，它使得外界空气中的氧气不断进入罐内，并通过这些凝结的水膜迅速扩散到金属表面，与金属发生氧化反应，从而加速腐蚀的进程。

四是拱顶罐外腐蚀。罐顶外侧的腐蚀问题主要集中在焊缝部位，这一现象主要由罐顶在受力后发生的形变所引起。当罐顶承受压力或温度变化时，其表面容易变得凹凸不平，特别是在焊缝附近的凹陷处，容易积聚水分。这些积水区域成为电化学腐蚀的温床，易导致腐蚀现象的发生。腐蚀初期，罐顶外侧焊缝处会出现连片的微小麻点，这些麻点随着腐蚀的加剧而逐渐扩大，严重时甚至可能穿透罐顶，造成穿孔事故。此外，由于焊缝处本身就承受着较大的拉应力，当腐蚀发生时，其结构强度会进一步减弱，使得焊缝处成为更容易失效破坏的薄弱环节。[2]

②浮顶原油罐。浮顶原油罐不同部位的腐蚀有以下特征。

一是在浮顶原油罐中，腐蚀问题最为严重的区域之一是罐底板。由于罐底板长时间处于水相环境中，其受到的腐蚀形式主要表现为局部腐蚀，具体以蚀坑为主。这种严重的腐蚀状况主要归于两个因素：原油沉积水的腐蚀和外浮顶支柱对罐底的破坏。

二是浮顶原油罐外腐蚀以外边缘板和罐底板外侧最为严重。浮顶罐的外边缘板腐蚀问题，在南方多雨潮湿地区表现得尤为显著。罐底板的外部覆盖层是沥青砂，它原本具备出色的防水性能。然而，由于罐底板在使用过程中可能发生的起伏与变形，导致底板与支撑基座之间产生了诸多微小的缝隙与空间。这些缝隙成为雨水渗透的通道，使得雨水能够侵入罐底板的中心区域。雨水的渗入不仅引发了氧浓差腐蚀，而且这种腐蚀过程一旦开始便难以自行停止，其表现形式类似于溃疡状侵蚀，会对罐体结构造成持续的损害。

---

[1] 单启刚. 储油罐腐蚀及其防护措施[J]. 全面腐蚀控制，2016，30（7）：36-37.
[2] 张耀，郑峥. 储油罐腐蚀特征及失效分析[J]. 石油化工腐蚀与防护，2004（2）：40-42.

（2）原油储罐防腐措施

①涂料防护法。涂料防腐是一种有效的金属保护方法，其核心在于通过施加覆盖层将金属表面与周围腐蚀介质有效隔离，从而实现对金属基材的防护。首先，确保所施加的覆盖层具有完美的完整性，这意味着覆盖层表面必须无微孔，微孔的存在会导致覆盖层在老化过程中易于出现龟裂、剥离等不良现象，从而削弱其防腐效果。其次，原油中携带的沙砾以及人工进入罐内作业时可能对罐体覆盖层造成的物理冲击，都是不容忽视的潜在损害因素。这些冲击会使覆盖层局部受损，导致原本被保护的金属表面裸露出来，直接暴露于腐蚀性介质中。当金属表面裸露后，裸露的部分会迅速成为小阳极，而周围尚被覆盖层保护的区域则成为大阴极，由此构成了一个局部腐蚀电池。在这种电化学腐蚀过程中，裸露的金属会加速溶解，从而更快地破坏覆盖层下的漆膜，进而对储罐的整体结构安全构成威胁。因此，使用防腐涂层进行保护符合储罐防腐蚀设计要求。

②涂料＋阴极保护法。概括而言，储罐防腐策略根据储罐类型有所差异。对于拱顶罐，防腐措施通常采取单一涂层或涂层与阴极保护相结合的方法。而对于浮顶罐，则普遍采用涂层与阴极保护联合使用的综合防腐措施，以确保其长期稳定运行。

针对不同部位的防腐需求，拱顶罐采取了多样化的防腐涂料方案。具体而言，对于罐底板内侧、罐顶下表面以及罐壁油水线以下的区域，选用了高性能的防腐蚀涂料组合，如环氧底漆搭配环氧面漆，或是富锌底漆与环氧类或聚氨酯类面漆相结合，确保涂层干膜厚度超过 250μm，以有效抵御腐蚀侵蚀。当拱顶罐配备有保温层时，罐顶和罐外壁的防腐处理则侧重于保温与防腐的双重功能。此时，通常选用环氧防腐底漆作为打底，随后覆盖保温层，以实现既保温又防腐的效果。而对于未设置保温层的拱顶罐，其防腐涂料的选择则更加注重涂料的耐候性能。因此，会采用如富锌底漆搭配环氧云铁中间漆，并最终覆盖以丙烯酸聚氨酯、氯化橡胶或氟碳等高性能面漆的涂层体系。

浮顶罐的底板在防腐设计上采用了多层防护措施。其上表面结合了防腐涂层与牺牲阳极保护技术，而下表面则主要运用无机富锌涂层，或进一步叠加环氧涂层以增强防腐效果。此外，还辅以深井阳极或网状阳极的阴极保护系统，全方位保障底板的防腐性能。对于浮顶罐的船舱部分，其焊接成型及安装后形成的密闭环境对涂料施工提出了更高要求。不管是预涂装还是成型后的涂装作业，都需确保涂料能够充分覆盖并渗透到每一个角落，以避免因空间狭小而产生的涂覆不均问题。因此，在密闭环境中进行补涂或涂覆时，需选用高性能的涂料产品。

2. 轻质油罐

（1）轻质油罐腐蚀机制

轻质油罐是专为储存汽油、柴油、煤油等轻质油品设计的存储设备。这类油罐的外部腐蚀特征与拱顶原油罐相似，均受到环境因素的影响。然而，在油罐内部，轻质油品的特殊性质导致了多种腐蚀形式的出现。特别是汽油等轻质油品，由于其高挥发性，相比重质油品，它们对储罐内部的腐蚀作用更为强烈。在油罐的气相部位，即油品蒸气聚集的区域，腐蚀现象尤为突出。这是由于轻质油品中氧的溶解度较高，部分溶解氧能够渗透至罐底积水中。因此，即使在罐底区域，由于溶解氧的存在，也会发生轻度的电池微腐蚀以及氧浓差电池腐蚀，这两种腐蚀机制共同作用，对罐底材料造成一定程度的损害。轻质油罐等油料储罐的具体腐蚀状况会因其所储存的介质特性而异。若未能妥善实施防腐措施或防腐效果不佳，随着时间的推移，储罐表面将不可避免地出现大面积的腐蚀层，甚至可能形成腐蚀穿孔，严重损害储罐的结构完整性，进而大幅缩短其使用寿命，对安全生产构成潜在威胁。

部分油罐在使用期间不幸遭遇穿孔或开裂等严重问题，这些故障不仅会直接导致生产过程中的非预期损失，更对安全生产构成严峻威胁，阻碍生产活动的平稳进行。由于罐体腐蚀严重，会产生大量的锈蚀产物，污染油品。这种现象在储存轻质油品的油罐中较为严重。[1]

油罐的内腐蚀状况受多种因素影响，包括储存介质的种类、性质、温度以及油罐的具体形式等。事实上，油罐内部存在液相和气相两个截然不同的腐蚀环境。对于那些储存温度低于100℃且内部含有水相的油罐来讲，其液相环境更为复杂，可以进一步细分为两层：上层为油层，下层通常为水层。

罐顶及罐壁上部的区域，由于其不直接与液态油品接触，主要受到气相腐蚀的影响。这种气相腐蚀的实质，实际上是一种电化学腐蚀过程。具体而言，当大气中的水蒸气在这些部位冷凝形成水膜时，这些水膜便充当了电解质的角色。在有害气体（如氧气、二氧化硫等）的协同作用下，腐蚀原电池得以形成并持续运行。这一过程会导致金属材料的逐步侵蚀和损坏。鉴于水膜层较为浅薄，氧气能够轻易地渗透其中，耗氧腐蚀成为主导性的腐蚀机制。特别是在罐壁的气液交界面处，腐蚀现象尤为显著。这是因为该区域正好处于氧浓差电池的作用范围之内。在此，氧气浓度的不均匀分布导致电化学腐蚀的加速进行，使得这一部位成为罐壁腐蚀最为严重的部位之一。

罐壁的中部区域，由于直接且持续地暴露于油品之中，受到油品的化学腐蚀作用，相较于其他部位，其腐蚀程度通常较轻。然而，对于那些液位频繁波动的油罐而言，气液结合面处的腐蚀问题则显得尤为突出。

罐壁的下部以及罐底板上表面，是油罐内部腐蚀最为严重的部位。这里主要遭受的是电化学腐蚀的侵袭。原因在于，油品在储存和运输过程中，会不可避免地携带或产生一定量的水分，这些水分逐渐沉积在罐底板上，形成一层矿化度较高的含油污水层。这层污水作为电解质，与罐壁和底板上的金属材质构成了腐蚀电池，加速了电化学腐蚀的进程。

油罐底板下表面主要面临着土壤腐蚀和水腐蚀的双重挑战。此外，由于基础结构的特性，中心部位与周边区域的透气性存在差异，这种差异会诱发氧浓差电池效应，导致基础中心部位成为阳极，从而加剧其腐蚀程度。同时，地下环境中可能存在的杂散电流也会进一步促进底板的腐蚀过程。不当的接地极选择可能会引发电偶腐蚀问题。采用锌作为接地极材料成为一种有效的解决方案，因为锌的活泼性高于大多数金属，能够优先参与腐蚀反应，从而保护底板金属免受电偶腐蚀的侵害。

（2）轻质油罐防腐措施

①正确选用防腐涂料。对于轻质油品储罐而言，采用涂层保护是一种既实用又经济的防腐措施。选择红丹防锈漆作为底漆，能有效防止金属基材的锈蚀；而银粉漆或调和漆常被用作面漆，以提供额外的保护层和美观效果。其中，银粉漆因其独特的金属光泽，特别

---

[1] 张全胜，虞晓林，马玉川．循环流化床锅炉少油或无油点火技术的应用[J]．中国特种设备安全，2009，25(2)：62-64.

适用于轻油罐的表面涂装，不仅能增强防锈功能，还能通过反射阳光来减少油品的蒸发损耗。沥青船底漆，其主要成分包括煤焦油沥青、氧化亚铜和氧化锌等，因其卓越的防潮、抗水及防霉性能，被广泛应用于油库、地下及半地下油罐的外壁防护。这种涂料能有效隔绝外界湿气和霉菌的侵蚀，确保油罐结构的长期稳定性和安全性。

②阴极保护的应用。阴极保护技术作为一种在国内外受到广泛认可的经济高效的防腐手段，主要应用于那些与沥青砂基础直接接触、易受土壤环境腐蚀的储罐底板。该技术能够有效弥补涂层保护可能存在的不足，特别是针对涂层覆盖不到的空白区域，通过电化学方式抑制金属腐蚀的发生。

③热喷铝＋防腐涂料。热喷铝技术能够确保与基体金属之间形成比有机涂料更为牢固的结合力，这种强大的结合力为储罐提供了更加可靠的防护层；同时，铝作为一种金属，对钢质罐壁还具有显著的阴极保护作用。

④应用缓蚀剂。选择适合的缓蚀剂是确保其有效性的关键。在包含水分和 H_2S 的轻烃液体环境中，为了有效减缓腐蚀，通常会倾向于选择使用吸附型膜缓蚀剂。

（二）油田集输设施腐蚀与防护

油田集输系统面临着全面的腐蚀挑战，这包括原油、采出液及伴生气在完整生产流程中，对内部金属管线、各类设备及存储容器所造成的内腐蚀现象；同时，这些设施与外部环境的直接接触也引发了不可忽视的外腐蚀问题。其中，内部腐蚀因其直接作用于生产流程的核心部分，往往成为造成损害的主要原因。鉴于油田地理位置的多样性和生产环节的复杂性，不同油田所面临的腐蚀特征和影响因素也各不相同。这种差异性要求我们在制定防腐策略时，必须因地制宜，深入分析具体腐蚀机制，有针对性地采取措施来减缓大气、土壤以及油气集输介质对系统的腐蚀作用。[①]

1. 集输管线的内腐蚀

集输管线的管底部腐蚀形态为坑蚀或沟槽状。该腐蚀现象与管道内传输介质的含水比例紧密相关。具体而言，当含水率保持在60%以下时，油与水能够有效结合，形成稳定的油包水型乳化液，这种乳化状态有助于减缓腐蚀过程。然而，一旦含水率超过60%，系统中便会出现游离水，导致管道内的液体状态转变为"油包水与游离水共存"或是更为复杂的"油包水与水包油混合乳化液"形态。随着含水率的持续攀升，管线内部逐渐形成了一层"水垫"，它像垫子一样支撑起油包水乳状液，导致管线内的介质分布变为底部为水层，中部为油包水乳状液，上部为伴生气。这种分层现象使得管线底部直接暴露于水环境中，若水中含有 CO_2、硫酸盐还原菌（SRB）或 O_2 等腐蚀性成分，那么管线底部的腐蚀速率将显著提高。在不同部位挂片进行的腐蚀监测实验证实，管线底部的腐蚀速率是中上部区域的2~70倍不等。

2. 联合站设备的腐蚀

联合站是一个集油、气、水三相分离与处理功能于一体的设施，其主要布局大致分为水区和油区两大核心区域。在水区，由于介质的特定性质，腐蚀现象较为显著。而在油区，虽然整体腐蚀程度可能较低，但腐蚀问题仍主要集中在水相或气相存在的特定部位，如三

---

① 杜存臣，林慧珠. 天然气管道的环境腐蚀与防护[J]. 化工装备技术，2004（2）：63-66.

相分离器的底部、储罐的底部与顶部，以及涉及放水和加热的管线如放水管线和加热盘管等区域，这些部位往往成为腐蚀的高发点。

3. 油田集输设施腐蚀的防护措施

①按照不同介质和使用条件，选用合适的金属材料。在油田的采油与集输系统中，为了兼顾经济性与实际应用需求，通常首选普通钢材作为主要材料。为了进一步增强这些设施的耐腐蚀性，油田会采取一系列附加的防腐措施，其中最为常见的是应用防腐层技术，以确保系统的长期稳定运行并降低维护成本。

②选用合适的非金属材料及防腐层。油田中广泛采用多种耐蚀非金属材料，以应对恶劣的腐蚀环境。这些材料包括但不限于防腐层、玻璃钢衬里、高性能工程塑料、特种橡胶、水泥基复合材料、石墨制品以及先进陶瓷等。它们被广泛应用于油田设备的衬里层及耐蚀部件中，以提供卓越的防腐保护，确保设备的安全运行并延长使用寿命。

③介质处理。介质处理的核心目标在于消除或降低介质中那些加剧腐蚀的有害成分，同时调整介质的pH值至适宜范围，并减少其含水率。这些措施共同作用下，能够显著降低介质的腐蚀性，从而保护处理系统免受腐蚀侵害，延长设备使用寿命。

④阴极保护。在油田生产系统中，为了有效抑制油管、站内埋地管网及储罐罐底等关键部位的腐蚀，广泛采用了阴极保护技术。这一方法主要通过两种形式实现：外加电流阴极保护与牺牲阳极阴极保护。前者是通过外部电源向被保护体提供阴极电流，使其处于阴极极化状态，从而抑制腐蚀；后者则是利用比被保护体电位更负的金属材料作为阳极，通过其自身的腐蚀消耗来提供保护电流，实现被保护体的阴极极化，达到防腐目的。

（三）气田集输系统的腐蚀与防护

原油与天然气在井口被采集后，首先经过分离与计量程序，随后被集中输送到处理厂进行进一步处理。值得注意的是，部分含有CO_2和H_2S的天然气可能会选择直接注入输气干线，而不经过处理厂处理，以满足特定的输送或利用需求。

鉴于所处环境因素的复杂性，尤其是大气、土壤、输送介质以及水的综合作用，油罐及管道等设施的内外壁均会遭受较为严重的腐蚀。其中，内腐蚀因其直接接触腐蚀性介质，往往成为导致破坏的主要因素，其造成的损害通常占据主导地位。在集输过程中，管线设备面临着多重腐蚀挑战，包括由湿天然气引发的电化学腐蚀，以及外壁所遭受的土壤腐蚀和大气腐蚀。其中，最为严峻且危险的是H_2S腐蚀，因其强烈的腐蚀性和潜在的毒性，对管线设备构成了重大威胁。紧随其后的则是CO_2腐蚀，虽然其腐蚀性相对较弱，但仍需加以重视和防范。

气田集输系统防腐措施如下。

①针对具体现场开展深入细致的研究与试验工作。这些工作旨在全面收集并分析各气井及区域的腐蚀数据，通过科学的方法进行综合评估，以便为后续的防腐措施制定提供坚实依据。

②为确保防腐蚀工程的顺利实施与高效管理，针对具体方案、施工工艺及工程管理制定了详尽的实施细则，并构建了系统化的防腐蚀工程管理程序与归口体系。此体系明确要求，所有防腐蚀工程必须由具备丰富施工经验的专业团队承接，以确保施工质量。同时，加强工程管理人员的防腐蚀专业培训，不断完善和更新相关规章制度，以促进防腐蚀工程

管理的规范化和标准化。此外，还要积极协调防腐蚀科研、设计与施工三方面的工作，推动三者之间的紧密合作与信息共享，形成集科研、设计、施工、质量监督及生产管理于一体的综合运行机制。这种一体化的管理模式有助于将气田防腐蚀工作视为一个系统工程来全面规划与管理，从而实现防腐蚀工作的系统化、科学化与高效化。

③为有效应对腐蚀问题，采取多种综合措施。首先，选用具有优异抗蚀性能的金属材料作为基材，从根本上提升设备的耐腐蚀能力。其次，在金属表面施加防护涂层，形成一层物理屏障，隔绝腐蚀介质与基材的直接接触，从而保护金属免受腐蚀侵害。此外，还可以向系统中加注缓蚀剂，这些化学物质能够吸附在金属表面，形成一层保护膜，或者通过改变腐蚀反应的动力学过程来减缓腐蚀速率。同时，注重系统内部环境的控制，通过去除水、氧和其他可能加速腐蚀的杂质，降低腐蚀发生的条件。

④在制定油气田开发方案之初，就必须高度重视腐蚀防护问题。基于首先完成钻探的第一、第二口井所获取的关键数据，对未来可能面临的腐蚀性进行科学合理的预测。这一预测过程至关重要，因为它将直接指导我们确定最为经济有效的防护措施。

（四）油气管道防腐与防护

输送油气的管道大多需要穿越不同类型的土壤、河流、湖泊。埋地管道所处的环境极为复杂多变，这主要源于土壤的多相性特征以及季节性的气候影响。冬季的土壤冻结与夏季的融化过程，不仅改变了土壤的物理状态，还可能导致管道周围水分分布的变化，进而加剧腐蚀作用。此外，地下水位的波动也是一个不可忽视的因素，它直接影响着管道与土壤之间腐蚀介质的含量和分布。更为复杂的是，植物根茎的生长可能穿透管道涂层，直接暴露金属基体于腐蚀环境中。同时，土壤中的微生物活动也可能产生酸性物质或形成生物膜，进一步促进腐蚀过程。此外，杂散电流的存在也是埋地管道腐蚀的一个重要原因，它可能来自附近的电力设施或地下电缆，通过土壤传导至管道，引发电化学腐蚀。

油气管道所输送的介质中往往含有一定比例的腐蚀性成分，这些成分对管道的内壁和外壁均构成了潜在的腐蚀威胁。若管道未能有效抵御这些腐蚀作用，一旦发生腐蚀穿孔，将直接导致油气资源的泄漏。这种泄漏不仅会使正常的运输作业被迫中断，造成经济损失，更会对周围环境造成严重的污染，甚至可能引发火灾等安全事故，带来不可估量的危害。鉴于上述严重后果，防止管道腐蚀成为管道工程领域中的一项至关重要的内容。

保证管道长期安全输送和防止管道泄漏，减缓地下管线腐蚀的主要方法如下。

1. 涂层保护

涂层一般是电绝缘材料，通常它在金属表面形成一层连续的膜而起到保护作用。其主要机制是通过在金属表面形成一层屏障，有效隔离金属与周围可能存在的电解质溶液（如水、土壤中的盐分等），阻止它们直接接触。这种隔离效果在金属与电解质之间构建了一个高电阻屏障，显著抑制了电化学反应的进行，从而延缓了金属的腐蚀过程。然而，在埋地管线的实际应用中，涂层往往不是单独使用的防腐手段。为了提供更为全面和可靠的保护，涂层通常会与阴极保护系统相结合，形成联合保护体系。在这种体系下，涂层的主要功能在于大幅度减少金属管道直接裸露于腐蚀环境中的面积，进而降低阴极保护系统所需提供的保护电流强度。[1]

---

[1] 宋生奎，朱坤锋，朱鸣. 输油管道腐蚀的修复方法 [J]. 安全、健康和环境，2006（1）：23-26.

2. 电化学保护

电化学保护涵盖阴极保护与排流保护两大方面。在存在杂散电流的环境中，为了有效保护构筑物免受腐蚀，可采用排流保护这一策略。排流保护的核心在于通过特定方法排除这些杂散电流，并在此基础上对被保护构筑物施加阴极保护。具体来讲，排流保护通常包括直流排流、极性排流和强制排流三种方法。

①直流排流法：该方法直接对杂散电流进行引导和处理，通过调整电流流向和强度，确保其对被保护构筑物不产生负面影响，同时增强阴极保护效果。

②极性排流法：此方法基于电流极性的判断与控制，通过智能监测和调整，使杂散电流在特定条件下反转极性，从而转化为对被保护构筑物有利的阴极保护电流。

③强制排流法：这是一种更为积极主动的排流方式，它采用外部电源或特殊装置，直接对杂散电流进行强制干预和排除，确保被保护构筑物处于稳定的阴极保护状态，有效抵御腐蚀威胁。

3. 常规防腐体系

为了有效遏制管道内部腐蚀问题，国际上广泛采用了一种高效且经济的策略——防腐蚀内涂层技术。这一技术以其对油气井生产作业干扰小、成本低廉、操作便捷等显著优势，在防腐领域得到了广泛应用。具体来说，就是通过在管道容器内壁铺设树脂、塑料等材质的涂层衬里，形成一道坚实的防腐屏障。这些涂层衬里是通过将无机和有机胶体混合物溶液均匀涂覆于金属表面，并经过特定的固化过程后形成的。这层薄膜不仅紧密贴合金属基体，而且能够有效隔绝外部腐蚀性介质，从而保护金属免受环境侵蚀。

4. 高性能体系

采用独特制造工艺的钛纳米聚合物涂料体系，成功地将纳米级钛粉融入防腐涂层，这一创新极大地增强了传统涂料的物理性能。①

二、物联网技术在管道防腐中的应用

物联网技术实现了跨越时间与空间界限的连接能力，使得任何物体在任何时刻任何地点都能即时接入网络，进而促成主动、高效的信息交流与互动。这种连接与交换方式极大地扩展了信息的获取与利用范围。

随着无线移动通信技术的飞速跃进与互联网技术的广泛渗透，物联网技术——这一根植于感知与传感领域的创新成果，正为阴极保护参数的远程监控与预警系统构建起坚实的技术支撑。

（一）基于物联网技术的阴极保护远程监控、预警系统

物联网技术赋能的阴极保护远程监控与预警系统，是一种集智能化、远程化监控功能于一体的创新解决方案。该系统运用物联网核心技术，实现对远端阴极保护油气管道的全面监控，并深度集成计算机网络与现代通信技术，以实现对阴极保护系统运行状态的精准评估与潜在隐患的即时预警。这一系统不仅是对传统监控预警手段的革新，更是设备管理领域向智能化、网络化迈进的重要里程碑。该系统集成了多项先进功能，包括远程实时监

---

① 王巍，牟义慧. 炼油厂污水线管道内壁防腐方案分析与选择 [J]. 管道技术与设备，2007（3）：36-38.

控与即时报警机制；支持远程故障诊断与处理；提供远程在线维护与调试服务；具备数据集成分析与共享共用能力；融入可追溯管理机制。

阴极保护信号首先经过无线通信适配器的处理，进行通信协议格式的转换，以确保信号能够顺利传输至阴极保护监控中心。同时，该适配器还承担着判定阴极保护参数状态的重任，一旦检测到参数异常，便会立即触发手机短信报警机制，及时通知相关人员。而监控中心则是整个阴极保护系统的核心大脑，它负责接收并详尽分析所有来自阴极保护系统的参数数据，进行精细处理，并能精准地诊断出系统可能存在的故障，确保阴极保护系统的稳定运行。通过这一过程，不仅能实现对阴极保护设备状态的远程实时监控，还能进一步支持远程维护、远程管理等高级功能，从而圆满完成整个远程监测流程，确保阴极保护系统的稳定、高效运行。

监控中心或监控终端具备强大的远程操控能力，可以直接远程调整并修改恒电位仪的控制参数。一旦参数修改完成，这些新的控制指令将被即时传输至无线通信适配器，进行必要的通信协议格式转换，以确保信息的准确传递。随后，转换后的指令被精准地发送给指定的恒电位仪，从而实现对整个阴极保护系统的远程控制过程，提升系统的灵活性与响应速率。

（二）"阴极保护远程监控、预警系统"构成及功能

阴极保护远程监控与预警系统由多个关键组件构成，包括传感器、无线通信适配器、GPRS、互联网、阴极保护监控中心及监控终端等。

1. 传感器

传感器是一种能够感知并检测被测对象特定信息的元器件或装置，它能按照既定规律将这些信息转换成可识别、可利用的信号。

在阴极保护油气管道的系统中，参比电极与恒电位仪扮演着阴极保护传感器的角色，它们具备"感受与检出"功能，能够实时获取阴极保护运行过程中的关键参数，如控制电位和监测电位等。这些参数作为物联网技术中信息的源头，为后续的数据处理、监控与预警提供了基础数据支持。

2. 无线通信适配器

在"阴极保护远程监控、预警系统"的架构体系中，无线通信适配器占据了数据传输核心的关键位置。它不仅是阴极保护系统运行参数远程传输的枢纽，确保数据能够跨越空间限制，实现高效、稳定的传输；同时，它还承担着接收来自远端对油气管道进行调控的指令的重任，实现了对油气管道状态的远程操控与管理。这一关键设备包括两大核心组件：一是信号收发及协议转化装置，它负责对不同设备间的通信信号进行接收、转换，确保数据在传输过程中的兼容性与准确性；二是无线网络收发装置，它利用先进的无线通信技术，实现数据的远距离、高效传输，确保监控中心与远端设备之间的无缝连接。[①]

3. 网络

网络架构广泛涵盖通用分组无线业务（General Packet Radio Service，GPRS）及互联网（广域网），这两者构成了物联网的基础网络框架，并扩展至包括卫星通信网、广播电

---

① 郑建国，王兴忠，陈曙彤，等.基于"智能、绿色、服务"转型升级的阳极保护浓硫酸设备[J].硫酸工业，2017（11）：48-53.

视网、公众电话网等在内的多元化网络形式。在广义层面上，这些网络共同构成了物联网的底层连接。根据具体的应用环境和目标，网络架构还可能进一步细化为局域网或专用网，以满足特定场景下的需求。

局域网（LAN）作为其中的重要组成部分，主要包括无线局域网（WLAN）、Bluetooth（蓝牙）、ZigBee等短距离通信技术。这类网络特别适合在小范围内实现信息的快速传输与处理，如企业内部的办公网络、学校的校园网等场景。

专用网络，如电网、气象观测系统以及军事通信网等，构成了支撑特定行业智能物联网项目实施的坚实网络基础。

相较于传统上连续占用频道的传输模式，GPRS无线通信系统采用了更为高效的封包（Packet）传输方式。这一根本性的差异，显著地区分了GPRS与当前广泛应用的GSM语音系统在技术层面的不同。具体而言，GSM系统主要依赖于传统的电路交换原理进行数据传输，而GPRS则是一种创新的通用分组交换系统。

GPRS技术以其多项显著优势，成为油气管道阴极保护远程监控与预警领域的理想选择。其特点包括高效利用网络资源、广泛覆盖地域、提供高速数据传输速率、实现快速接入、全面支持标准数据通信协议的应用、运行成本经济、可靠性高等特点。这些特点共同确保了GPRS在油气管道阴极保护远程监控与预警任务中的高效、稳定与可靠运行。

4. 阴极保护监控中心

阴极保护监控中心，作为远程监控与预警系统的核心枢纽，由一组精心配置的计算机与网络设备共同构建而成。它肩负着与阴极保护物联网适配器保持紧密通信的重任，确保数据的无缝流通与交互。同时，该中心还承担着监控终端网络数据传输的高效管理任务，实现对阴极保护系统运行参数的全面监控、细致分析与准确评估。一旦检测到任何异常状况，监控中心将立即触发预警机制，确保问题得到及时、准确的响应。此外，它还能为后续的故障诊断、维修方案制定等工作提供强有力的技术支持，确保阴极保护系统的持续稳定运行。

阴极保护监控中心由Web服务器、数据库服务器和应用服务器三种类型的服务器组成。其主要功能如下。

①利用物联网技术将各个资源节点紧密连接起来，实现数据的互联互通，并精心设置监控终端的使用权限，确保数据访问的安全性与合规性。

②构建中央数据库作为信息枢纽，该数据库不仅提供远程设备状态的实时监控功能，还深入进行数据分析，挖掘数据价值，并集成异常预警机制。

③一旦监控系统探测到故障信号，监控中心会立即激活内置的故障诊断程序，进行高效的远程诊断流程。通过深入分析、精确比较与科学判断，监控中心能够迅速确定故障原因，并据此提出针对性的故障处理建议。随后，这些诊断结果与处理意见会被及时传送回监控终端，为现场工作人员提供明确的指导，从而实现故障的快速响应与高效处理。

5. 阴极保护监控终端

阴极保护监控终端体系由两大类型组成：测控现场监控终端以及专为监控中心工程师与测控现场工程师设计的手机监控终端。其中，测控现场监控终端作为连接互联网的计算机设备，扮演着至关重要的角色。其主要功能涵盖以下几个方面。

①根据监控中心分配的特定权限,测控现场监控终端能够为现场工作人员提供清晰、直观的图形与数据界面,使他们能够实时掌握并监控本测控现场区域内油气管道阴极保护系统的运行状态,确保监控工作的精确性与高效性。

②该终端能够即时接收来自监控中心的异常预警信息,包括具体的故障原因及相应的处理建议,为现场人员迅速响应并处理突发状况提供有力支持,有效缩短故障排查与修复时间。

③测控现场监控终端还具备强大的数据检索功能,能够访问并检索监控中心数据库服务器中存储的、关于本测控现场范围内的所有历史数据,为生产决策提供宝贵的参考依据。

第五节　油气储运节能技术

能源的有效开发与合理利用不仅是推动社会持续进步的基石与战略导向,还深刻反映并塑造着一个国家的竞争实力与综合国力的强弱。它不仅是国家发展的动力源泉,也是衡量国家在全球舞台上地位与影响力的重要指标。

油气储运系统所属单位,作为能源生产与运输的关键环节,同时也是能源消耗的重要主体。在石油与天然气的储存、转运等作业流程中,所耗费的各类能源资源构成了其运营成本中的一个显著且占比较大的部分,凸显了能源管理在油气储运单位运营中的关键地位。

一、节能概述

(一)节能的含义

人类历史上对于化石能源如石油与煤炭的发现与利用,标志着能源认知与利用技术的重大飞跃,开启了能源利用的新纪元。新能源的蓬勃兴起与广泛应用,更是极大地加速了工业化的进程,显著提升了劳动生产效率,为人类社会的繁荣与财富积累奠定了坚实基础。但是,随着对石油、煤炭等不可再生资源的大规模开采与消耗,能源危机逐渐显现,警醒世人对能源资源的宝贵与有限性的认识。面对这一严峻挑战,节约能源的理念应运而生,它强调在能源利用的过程中,必须树立节约意识,优化能源使用结构,减少浪费。同时,为应对能源危机,人类开始积极探索并开发新的可再生能源,如太阳能、风能、水能等,以期实现能源的可持续利用,保障社会经济的长远发展。

节能并非单纯追求能源消耗数量的削减,它不应以牺牲社会活力、降低生产及生活水平为代价。相反,节能的核心在于最大化地发挥能源利用的效果与价值,力求在能源消耗最小化的同时,实现经济效益最大化,为社会创造更多可供消费的财富,进而促进生产发展与生活质量的提升。换言之,节能的经济性体现在:在保持产品数量或产值不变的前提下,尽可能减少能源的消耗量;或者,在相同能源投入下,能够生产出更多的产品或创造更高的产值。这样的节能实践,不仅有助于缓解能源压力,还能推动经济社会的绿色可持续发展。

(二)节能的类型

节能可分为直接节能和间接节能两种。

1. 直接节能

顾名思义,直接节能是在满足同等需求的基础上,通过减少能源消耗量来实现节能目标,其减少的具体数量即为节能的量化成果。这一过程主要依赖于技术进步,旨在提升能源利用效率并降低单位产品或产值的能耗,一般称为狭义节能。实现直接节能的途径广泛,包括:生产工具与作业设备的更新换代,工艺流程或作业程序的优化与革新,工艺操作方法与技能的提升,以及新材料的应用与能源的综合利用等。这些措施共同作用,能够显著减少能源消耗,促进资源的高效利用。直接节能的最大特点是:它是看得见摸得着的能源实物的节约。

2. 间接节能

间接节能是一种更为全面而深远的节能策略,它侧重于通过结构调整与优化来达成节能目标,包括对产业结构、行业结构、生产结构以及产品品种结构的精心调整,旨在从根源上提升产品的工作质量与生产效率。在生产过程中,通过减少原材料的消耗、降低成本费用以及提高劳动生产率,间接节能能够显著提升资源利用效率。此外,它还强调合理分配与输送资源,以及加强能源管理,确保能源在各个环节中都能得到最为合理的利用,也称为广义节能。

(三)节能的方法

一个企业或行业乃至整个国家的能耗水平,是多种复杂因素交织影响的综合结果。这些因素包括自然条件、政策导向、社会文化背景、经济发展水平、管理效能以及技术创新能力等。对于一般工业部门,如石油和化学工业而言,其能耗水平同样受到上述多种因素的深刻影响。为有效降低能耗,该行业普遍采取的节能方法可归纳为三大方面:结构节能、管理节能和技术节能。[1]

1. 结构节能

我国 GDP 能耗强度偏高的一个重要根源,在于经济结构存在不合理性。这种不合理性广泛体现在多个维度,包括产业结构、产品结构、企业结构、地区结构等。由于不同行业对资源的依赖程度和需求特点各不相同,部分行业能耗密集,而另一些则相对节能。因此,为了有效降低能耗,实现能源的高效利用与节约,关键在于调整并优化经济结构。具体而言,减少高耗能产业在国民经济中的比重,推动产业结构向低能耗、高附加值方向转型,是至关重要的一步。同时,还需要关注产品结构的调整,促进节能型产品的研发与生产,以满足市场对绿色、低碳产品的需求。

结构节能主要聚焦于从宏观层面出发,通过优化经济结构的布局,推动向更加节能高效的工业体系转型。这包括逐步缩减钢铁、化肥等传统高耗能产业的规模,同时大力扶持并增加电子、通信设备等低能耗、高效益产业的比重,以此构建一个既合理又节能的产业结构。此外,结构节能还强调对企业地区分布的合理调整,旨在充分利用各地区的自然资源优势,减少因长距离运输、调配等中间环节所产生的能耗与成本。此外,进口高耗能产

---

[1] 王鉴.化学工业的节能途径[J].云南化工,2008(5):1-4.

品，提高能源的经济效益等也属于结构节能。

2. 管理节能

管理节能作为一种重要的节能策略，其核心在于通过精细化管理手段来降低能源消耗。这包括加强能源使用的检测与计量工作，确保数据准确，为优化能源分配提供科学依据；同时，通过精细化的能源分配策略，确保能源在各个环节得到高效利用；此外，强化设备的维护与管理，使其保持最佳运行状态，也是管理节能不可或缺的一环。从管理与经营的角度来看，管理节能的实施涉及两个主要层面：一是政府的宏观调控，二是企业的内部经营管理。政府通过制定和完善节能法律法规，为节能工作提供法律保障；同时，出台一系列激励与约束政策，引导企业和社会各界积极参与节能行动。而企业作为能源消耗的主体，其经营管理水平直接关系到节能效果。各国政府普遍高度重视管理节能工作，不仅加大了对节能法律法规的制定和完善力度，还积极推出各种政策措施，如税收优惠、财政补贴、绿色信贷等，以激发企业和社会各界参与节能的积极性。

3. 技术节能

技术节能的核心在于，在充分考量技术经济可行性的基础上，依托先进的科学技术手段，对现有的生产体系进行全面优化与升级。包括对生产方法、生产流程、生产工艺以及生产设备的精细改进与革新，旨在确保满足生产需求的同时，显著提升能源的利用效率。广泛应用技术节能措施及高效能技术，不仅能够显著减少污染物的排放量，对环境保护产生积极影响，同时还能够显著提升经济效益，有效降低企业的生产成本。

我国在推进技术节能手段的发展上，积累了很多经验，许多节能技术效益显著，现对几种典型的技术节能方式介绍如下。

①不同能量联供，如积极推广热电联产与集中供热技术，能够有效提升热电机组的热能转换效率，实现能源的高效利用。进一步地，发展热能梯级利用技术，结合热、电、冷三联产的创新模式，能够显著增强热能的全面综合利用效率，确保每一份热能都在不同温度需求下得到最优化的利用，从而实现能源利用的最大化与环境影响的最小化。

②余热回收利用，是一种高效利用能源的方式，它涵盖多种技术手段，如余热发电、余热供暖、余热助燃、热泵技术等。这些技术能够巧妙地捕捉并转化生产过程中产生的余热，避免其直接散失到环境中，从而实现能源的再利用。

③电动机、风机、泵类设备和系统的经济调速运行，开发、生产、推广质优价廉的节能器材，全面提高电能利用效率。

④在化工行业中致力于工艺的持续优化与创新。引进并应用先进的合成工艺，通过科学手段对化工流程进行精细化控制，确保每一步骤都能达到最优状态。同时，积极采用高质量的化工材料与设备，最大限度地减少能源消耗并提高转化效率。

⑤采用自动化控制工艺代替手工操作，降低由于手工操作误差大、失误多等带来的能源浪费，并提高系统的总效率，降低运营成本。

4. 节能技术的发展趋势

各行各业也根据各自的生产特点，开发了许多先进的节能技术，如：石油行业推广不加热油气集输工艺和轻烃回收技术；化工行业大氮肥厂实行一段炉低水碳比操作、四级闪蒸，采用新型活化剂、催化剂；小型合成氨厂的蒸汽自给和两水闭路循环系统。这些技术对降低单位产品（工作量）能耗起了重要作用。在深化现有技术的基础上，致力于工艺流程的优化、装备的智能化升级以及材料科学的创新应用，同时，全力聚焦于开发高效能、低污染排放且减排成本经济的新型技术，此举对于达成化工行业节能减排的宏伟目标及推动可持续发展战略的实施具有不可估量的价值。当前，尽管已取得一定进展，但众多企业在节能降耗、水资源高效利用、采纳清洁生产技术、削减废弃物排放并生产更加环保的产品方面，仍面临诸多挑战与机遇，前路既广且长。面向未来，节能减排工作的核心将聚焦于科技创新的强力驱动，加速节能减排相关技术的研发步伐，并加大这些先进技术的示范应用与普及推广力度。通过不懈努力，有效促进清洁生产模式的全面转型，并显著提升能源的综合利用效率，为化工行业乃至整个社会的绿色可持续发展奠定坚实基础。

此外，按照不同范畴，节能又可分成"直接节能"和"间接节能"两个分支。

为了提高能源的有效利用率，在技术和工艺上可从以下几个方面进行组织。

第一，专注于从设备的功能和技术层面入手进行优化。通过技术创新提升这些设备的运行效率，从而将能量在传递与转换过程中的损失降至最低。同时，注重减少能量转换的次数，简化转换流程，以及缩短能量传递的距离。

第二，在遵循热力学基本原理的前提下，需从能量的总量与品质两个维度出发，全面考量并精确计算所需的能量，并据此对能源使用方案进行科学评估。具体而言，这意味着在规划能源分配与利用时，既要确保能源供应满足生产或活动的总量需求，又要关注其品质特性，确保能源的高效、合理利用。依据能量的品质差异来指导其合理应用，遵循"梯级利用"的原则，优先将高品质的能量用于对能量需求较高的环节，避免高品位能量的无谓降级使用。

第三，遵循系统工程的综合性与最优化原则，致力于构建一种跨企业及地区的全面能源整合利用体系。这一体系将热能、机械能、电能，以及余热和余压等各类能源形式纳入统一规划与调度之中，确保各种能源资源的最大化协同与互补。

第四，为了有效节约高品质化石能源的消耗，积极探索并推广将太阳能、风能、生物质能、海洋能等潜力巨大的替代能源纳入节能技术体系。这一策略强调因地制宜，即根据各地的自然资源条件、气候条件及经济社会发展状况，科学合理地选择并开发适合当地的替代能源。

第五，加快核能、氢能、可燃冰利用等高新技术的研究开发，推动新技术的利用和替代常规能源。

二、油气储运系统节能技术

（一）集输系统节能技术

以我国东部最大的油田——胜利油田为例介绍集输节能技术的应用情况。近年来，调整集输系统的整体布局，采用如高效游离水脱除工艺技术，推广应用高效燃烧器、高效加热炉、变频调速技术，以及优化运行程序等新工艺、新技术和新型油气处理生产设备，实施老站技术升级改造。

由于油气田集输系统是一个多工序、多流程、多设备的复杂系统，集输系统的节能技术涉及的设备和工艺过程也较多，依据改造的对象不同可以把上述提及的集输系统节能技术划分为三类。

第一类是单个设备或装置的节能降耗技术，主要包括高效节能设备的应用和低效设备的节能改造技术。高效节能设备的应用，如应用三元流动理论研制的高效输油泵，比原来的高效泵提高效率2%～5%，以及高效三相分离器、高效加热炉等。低效设备的节能改造技术，如变频调速技术在低效运行的油水泵上的应用；在燃煤锅炉上开发应用了高效洁净燃烧技术，如分层燃烧、水煤浆和添加燃煤添加剂等；在燃油、燃气炉上推广应用高效燃烧器和燃油掺水乳化燃烧技术。改进燃料经济结构，如以气代油、以煤代油、以渣油和超稠油代替原油作为燃料，提高燃烧效率，降低燃烧成本；加热炉、锅炉的应用运行参数自动调节系统等。

第二类是某个工艺环节的节能降耗技术，主要包括原油常温集输技术和放空天然气回收技术等。其中，单管常温集油技术、低温采出液游离水高效脱除技术、离心泵驱动的低温含水原油输送系统，以及加注降黏剂以助力原油常温集输的技术，均已实现了广泛的应用与大规模推广。而放空天然气回收技术是集输系统以节气、节油为重点的节能技术改造项目。当前，在油田的油气集输作业中，伴生气的回收利用已成为重要环节。为提升回收效率与效果，建立起一套系统化的分类处理机制，依据放空形式及回收利用的难易程度，对不同类型的放空天然气进行细致划分。针对每一类别，制定独特的回收利用方案与技术路径，旨在实现资源的最大化利用。

第三类是集输系统的整体优化运行技术。凭借先进的控制系统和具备专业素养的员工团队的紧密协作，在不显著增加投资成本的前提下，对系统运行参数进行精细优化。这种优化策略不仅经济高效，而且能够显著提升能源利用效率，实现可观的节能效果。

虽然我国现有的油气集输生产水平和生产效率随着设备的更新、工艺的改进和布局的优化在不断地提高，但是采出液含水量的不断上升，给地面集输系统油水处理、节能降耗、防腐、提高系统效率等方面带来一系列困难。所以，我国集输节能技术仍需在以下几个方面继续进行重点攻关和科研。

①集油技术。深入探索环状集油技术与不加热集油技术的适用界限，力求在保障生产安全与效率的同时，最大限度地降低能源消耗。

②油气混输。为了有效解决边远区块油气难以接入现有系统以及局部区域集输过程中回压过高的问题，积极推广油气混输技术的应用。这项技术不仅能够提升油气集输的密闭率，减少能源损失和环境污染，还能显著增强油气集输系统的灵活性和适应性。

③油气处理。积极推广一系列创新技术，包括新型高效油气处理技术，以优化油气分离与净化过程；先进的污水处理技术，确保生产废水得到有效处理与回用；输油泵变频调速技术，根据实际需求智能调节泵速，减少能源浪费；加热炉新型高效节能火嘴，提高热效率并降低燃料消耗；自动化控制技术，实现生产过程的精准监控与智能调节。此外，还要加强低温破乳剂的开发与应用，这种特殊化学剂能在低温条件下有效促进油水分离，改进原油脱水工艺，不仅能够提高脱水效率，还能够降低处理过程中的能耗。

④新能源与可再生能源，如太阳能（西北地区油田）、地热能（华北、大港等油田）的利用。

（二）输油系统节能技术

与集输系统相同的是，为了解决泵管不匹配造成的阀门严重节流问题，输油系统应用了大量的调速技术。其中在长输管道输油泵上主要应用串级调速装置、液力耦合器、滑差离合器等。此外，同样采用新型高效节能设备，如高效炉、高效泵、节能型变压器等，改造或淘汰老旧低效设备。

在工艺改造方面，输油系统开发利用了密闭输油工艺、站场先炉后泵工艺和添加原油改性剂输送、原油热处理输送、掺稀油输送等常温或少加热输送工艺，以及清管除蜡、降黏减阻等配套技术，提高了整个系统的经济运行水平。

在系统运行方面，优化输油管道运行方案，合理调整运行参数，减少节流损失，实现系统经济运行。

多年的实践表明，在目前设备设计效率已达较高水平的情况下，提高输油企业节能效益的关键是以下两点：一是要搞好管线的优化运行工作，管线输油运行方式和参数的优化是提高输油系统能源利用率、取得节能实效的关键所在，因此要下大力气并坚持不懈地搞好优化运行工作；二是要开展输油新工艺、新技术的研究与应用，如稀释输送、低输量管线降凝输送等技术。

（三）余能回收利用技术

所谓余能回收利用技术，主要是指通过余热回收装置和换热器回收各种形态（固态、液态、气态）余热来预热加热炉等的助燃空气和燃料，以提高热工设备热效率，从而在保证生产和生活需要的基础上，降低产生蒸气和加热油品的单耗。从广义上讲，还包括增压泵余压的回收。目前，这项技术主要应用在工艺较复杂、热流体较多的炼厂和油田储运系统中（如应用热管技术，回收炼厂加热炉和油田锅炉的烟气余热），并取得了显著的成效；应用热泵技术于回收油田的污水余热，也已取得阶段性成果。

以上是我国油气储运系统节能技术的发展和应用现状。相对而言，目前国外油气储运方面的节能技术的研究和应用更加深入和多样化，主要表现在以下几个方面。

①先进过程控制技术。过程控制技术是以基础自动化单元控制、PID控制和分布式控制系统（DCS）为基础，实现数据集成、过程操作优化和生产安全监测、事故报警处理等功能。

②高效保温技术。在油气集输与稠油热采工艺中，热能的有效利用是提升油田开采效率与能源利用率的关键环节。为此，广泛采用高效保温隔热技术，这些技术通过优化保温材料的选择与结构设计，能够显著减少热能传输过程中的散失，提升热能利用率，降低能源消耗，还能够有效保障生产设备的稳定运行，延长设备的使用寿命。

③油田数字化技术。旨在阐述如何超越地理界限的束缚，借助先进的信息技术手段，实现油田生产经营活动的实时或近实时监控与管理。通过构建一套集成化的信息系统，能够无缝连接地下生产作业与地面经营管理，实现计量、监控、分析与决策的一体化流程。

④注重新能源和可再生能源利用。例如，委内瑞拉一条长达32 km的稠油输送管道，在引入了太阳能热二极管技术后，实现了显著的能效提升。该技术有效利用太阳能作为热源，成功地将管道内的输油温度从原先的28℃提升至60℃，这一温度变化极大地改善了稠油的流动性。因此，管道的输送能力也随之提高了17%，标志着在降低能源消耗与提升

运输效率方面取得了重要突破。

三、油气储运系统优化节能技术

（一）长输管道的优化节能

对于输油企业而言，在管道建设投资及持续维护成本之外，日常运营中可灵活调控的主要集中于管道的运行参数，如输油量、电力消耗、燃料成本以及可能的添加剂开支。然而，这些参数的调整空间并非无限，它们往往受到管道安全运行标准的严格制约。例如，为降低燃料费用而尝试调低出站油温时，必须谨慎考虑油品的物理特性所设定的温度调节界限，以免对油品质量或管道运行安全造成不利影响。同样地，虽然添加降凝剂有助于降低油品凝点、减少燃料消耗，但这一措施也伴随着额外的经济成本，需综合权衡其经济效益与投入。这时就需要在降凝剂费用和燃料费用之间寻求平衡。

输油管道的优化节能策略，其核心在于运用最优化理论与技术，构建精细化的运行优化数学模型。这一过程旨在深入探讨如何在管道工程的规划、设计与实际运营中，科学合理地选定关键技术参数。通过这一数学模型，能够在众多可行的运行方案中筛选出既能完全符合工程设计标准，又能显著降低项目投资与日常运行成本的"最优"或"次优"方案。此举不仅对于节约资金、减少能源消耗具有直接的经济效益，更能够提升整体运营效率，推动新技术在行业内的广泛应用，具有重要的现实意义与长远的战略价值。

1. 原油长输管道优化的数学模型

原油长输管道优化的核心理念在于，基于管道设计与运行的综合理论框架、方法体系，以及管道系统固有的结构特性、流程安排与外部环境等因素，构建一个既能准确反映管道工程运行实际问题，又满足数学规划原理要求的数学模型。随后，利用先进的优化算法与现代计算机技术，实现对该模型的高效求解，自动筛选出在给定的原油输送量下，所有可能输油方案中的最优解，即那个能够使效益最大化或成本最小化的方案。研究原油长输管道优化的基本步骤有4步。

（1）分析输油系统，找出影响能耗费用的诸参数及其函数关系

对于已投入运行的输油管道，其经济性可用能耗费用、管理成本和输油盈利3个指标来衡量。对于加剂输油管道，其支出还应包括所添加化学药剂的费用。企业盈利的关键是要降低管理成本和能耗费用。在这两者中，能耗费用占50%~60%，应把降低能耗费用作为目标，视其为评价输油经济性的指标。能耗费用主要包括燃料费用、动力费用和添加剂费用。

在热油管道中，影响能耗费用的参数可分为以下三类。

①运行中可以人为控制的参数：输量Q、出站温度T_R、热泵站数n_R、全线泵组合方式C_p、添加剂的加入量m。

②随第一类参数变化而相应变化的参数，如原油比热容、密度、黏度、流变特性等随温度、添加剂的加入量变化的物性参数；又如进站温度T_z、管内壁结蜡厚度、泵组合的系统效率η_s、加热炉效率η_R、泵组合提供的总压力H_p等将随Q、T_R、n_R而变化的参数。其与第一类变量间的函数关系可用理论或经验公式、实验或实测曲线、生产统计表等形式给出。

③不以运行部门的意志为转移的自然变量,如随季节变化的地温 t_a,随含水量而变化的土壤物性,管道的长度和高程差,以及燃料和电力的价格等。

(2)确定目标函数和约束条件

在一定输量下,热油管道优化运行的目标函数是单位时间的燃料费 S_f、动力费 S_p 及添加剂费 S_m 之和。

按最小费用准则,可以得出原油长输管道优化运行模型的目标函数为

$$\text{Min} \quad S = S_f + S_p + S_m$$

$$S_f = f_1(T_R, C_P)$$

$$S_p = f_2(T_R, C_P, t)$$

$$S_m = f_3(T_R, C_p, M)$$

式中,t 表示时段,M 表示添加剂量向量。

原油长输管道的约束条件主要是管线的物理条件的限制,但这些约束条件相互影响。主要包括热力约束条件、水力约束条件、流量约束、管道强度约束等。

(3)建立数学模型

模型的数学表达形式可写为:

$$\text{Min} \quad S = S_f + S_p + S_m$$

$$C_p = C_P(T_R)$$

$$Q_{i1} \leqslant Q_i \leqslant Q_{i2} \quad (\text{输量约束})$$

$$t_{i1} \leqslant t_i \leqslant t_{i2} \quad (\text{热力条件约束})$$

$$p_{i1} \leqslant p_i \leqslant p_{i2} \quad (\text{强度约束})$$

$$y_i = 0, 1 \quad (\text{加热站开关限制})$$

(4)求解该数学模型,寻求最优解

最后,依据所建数学模型的类别,采用适合的解决方法,寻求最优解。对于长输管道,要求最终得到的最优方案必须是可行方案。

2. 优化方法在长输管道优化中的应用

线性规划(LP)法是管道优化中应用较早的数学规划模型之一。在给定树枝状管道布局与节点流量的前提下,预先选定一组标准管径供管道选用,并将具有这些标准管径的管段长度设定为决策变量。在此设定下,管道的摩阻损失与管段长度之间呈现出线性关系,而节点压力约束则转化为关于决策变量的线性不等式约束。构建管道优化设计的目标函数时,一般会考虑管道的投资成本和后续的经营管理费用。其中,管道投资成本是各管段长度的直接线性函数,因为管段越长,所需的材料与投资就越多。而泵站的经营管理费用,虽然关系着泵机组的实际运行状况,但在简化模型中,可以将其视为泵机组扬程的线性函数,以反映扬程增加对能耗及运维成本的影响。然而,值得注意的是,尽管以标准管径管段长度和泵机组扬程为决策变量能够构建出 LP 模型,但这种模型存在局限性。具体来说,LP 模型仅适用于处理线性关系,对于实际中可能存在的非线性费用项(如某些成本随流

量或压力的非线性变化），则无法直接纳入模型进行考虑。

从本质上讲，管道优化问题主要是数学上的多元非线性函数求极值的问题，即大多属于有约束的非线性规划（NLP）问题。鉴于管道运行优化问题错综复杂，传统的解析法难以直接求取其偏导数，因此，转而依赖直接搜索方法来应对这一挑战。在众多处理有约束的 NLP 问题的直接搜索方法中，网络法、正交网络法、复合形法以及约束随机方向搜索法等方法虽被广泛采用，但它们各自存在着不容忽视的局限性。

动态规划（DP）在解决原油长输管道优化问题中也有所应用。DP 方法通过将复杂的多变量问题巧妙地分解为一系列单变量问题的分阶段决策过程，极大地简化了求解难度，使得在解决诸如管道设计与运行中泵机组优化组合、管道线路铺设最优化等实际问题时，DP 法展现出更高的效率和便利性。然而，值得注意的是，DP 法的实际应用强调针对具体问题的深入分析与定制化建模，即"具体问题具体分析"，这要求在应用过程中灵活构建适应于特定情境的模型。面对复杂问题，其状态选择、决策制定以及状态转移规律的明确界定均存在显著难度，这极大地挑战了 DP 技术的精确应用与分析能力，从而限制了 DP 技术在处理此类问题上的广泛性和有效性。

自 20 世纪 80 年代起，随着科技的进步与跨学科研究的深入，一系列创新的优化算法应运而生，如遗传算法、进化规划、人工神经网络、模拟退火等。这些算法灵感源自对自然界现象或过程的深刻洞察与模拟，为处理复杂问题开辟了全新的路径与方法。这些算法之所以备受国内外学者的青睐，并掀起广泛的研究与应用热潮，关键在于它们各自独具特色的优势与内在机制。正是基于其构造的直观性以及对自然规律的巧妙利用，这类算法被统称为智能优化算法（IOA），并在众多领域内取得了显著的应用成效与突破。智能优化算法在管道优化设计方面的应用是有广阔前景的。

（二）矿场油气技术系统的节能优化

1. 集油管网系统的优化运行

集油管网系统的运行优化是在集油管网的布置和站址的位置基本确定的基础上，主要通过调整各运行参数，得出最佳运行工况下的参数组合。

下面以常见的双管掺水流程为例，介绍集油管网系统运行优化的基本步骤和方法。

（1）集输系统优化目标函数的建立

一旦双管掺水集输系统投入运营，其动力与热力的消耗便成为决定集输系统整体运行费用的关键因素。所以，优化设计的核心目标自然聚焦于如何最大限度地降低这些运行费用。在该系统中，重点考察总能量损失，这一损失主要由热力损失与压力损失两部分构成。为了更直观地评估与优化，将这些能量损失折算为相应的热力费用（S_r）与动力费用（S_p），探索出能使得系统总能耗（热力费用与动力费用之和）达到最小的最优运行参数组合，从而实现节能降耗、降本增效的目标。

以集输管网向外界散失的能量折合成能耗费为目标函数，建立如下目标函数：

$$\text{Min} \quad S = S_r + S_p$$

式中，S 为单位能耗费用，单位元/h；S_r 为单位热力费用，单位元/h；S_p 为单位动力费用，单位元/h。

（2）约束条件的建立

①井口回压约束。为确保油气收集系统能够有效覆盖一定的集油半径，井口必须维持一定的回压水平。具体而言，这一回压值需精心设计，既要保证集油效率，又要避免对集油管线造成过大负担，即井口回压应严格控制在管线所能承受的许用压力值以下。

②掺水压力约束。为保障掺水作业顺畅无阻，掺水管线在接入井口时的压力必须充足。这意味着该处的压力值必须高于设定的许用压力阈值，以确保掺水能够顺利注入并有效混合，从而达到预期的工艺效果。

③集油管线进站温度约束。为防止原油在集输过程中因温度过低而凝固，造成生产中断或设备损坏，集油管线在进站时的温度需严格监控。具体而言，管线内的原油温度应高出原油的凝固点3℃～5℃，这一温度缓冲区间能够有效确保原油的流动性，保障生产活动的连续性和稳定性。

④掺水温度约束。热水出供热站温度应在一定的范围之内。

⑤掺水量约束。各井口掺水量应在一定的范围值之内。

⑥掺水泵扬程约束。为确保泵能够稳定且高效地运行，其工作扬程必须被严格控制在规定的允许范围之内。

2. 联合站系统的优化运行

联合站系统的整体效能深受多重因素的交织影响，这些因素涵盖站内各类关键设备的运行效率（如泵、加热炉、分离器、脱水器、管网系统、存储设备以及沉降设备等各自的工作效率），以及处理介质（油品）的固有物理化学特性。这些因素的综合作用，直接决定了联合站系统的能源消耗水平。为了实现联合站系统的优化节能，首先需基于详尽的水力、热力计算，并结合深入的能量分析结果，构建一个以最小化生产合格原油所需总成本为核心目标的优化设计数学模型。该模型旨在精确反映系统内部各参数间的相互关联与影响。随后，采用科学合理的求解方法，对模型进行求解，以期找到集输系统的最佳运行参数组合。

按以下的过程和步骤实现优化目标。

①通过深入的现场调研，与一线的技术人员及操作人员进行紧密的交流与协作，全面掌握联合站系统及其各类设备的实际运行状况。这一过程中，不仅可以收集宝贵的系统运行数据，还能够详细记录动力设备、热力设备、分离设备、脱水设备等关键设备的现场运行参数。基于这些数据，进行详尽的水力与热力计算，为后续的优化设计工作奠定坚实的基础。

②基于现场调研所得的数据与深入的分析，聚焦于设备能耗的影响因素，通过细致的能耗分析，明确优化设计的核心变量。在联合站这个复杂的系统中，存在众多操作运行参数，但并非所有参数都适合作为优化变量。为了精准地定位那些对运行费用产生显著影响的参数，应进行详尽的能耗分析，并综合考虑操作参数与运行成本之间的关联性，最终确定优化设计的关键变量。

③明确运行费用与优化变量之间的具体函数关系。这包括精准地界定哪些运行参数是需要被优化的，以及这些参数如何直接影响目标函数（如最小化运行费用）。只有当这种明确的函数关系被确立后，才能基于数学模型进行后续的优化计算与分析。

④在进行优化设计时，还需要充分考虑优化变量的实际约束条件。这些约束条件源自现场操作的严格要求与工艺标准，如外输管线在进入首站时必须达到的温度和压力标准，以及进入电脱水器前原油含水量的严格限制等。

⑤基于数学模型的具体特性，精心挑选适配的优化算法，并通过编程手段实施求解过程。

⑥对优化计算所得的结果进行深入分析，提炼出有价值的结论，以便为现场生产活动提供科学合理的指导建议。

诚然，要实现油气集输系统的全面优化，理想状态是构建一个涵盖整个油气集输系统的优化目标函数，明确各项约束条件，并选用合适的算法来求解此目标函数。随后，基于优化计算的结果来指导整个集输系统的运行策略。然而，这种方法无疑会显著提升问题的复杂度，实施难度较大。所以，一个更为实际且有效的途径是，在已完成的各子系统优化分析基础上，通过相互之间的协调与配合，逐步逼近并实现油气集输系统的整体优化目标。

第十一章　油气田开发与环境保护

在 21 世纪的今天，随着全球能源需求的持续增长和油气资源的不断开发，油气田开发活动在全球范围内日益频繁。然而，油气田开发在带来巨大经济效益的同时，也对环境产生了不可忽视的影响。环境污染、生态破坏等问题日益凸显，使得油气田开发与环境保护之间的平衡成为一个亟待解决的重要课题。本章围绕油气田开发对环境的影响、油气田开发环境保护措施、非常规油气田开发与环境影响、油气田开发与可持续发展等内容展开研究。

第一节　油气田开发对环境的影响

油气田开发对环境的影响是一个重要而又复杂的话题。从正面来看，油气田开发为社会经济发展提供了强大的动力，是现代工业文明进步的重要标志。它为人类生活提供了必不可少的能源，尤其是在当前能源结构中，石油和天然气占据着举足轻重的地位。除此之外，油气田的开发不仅直接推动了能源领域的繁荣，还产生了深远的连锁效应，显著带动了诸如石油化工、交通运输等相关产业的蓬勃发展。这一系列的产业联动不仅丰富了地区经济结构，还极大地促进了地区乃至整个国家的经济增长，为经济社会的全面发展注入了强劲动力。

但是，油气田开发在给人类带来巨大利益的同时，也不可避免地会在一定程度上影响环境。它涉及多个方面，包括生态系统、大气、水和土壤等。油气田开发对生态系统的破坏是一个显著的环境问题。这一过程涉及大面积的土地使用，可能会破坏原有的自然景观和生态系统，导致地表植被的破坏和生物栖息地的丧失。此外，管道建设和运输活动可能会穿越或破坏野生动物的迁徙路径和栖息地，对野生动植物的生存构成威胁。这些影响可能会破坏生态平衡，减少生物多样性，并对依赖自然生态系统的物种和人类社会造成长期后果。油气田开发对大气环境的影响也不容忽视。在开发过程中，可能会产生温室气体排放，从而对全球气候变化产生贡献。

此外，井口排放和燃烧活动可能会释放出挥发性有机化合物（VOCs）和其他大气污染物，这些物质对空气质量造成负面影响。同时，运输和加工过程中可能产生的粉尘、烟雾等也会对大气环境产生污染。油气田开发对水环境的影响主要体现在水资源的需求、废水的处理和泄漏事故的处理上。钻井和开采活动往往需要大量的水，这可能导致水资源的消耗和分配问题，特别是在水资源紧张的地区。废水中可能含有有害物质，如果未经处理直接排放，可能会污染地下水和地表水，对水质和生态环境造成严重影响。

此外，油气田开发中的泄漏或事故性排放事件也可能导致水体污染，进一步影响水生生态系统，损害生物多样性，并可能对人类健康造成威胁。油气田开发对土壤的影响主要体现在陆地和海洋两个方面。钻井平台的建设及运营可能对沿海和海洋生态系统造成干扰，影响海洋生物的栖息地和生态平衡。同时，土壤污染的风险来自泄漏的化学品或废渣的不当处理，这可能导致土壤质量下降，影响土壤生物多样性和农作物的生长，进而影响食品安全和人类健康。

第二节　油气田开发环境保护措施

为了减少油气田开发对环境的负面影响，全球各国政府和油气公司普遍采取了一系列综合性措施。油气田开发环境保护措施主要包括以下几个方面。

一、法规与标准

为了最大限度地减轻油气田开发活动对自然环境的潜在影响，油气公司必须严格遵循国家和地区层面所制定的环境保护法律法规，并以此为基础，进一步提升标准，制定更为严苛且全面的企业内部开发规范。这些内部标准不仅广泛覆盖了传统的环境保护措施与要求，还紧密融合并体现了环境科学领域的最新研究成果与技术进展，确保开发活动在技术创新与环境保护之间找到最佳平衡点。

二、水资源管理

在油气田开发过程中，水资源循环利用技术的应用至关重要，因为水既是宝贵的自然资源，也是油气田作业中的关键消耗品。为了减少对新鲜水资源的需求并避免水资源的浪费，可以采取以下措施。

（一）废水处理与再利用

通过先进的废水处理技术，如反渗透、离子交换、生物处理等，将产生的废水进行处理，以达到循环利用的标准。处理后的水可以用于钻井、注水驱油或其他非饮用目的，从而减少对地下水和其他淡水资源的依赖。

（二）零液体排放（ZLD）系统

在某些特定场景下，油气企业可以采取先进的零液体排放系统策略，该系统运用蒸发、结晶等高效处理技术，将废水中的水分彻底分离并去除，确保废水中的有用成分或处理后的残余物能够完全回用于生产流程或其他非排放用途中，从而达成废水资源的全面循环利用，并有望实现废水排放的零目标，即实现真正意义上的零排放效果。

（三）雨水收集和利用

在油气田周边区域，可以构建一套高效的雨水收集系统，旨在汇集自然降水并加以合理利用。该系统收集到的雨水，将主要被导向非饮用领域的应用，如为周边环境的绿化项目提供灌溉水源，或是用于日常清洁工作，从而实现水资源的可持续利用与环境保护的双重目标。

（四）智能水资源管理

借助前沿的监测技术与控制系统，能够实现对水资源使用状况的即时、精准监控。通过这一手段，可以更有效地优化水资源的分配与调度策略，从而显著降低水资源的无谓消耗，大幅提升其利用效率。[①]

（五）水资源保护措施

在油气田的开发进程中，坚决实施一系列保护措施，旨在维护地下水和地表水的水质安全，坚决防范因开发作业而引发的水资源污染问题。

通过这些措施，油气公司可以在油气田开发过程中最大限度地减少对新鲜水资源的需求，避免水资源的浪费，并在保护环境的同时，实现可持续发展。

三、废物处理

在油气田开发过程中，为了减轻钻井泥浆、岩屑等工业废物对环境的潜在负面影响，需采取一系列综合性措施。这包括利用物理、化学或生物方法对钻井泥浆进行处理，如固液分离、絮凝剂处理和微生物降解，以减少泥浆的体积和环境影响；对岩屑进行分类并根据其性质选择处理方式，如固化/稳定化、填埋或资源化利用，以减少最终处置量；对固体废物进行分类、筛选和处理，以减少有害成分，并寻求资源化利用的机会；对废水进行处理，如反渗透、离子交换和生物处理，以达到排放标准或循环利用；推动废物资源化技术的研发和应用，将废物转化为有价值的资源；制订并执行详细的废物管理计划，确保废物处理全过程符合环保要求；以及对废物处理过程进行持续的监测和评估，确保处理效果并及时应对任何环境问题。

四、空气质量控制

为了在油气田开发过程中减少温室气体排放和其他大气污染物（如 VOCs）的排放，油气公司必须采取一系列综合性措施。这包括优化和升级设备，以提高效率并减少排放；确保井筒完整性，以防止气体泄漏；实施泄漏检测与修复计划，以识别和修复潜在泄漏；对废水进行处理，以去除有害污染物，并采用封闭式传输系统来减少排放；推广使用替代能源，如太阳能和风能，以减少对化石燃料的依赖；应用先进的排放控制技术，如催化氧化、生物滤池和吸附，以减少 VOCs 和其他大气污染物的排放；建立全面的排放监测系统，以实时监控排放情况，并定期评估措施的有效性；以及遵守相关政策和法规，积极参与环保政策的制定和执行。

五、生态保护

在油气田开发的过程中，应当高度重视对当地生态环境的保护。这不仅包括采取种植绿植、构建绿色屏障等措施，以减缓沙漠的扩张速率，还包括致力于维护生物多样性的丰富程度。要在油气开采的同时，确保生态平衡得到妥善维护，使得经济发展与环境保护能

---

① 王松岳，陈凤琴，朱照远. 数字孪生技术在智慧水利建设中的应用 [J]. 山东水利，2023（9）：13-14.

够实现和谐共生。为了实现这一目标，可以采取一系列切实有效的措施。例如，在油气田周边地区大规模种植适宜的植物，以期构建起一道坚实的绿色防线，抵御沙漠的侵袭。此外，还可以通过实施生态修复项目，对受损的生态环境进行恢复和重建，使其重新焕发生机。同时，还要关注油气田开发过程中可能对生物多样性造成的影响，并采取相应的措施进行防范。包括对当地野生动物栖息地的保护，以及对生态环境的监测和评估，确保油气开发活动不会对生物多样性和生态平衡造成破坏。

六、环境监测

在油气田开发的全过程中，对可能影响环境的各种因素进行持续的监测和评估，这是在确保油气资源开采的同时能够有效保护生态环境的重要手段。包括对地表水、地下水、土壤以及空气的质量进行定期检查，以及对可能产生的噪声、震动和排放物进行严格控制等。

此外，还需对周边的生物多样性进行监测，确保油气田的开采活动不会对野生动植物的生存环境造成不利影响。通过这样全方位、多层次的环境监测，可以及时发现潜在的环境问题，并采取相应的措施进行修正，从而确保环保措施得到有效实施，实现资源开发与环境保护的双赢。

七、安全管理和事故预防

为了确保油气开采过程的安全性和环保性，必须对整个作业流程实施严格的安全管理措施。包括对井口进行定期的检查和维护，确保所有的设备都处于良好的工作状态，及时发现并处理可能存在的隐患等。同时，也要对可能发生的井口泄漏和其他事故进行充分的预防，以减少它们对周边环境的影响。具体来说，需要对井口周围的环境进行详细的监测，确保没有污染物质泄漏到土壤和地下水中。此外，也要对可能发生的火灾、爆炸等事故进行预防，以保护员工和周边居民的生命安全。

八、社区参与和沟通

与当地社区和利益相关者保持密切沟通与合作，对于油气田开发活动的透明度和可持续性至关重要。为了实现这一目标，必须积极履行社会责任，确保各项开发活动符合当地社会和环境的需求。

首先，需要与当地社区建立良好的关系，了解他们的需求和关切。这可以通过定期举行座谈会、工作坊和社区活动等方式实现。在这些活动中，可以向当地社区介绍油气田开发项目的目的、过程和潜在影响，并听取他们的意见和建议。这种双向沟通有助于增加项目的透明度，并获得当地社区的支持和理解。

其次，与利益相关者的合作同样重要。这包括政府机构、非政府组织、企业和其他相关方。可以通过签订合作协议、参与联合项目等方式，与他们共同推动油气田开发活动的可持续性。在合作过程中，应该积极倾听他们的意见，考虑他们的利益，并尽可能地满足他们的需求。

此外，还需要在油气田开发活动中履行社会责任。这包括采取环保措施，减少对当地生态系统的影响；提供就业机会，改善当地居民的就业状况；支持当地经济发展，如购买当地产品和服务；以及参与社会公益事业，如资助教育、卫生和文化项目。

九、技术创新和优化

持续不断地进行科学研究与开发，探索并实践各种先进的环保技术，以期在生产过程中实现资源的最优化利用，减少污染物的排放，从而最大限度地降低企业生产活动对自然环境的负面影响。通过改进和革新生产流程，提高能源的使用效率，减少原材料的浪费，同时采取绿色化学原理，避免或减少有害物质的生成，使得整个生产过程更加符合可持续发展的要求。

通过实施这些环境保护措施，可以有效减少油气田开发对环境的负面影响，实现可持续的开发模式。

第三节 非常规油气田开发与环境影响

非常规油气田开发是一项重要的能源战略，对于保障国家能源安全、优化能源结构、促进经济发展具有重要意义。然而，这种开发活动也可能对环境产生一定的影响。因此，如何在开发非常规油气资源的同时，最大限度地减少对环境的影响，实现资源的可持续利用，已成为我国能源领域面临的重要课题。

非常规油气田开发的环境影响主要表现在以下几个方面。

①非常规油气田的开发，如页岩气、致密油等，通常涉及大规模的地质调查和勘探活动。这些活动往往需要使用大型钻探设备，其运行过程中对地表环境的破坏是不可避免的。钻探设备的重量和振动可能会扰动地表土壤，导致土壤结构改变，影响地表植被的生长和生态系统的平衡。

此外，钻探过程中可能会引起土壤侵蚀，进一步削弱地表的保护层，增加水土流失的风险。勘探活动还可能产生噪声和粉尘等污染物。噪声污染会对野生动物的通信和行为造成干扰，甚至可能影响其生存和繁殖。粉尘污染则可能对周边地区的空气质量产生负面影响，对人体健康和植被生长造成损害。长期暴露在高浓度的粉尘中，可能导致呼吸系统疾病和其他健康问题。

②非常规油气田的开发，特别是在美国和其他国家兴起的页岩气革命中，水力压裂技术已成为一种关键的提取方法。这种技术通过将大量水、沙子和化学物质注入地下，以压裂岩石并释放油气。然而，这一过程对地下水资源的影响引起了广泛关注。

首先，水力压裂需要大量的水资源，这可能导致当地地下水资源的紧张。在干旱或水资源短缺的地区，这种对水资源的大量消耗可能会对农业、居民生活和生态系统造成压力。水资源的抽取还可能导致地下水位下降，影响地表水的流动和地下水生态系统的平衡。

其次，水力压裂过程中使用的化学物质可能会渗入地下水，改变其水质。这些化学物质包括溶剂、pH 调节剂、抗菌剂和染色剂等，它们可能对人类健康和环境造成风险。如果这些化学物质进入饮用水源，可能会导致水质污染，影响公众健康。

此外，水力压裂过程中产生的废水，包括压裂液和返排液，通常含有高浓度的盐分和其他污染物。这些废水的处理和处置是一个环境挑战,如果不适当处理,可能会对地下水和地表水系统造成进一步的污染。

③非常规油气田开发,特别是在水力压裂技术的应用过程中,会产生大量的废水和废液。这些废水和废液的成分复杂,包含水、石油、天然气、盐分以及多种化学添加剂,如压裂液中的聚合物、酸碱物质、金属盐类和放射性物质等。这些化学物质对环境的潜在危害不容忽视。处理和处置这些废水和废液是一个重大的环境挑战,因为它们可能含有有害物质,如果处理不当,会对土壤、地表水和地下水造成污染。例如,废水中的高盐分可能导致土壤盐碱化,影响植被生长和土地利用;有机化学物质可能渗入地下水,影响饮用水安全;重金属和其他污染物可能积累在土壤和水中,对生态系统和人类健康构成威胁。

然而,也应该看到,随着科技的不断进步和创新,中国在非常规油气田开发的环境保护方面已经取得了显著的成就。这些进步不仅有助于减少对地表环境的影响,而且有助于提高资源的利用效率,同时确保了开发活动的可持续性。在开采技术方面,中国油气行业已经发展了一系列先进的钻井和完井技术,这些技术旨在减少对地表环境的破坏。例如,水平钻井技术和微地震监测技术的应用,使得钻井作业更加精确和高效,减少了井筒的数量和占地面积。

此外,精准的地质建模和勘探技术也提高了油气田的开发效率,减少了不必要的勘探和开采活动。在废水处理和回收技术方面,中国已经掌握了多种先进的处理方法,如反渗透、离子交换、生物降解等,这些技术能够有效去除废水中的有害物质,使其达到或超过环保标准,从而实现废水的循环利用或安全排放。同时,一些油气公司已经开始使用闭合循环系统,减少废水产生量和处理成本。在环境监管方面,中国政府和相关部门已经制定了一系列严格的环保法规和标准,对非常规油气田的开发进行严格监管。这包括环境影响评估、废水排放标准、废弃物处理规定等。同时,政府还加强了现场执法力度,确保开发活动遵守环保法规,对违规行为进行严厉处罚。随着技术的不断发展和政策的不断完善,中国在非常规油气田开发的环境保护工作有望取得更多的成就。

第四节 油气田开发与可持续发展

一、生态文明与可持续发展

(一)生态文明

生态文明是人类社会在遵循人、自然、社会和谐共生这一客观规律基础上,所创造的物质成就与精神财富的综合体现。它以促进人与自然、人与人、人与社会之间的和谐共存、良性循环、全面发展及持续繁荣为核心宗旨,构成了一种新型的文化伦理形态。作为人类文明不可或缺的一部分,生态文明构成了社会文明体系的基石,缺乏生态文明,其他所有文明形态都将失去其存在的根基与意义。生态文明的核心在于尊重并维护生态环境,它立足于可持续发展的理念,着眼于人类的长远福祉。在开发利用自然资源的过程中,人类需秉持维护社会、经济、自然系统整体利益的原则,展现出对自然的敬畏与保护之心。这要求我们不仅要注重生态环境的建设与修复，致力于提升生态环境质量，还要确保现代经济社会的发展能够建立在生态系统健康稳定的基础之上。通过生态文明的建设，人类旨在解决经济社会发展需求与自然生态环境承载能力之间的矛盾，实现人与自然的和谐共生与协同进化。

（二）可持续发展

1. 可持续发展的内涵

可持续发展涉及自然、环境、社会、经济、科技、政治等诸多方面。由于研究者所站的角度不同，对可持续发展所作的定义也就不同。"生态持续性"（Ecological Sustainability）这一概念最初源自生态学领域的学者，其提出的目的在于阐述自然资源及其合理开发利用之间必须维持的一种微妙平衡。1991年11月，国际生态学联合会携手国际生物科学联合会，共同举办了一场聚焦于可持续发展议题的专题研讨会。此次盛会不仅深化了对可持续发展理念自然属性的理解，还进一步将其界定为：旨在保护并增强环境系统自我恢复与更新能力的发展模式。可持续发展的核心理念在于，其发展路径不得超出环境系统自我更新的阈值，这是基于一系列深刻矛盾的考量：环境资源的有限性与人类需求无限增长之间的矛盾；人类发展普遍追求的目标与地区间发展不均衡的现实冲突；经济快速发展往往伴随的环境质量渐进性恶化问题；以及对和谐社会这一终极愿景与当前社会不和谐现状的深刻反思。这些矛盾构成了可持续发展理念提出的哲学与伦理基石，强调了人与自然和谐共生、经济与环境双赢发展的重要性。

2. 可持续发展的原则

（1）公平性原则

公平性原则的核心在于确保个体或群体在机会选择上的平等性，它构成了社会公正与和谐的重要基石。而可持续发展作为一种发展理念，其核心目标是促进人类需求的全面满足与欲望的合理实现，在此过程中，消除那些阻碍这一进程的不公平现象成为至关重要的任务。可持续发展所倡导的公平性原则，其内涵丰富且深远，主要包含以下两个方面。

①追求同代人之间的横向公平性，要求全球范围内所有人民的基本需求都应得到满足，并且每个人都应享有平等的机会去追求和实现更加美好的生活。在一个贫富悬殊、两极分化严重的世界里，真正的"可持续发展"将无从谈起。因此，必须致力于保障世界各国拥有公平的发展权利，确保发展成果惠及全人类。

②代际公平，本质上是一种跨越时间的纵向公正原则，它强调不同世代之间在资源利用与环境保护上的平等权利。应当深刻认识到，自然资源作为支撑人类存续与进步不可或缺的基础，其存量与再生能力均存在明确界限。基于此，当代社会成员在追求自身福祉与文明进步的同时，必须树立起对未来世代的责任感与使命感，避免短视的过度开采与无度破坏，以免剥夺后代人享受自然恩赐、实现其发展梦想的机会。

（2）可持续性原则

可持续性，本质上是指生态系统在遭遇外部干扰时，能够维持其持续产出与恢复的能力。确保资源的可持续利用与生态系统的长期稳定性，是人类追求可持续发展不可或缺的基石。这意味着，人类的社会经济活动必须遵循自然法则，不得损害支撑地球生态平衡的自然系统，同时必须保持在资源与环境承载能力的安全界限之内。

社会环境资源的消耗涉及两大核心方面：一是资源的直接消耗，二是污染物的排放。为实现发展的可持续性，必须采取以下策略：对于可再生资源，其开发利用强度必须严格控制在自然再生的最大可持续限度之内，以维护资源的长期供应能力；对于不可再生资源，其开采速率必须低于或等于我们找到并有效开发替代资源的速率，避免资源枯竭的危机；此外，向环境排放的废弃物量必须严格控制在环境的自然净化能力范围之内，以保护生态系统的健康与稳定。

（3）共同性原则

在全球范围内，不同国家和地区鉴于地域特色、文化传统的多样性以及当前发展阶段的不均衡性，其推进可持续发展的策略与路径呈现多样性。尽管如此，所有国家和地区在追求可持续发展的宏伟蓝图中，均秉持着一致的核心理念，即确保公平性与可持续性两大基本原则的贯彻，旨在达成人类社会内部以及人类与自然之间和谐共生的最终目标。

所以，共同性原则在此框架下显得尤为重要，它蕴含了两层深刻意义：首先，发展目标的共同性，这集中体现在维护地球生态系统的稳定与安全上，通过采取最为科学合理的资源利用方式，为全人类的长远福祉贡献力量；其次，共同性原则还强调行动的协同性。鉴于生态环境问题往往跨越国界，成为全球性的挑战，任何单一国家或地区的努力都难以独立应对。因此，加强国际合作，共同应对气候变化、环境污染等全球性议题，成为不可或缺的举措。

（三）生态文明与可持续发展的关系

生态文明，作为可持续发展的坚固基石，不仅为其提供了深邃的思想根基，还构成了不可或缺的精神支柱，二者在核心理念上高度契合，互为表里。生态文明理念的兴起，是人类社会对可持续发展议题理解不断深化的自然产物，它标志着人类对于自身与自然关系认识的重大飞跃；生态文明的确立，不仅是可持续发展路径上的引领灯塔，更是顺应社会发展规律，迈向更加和谐共生未来的必要之举。在这一框架下，人与自然不再是传统意义上的统治与被统治、征服与被征服的二元对立关系，而是生态系统中两个相互依存、彼此尊重、和谐共生、共同进步的伙伴关系。人类社会的发展不应孤立于自然之外，而应是人与社会、人与环境以及当代人与后代人之间实现全面、协调、可持续的发展。在这一发展进程中，生态文明不仅是衡量可持续发展水平的重要标志，更是生态建设所不懈追求的目标。

可持续发展是生态文明理念的生动实践与具体展现。可持续发展本质上要求体现在对人与自然关系的深刻洞察与妥善处理之中。这一发展理念的核心追求，乃是促进人与自然之间的和谐共生与共同繁荣。人类在利用自然资源以满足自身发展需求的同时，必须深刻认识到自身作为自然界一部分的责任与使命，确保索取与回馈之间达到一种微妙的平衡状态。不能仅仅将自然视为无尽的资源宝库，肆意索取，而应积极探索并实践各种方式来回馈自然，保护其生态平衡与多样性。当这种平衡得以稳固建立，便标志着人类与自然的关系达到了和谐共处的新高度，也即是实现了可持续发展首要的、基础性的目标。此外，处理好人与人之间的关系同样至关重要。这涵盖了广泛的社会层面，从个体间的伴侣关系、人际关系，扩展到地区间的区际关系，乃至国家与全球利益之间的复杂关联。在处理这些关系时，应秉持共建共享的原则，避免以牺牲他人或损害他人利益为代价来谋求自身的发展。

二、生态环境与油气资源可持续发展的关系

油气资源，作为基石般的能源供给与战略储备，与生态环境的健康状态共同构成了支撑国家或社会可持续发展的双引擎。它们不仅是经济稳健前行、国家安全稳固以及民众生活质量提升的坚实后盾，更是推动社会全面进步不可或缺的因素。然而，当前全球范围内正面临着一系列严峻挑战，包括全球气候变化的日益严峻、生态环境的持续恶化，以及油气资源等关键资源的供应紧张等。这些问题相互交织，复杂多变，对各国的发展策略与模式提出了更高要求。因此，必须以更加清醒的头脑和深邃的洞察力，去正视油气资源与生态环境之间的复杂关系，深刻理解两者对于社会可持续发展的重大意义。

（一）油气资源消费量的增长与环境污染

分析中国的能源消费结构，煤炭目前仍占据主导地位，构成能源消费总量的核心部分。然而，值得注意的是，随着中国石油天然气工业的蓬勃发展，煤炭在能源消费中的占比正逐渐出现下降的趋势。与此同时，石油和天然气的消费量则呈现逐年稳步上升的良好态势。

我国经济的蓬勃发展日益凸显出对油气资源的高度依赖，这种能源消费格局及结构特征使得油气资源发展战略面临严峻挑战。一方面，为满足不断增长的能源需求，若加大石油、天然气的消费量，受限于国内有限的石油生产能力，势必加剧对进口石油的依赖，进而推高我国能源进口的依存度，油气资源安全的风险也随之加剧。另一方面，我国油气勘探开发领域及石化工业长期受粗放经营模式和历史遗留问题影响，相比于发达国家，存在显著差距。具体表现为装置规模偏小、产业集中度不足、布局有待优化、人员冗余、劳动生产率低下、资源消耗与能源消耗偏高、管理成本高昂以及整体效益不佳等问题。这些问题不仅导致行业被视为高能耗、高污染的代名词，还使得我国经济发展背负了沉重的资源与环境成本，环境污染问题日益严峻，成为制约可持续发展的重大障碍。

（二）保护生态环境与油气资源可持续发展的辩证关系

保护生态环境与推动油气资源的可持续发展之间存在着一种深刻的、相互依存的辩证关系。良好的生态环境不仅是油气资源实现长期、稳定发展的坚实外部支撑和必要条件，也是构建环境友好型社会的基石，对于降低社会长远发展所需的环境成本具有至关重要的意义。在我国，油气资源的可持续发展战略明确强调了加强国内石油天然气勘探与开发的重要性，旨在维持国内原油的稳定生产，并加速天然气产业的发展。这一战略背后，蕴含了对环境保护的深刻考量。天然气作为一种环保且高效的能源形式，其广泛普及与应用可以有效替代煤炭和石油等传统能源，从而在源头上显著削减二氧化硫、粉尘、二氧化碳以及氮氧化物等有害物质的排放量。

三、油气田环境问题对油气资源可持续发展的影响

我国油气田生态环境问题的出现本质上是油气资源过度开发的体现。当油气资源的开发活动所产生的环境影响尚处于环境自身承载能力之内时，环境能够相对稳定地承载由资

源开发引发的各种压力。然而，随着开发活动的日益频繁与密集，生态环境遭受的破坏逐渐加剧，污染物的排放量也随之攀升，最终导致这些影响超出了环境所能承受的容量阈值，进而引发环境质量的持续恶化。在油气田的开发过程中，石油类物质是主要的污染物来源。鉴于当前技术条件下石油类物质的回收效率有限，这些未能有效回收的污染物一旦大量排放到环境中，不仅会直接加剧环境的污染程度，还会深刻体现对宝贵自然资源的极大浪费。这种浪费现象加速了油气资源的枯竭进程，对可持续发展构成了严峻挑战。

我国作为石油消费大国，同时也面临着石油资源显著浪费的严峻挑战。权威资料揭示，我国的石油消费强度高达0.19，这一数字显著超出了国际先进水平，是日本的4倍多，也是欧洲的3倍水平，凸显了我国在石油利用效率上的巨大差距。此外，石油开采过程中的综合利用率偏低，进一步加剧了资源的浪费问题，亟须采取有效措施加以改善。鉴于我国油田地质条件的复杂性，针对地面工程设计的节能、降耗、环保型工艺、流程以及设备的研发相对滞后，这直接限制了油田伴生气的有效回收利用能力。具体而言，油田伴生气的回收利用面临多重挑战：一是气体收集难度大，加之发电设备成本高昂，使得直接利用变得不经济；二是受电力供应不足的限制，仅有少量伴生气被用于燃烧加热，而大量零散分布的伴生气则不得不被直接排放至大气中，这不仅加剧了空气污染，还造成了宝贵的天然气资源的严重浪费。油气资源作为一次性且不可再生的宝贵财富，其巨大的消费与浪费不仅引发了严峻的环境污染问题，更对油气资源的长期可持续发展构成了严重威胁。

四、生态文明建设与油气田生态环境建设

生态文明作为一种新兴的、全面性的社会文明形态，其范畴超越了传统界限，深入并扩展至人类赖以生存与发展的自然环境之中，成为现代文明不可或缺的一部分。油气田，作为支撑国家能源安全与经济命脉的关键基石，不仅扮演着能源与资源供应的重要角色，其生产活动亦伴随着显著的污染物排放，因此，在为国家和社会贡献宝贵能源的同时，油气田还承载着沉甸甸的经济、政治及社会责任。当前阶段，生态文明建设的核心任务是将生态文明理念深深植根于社会的每一个角落，无论是每一位个体成员，还是各行各业，都需积极响应，共同致力于构建一个"资源节约型、环境友好型"的和谐社会。

油气田生态环境建设的重要性远不止于单纯的环境保护范畴，它更是油气工业实现可持续发展不可或缺的内在需求。随着国际双边、多边环境协议的签署，尤其是2008年《中美能源环境十年合作框架》的签订及我国政策的要求，油气田环境保护工作取得了积极进展，解决了部分环境制约问题，环保管理效能与污染防治技术均有所提升，但当前油气田行业所面临的总体环境形势依然严峻，生态压力持续增大。长期累积的环境问题尚未得到根本性解决，同时新的环境挑战又接踵而至，对行业的可持续发展构成了严峻考验。尤为值得注意的是，部分企业在生产经营过程中尚未构建起科学精细、集约高效的生产管理体系，这在一定程度上限制了环境管理水平的进一步提升。在全球环境问题日益凸显、国际石油行业竞争加剧的背景下，油气田作为国家能源安全的基石和能源消耗的重要领域，其肩负的责任愈发重大。

在生态文明理念的指引下，油气田生态环境建设已超越了传统意义上的污染控制与生态恢复范畴，转而致力于规避工业文明所带来的种种弊端，积极探寻一条"人与自然"和谐共生、共同繁荣的发展新路径。这一转变不仅是石油天然气企业响应时代召唤、承担社

会责任的体现，更是其实现可持续发展的必由之路。

我国油气田生态环境的日趋严峻，不能单一地归咎于油气资源需求量的持续增长与环保资金投入的不足。实质上，我国在环境保护与治理领域面临的核心挑战，在于缺乏一套高效运行、结构完善的环境管理体系以及健全的环保法律法规框架。为切实改善油气田生态环境质量，实施严格的环境监管与推动环保法治化进程显得尤为关键。油气田企业应明确其环境管理工作的核心定位，优化法律机构配置，强化环保法律法规的宣传教育，深化环境风险评估与防控机制，全方位提升企业内部环境管理水平。同时，应积极探索多元化的环境损害救济渠道，以有效维护生态平衡，增强企业依法治理污染、预防环境风险的能力，为油气田生态环境的可持续发展构筑起坚实的法律与制度屏障，确保其健康、稳定的未来。生态环境可持续发展的强劲动力源自深入人心的生态文明意识之成熟与普及。

鉴于此，在油气田生态环境建设的征途上，首要的任务便是培育并强化政府、企业及每一位公民的环保责任感与生态文明意识。通过激发生态文明意识的积极力量，引导社会各界更加理性、科学地规划油气田的勘探与开发活动，促进可再生资源的高效利用，确保油气产业的发展始终遵循生态环境的承载能力，实现经济效益与环境效益的双赢局面。这一过程不仅能够有效守护油气田的生态环境，避免生态破坏与环境污染，更将进一步巩固我国油气资源的战略储备基础，为国家的能源安全与可持续发展奠定坚实基础。

第十二章　油气集输储运工程管理

油气集输储运工程是石油天然气工业中至关重要的组成部分，它连接着油气生产、加工、分配和消费等各个环节，是确保国家能源安全、推动经济发展的关键纽带。随着全球经济的快速增长和人民生活水平的不断提高，对能源的需求日益增加，油气集输储运工程管理的重要性愈发凸显。本章围绕油气集输储运工程的运行管理、设备管理、安全环保管理、劳动管理等内容展开研究。

第一节　运行管理

一、油气集输储运站库运行管理

油气集输储运的运行管理体系紧密关联着管理机构的设置、工艺流程的优化以及设备配置的合理性。一般来讲，地面集输储运系统主要依托单井试采流程运行。针对这一特定模式，油气集输储运管理的核心聚焦于确保单井生产顺畅、强化安全环保措施、精准调度油品运输计划，以及确保原油能够迅速外运销售，从而有效规避因储罐积压导致的生产停滞风险。为此，可以制定一些管理制度，具体包括以下几点。

①构建高效生产调度体系及其配套管理制度。该体系旨在根据实时生产动态，灵活调配运输车辆与生产所需物资，确保生产流程的连续性与高效性。

②结合生产实际，制定详尽的运行管理规范。尽管各区域具体条件有所差异，但核心工艺设施如加热炉、分离器、储罐等具有普遍性。以下为主要运行管理规范的核心内容。

（一）加热炉运行管理

1. 加热炉点火前的检查

①检查安装是否正确。

②检查所有配套设备、阀门是否完好。

③电气、仪表、控制调节系统是否正常。

④在向水套炉内注入软化水时，务必遵循水套炉使用说明书中所规定的液位标准，确保水位至少达到火管上表面上方 300 mm 的位置，以保证设备的安全与高效运行。

⑤启动水套炉操作间的通风机，并开启烟道进行充分的排风处理，以确保工作环境的空气流通与新鲜，同时也有助于排除可能产生的有害气体或水蒸气。

⑥首先，开启水套炉燃料气管线上的调压阀组旁通阀门，并同时打开炉前的压力表阀

门。利用从集气站输送来的天然气，对调压阀组的旁路进行置换操作。经过约 5 min 的置换后，关闭调压阀组的旁通阀门，并开启调压阀组的前后阀门，以彻底将燃料气管线调压阀组内的空气排出。此过程完成后，用移动式可燃性气体浓度检测仪来检测燃料气管线中的天然气浓度，达到 99.5% 视为置换合格。接下来，安装好压力表，并确保水套炉的燃料气进气阀门处于严密关闭状态。随后，打开水套炉的通风口及烟道，以排除可能已进入炉膛及燃烧道中的天然气，确保安全。这一过程需持续约 20 min。之后，再次使用可燃性气体浓度检测仪对水套炉炉膛内的天然气浓度进行检测。只有当检测结果显示天然气浓度低于 0.5% 时，方可认为已达到安全点火条件，准备进行下一步的点火操作。

2. 启动和正常运行

（1）启动

①水套炉在点火前应仔细阅读加热炉安装使用说明书和燃烧器操作使用说明书。

②燃料气调压阀的阀后压力设定在 50 kPa。

③开启水套炉的燃料气干管阀门。

④开启炉前的燃料气支管阀门。

⑤再次以可燃性气体浓度检测仪来检测水套炉炉膛中的天然气浓度，确认低于 0.5% 的点火条件。

⑥将加热炉的烟道挡板和燃烧器的调风板适当关小，然后先为燃烧器通电打火，再打开燃料气到燃烧器的最后一道阀门，为燃烧器通气，从火焰检测口观察点火后的燃烧情况，随之，将燃料阀门、调风板、烟道挡板调整到最佳位置，使火焰呈浅橘红色。

如果点燃失败将燃料阀门关闭，全部打开烟道挡板、燃烧器调风板通风 30 min，将炉膛中的天然气散净后，重复第⑤、⑥两步的操作，直到点燃为止。

（2）点火和升温

在进行火嘴点火操作时，务必谨慎防范回火现象的发生，确保操作安全。当水套炉内部的水温或压力达到既定的设计要求后，方可安全地打开炉子盘管的入口阀门，允许被加热介质顺利进入，以进行后续的加热过程。

（3）检查热膨胀

在设备从启动至稳定运行的整个过程中，需持续密切关注炉管、管道等部件因热膨胀效应而产生的位移变化，以及它们所依赖的支撑结构的稳定性。此外，还需定期检查终端法兰螺栓等连接件的紧固状态，确保它们未因温度变化或振动等因素而松动，从而保障整个系统的安全稳定运行。

（4）调整通风

①在初次投入运行时，鉴于加热炉的负荷往往会经历不稳定的变化阶段，必须密切关注并适时调整其燃烧工况，以确保其迅速达到并维持最佳运行状态。为了提高加热炉的整体效率，一旦其运转趋于稳定，就可以依据以下关键步骤来有效减少过剩空气量。

②确保所有火嘴的二次通风均被调节至同一水平，实现均衡的通风状态。

③通过精细调节烟囱挡板，以在挡板下侧营造出大约 5 min 水柱（H_2O）的负压环境。值得注意的是，如果生产厂商在其提供的加热炉操作规程中已明确给出了相关参数，那么在实际操作中应严格遵循厂商的指导数据进行调整。

④废气取样，检查过剩空气率。

⑤当过剩空气量过多时，应适当减小火嘴的二次通风开度以优化燃烧效率。火嘴向加热炉内输送的空气量及其通风状态，受火嘴通风装置开度的影响，而与燃烧量的具体变化无直接关联。因此，在燃烧负荷发生变动时，为确保燃烧过程的连续性和稳定性，应确保提供充足的过剩空气，这样即便不频繁调整通风装置，也能有效适应燃烧负荷的变化。

（5）封闭观察孔

若观察孔的封闭状态不佳，将导致多余空气渗入，进而降低热效率。因此，为确保热效率维持在较高水平，必须确保观察孔处于完全封闭状态，以阻止外部空气的不必要进入。

3.操作注意事项

（1）加热炉管理

加热炉的运行压力必须严格控制在管程和壳程所规定的设计压力范围之内，以确保其安全稳定运行。

加热炉的水位管理至关重要，应维持在液位计指示的二分之一至三分之二区间内，或遵循设计图纸上的具体要求，以保证加热炉的有效热传递和避免干烧风险。

为了实现燃烧器的完全燃烧，提升能源利用效率，应在燃烧器前的燃气管线上配置分液包。定期排放天然气中携带的油水混合物至指定区域，防止其进入燃烧系统。特别是在冬季，为了防止天然气中的油水在低温下凝结导致火嘴堵塞或冻结，可采取将燃气管线通过水套炉壳程进行预热的方法，以确保天然气的顺畅流通与燃烧稳定性。

每年应该全面检查清洗一次加热炉。

（2）火焰形状不规则诊断

①当燃烧过程中空气供给不足时，火焰会呈现拉长、泛红、形态不规整且燃烧力度减弱的特征。此时，火焰会倾向于向氧气更为充足的方向偏移，具体表现为向存在漏风情况的观察孔或是邻近燃烧喷嘴的一侧偏移，形成非正常的火焰形态。为纠正此状况，需适时调整通风装置，直至火焰恢复稳定、均匀的燃烧状态。

②火嘴喷头结焦或堵塞：需清理喷头。

③火嘴喷头和火嘴的位置不正确，需调整火嘴喷头和火嘴的位置。

（3）火焰呈呼吸状燃烧诊断

这是由于通风不足引起的，应立即减少燃料量，检查调风板、烟囱挡板、进风口和烟道出口。

（4）二次燃烧诊断

当燃烧过程中空气供应不足时，加热炉内部会生成一氧化碳，这种有害气体可能在烟道内部及烟囱顶端引发二次燃烧现象。一旦发现二次燃烧，首要措施是迅速调整火嘴的通风装置，以增加空气流通。若仅通过调整通风装置仍无法有效遏制二次燃烧，则应立即减少燃料的供给量，以避免火势进一步扩大或造成其他安全隐患。

4.停炉操作

（1）正常停炉

①在接到停炉指令后，首要任务是执行渐进式的降温操作。这意味着需缓缓关小燃料气阀门，让火焰自然减弱，直至熄灭，同时炉膛温度也随之平稳下降至较低水平，实现由

高温到低温的平稳过渡。

②当炉膛温度降至大约200℃时，应立即关闭所有火嘴，并同步关闭风门、孔道及烟道板，以维持一个缓慢而持续的降温过程，确保设备安全冷却。

③对于暂时性的停炉情况，需保持燃气系统的正常运行状态，以便于后续快速恢复使用。而若为长期停炉，则必须对燃料气系统进行全面的检查与维护，确保其在长期停用后仍能保持良好的工作状态。

④随着炉膛温度进一步降至100℃左右，此时应开启所有通风孔道及烟道挡板，以增强炉内的空气流通，加速冷却过程，缩短停炉后的恢复时间。

⑤当炉膛温度降至80℃以下时，方可关闭介质进入炉内和离开炉内的阀门。关闭阀门后，需按照既定的工艺流程，将炉管内的原油安全转移至储罐中，并对管道内残留的油品进行彻底吹扫，以防其在低温下凝固，影响设备再次启动时的正常运行。

⑥将水套炉壳程内的水排放干净，以防止冬季冻坏设备，关闭所有与水套炉相连接的阀门。

（2）紧急停炉

①在遭遇非加热炉本身故障导致的紧急停炉情况时，首要任务是迅速熄灭火嘴并中断流体循环。若确认炉管内无阻碍物，应立即向炉内喷入惰性气体，以促使出口温度平稳下降至约100℃。特别是在寒冷冬季，需及时排空炉内积水，以防结冰影响设备。对于预计会有较长时间停炉的情况，应在炉子自然冷却至安全温度后，再彻底排空炉内积水，确保设备安全。

②为了安全有效地进行停炉操作，需先关闭燃料气阀门，随后熄灭火嘴并关闭其通风装置，同时停止流体循环。在此过程中，为确保火焰完全熄灭并防止复燃，需向炉管内部及燃烧室内喷入惰性气体，以彻底消除潜在的火源风险。

（二）油气分离器运行管理

1. 启动和正常运行

（1）投运操作

①进油前全面检查分离器的安装是否达到设计要求。

②进底水。

③开顶部放空排气阀。

④开进油流程和分离器进油阀。

⑤开放空阀，开出油调节阀旁通。

⑥开天然气阀。

⑦开放水调节阀旁通。

⑧启用自控设备，倒自控流程。

（2）进油操作

①检查校验安全阀，确定安全阀定压。

②打开分离器天然气出口阀门。

③启动操作前，先手动开启分离器的出油阀门，并轻轻操作出油阀，通过实际动作检验其灵活性与顺畅性，确保在后续运行过程中能够迅速响应，有效执行。

④缓慢地旋开分离器的进油阀门。在此过程中，需仔细聆听进油时产生的声音，以判断是否存在异常杂音或阻塞现象。同时，密切注视分离器内部压力的变化情况，根据实际情况灵活调整阀门开度，以维持系统压力的稳定。一旦确认设备运行平稳正常，再逐步增大进油阀门的开度，以提升处理量。整个过程中，应详细记录各项运行参数及操作情况，为后续维护与故障排查提供宝贵依据。

（3）技术要求

①确保分离器压力表、温度计、安全阀等安全附件齐全且功能完好。同时，所有相关的变送、控制及调节系统需经过严格的调试，确保运行正常，调节阀则需保持灵活且密封良好。此外，分离器还需通过水压试验的严格检验，确保无渗漏现象。各排污放空阀在正常情况下应处于关闭状态，以维护系统的稳定性和安全性。

②在进行底水注入时，应将出水机构的堰管调整至最低位置，以确保水能够充分进入并覆盖整个分离器底部。注水量应至少达到分离器总容积的一半，或确保水位高出出水管顶部一定距离，这样有助于提升油水分离的效果。若分离器配有液位计，还需特别注意在注入底水前将盐水包加满盐水，以防止在后续运行过程中液位计内混入油分，影响测量准确性。

③开启送油阀后，持续观察放空排气阀，直至确认其中无空气排出时，迅速关闭该放空阀。随后，操作出油旁通阀，将其置于开启状态，以允许油流通过。随着系统内压力逐渐上升，达到适宜水平后，再行开启天然气出口阀。在此之后，通过精细调节出油阀和出气阀的开度，以实现对系统工作压力和液位的精确控制，确保整个流程平稳、安全地运行。

④水位上升后开启放水阀旁通排水，调节出水机构堰管，控制好油水界面高度，水中含油量小于 1000 mg/kg。

⑤在确认出油、出水、出气均处于正常状态，且所有工作参数保持平稳后，方可启动自动控制系统，随后开启自动控制流程。此时，需密切观测仪表的显示数据，一旦发现与实际情况存在偏差，应立即进行相应调整，以确保系统的稳定运行。

⑥当设备投入运行并保持稳定状态后，应增加检查的频次，深入分析分离效果，并基于分析结果合理调整工作参数。这一系列措施旨在持续优化操作条件，确保分离器能够达到最佳的处理效率和效果。

2. 停运操作

（1）操作内容

①倒旁通流程。

②停自动控制系统。

③关闭进油阀。

④关闭各出口阀。

⑤吹扫并抽空。

（2）技术要求

①先倒通各出口调节阀旁通。

②倒通进油旁通或投运备用分离器。

③在关闭进油阀之前，务必先调控天然气出口阀的开启度，并适当关小或完全关闭出

水阀。维持容器内的适当压力,同时提升油水界面的高度,有效减少分离器内部积存的油量,确保分离效果与设备安全。

④在完全停止进油流程后,方可依次关闭出油阀、出气阀以及出水阀,以有效防止因阀门关闭不当导致的系统憋压现象,保护设备免受不必要的损害。

⑤进行吹扫或抽空作业时,出口应直接接入沉降罐,严禁将含有污水、污油的介质直接排入储罐,以免污染储罐内物料。在扫线或抽空过程中,需密切关注分离器的压力变化,通过精确控制避免发生超压或负压抽瘪的情况。同时,应确保扫线、抽空作业彻底,不留残余介质。

⑥扫线、抽空作业完成后,应立即打开放空阀进行排气,使分离器内部压力逐渐释放至常压状态。

(3) 分离器运行过程中需注意的问题

①检查液面调节机构的灵活性与功能性,确保其操作顺畅且响应迅速。特别需要注意的是,要防范浮漂出现失灵的情况,同时,也要避免出油阀发生卡死现象,造成分离器内部压力异常升高(憋压),对设备安全构成威胁。

②注意分离器压力变化情况,压力应控制在规定范围内。

③注意来油温度是否正常。

④在冬季,为确保设备安全运行,应加强对安全阀、压力仪表、分离器紧急放空阀及其相关管线的日常检查与维护,确保这些关键部件处于良好工作状态,随时能够发挥应有的功能。

⑤对于分离设备而言,其核心操作在于维持液位与油水界面的稳定,确保它们均处于预设的正常范围内。这一控制过程主要依赖于与液位计紧密联锁的自动排液阀系统,该系统能够实时监测液位变化并自动执行排液操作,以维持界面的平衡。然而,当自动控制系统遭遇故障或需要人为干预时,操作人员应及时转为手动模式,通过定期的手动排液操作来确保液位与油水界面的稳定。

⑥分离器的安全阀应当进行定期的校验工作,以确保其功能的可靠性和安全性。通常而言,这种校验应每年至少进行一次。重要的是,这些校验工作应当由拥有安全阀校验专业资质的部门进行,以确保校验过程的专业性和准确性。

⑦为确保分离器的安全运行,根据相关规定,当分离器运行至一定周期后,需由专业的压力容器检验机构对其壁厚及腐蚀状况进行全面检测。通过细致的评估,这些机构将能够准确判断分离器在未来继续安全运行的合理年限,为企业的安全生产与设备管理提供科学依据。

(4) 分离器运行中要控制压力和液面

①为确保原油能够无阻碍地流入油罐或密闭容器,克服油罐内的静液柱压力以及管道中可能产生的摩擦阻力损失,油气分离器的操作压力必须精心调控。这一压力水平需满足原油进罐和密闭容器接收时的压力要求,因此,油气分离器必须维持在一个特定的、稳定的压力范围内运行。另外,油气分离器的分离效果也直接受到其工作压力的影响。所以,在油气分离器工作过程中,维持一个稳定且适当的压力是至关重要的。

②精确控制分离器的液面高度,确保天然气不会意外地窜入出油管线,同时防止因液面过高而导致原油逆流进入天然气管线,从而引发不必要的生产事故或设备损坏。因此,

严格监控并适时调整分离器的压力与液面高度,成为保障其分离效率与运行安全的首要前提。

(5)分离温度对油气分离有很大影响

①分离温度对分离程度有很大的影响。油气分离的效果直接受到游离气体含量的影响,这些游离气体在油中通常以微小气泡的形式存在。为了有效分离这些气泡与液体,重力分离是一种主要手段。在液相停留时间保持恒定的情况下,通过提升分离温度,可以显著降低液相的黏度,使得原本难以分离的更小气泡得以析出,促进油气分离程度的提高。

②分离温度对分离质量的影响。在保持操作压力恒定的条件下,随着分离温度的上升,气体中的重组分含量会相应增加,这会导致集气管线内的凝析液量显著增多,进而给油田气的收集与输送带来不便和挑战。为了优化分离效果,提升分离质量,应当尽量控制并降低分离过程中的温度。

(三)高架储油罐运行管理

高架储油罐正常操作要求包括:检查储罐的各部件;开循环加热器预热;倒通来油流程;开进油阀门;检查进油情况。

为确保高架储油箱内的原油保持在高于其凝固点5℃~10℃的适宜温度范围内,需精细调控进出油箱伴热管道的阀门开度,以实现温度的精准控制。在原油进入油箱的过程中,必须密切监视液位的动态变化,一旦油箱内的原油达到公称储量的80%这一关键阈值,应立即采取切换操作,将进油流程转移至另一个备用储油箱,以确保储油作业的连续性和安全性。

二、油气集输储运的维护管理

(一)主要工艺设备的维护、保养

1.加热炉的检验与维修

(1)检验周期

通常情况下,分离器的检验周期为1~6年不等,具体视装置检修计划而定。对于运行中的加热炉,其外部检验应至少每年执行1次,以确保外部结构的完整性和安全性。而更为全面的内、外部检验则建议每6年进行1次,以深入评估加热炉的整体状况,包括内部结构的完好性、腐蚀情况等因素,从而确保加热炉的长期稳定运行。

(2)检验内容

加热炉的检验与检修工作涵盖多个关键方面,包括外部检查,定期停炉以进行的内、外部详尽检验,以及至关重要的耐压试验等。其中,针对后两项定期检验的年度计划,使用单位需负责编制并上报至其主管部门及安全监管部门。安全部门则承担着监督检验计划执行情况与检验质量的重要职责,以确保所有检验工作均符合规定标准,从而保障加热炉的安全稳定运行。

(3)检验分类

①加热炉的外部检查内容。

②加热炉的保温层及设备铭牌是否完好。

③加热炉的外表面有无裂纹、变形、局部过热等现象。

④加热炉的受压元件有无渗漏。

⑤安全附件是否齐全、灵敏、可靠。

⑥紧固螺栓有无松动。

⑦基础有无不均匀下沉、倾斜等异常现象。

（4）加热炉停炉进行内、外部检验的内容

①外部检查的全部项目。

②加热炉的内、外表面，以及所有开孔接管和弯头部位，确认这些区域是否受到介质的腐蚀，或是因冲刷磨损而出现的损伤现象。

③在检查加热炉时，需特别关注其全部焊缝、封头与筒体过渡区域以及其他可能承受高应力的部位，确保这些关键位置无断裂或裂纹等潜在安全隐患。

④针对火筒式加热炉，若在其壳体、火筒、加热盘管等核心部件的检验过程中发现腐蚀迹象，应立即对疑似受损区域进行细致的壁厚多点测量。若测量数据揭示实际壁厚已低于设计时所要求的最低安全壁厚，那么必须进一步开展强度复核计算。基于复核结果，应提出关于设备是否可继续安全使用及允许的应力限制值的明确建议。

⑤检查测量炉内主要部件的结垢情况。

（5）耐压试验

①在内外部检验合格后，应进行耐压试验。

②对于外部覆盖有保温层的加热炉，在进行内外部的常规检查时，通常无需拆除保温层。然而，若存在对壳体（特别是焊缝区域）可能存在缺陷的疑虑，则应当拆除相应部位的保温层，以便进行更为细致和直接的检查。

③加热炉在正式投入运行之前，必须进行全面细致的内部与外部检验，以及严格的耐压试验。

④新安装的加热炉、经过位置移动的加热炉，或是已经停运超过两年时间，现计划重新投入运行或恢复其原有运行状态的加热炉，需进行全面而细致的内部与外部检验，以及严格的耐压试验。

⑤受压元件经重大修理或改造后，需进行全面而细致的内部与外部检验，以及严格的耐压试验。

⑥针对已完成定期检验的加热炉，检验机构需出具详尽的检验报告。此报告需明确指出加热炉当前状态是否适宜继续安全使用，或是否需要经过修复后方可继续使用。若需修复，报告中还应详细阐述是否需采取降压运行、增设特殊监护等额外安全措施。检验报告应被妥善归档至加热炉的技术档案中，以供日后参考与查阅。

（6）加热炉的维护

①定期巡回检查。

②实行两小时一次的例行检查，重点监测燃油器及油、气、瓦斯系统的密封性，排查任何泄漏或异常现象。同时，通过看火孔细致观察辐射与对流炉管的状态，评估燃烧器的燃烧效能，确保一切正常，一旦发现任何异常立即进行调整。

③安排定期对灭火蒸汽系统、避雷针及接地线进行全面检查，确认其完好无损且功能正常。

④每班次均需细致检查炉顶及对流段的运行状况,确认无异常或泄漏问题,并验证仪表系统的准确性与稳定性。

⑤对于配备吹灰器的炉子及其空气预热系统,每日至少执行1次吹扫作业,以清除积灰。在吹扫前,务必先行排放蒸汽凝结水,防止对系统造成不良影响。同时,检查吹扫器的工作状态,确保其无故障且操作灵活。

⑥每日对烟道挡板进行1次功能检查,包括自动遥控与手动操作的流畅性与可靠性。一旦发现任何问题,立即联系相关部门进行处理。

⑦每日对火嘴调风系统及风箱挡板进行功能验证,确保其操作灵活且响应迅速。

⑧每1～2小时对炉进、出料系统进行1次全面检查,重点关注流控装置、分流支控装置、压控系统以及流量、压力和温度的一次性指示读数是否均处于正常状态。

2. 压力容器的检验与维修

主要指油气分离器和天然气分水器等压力容器的维护。

(1)检修

①检修周期。各企业应按照《压力容器安全技术监察规程》及《在用压力容器检验规程》中的相关规定,结合各自压力容器的具体安全技术状况,并参考定期检验单位给出的评定意见,自主决定相应的管理或维护措施。[①]

②检修内容。

a. 压力容器定期检验时确定返修的项目。

b. 容器防腐层、保温层及铭牌。

c. 容器壳体及焊缝。

d. 基础及地脚螺栓。

e. 衬里层。

f. 密封面、密封元件、安全附件及高压主螺栓。

g. 裙座及附属钢结构。

(2)维护

①在岗期间,压力容器操作人员必须严格遵守工艺操作规程和岗位操作规范,严禁任何形式的超温、超压、超装或超负荷运行,以确保操作的安全性和有效性。

②当压力容器的最高工作压力、介质温度或壁温以及介质中的某种腐蚀成分含量超出其许用限制,且即便采取相应措施后仍然无法有效将其控制在安全范围内时,需立即采取进一步的应急处理措施。

③主要受压元件发生裂缝、鼓包、变形、泄漏等危及安全的缺陷。

④安全附件失效。

⑤接管、紧固件损坏,难以保证安全运行。

⑥发生火灾,直接威胁压力容器安全运行。

⑦过量充装。

⑧液位失去控制,采取措施仍不能得到有效控制。

⑨定期检查分析用于发汽的水质,不合格不得投入运行。

---

① 蔡昌全. 论特种设备法规、标准缺陷带来的检验责任风险[J]. 中国特种设备安全, 2007, 23(6): 6-9.

⑩在压力容器内部存在压力的情况下，严禁进行任何形式的修理或紧固作业。然而，针对某些特殊生产流程，在设备启动（停车）及升温（降温）的过程中，若确有必要在带温带压条件下紧固螺栓，则必须事先制定详尽且有效的安全操作规范及防护措施。这些措施需经单位技术负责人严格审批，并在安全部门的监督下执行，以确保操作过程的安全可控。

⑪对于停用和备用的容器，应实施细致的维护检查工作，以避免容器内部残留的介质引发不必要的化学反应或腐蚀问题。对于长期处于停用状态的容器，应彻底清洗并排空内部介质，随后采用氮气进行封存处理。当需要再次启用这些容器时，必须先进行必要的检验工作，以确保其安全性和可用性。[①]

3. 常压容器的检验与维修

主要指高架储油罐等常压容器的维护。

（1）检修

①检修周期：3～6年或随装置检修。

②检修内容。

a. 检查、修理容器变形、凹陷、鼓包及渗漏和裂缝等。

b. 检查、修理容器以及各接管连接焊缝的渗漏和裂缝等。

c. 检查、修理容器内部衬里或防腐层的变形、腐蚀、裂纹和损坏。

d. 检查、修理容器内件及其焊缝的变形、腐蚀、裂纹和损坏。

e. 检查安全附件。

f. 检查、修理设备基础的裂纹、破损、倾斜和下沉。

（2）维护

①容器操作中不允许超温、超压。

②定时检查入孔、阀门、法兰、各接管及各附件等密封点泄漏。

③定时检查液面计、温度计等安全附件是否灵活、可靠。

（二）管道日常维护

1. 管线里程桩

（1）地下输气管线必须安设里程桩

里程桩的设置需遵循以下原则：在每个水平转角处及管线翻越的制高点均应设立，以确保管线关键位置的明确标识。对于直线段铺设于平坦地形的管道，则采取每隔500m的间距设置进程桩，以便追踪与定位。进程桩应安置于管道气流流向的左侧，维持与管道中心线一致的固定距离，桩体表面涂刷醒目的色彩，清晰标注管线名称、桩号及里程信息，便于识别与记录。进程桩的设计可灵活选择正三角形或长方形截面，确保其在地面以上的高度达到0.7m，既稳固又易于观察。其中，标注有管名、桩号及里程信息的一面应正面朝向管线的气流方向，以快速判断管线的走向、与起点的距离。结合线路剖面图，里程桩还能提供特定点的高程数据及前后地形概况，为管道的日常管理、维护与检修工作提供不可或缺的参考依据。

---

① 常贵宁. 对带压紧固螺栓问题的认识[J]. 化工劳动保护，2001（6）：227.

（2）每次维巡线时，都应当检查进程桩

一旦发现标识物遗失、损坏或字迹模糊不清的情况，必须立即采取措施进行填补或更换，以确保信息的完整性和可读性。同时，为了应对突发情况，各巡逻段应储备一定数量的空白备用桩，以便在需要时能够迅速进行补充，保障巡逻工作的顺利进行。

2. 管沟的保坎和护坡

①管沟在施工完毕后应恢复其原始地貌，如果发现管沟土壤出现下沉或塌陷现象，必须立即采取措施进行填补并夯实，以防止形成冲沟或空洞，影响管道安全及周围环境。对于新建管道，在经历首个雨季之后，应组织一次全面的检查，针对检查中发现的问题，进行必要的回填土、修筑保坎护坡、开挖排水沟等加固保护工作。

②对于管线穿越的土坎、石坎、填方区域以及紧邻的陡坡、河岸等自然地形，若直接进行填方作业会破坏原有地貌或不适宜进行此类施工，那么必须采取特定的工程措施来加固这些地段。具体而言，应使用条石或构建护坡结构来稳固地形，从而有效防止土壤流失。

③在山区与丘陵地带，保坎作为管沟的重要防护结构，其完好性对于管道系统的安全至关重要。因此，必须定期对保坎的状况进行细致检查，一旦发现任何潜在问题或损坏迹象，应立即采取措施进行加固和维修，以确保其持续发挥有效的保护作用。

3. 巡逻和日常维修

①对管道线路沿线的里程桩、保坎护坡、管道切断阀、穿越结构、分水器等关键设施进行细致的技术状况检查，以评估其运行状态。同时，还需留意并识别沿线可能存在的任何潜在风险或不利因素，这些因素可能会对管道的安全运行构成威胁，从而及时采取措施加以防范或处理。

②进行管道系统的漏气检测与绝缘层损伤评估，以确定并标记出需要修复的区域。

③对管线实施保护电位监测，并定期对阴极保护装置进行维护检查。

④对于管道设施的日常小量维修工作，包括以下几个方面：确保阀门的灵活操作与适时润滑，保持设备及管道标志的清洁，并进行必要的刷漆维护，紧固与调整连接件以确保其稳固性，对线路构筑物进行粉刷翻新以延长其使用寿命，有效管理管线保护带以防止外界损害，定期疏通热电厂的水沟以保障排水顺畅，及时修整和填补管沟以防止土壤下沉或塌陷；等等。

4. 管线的测量和检查

管线应定期进行精确测量与细致检查，借助多样化的专业仪器来识别并定位那些在日常巡逻中难以察觉或无法发现的潜在问题。这些问题可能包括管道的微小裂缝、因腐蚀导致的壁厚减薄、应力异常状态、埋地管线绝缘层的破损情况以及管道形状变形等。具体内容如下。

（1）外部测厚和绝缘层检查

选择沿线或重点地段的特定管段进行挖坑检查。检查项目涵盖多个关键方面，包括绝缘层的强度、土壤电阻率的测量、绝缘层与金属管道的结合牢固程度、评估管道是否遭受机械或生物损害的情况、详细检查金属表面的腐蚀程度以及通过超声波或其他无损检测技术测量管道四周各方向上的壁厚变化，以确保管道结构的完整性。

（2）管道检漏

管道泄漏的监测主要依赖于双重机制：一是积极收集当地群众的反馈报告，二是巡线工人的定期专业检查。这种双重保障能够确保较大的泄漏事故得到及时发现并迅速响应。针对穿越农田的管线，注重在不影响农作物生长的前提下进行检漏作业。通常选择在田禾收割完毕至下种之前的时间段，或是休耕季节，利用加味剂追踪、专业检测仪器等多种技术手段对管线进行全面检查。对于已知存在严重腐蚀或表现出可疑迹象的管段区域，应将其作为检漏工作的重中之重。

（3）管线和土壤沉降测量

管线位移和土壤沉降在管线固定点造成过大应力，会损坏支墩支座和防腐涂层。在沼泽、堤坝、采掘场、穿跨结构以及易于发生塌方、滑坡等地质不稳定的区域，均存在潜在的危险。为了监测这些区域可能发生的位移和沉降情况，应参照事先设立的基准点或附近固定物体的高程和方位进行测量。

5. 管道绝缘层的修补

当前，输气管道系统广泛采用沥青基材料作为防腐绝缘层的主要构成。在进行绝缘层修复时，必须严格遵循原始设计的技术规格与类型要求，以确保修复效果与原始状态相匹配。同时，允许采用性能相当的其他绝缘材料作为替代，以适应不同的修复需求和环境条件。

针对输气管道沥青绝缘层的修补工作，其规模通常较为有限，且施工环境多为管沟或操作坑内，这限制了大型专业机械的使用。所以，除了必要的移动式空气压缩机用于除锈作业，以及喷砂工具辅助清理外，专门的绝缘工程机械设备往往难以在此类狭小空间内施展。修补流程包括一系列精细步骤：剥离旧有的绝缘层，利用里格罗因或其他适宜的沥青溶剂彻底清洗暴露的表面，再使用无铅汽油进一步清除溶剂痕迹，确保表面干净、无杂质；在此基础上，进行除锈处理，为新的绝缘层提供良好的附着基础；之后，涂抹底漆以增强附着力；最后，包扎上新的绝缘层材料，完成整个修补过程。

绝缘层的质量由以下几项指标控制。

①与管壁的黏结力不应小于 $4\sim 5\ kg/cm^3$。

②上下左右四方的总厚度应符合有关规定。

③耐压强度不低于 $4\ kW/mm$（如为绝缘胶带，则不得小于 $6\ kW/mm$）。

④在进行管沟和操作坑的回填土作业时，从管底下方至两侧区域，必须严格遵循分层夯实的原则。这一步骤至关重要，它能确保回填土紧密贴合并支撑管道，使管道稳固地坐落在土壤之中。通过分层夯实，可以有效分散并减少上部土壤对管道产生的压力，避免因此而产生的附加应力，从而保障管道的安全与稳定。

6. 管道防洪和越冬准备

为确保管线的安全运行，针对每年洪水季节和冬季的来临，必须提前制订并执行周密的防洪与越冬准备计划。鉴于管线及其所在区域特有的气候条件和地形特征，这些准备措施的具体内容会有所不同，但一般而言，以下几个方面是应当纳入考虑范畴的。

（1）防洪工作

针对管线的维护管理，需定期检查和维修管沟、保坎、护坡的排水系统，确保排水沟畅通无阻，以预防积水对管线造成损害。同时，对穿越大小河流、水库及沟壑等复杂地形的管线段，应进行专门的检修工作，确保其结构稳固，无泄漏风险。此外，还需对线路工程中的运输和施工机具进行维护与保养，保障其正常运行；维修管线巡逻道路及桥梁，确保巡逻工作顺利进行；检修通信线路，保证信息传递畅通无阻。在雨季来临之际，应进一步强化管道的巡逻力度，通过增加巡逻频次、采用高科技监测手段等方式，及时发现并排除潜在的险情。

（2）越冬工作

秋冬是管道的最大负荷季节。随着冬季的临近，管道及其附属设备往往会因温度应力作用而面临破坏风险，同时，这一季节也使得线路检查与施工工作变得更为棘手。所以，自秋季开始，就应未雨绸缪，积极采取一系列措施来增强管道运行的可靠性。在越冬准备工作中，首要任务是确保维修机具完好无损并储备充足的材料。除此之外，还需特别关注对裸露管道的及时回填，以加强管沟的稳定性；检查并加固地面及地上管道的保温措施，以防寒防冻；细致排查并消除管道漏气点，确保气体密封性；同时，清理管道内的积液，防止因低温导致冻结膨胀问题。

7. 清管

油气管线在施工阶段往往会积聚各类污物，包括水、泥、砂、石块、焊渣及施工工具等杂物，这些在管线投入运营后，有可能进一步累积凝析液及腐蚀产物。这些杂质和产物不仅会对气体品质造成负面影响，降低管道的输气效率，还可能堵塞仪表设备，影响计量准确性，并加剧管道内壁的腐蚀程度。所以，为确保管线的正常运行和延长其使用寿命，必须在管线投产前进行彻底的清理工作，并在后续运行过程中定期进行检查与维护，及时清除这些潜在的有害物质。

8. 阴极保护站管理

①精心呵护直流电源设备，确保在启动、停运及调节过程中严格遵守既定的操作规范，严禁设备超负荷运行，以保障其长期稳定运行与性能发挥。同时，加强对设备的日常清洁维护工作，保持设备表面及周边的清洁卫生，防止灰尘、污垢积累对设备造成不良影响。此外，还要注意保持设备所在室内环境的干燥与通风良好，预防设备过热。应定期对工作接地和避雷器接地进行细致检查，确保接地电阻值维持在 $4\ \Omega$ 以下，特别是在雷雨频发的季节，更应高度重视防雷工作，加强对接地系统的监测与维护，以有效防止雷电对设备和人员造成损害。

②在生产实践过程中，深入研究并确立适用于本地区的最佳保护电位标准。在日常生产管理工作中，严格监控整条管线的保护电位，确保其维持在合理的保护区间内。对于未能达到有效保护标准的管段，及时展开原因分析，针对性地制定并实施有效的改进措施。

③为确保管线的正常运行和稳定供电，必须保证全年连续向管线供电，且供电时间应不少于全年总时间的 95%。同时，对于任何连续的停电情况，其持续时间应严格控制在 24 h 以内，以最大限度减少对管线运行的影响。

④每日工作中，必须例行检查并测量通电点的电位值，同时详细记录当前的输出电流、电压以及电位的具体数值。若发现通电点电位未达标，应立即采取调整措施，确保电位恢复到合格范围内。此外，每月至少进行两次沿线的管—地保护电位测量，以全面评估阴极

保护系统的效能。

⑤每半年需进行 1 次阳极接地电阻值的测量。若检测结果显示阳极接地电阻值异常偏大，需及时更换阳极装置，以维持系统的正常运行。

⑥每年定期测定沿线土壤电阻率 1 次。

⑦重视检查头的维护保养工作，定期检查接线柱与外套钢管之间是否存在接触情况，一旦发现接触，应立即进行维修或更换，以防止电流泄漏。同时，检查头的端盖螺钉需做好防锈处理，以延长其使用寿命。

⑧加强对管线其他部位的漏电检查，特别是跨越、穿越区域，两管交叉点以及管线绝缘层可能损坏的地方，及时发现并清除漏电点。

⑨规定在管线两侧 5 m 区域内禁止种植深根植物。若发现有此类植物生长，应立即进行清除，以防其根系穿透防腐层，对管线造成损害。

9. 管道抢修

事故性维修，也称为抢修，是指在管道遭遇突发状况如爆裂、堵塞等严重事故时，所采取的紧急维修措施。这种维修工作通常是在没有任何预先计划的情况下进行的，要求迅速响应，立即根据事故现场的具体情况制定并执行相应的解决方案。抢修工程的特点在于其紧迫性和高效性，往往需要团队在夜间或任何时间连续作业，以最短的时间恢复管道的正常运行，减少事故对生产和生活的影响。

第二节　设备管理

设备管理作为油气集输储运系统管理中的核心组成部分，对于确保设备高效运行、最大化发挥其效能至关重要。鉴于这一重要性，各相关单位均需要依据自身场站建设的具体情况与实际需求，精心制定一系列针对性强、切实可行的设备管理办法。这些管理办法不仅要涵盖设备的全生命周期管理，还要细化各部门、各岗位人员的具体职责与操作规范。在具体实施过程中，设备管理工作应紧密围绕以下几个方面展开。

一、建立设备管理台账

油气集输储运系统庞大而复杂，其核心设备涵盖分离净化装置、清管设备、精密仪器仪表、各类阀门、高效机泵、常压与压力容器、加热炉、精准计量装置以及阴极保护设备等。在场站规划与建设之初，运行管理部门即着手为这些关键设备建立详尽的台账系统，确保每一台设备都能追溯其技术源头与生产参数。同时，依据设备制造厂商提供的规范及实际生产工艺的严苛要求，精心制定全面的操作、维护与管理制度，为后续的设备管理奠定坚实基础。随着系统的投产运行，这些管理制度被严格执行，以指导维护操作人员高效、规范地进行日常设备管理。从设备运行状态的实时监控到每一次维修维护的详细记录，每一环节都力求精确无误。对于涉及国家强制性标准的特种设备，如压力容器、高精度计量仪表等，更是要严格遵循国家法律法规，定期向具备相应资质的第三方机构申报，进行全面的安全检验与校准，确保设备性能符合国家标准，运行安全可靠。此外，公司还要严格执行设备报废制度，对于达到使用年限或性能无法满足生产需求的设备，坚决予以淘汰，避免超期服役可能带来的安全隐患与效率损失。

随着设备台账体系的建立健全，每台设备均被赋予详尽的"身份档案"。该台账不仅能够周密地记录设备的各项技术参数，还能够涵盖安装前的质量检验状况、安装过程中是否遭受损坏的详尽信息、单机试运行的成效、连续及累计运行时间的精确统计，以及历次大修、小修的具体记录，这不仅能够促进备用设备调度安排的科学化，为优化设备运行参数提供坚实的数据支撑，还能够有效提升整体的运营效能。

二、加强设备更新改造工作

受限于资金和技术条件，部分公司所选用的设备大多相对滞后于当时的技术前沿。随着岁月的推移，生产规模持续扩张，加之科学技术的日新月异，这些早期设备逐渐暴露出技术陈旧、处理能力受限、能耗居高不下以及设备老化等问题，对生产效率和成本控制构成了挑战。所以，设备更新与改造成为公司亟须解决的重要任务，且任务量颇为繁重。为了应对这一挑战，相关企业应加大设备更新改造的力度，特别是紧跟工业自动化技术的飞速发展步伐。通过实施技术改造项目，积极引入先进的自动控制系统和技术手段，逐步提升油气集输储运系统的自动化水平，极大地减轻工人的劳动强度，使工作环境变得更加人性化，还能显著提高劳动生产率，为行业的持续健康发展注入新的动力。

第三节　安全环保管理

一、安全管理

（一）安全的意义

油气作为一种主要由碳氢化合物构成的可燃性气液混合物，其成分中可能还包含硫化氢、硫醇及二氧化磷等对人体极具毒性和腐蚀性的气体。这些有害物质对人体健康构成严重威胁。同时，天然气作为油气的一种，具有高度易燃易爆的特性，一旦遇到适宜的条件，如明火、高温或静电等，极易引发火灾甚至爆炸事故。鉴于油气及天然气的这些危险特性，加强油气集输储运过程的安全管理显得尤为关键和重要，以确保人员安全、环境保护及生产运营的稳定进行。

（二）安全保障体系

为确保油气集输储运系统的安全高效运行，国家及行业相关机构联合制定了一整套详尽的法律法规、技术标准及操作规程，这些体系化的规范为实施科学、安全的管理策略奠定了坚实的基础，从而提供了强有力的保障。

1.油气集输储运运行的安全管理

在油气集输储运的日常运行中，除了严格遵循所有安全操作规程外，维护管道及其他集输储运设施的完好状态，积极采取措施减轻管道与设备的腐蚀影响，是延长这些设施使用寿命、有效预防泄漏与堵塞风险、确保油气安全顺畅处理与输送的关键举措。具体而言，针对油气管道，关键在于控制油气中水分与硫化氢等腐蚀性介质的含量，以此作为减轻内部腐蚀的首要任务。而对于集输设施，在面临腐蚀介质含量偏高的情况时，采用内部涂层技术、添加缓蚀剂以及实施阴极保护等措施，是有效延长设备使用寿命的关键手段。所以，在运行过程中，应高度重视并切实做好以下几个方面的工作。

①针对油气管道的运行，必须严格把控输送介质的质量关。所有进入长输管道的介质均需经过彻底的净化处理，确保其达到既定的管道输送质量标准。若因特殊情况需输送未经充分净化的介质，则应采取针对性措施来应对潜在的腐蚀问题。具体而言，可以选择使用耐腐蚀性能更强的管道材料，或者在管道内壁涂敷防腐涂层，并结合阴极保护技术来有效抑制腐蚀过程。此外，按照具体工况，还可以考虑向介质中注入适量的缓蚀剂，以进一步减缓介质对管道的腐蚀作用，确保管道的安全稳定运行。

②定期检查管道的安全保护设施。

③实施定期的管道壁厚检测计划，旨在精准捕捉因腐蚀作用导致的管壁厚度减损情况，从而针对腐蚀严重区域采取预防性维护或替换措施，确保管道的安全运行。

④强化管道与设备受压及泄压保护设施的管理力度，严格防控因超压运行而引发的管道爆裂风险。一旦发现运行压力逼近或超过管道设计的安全阈值，应立即启动应急机制，采取有效措施进行泄压处理，有效遏制因压力积聚导致的管道破裂事故。

2. 油气集输储运维修的安全管理

在进行有计划的设备检修及应对突发事故的紧急抢修时，往往涉及设备的更换、油气泄漏或破裂部位的补焊作业，这些工作有时甚至在生产线不停运的情况下进行，以确保生产的连续性。即便是在停产后的维修时段，由于技术限制和安全考虑，容器和管线内的油气往往难以完全排空。鉴于此，所有相关操作必须严格遵循防火、防爆的安全规范，并高度重视操作人员的个人安全，确保每一步操作都谨慎无误，以防不测。

（1）严格动火管理

在油气管道及工艺站场内进行的任何动火作业，都必须严格遵守既定的程序要求，并按照相应的审批权限，正式办理并获取动火作业的许可手续。

（2）动火现场安全要求

①在动火作业现场，绝对禁止存在可燃气体泄漏的情况。进行任何坑内或室内动火作业前，必须严格使用专业检测仪器对可燃气体的浓度进行精确测量，确保其浓度远低于爆炸下限的25%，以确保作业环境的高度安全性。一旦发现气体浓度超出安全标准，必须立即启动强制通风措施，以有效排除残留的可燃气体，确保作业环境的安全。

②动火作业现场周边至少 5 m 的区域内必须保持清洁，无易燃易爆物品堆放。对于坑内作业，必须配备稳固可靠的出入坑梯，以便在紧急情况下人员能够迅速且安全地撤离。此外，动火作业完成后，工作人员应对现场进行全面细致的检查，确保所有火种均已熄灭，无任何潜在火灾隐患后，方可撤离现场。

（3）更换大直径输气管段的安全要求

①当需要更换直径超过 250 mm 的管道段时，首要步骤是关闭该管道段上下游的截断阀门，以彻底切断气源供应。随后，需将管道内剩余的气体安全放空，同时，为确保不吸

入外界空气，管道内需保持 80~120 mm 水柱的残余压力。在距离待更换管段两端 3~5 m 的位置，需进行开孔作业，并放置隔离球或使用 DN 型开孔封堵器进行开孔处理，以此有效隔离残余气体，确保整个更换过程中的操作安全。

②在进行天然气排空操作时，必须遵循"先点火，后放空"的原则。如果涉及管道排空，特别是在地形复杂、起伏较大的区域，应从多个放空口同时排放，以确保排空效率。由于地势差异，位于低洼地带的放空管会先于高处完成排空。为了维持管道内一定的残余压力，当放空口火焰高度缩减至大约 1 m 时，应及时关闭放空阀门，以防止管道内压力过低而引发安全问题。[①]

③切割隔离球孔宜采用机械开孔。在进行气割作业时，必须预先确保消防器材的完备性，以防万一。完成切割操作后，应立即使用石棉布覆盖住孔口，并迅速采取灭火措施以确保安全。若管道内部存在凝析油，需特别谨慎处理：首先，应使用手提式电钻在管线上精准钻制一小孔，随后通过此孔插入软管，向管道内部注入氮气，目的是置换并稀释可能存在的可燃气体，增加作业安全性，之后，方可进行隔离球孔的切割作业。在整个切割过程中，为维持管道内环境的安全稳定，需持续不断地向管道内充入氮气。特别需要注意的是，向隔离球或管道内充入的气体必须是惰性气体，如常用的氮气或二氧化碳，这些气体不会与管道内物质发生化学反应，也不具有助燃性。严禁使用氧气或其他可燃性气体，以防引发火灾或爆炸等严重安全事故。

④当发现割开的管段内部沉积有黑色的硫化铁时，必须采取水清洗措施，彻底清除这些物质，以防其自燃引发安全隐患。若管道内含有凝析油，那么在动火作业之前，必须在管道的低洼部位开设小孔，利用抽油设备将凝析油抽出。同时，在整个开孔和抽油的过程中，需要持续不断地向管道内注入氮气，以确保作业环境的安全，防止可燃性气体聚集。

⑤当管段焊接完成并准备恢复输气时，首要任务是置换管道内的空气，以避免不同气体混合可能带来的风险。如果管道内存在硫化铁，那么在启动输气之前，可以在清管球前推入一段水或惰性气体（如氮气），利用这些非燃性介质将可能自燃的硫化铁熄灭，从而有效预防混合气体爆炸事故的发生，确保管道运行的安全与稳定。

（4）油气集输站内管线维修的安全要求

油气集输站作为核心设施，其内部设备密集，管线网络错综复杂，且日常人员流动量大。因此，在严格遵守上述各项维修安全规范的基础上，维护人员还需具备对站内整体运行流程及地下管线布局的深度了解。维护人员还应对所负责的维修设备了如指掌，包括其结构设计、工作原理以及常见的维修方法和技巧。此外，还应注意以下情况。

①针对需要进行动火作业的管段，首要步骤是彻底截断该管段内的流体流动，并确保管内残余气体得到完全放空。随后，必须采用氮气置换或蒸气吹扫的方式，对管线进行彻底清理，以消除潜在的火灾或爆炸风险。在此过程中，与该管段直接相连并通向气源的阀门，应明确标注"禁止开阀"的警示标志，并安排专人进行不间断的看守，以防止任何非授权的开启操作，确保作业安全。对于那些需要同时进行生产和检修的站场，情况则更为复杂。在此类场景下，必须严格检查所有与动火管段相邻或相连的部位，确认是否存在气体泄漏的风险。一旦发现潜在的串漏气现象，应立即采取措施加以修复，或者通过安装隔板等物理隔离手段，将可能含有气体的部分与动火区域彻底隔离开来。在完成上述所有准

---

① 施倚. 更换天然气输气管段的安全要求有哪些 [J]. 劳动保护, 2013（4）: 117.

备工作，并经过专业检测确认无误，即确认动火区域内无任何气体泄漏后，方可进行动火作业。

②在站内或站场周边进行放空作业时，为确保安全，必须严格禁止站内同时进行任何动火作业。同样地，当站内正在进行施工动火作业时，也不得在站内或站场四周进行放空操作。动火期间，要保持系统压力平稳，避免安全阀起跳。

（三）隐患分析及对策

1. 隐患

鉴于石油天然气本身固有的易燃、易爆及潜在毒性等特性，在日常的生产作业中，必须高度警惕火灾、爆炸以及中毒事件的风险隐患。但是，值得庆幸的是，在天然气系统中，大部分天然气并不含有硫化氢等有毒成分，所以中毒风险相对较低。基于这一实际情况，在安全管理上的工作重点应聚焦于防火与防爆方面，确保采取一切必要措施来预防火灾与爆炸事故的发生，从而保障生产作业的安全与顺利进行。

2. 对策

（1）防火

①在规划和建造输气管线以及输气站的过程中，必须高度重视并充分考量它们与周边各类建筑物之间的安全防火距离。

a. 输气站与各类建筑物之间的安全防火距离设置，必须严格遵循并满足国家及行业所制定的标准规范中的最小距离要求，确保不低于规定值。对于压气站，其安全距离的设置则为严格，应达到或超过标准规范规定距离的两倍，以确保更高的安全防护水平。

b. 在管线的安全布局中，放空管及收球装置的排污管必须被妥善引导至站外至少在远离站界 50 m 的开阔地带，以确保其操作过程中的安全性。此外，为防止潜在的安全隐患，这些设施周围 150 m 的范围内应严禁有建筑物的存在，保持足够的无障碍空间。

②加强对站库内所有设备以及生产、生活用气管线的维护保养工作。所有管线及阀件均需稳固安装，连接部位紧密无隙，确保系统严密无泄漏，从而有效预防潜在的安全隐患。

③油气集输储运站库作为高风险区域，严禁堆放任何易燃物品，包括油料、木材、干草、纸类等，以防发生火灾事故。同时，站内严格禁止明火照明，以降低火灾风险。在必须进行管线切割或焊接等动火作业时，必须事先制定并实施切实有效的安全措施，确保作业过程的安全可控。

④对于输气管线内的天然气放空或吹扫作业，一般应将排出的天然气进行点火燃烧处理，以防止其积聚并构成安全威胁。在特殊情况下，若无法实施点火燃烧，则需按照放空气体的量及持续时间来划定安全区域。在此区域内，必须严格禁止烟火，并切断交通，以确保人员与财产的安全。

⑤搞好用气管理。

a. 在设计室内管线布局时，应确保管线的走向合理，同时阀门与燃烧器的安装位置需精心规划，以便于日常的操作与维护工作。此外，还需考虑行人的通行安全，避免管线及设备的布置成为安全隐患，防止因行人碰撞而引发意外事故。在每个独立的用气区域内，必须安装分区总阀门及放空管线，以便在紧急情况下能够迅速切断气源并进行安全处理。

b. 进行开气操作时，务必保持动作的平稳与缓慢，以避免因操作过急而引发安全问题。同时，对于阀门的开关方向，特别是常见的左开右关规则，操作人员应熟练掌握并牢记于心。在点火过程中，必须严格遵守"先点火后开气"的操作规程，这是防止燃气泄漏并引发爆炸等严重后果的关键步骤。

c. 锅炉、加热炉及其周边区域应设为严格的防火区，严禁在此区域内存放或靠近任何易燃物品，包括油料、氧气瓶、木材等，以确保设备运行安全及人员安全。

d. 使用室内生活用气时，必须严格遵守安全规定。每当人员离开房间时，应立即关闭燃气阀门，确保火源熄灭，以预防火灾风险。同时，应加强对儿童的安全教育，告诫他们不要随意触碰燃气阀门或玩火，培养他们的安全意识。

e. 若发现阀门存在关闭不严的情况，应立即采取措施保持火源处于低强度燃烧状态，以防止天然气泄漏积聚。同时，需迅速安排专业人员对阀门进行检修，确保及时恢复正常状态。在进行任何点火操作之前，必须确保炉膛内部及整个室内空间无天然气积聚，以保障点火过程安全无虞。每次点火前，必须首先打开门窗，进行充分的通风排气，以确保室内空气流通，将可能存在的漏气现象彻底排除。只有在确认室内无漏气、天然气浓度处于安全范围内后，方可进行点火操作。

f. 一旦发生火灾紧急情况，首要且关键的应对措施是立即切断气源，以防止火势因燃气泄漏而加剧或蔓延。

（2）防爆

①在石油天然气容器和管线的制造与安装全过程中，必须实施严格的质量检查制度，确保每一个环节都达到既定的质量标准。在设备正式投入使用之前，还需进行整体性的试压测试，并确保其通过测试，以验证其承受压力的能力及密封性。对于油气集输储运站库内的设备，其强度试压更是关键的一环。通常需按照其工作压力的1.5倍进行水压试验。在完成水压试验后，还需进一步使用气体进行严密性试压，此时的试验压力应设定为设备的工作压力，以验证其在正常工作条件下的密封性能是否良好，确保无泄漏风险。油气管线的试压应按要求进行。

②对于已投入运行的油气管线，必须定期实施的全面检查还包括管线内外壁的腐蚀状况评估，以准确掌握其腐蚀规律。特别针对油气集输储运站库的核心设备以及距离站场200 m范围内的油气管线，还有那些穿越城镇居民区及低洼易积水地段的管线，至少应每年进行一次厚度测量与腐蚀情况调查，以确保及时发现并应对潜在的安全隐患。一旦发现管线存在严重腐蚀的管段，必须立即启动检修程序或更换受损部件，以防止因腐蚀导致泄漏进而引发爆炸事故。

③油气集输储运站库的设备及油气管线在运行过程中，必须严格遵守不超压工作的原则。如果因生产实际需求确需提升工作压力，则必须首先进行严格的鉴定与试验，确保设备在提升压力后能够安全稳定运行，且试验结果需符合相关安全标准后，方可实施压力调整。

④安全阀与压力表作为关键的安全监测设备，必须定期进行校验与检查，以保障其指示准确、反应灵敏。安全阀的开启压力设置需科学合理，一般应设定为工作压力的1.05～1.1倍，以确保在压力异常时能够及时有效地释放压力，避免设备受损或事故发生。

⑤在线路阀室、仪表间以及安装有油气输送设备的各类工作间内，必须高度重视并

严格执行防渗漏措施，确保所有设备处于良好密封状态。这些区域应定期进行可燃气体浓度的检测，确保室内环境安全。同时，还要保持良好的室内通风，防止可能发生的可燃气体聚集现象，降低爆炸风险。此外，这些区域应被明确标识为禁烟禁火区，严禁任何形式的烟火活动，以防止可燃气体与空气混合后达到爆炸极限，从而避免可能发生的爆炸燃烧事故。

⑥在存在可燃气体聚集的环境中，任何由电气设备引发的异常情况，如短路、外壳碰撞接地或触头分离导致的弧光与电火花，都可能成为触发天然气与空气混合物爆炸的潜在火源。鉴于此，输气站及工作区域必须全面采用防爆型电气设备。这些设备经过特殊设计，能够在存在爆炸性混合物的环境中安全运行，即使发生电气故障，也能有效防止火花的产生，从而保障生产环境的安全与稳定。

⑦油气管线设备检修进行气割与电焊时的安全措施。在涉及油气管线或设备的动火作业，如切割或焊接过程中，必须预先制定并落实严格的安全措施，以确保作业的安全进行。这是为了防止在作业过程中，由于可燃气体与空气混合物的存在，一旦遭遇明火或高温，可能引发着火爆炸，进而产生爆燃火球喷出，对作业人员及周边环境造成严重的伤害和损失。常用的安全操作方法有以下几种。

a. 带油气操作。在进行管线割口修理时，为防止空气侵入油气管线内部，可维持管线内微正压状态。操作时需确保流体在割口处缓慢外逸并燃烧，以此防止空气渗入，但同时控制火苗强度，避免其过于猛烈而灼伤操作人员。为此，将管线内的天然气压力精确控制在 20~80 mm 水柱，并确保火苗高度不超过 1 m，以保障操作安全。

b. 放置隔离球。当需要更换某段管线或在管线下方进行开口作业时，为确保操作安全，应在待更换管段两侧，距离作业点约 3~5 m 的位置，预先放置隔离球，以有效隔断两端管线的流体流通，防止因流体泄漏而引发的安全隐患。

c. 引走余气。在焊接管线过程中，若遇漏气严重、焊接点火焰过高导致操作困难的情况，可及时开启放空阀，以调节并降低焊接点火焰高度至不超过 1 m，从而确保焊接作业能够安全、顺利进行。

d. 进行气割或电焊作业时，操作人员应始终站在切割或焊接点的两侧，确保身体不直接面对操作点。

e. 在进行管线切割作业时，若发现割开的管段内部积存有黑色的硫化铁腐蚀产物，必须立即采取注水清洗的措施，以确保这些腐蚀产物被彻底清除。此外，燃烧过程中产生的烟气还可能含有有毒成分，对人员健康构成威胁。因此，通过注水清洗的方式，不仅可以有效防止硫化铁自燃，还能减少燃烧烟气可能带来的毒害风险，确保作业环境的安全与人员的健康。

⑧当输气管线被割开而两端尚未安装隔离球时，一个潜在的安全隐患便浮现出来：空气会不受阻碍地大量涌入管线内部。这种情况下，如果管线内原本沉积有硫化铁粉末，那么这些粉末与进入的空气接触后，有可能发生自燃反应。自燃产生的热量和火焰将作为火源，进一步加剧管线内部的危险状况，甚至可能引发火灾或爆炸事故。因此，管段完成组装与焊接工作，准备恢复天然气输送时，首要步骤是利用清管球将管内的天然气与空气有效隔离，并进行空气置换作业。若条件允许，可在清管球前推送一段水作为隔离介质，或者充入一段惰性气体，以熄灭自燃的硫化铁粉。

二、环保管理

当油气田广泛分布于经济繁荣、人口稠密且经济较为发达的区域时，油气田的环境保护状况便直接关联着当地工农业生产的顺利进行以及民众生活质量的高低。为积极响应并深入贯彻国家提出的可持续发展战略，在油气田勘探、开发及运营的全生命周期内，各大企业应始终将环境保护管理置于首要位置，不遗余力地加大环保项目的投资力度，旨在实现经济效益与环境保护的双赢。

（一）废水污染及防治

在油气田的正常生产过程中，所产生的污水主要源自集输处理站内的分离器排放。为了确保这些污水得到有效处理，各站点均配备了专门的污水处理装置。经过严格处理并达到排放标准后，这些污水可选择外排至指定区域或进行回注再利用。当产出水量较小时，各集气站可将产生的污水收集至污水池中暂时贮存。随后利用专门的罐车定期将这些污水运输至集中的污水处理站进行进一步处理。处理完毕且经过严格化验确认合格后，这些污水将被安全地回注至地下，以实现水资源的循环利用。在此过程中，严格禁止在气田内部直接将未经处理的污水外排，以最大限度地保护周边生态环境免受污染。而当产出水量较大时，则应就地建设污水处理站或通过管输将污水集中进污水处理站处理。

气田内外排放的污水主要包括两类：生活污水和场地冲洗水，且这两者的排放量均相对较少。对于生活污水，它们会先经过站场内的化粪池进行初步处理，以去除其中的有机物质和固体悬浮物。处理后的生活污水随后会流入站场的雨水系统中，并最终通过外排渠道排放至外部环境。至于场地冲洗水，这类污水主要是在生产过程中定期对气田场地进行清洗时产生的。冲洗水中主要含有少量的机械杂质，如泥土、砂粒等，但并不包含其他有害的或需特殊处理的污染物。因此，这类冲洗水可以直接排入站场内的雨水沟，随后通过雨水沟的自然流动，最终排出站外，进入外部环境的水体系统。

（二）废气污染及防治

油气田的主要废气排放源包括天然气释放以及部分加热发电设备在燃烧过程中产生的二氧化碳、氮氧化物等。得益于当前企业中广泛采用的密闭作业流程，这些污染源得到了有效的管理和控制，确保符合国家环保法规的要求。然而，不可忽视的是，在管线突发破裂、站场设备维护或管道检修过程中进行放空操作时，仍存在废气泄漏的风险。此外，阀门及可拆卸管道接口处若密封不严，也可能导致微量油气泄漏，这些均是油气田环境污染的重要潜在因素。

针对上述问题，相关企业可以采取一系列有针对性的措施：在所有原油集输处理站、计量接转站、集气站及输配气站均要配备高效的放空火炬系统，旨在使废气直接排放对大气环境的影响最小化。同时，各站点均要安装安全紧急切断阀，以便在事故发生时迅速减少放空量，控制事态发展。在设备选型上，要特别注重阀门的密封性能，确保所有可拆卸连接部位实现严密密封，减少油气泄漏的可能。此外，各站场还要配备固定或便携式的燃气检漏仪，进行定期或不定期的泄漏检测，及时发现并处理潜在的泄漏问题。

（三）废渣污染及防治

油田生产过程中的废渣主要源自各类容器的底部清理作业。为积极响应国家环保政策与相关规定，当前采取的主要处理方式是集中进行干化处理，随后进行安全掩埋，以确保废渣得到妥善且环保的处置，避免对环境造成不良影响。

（四）噪声污染及防治

在天然气集气站中，汇管、调压阀、节流装置及放空系统等设备在进行节流操作或流速调整时，会产生一定的噪声。为减少这些噪声对周边环境的影响，可以采取以下几种消噪措施：首先，优先选择并安装低噪声设备；其次，通过精确控制分离器进出口的气体流速，实现流速的平稳过渡；最后，实施分级降压策略，以进一步降低噪声水平。

对于原油集输储运系统而言，其主要噪声源来自各类机泵的运行以及工艺管道中介质流动时产生的声响。根据国家关于噪声污染治理的严格标准，可以采取以下措施：一方面，对机泵房进行全面的噪声隔离与吸收处理，确保机泵运行时的噪声被有效控制在 80 dB 以下；另一方面，针对工艺管道介质流动产生的噪声，优化系统的运行参数，确保介质流动更加平稳顺畅；同时，在系统的设计与建设过程中，精心规划，尽量减少工艺管线的转弯点，并有效避免管道共振现象的发生，从而确保整个系统的噪声治理达到国家标准要求。

总之，环境污染的防治要始终秉持"三同时"的核心理念，即确保环保设施与主体工程在设计、施工及投产阶段同步进行，以此实现项目的可持续发展。在此过程中，坚持经济效益与环境效益并重，力求在追求经济合理性的同时，采取科学有效的方案，以最小的环境代价换取最大的社会与经济效益，实现两者的和谐共生与双赢发展。

第四节 劳动管理

一、劳动组织形式

劳动组织，作为企业内部管理体系的重要组成部分，其核心在于依据本单位的劳动分工与协作原则，科学规划并优化生产过程中人员相互结合的组织形式。这一组织形式涵盖多个关键方面，具体如下。

（一）劳动的分工与协作

1. 劳动分工

依据各企业的生产特性，通常将组织结构划分为多个层次与阶段，具体包括管理队伍、勘探队伍、钻井队伍、固井队伍、测试队伍以及采输队伍等。在每个阶段内部，人员配置进一步细化为直接参与生产作业的人员与负责其他辅助工作的人员，以确保生产流程的高效运作。

2. 劳动协作

劳动协作广泛存在于不同队伍之间、同一专业队伍内部的分队之间、班组（如井站）之间，以及个体劳动者之间。这种紧密的协作机制不仅能够促进各单位与劳动者之间建立和谐、协调的工作关系，还能极大地拓宽劳动的空间覆盖，通过优化资源配置与工作流程，有效节省劳动时间与生产资料。

（二）工作轮班的组织

工作轮班制度体现了劳动者在生产流程中时间维度上的协作与分工，其科学组织不仅能够实现劳动力的优化配置，还能够最大限度地利用生产设备资源，从而有效提升劳动生产率。在当前的运营实践中，相关企业可以灵活采用多样化的轮班模式，以满足不同生产场景下的需求，确保生产活动的高效、有序进行。

1. 单班制

此措施主要面向机关及队部内的非直接生产人员执行，同时，对于领导干部（涵盖所有生产管理人员）实施严格的昼夜值班制度。一旦遇有重大突发事件，相关领导干部需保持通信畅通，确保能够随叫随到，迅速响应并有效处理。

2. 三班制

每日采取三班制的生产组织模式，即早晨、中午及夜晚三班轮换作业，此形式主要适用于需要持续运作的生产岗位，如油井站、钻井作业队及同井作业队等关键生产部门。为确保三班制的顺利实施，必须妥善处理各班次员工的轮班安排问题，严格遵守国家劳动法律法规及政策要求，坚决维护每一位劳动者的合法权益，确保工作时间的合理安排与休息权益的充分保障。

3. 混合班制

处于对多种因素的考量，包括生产任务量的不均衡、不充足，或是工作性质的特殊要求，工作轮班制度需灵活调整，以适应不同的生产情境。例如，在机修厂，当生产任务相对较轻时，可采用单班制以维持基本运营；而当生产任务繁重时，则适时调整为两班制或三班制，以确保生产任务顺利完成。同时，对于如收发员、多种经营人员等岗位，由于其工作性质的特殊性，常采用不定时工作制，以更好地满足工作需求，提高工作效率。

4. 四班两倒

每日设立白班与夜班两班制生产模式，确保生产活动的连续性。在此制度下，值班人员的工作与休息时间被均衡分配，即每月工作 15 d，随后享有 15 d 的休息期。这样的轮班制度旨在优化资源配置，提升工作效率，同时兼顾员工的休息与家庭生活，确保工作与生活之间的良好平衡。

（三）工作地的组织

工作地的组织着眼于在空间维度上优化分工与协作，旨在通过精心布局，确保工作场所内劳动者、劳动工具（手段）与劳动对象之间能够形成紧密且高效的无缝衔接。这一过程要求在特定的工作区域内，运用科学的方法将这三者紧密而有序地组织起来，确保它们之间的相互作用和谐且高效。通过精准管理这三者之间的关系，能够最大限度地激发生产潜力，减少浪费，从而有效提升劳动生产率，推动生产活动顺利进行。

1. 一般要求

①优化工作流程设计，便于员工顺畅操作，有效减少不必要的时间浪费，从而显著提高劳动生产率。

②高效利用机器设备资源，实现紧凑布局，减少占地面积，并同步降低原材料、燃料

及动力等生产成本的消耗。

③营造卓越的劳动环境，确保员工在安全、健康的条件下工作，保障其身心健康与工作效率的双重提升。

2. 一般内容

①合理地装备和布置工作地。为了满足工作地专业化程度及生产工艺的特定需求，需精心配备并合理布置一系列关键的生产要素。包括必要的生产设备、生产工具、辅助性设备以及工位器具等。

②维护工作地的正常秩序与营造优质的工作环境，实现文明生产的目标。以天然气计量仪器、仪表为例，这些关键设备应当被整齐地摆放于适宜位置，保持清洁无尘，并维持在一定的恒温环境下，以确保其精准运行与长久耐用。

③组织好工作地的供应服务工作。例如，采取有效措施来保障原材料、燃料及动力的稳定供应，避免因物资短缺而导致生产线停滞待料的情况发生。同时，制订并执行详尽的机器设备检修与保养计划，这不仅能预防设备在生产过程中突发故障，还能延长设备的使用寿命，降低维修成本。

（四）项目部的组织

项目部是一个由多个相互协作的个体组成的劳动群体，其成立的目的是高效地完成特定的工作任务或成功开发新的项目。在项目部这一高效运作的体系中，每位成员都承担着清晰界定的职责与任务分工。项目部主任作为团队的领航者，全面负责领导与协调整个项目部的工作，通过其卓越的领导力和管理智慧，确保团队目标一致、行动协同。项目部通过其精心构建的组织架构，不仅能够促进员工之间的紧密协作与相互支持，还能够实现人力资源的优化配置与高效利用。在这样的组织环境中，每位员工都能充分发挥自己的专长与潜能，共同致力于协作任务的圆满完成。

二、劳动定额

劳动定额是指在既定的技术条件和组织框架内，针对特定产品或工作任务，为劳动者所设定的完成该任务所必须达到的标准劳动消耗量。这一标准旨在量化并规范劳动者在生产或服务过程中的努力程度，确保生产效率和质量的双重达标。

（一）劳动定额常见的几种形式

1. 产量定额

产量定额指单位时间内应完成的合格产品数量，主要在管子站以及一些多种经营企业里实行。

2. 工时定额

工时定额是指员工生产单位合格产品所必须遵循的时间标准，它确保了生产过程的效率与规范性。这一标准在钻井队、物探队、机修厂、固井队、试油队、压裂队、基建队等多个关键生产单位中广泛实行，旨在通过精细化的时间管理，提升生产效率，确保产品质量，推动生产活动的有序进行。

3. 看管定额

看管定额指根据一个员工或一组员工能够同时有效管理和操作的机器、设备数量来确定。这种定额方式在采气队和输气队等生产部门中尤为常见，旨在优化人力资源配置，确保每台机器、设备都能得到充分利用，从而提高整体生产效率和作业质量。

（二）劳动定额的制定、修改和执行

1. 劳动定额的制定

①要求：齐、全、准。

②方法：主要有经验估工法、统计分析法、类推比较法、技术测定法，其中以经验估工法为主。

2. 劳动定额的修改

劳动定额的修订方式主要分为两种：一是定期进行全面的修订，以确保定额体系与当前生产环境保持同步；二是不定期地进行临时性修订，以应对生产技术条件发生的突发性重大变化。无论采取哪种方式，只要生产技术条件发生了显著变化，为了维护定额水平的先进性和合理性，都必须及时对劳动定额进行相应的调整与修改。

3. 贯彻执行

一旦定额标准被正式确立，就必须坚定不移地执行，确保生产活动严格遵循定员定额的原则进行，以充分发挥其在生产管理中的核心指导作用。此外，通过实践中的不断应用与反馈，这些定额标准还能为后续的标准制定与修订工作提供宝贵的资料积累与实战经验，促进生产管理体系的持续完善与优化。

参 考 文 献

［1］ 张文福. 油气田储罐抗风和抗震理论与设计方法 [M]. 哈尔滨：黑龙江大学出版社，2013.

［2］ 王金龙. 油气田非均匀地应力作用下的出砂机制及套管可靠性研究 [M]. 北京：中国环境出版社，2013.

［3］ 王永强，林德健，王建军. 油气田常用安全消防设施器材的使用与维护 [M]. 成都：西南交通大学出版社，2019.

［4］ 杜强，汪亮，孙韵，等. 油气田数字化转型的变革与实践 [M]. 成都：四川大学出版社，2021.

［5］ 杨竞. 天然气分布式能源产业发展研究 [M]. 成都：四川大学出版社，2021.

［6］ 谢彬，喻西崇. 海洋深水油气田开发工程技术总论 [M]. 上海：上海科学技术出版社，2021.

［7］ 肖国清，曾德智，商剑锋，等. 高含硫天然气净化厂腐蚀与防护技术 [M]. 成都：四川大学出版社，2022.

［8］ 徐世权. 油气田区高瓦斯长大高速铁路隧道施工关键技术研究 [M]. 成都：西南交通大学出版社，2023.

［9］ 卢春华，王荣璟，唐志强，等. 天然气水合物保压取芯钻具及岩芯后处理系统 [M]. 武汉：中国地质大学出版社，2023.

［10］ 黄俊，刘欣，符妃，等. 深海油气采输结构损伤演化机制与安全寿命评估 [M]. 天津：天津大学出版社，2023.

［11］ 刘培林. 天然气的低温处理方法 [J]. 中国海上油气工程，2000（5）：37-38，47-68，5.

［12］ 常贵宁. 对带压紧固螺栓问题的认识 [J]. 化工劳动保护，2001，22（6）：227.

［13］ 张耀，郑峥. 储油罐腐蚀特征及失效分析 [J]. 石油化工腐蚀与防护，2004，21（2）：40-42.

［14］ 刘玉娟. 注水方式对油田开发的影响 [J]. 内江科技，2005（1）：24-62.

［15］ 宋生奎，朱坤锋，朱鸣. 输油管道腐蚀的修复方法 [J]. 安全、健康和环境，2006（1）：23-26.

［16］ 孙瑞华，杨旭萍. 油气勘探项目范围管理初探 [J]. 项目管理技术，2006（7）：21-25.

［17］ 侯健. 油田开发措施规划方法研究 [J]. 应用基础与工程科学学报，2006（4）：535-542.

［18］ 王巍, 牟义慧. 炼油厂污水线管道内壁防腐方案分析与选择 [J]. 管道技术与设备, 2007（3）: 36-38.

［19］ 蔡昌全. 论特种设备法规、标准缺陷带来的检验责任风险 [J]. 中国特种设备安全, 2007, 23（6）: 6-9.

［20］ 王鉴. 化学工业的节能途径 [J]. 云南化工, 2008（5）: 1-4.

［21］ 赵士振. "石油"从什么时候开始进入我们生活的? [J]. 中国石化, 2008,（11）: 41.

［22］ 张全胜, 虞晓林, 马玉川. 循环流化床锅炉少油或无油点火技术的应用 [J]. 中国特种设备安全, 2009, 25（2）: 62-64.

［23］ 宋琦, 王树立, 武雪红, 等. 水合物技术应用与展望 [J]. 油气储运, 2009, 28（9）: 5-9, 79, 83.

［24］ 刘卫东. 浅析电潜泵采油工艺在油田新技术领域中的应用 [J]. 装备制造, 2009（6）: 225.

［25］ 韩殿杰, 李国会, 汪利, 等. 科学勘探明确了"四个评价"的核心地位 [J]. 中国石油勘探, 2009, 14（5）: 41-45, 77-78.

［26］ 白一男, 惠晓莹. 低渗透储层敏感特征分析 [J]. 中国科技信息, 2009,（17）: 32, 36.

［27］ 翟晓英. 济阳坳陷新近系油藏类型划分方案探讨 [J]. 内蒙古石油化工, 2010, 36（5）: 35-37.

［28］ 梁晨. 金龙4井试油（气）过程中水合物生成原因分析与解决措施 [J]. 新疆石油天然气, 2010, 6（4）: 92-96, 121-122.

［29］ 吕涯, 杨长城. 天然气水合物及其抑制剂的研究和应用 [J]. 上海化工, 2010, 35（4）: 20-23.

［30］ 李小冬, 崔凯, 邵勇, 等. 国外油田自动化技术现状及发展趋势 [J]. 石油机械, 2011, 39（11）: 75-77.

［31］ 陈兵替, 王建中, 谢友友, 等. 煤层气开采过程安全风险分析 [J]. 中国煤层气, 2011, 8（3）: 44-46.

［32］ 邓金宇, 郝波超, 吴宏山, 等. 新疆低渗油田注水时机的研究 [J]. 中国石油和化工标准与质量, 2013, 33（18）: 51.

［33］ 施倚. 更换天然气输气管段的安全要求有哪些 [J]. 劳动保护, 2013（4）: 117.

［34］ 王艳红. 中国石化企业安全文化建设探讨 [J]. 化工管理, 2013（10）: 55.

［35］ 郭长林. 采油厂安全生产管理长效机制的构建 [J]. 中国石油和化工标准与质量, 2013, 33（18）: 215.

［36］ 毕洪亮, 于龙年, 康健, 等. 论自动化技术在油气储运过程中的应用研究 [J]. 中国石油和化工标准与质量, 2013, 33（8）: 262.

［37］ 贺永梅, 贺永洁. 低渗透油田研究进展概述 [J]. 山东工业技术, 2013（11）: 92-93, 74.

［38］ 张婷. 浅谈压力容器安全阀应用存在的问题和建议 [J]. 化工中间体, 2013, 10（2）: 55-57.

［39］张北，邱琦.丙烷制冷及其在天然气处理工艺中的应用 [J]. 低温与特气，2013，31（4）：16-19.

［40］易良英.轻烃回收工艺的方法及选择 [J]. 化工管理，2016（31）：210-212.

［41］单启刚.储油罐腐蚀及其防护措施 [J]. 全面腐蚀控制，2016，30（7）：36-37.

［42］郑建国，王兴忠，陈曙彤，等.基于"智能、绿色、服务"转型升级的阳极保护浓硫酸设备 [J]. 硫酸工业，2017（11）：48-53.

［43］刘鹏.建筑工程施工安全管理问题及应对策略 [J]. 科技经济市场，2018（5）：130-132.

［44］王睿.浅谈裂缝油藏储层预测方法 [J]. 石化技术，2019，26（6）：172-173.

［45］张龙，徐培亮，贾志庆.QYRK-3 型潜油电泵控制柜常见故障及处理 [J]. 中国石油和化工标准与质量，2019，39（12）：9-10.

［46］何新华，高义.油气储运工程中最优化法的应用研究 [J]. 化工管理，2019（28）：191-192.

［47］王赤宇.天然气集输工艺及数字化处理方案 [J]. 化工管理，2019（32）：214-215.

［48］贺三，邓志强，代冬冬.天然气集输工程课程教改研究 [J]. 中国教育技术装备，2019（20）：69-71.

［49］白金美，张少辉，何岩峰.石油钻采与储运工程虚拟仿真实验教学中心建设与实践 [J]. 大学教育，2020（7）：60-62.

［50］徐菁.应用型本科对油气集输课程教学改革的探索 [J]. 山东化工，2020，49（4）：219-220.

［51］郭兴建，赵敏，邢晓凯，等.油气集输拆装实验室的规划设计及教学思考 [J]. 广东化工，2021，48（22）：244-246.

［52］孙杰，熊小琴，李家学，等.应用型油气集输工程实践教学的几点思考 [J]. 广东化工，2021，48（15）：282-283.

［53］徐菁，张志红."油气集输"课程教学改革质量评价研究 [J]. 科技与创新，2021（7）：48-49，51.

［54］刘洁，白惠文.油田地面建设集输管道施工技术与质量管理研究 [J]. 企业科技与发展，2022（9）：112-114.

［55］曾庆林，陈伟，肖开阳.油气储运工程实施中的环保管理分析 [J]. 化工管理，2022（24）：30-32.

［56］何利民，吕宇玲，杨东海，等.能源转型与人工智能时代油气储运本科教育应对策略 [J]. 油气储运，2022，41（6）：694-701.

［57］李鸿英，苏怀，韩善鹏，等.疫情防控期间油气储运工程专业生产实习教学新模式探索——以中国石油大学（北京）为例 [J]. 化工高等教育，2022，39（1）：120-127.

［58］李强.油田油气集输储运工艺设计技术研究 [J]. 石化技术，2022，29（2）：26-27.

［59］徐浩溥.最优化在油气储运工程中的应用 [J]. 当代化工研究，2022（2）：105-107.

［60］李艳婷，曹秋娥，马银歌.高含水油田开发后期挖潜增储措施 [J]. 化学工程与装备，2023，（12）：98-100.

［61］张晨，张生贵，肖刚，等．油气储运工程自动化技术的应用［J］．化工设计通讯，2023，49（12）：6-8，14.

［62］吴晶．浅析油田油气集输储运工艺设计［J］．中国石油和化工标准与质量，2023，43（6）：161-163.

［63］王松岳，陈凤琴，朱照远．数字孪生技术在智慧水利建设中的应用［J］．山东水利，2023（9）：13-14.

［64］刘璐璐．海上油气田开发深水工程定额初探［J］．中国石油和化工标准与质量，2024，44（5）：158-160.

［65］李艳．基于财务风险管理的企业内控体系优化路径［J］．老字号品牌营销，2024（9）：129-131.

［66］王军恒．油气田开发中关于带压作业工艺技术的应用［J］．中国石油和化工标准与质量，2024，44（5）：185-187.

［67］倪景梅，吕莉莉．油田开发的资本支出（CAPEX）优化策略［J］．中国石油和化工标准与质量，2024，44（4）：66-68.

［68］尤越．油田开发中后期的采油工程技术优化探究［J］．中国石油和化工标准与质量，2024，44（4）：150-152，155.

［69］张远，张志全，宋紫炜．油田开发中新型酯基钻井液配方的合成优化［J］．当代化工，2024，53（2）：354-357，417.

［70］张明亮．油气田开发后期天然气增压开采工艺技术要点及应用［J］．中国设备工程，2024（4）：89-91.

［71］马金喜，王万旭，邹昌明，等．直流自持供电模式在海上边际气田开发的应用研究［J］．油气田地面工程，2024，43（2）：39-44.

［72］陈欢庆，成顺新．油田开发中精细油藏描述成果平台建设研究［J］．高校地质学报，2024，30（1）：100-109.

［73］计晓琳．基于组态软件的油田开发信息管理系统构建［J］．信息系统工程，2024（2）：12-15.

［74］朱梦茹．油气田生产开发过程中强化环保工作的重要性［J］．化工管理，2024（5）：53-56.

［75］唐颖．整合科技与石油高等教育——以提升"油气田开发地质"教学方法为例［J］．石化技术，2024，31（1）：241-243.

［76］夏克亮．海—塔油田勘探开发一体化管理模式研究［D］．哈尔滨：哈尔滨工业大学，2012.